Toxikologie

Herausgegeben von
Hans-Werner Vohr

Beachten Sie bitte auch weitere interessante Titel zu diesem Thema

Eisenbrand, G., Metzler, M., Hennecke, F. J.

Toxikologie für Naturwissenschaftler und Mediziner
Stoffe, Mechanismen, Prüfverfahren

2005
ISBN: 978-3-527-30989-4

Bender, H. F.

Das Gefahrstoffbuch
Sicherer Umgang mit Gefahrstoffen nach REACH und GHS
Dritte, völlig neu bearbeitete Auflage

2008
ISBN: 978-3-527-32067-7

Greim, H., Snyder, R. (Eds.)

Toxicology and Risk Assessment: A Comprehensive Introduction

2008
ISBN: 978-0-470-86893-5

O'Brien, P. J., Bruce, W. R. (Eds.)

Endogenous Toxins
Targets for Disease Treatment and Prevention
2 Volumes

2009
ISBN: 978-3-527-32363-0

Smart, R. C., Hodgson, E. (Eds.)

Molecular and Biochemical Toxicology

2008
ISBN: 978-0-470-10211-4

Toxikologie

Band 2: Toxikologie der Stoffe

Herausgegeben von
Hans-Werner Vohr

WILEY-
VCH

WILEY-VCH Verlag GmbH & Co. KGaA

Herausgeber

Prof. Dr. Hans-Werner Vohr
Bayer HealthCare AG
Immunotoxicology
Aprather Weg
42096 Wuppertal

Bibliografische Information der Deutschen Nationalbibliothek
Die Deutsche Nationalbibliothek verzeichnet diese Publikation in der Deutschen Nationalbibliografie; detaillierte bibliografische Daten sind im Internet über http://dnb.d-nb.de abrufbar.

Satz K+V Fotosatz GmbH, Beerfelden
Druck und Bindung Strauss GmbH, Mörlenbach
Umschlaggestaltung Adam Design, Weinheim

Printed in the Federal Republic of Germany

Gedruckt auf säurefreiem Papier

ISBN 978-3-527-32385-2

Für Florian, Hannah und Lucas

Inhaltsverzeichnis

Vorwort *XIX*

Autorenverzeichnis *XXI*

1 **Metalle** *1*
Andrea Hartwig

1.1 Allgemeine Aspekte *1*
1.1.1 Toxische Wirkungen von Metallverbindungen unter besonderer Berücksichtigung der Kanzerogenität *2*
1.1.2 Wirkungsmechanismen kanzerogener Metallverbindungen *4*
1.1.3 Bioverfügbarkeit als zentraler Aspekt der speziesabhängigen Wirkungen *6*

1.2 Toxikologie ausgewählter Metallverbindungen *7*
1.2.1 Aluminium *7*
1.2.1.1 Vorkommen und relevante Expositionen *7*
1.2.1.2 Toxische Wirkungen *7*
1.2.1.3 Grenzwerte und Einstufungen *8*
1.2.2 Antimon *8*
1.2.2.1 Vorkommen und relevante Expositionen *8*
1.2.2.2 Toxische Wirkungen *9*
1.2.2.3 Grenzwerte und Einstufungen *9*
1.2.3 Arsen *9*
1.2.3.1 Vorkommen und relevante Expositionen *9*
1.2.3.2 Toxische Wirkungen *10*
1.2.3.3 Grenzwerte und Einstufungen *11*
1.2.4 Blei *11*
1.2.4.1 Vorkommen und relevante Expositionen *11*
1.2.4.2 Toxische Wirkungen *11*
1.2.4.3 Grenzwerte und Einstufungen *12*
1.2.5 Cadmium *12*
1.2.5.1 Vorkommen und relevante Expositionen *12*
1.2.5.2 Toxische Wirkungen *13*

Toxikologie Band 2: Toxikologie der Stoffe. Herausgegeben von Hans-Werner Vohr

ISBN: 978-3-527-32385-2

1.2.5.3 Einstufungen und Grenzwerte *14*
1.2.6 Chrom *14*
1.2.6.1 Vorkommen und relevante Expositionen *14*
1.2.6.2 Essenzielle und toxische Wirkungen *14*
1.2.6.3 Grenzwerte und Einstufungen *15*
1.2.7 Cobalt *15*
1.2.7.1 Vorkommen und relevante Expositionen *15*
1.2.7.2 Essenzielle und toxische Wirkungen *16*
1.2.7.3 Grenzwerte und Einstufungen *16*
1.2.8 Eisen *16*
1.2.8.1 Vorkommen und relevante Expositionen *16*
1.2.8.2 Essenzielle und toxische Wirkungen *17*
1.2.8.3 Grenzwerte und Einstufungen *18*
1.2.9 Kupfer *19*
1.2.9.1 Vorkommen und relevante Expositionen *19*
1.2.9.2 Essenzielle und toxische Wirkungen *19*
1.2.9.3 Grenzwerte und Einstufungen *20*
1.2.10 Mangan *20*
1.2.10.1 Vorkommen und relevante Expositionen *20*
1.2.10.2 Essenzielle und toxische Wirkungen *21*
1.2.10.3 Grenzwerte und Einstufungen *21*
1.2.11 Nickel *22*
1.2.11.1 Vorkommen und relevante Expositionen *22*
1.2.11.2 Essenzielle und toxische Wirkungen *22*
1.2.11.3 Grenzwerte und Einstufungen *23*
1.2.12 Quecksilber *24*
1.2.12.1 Vorkommen und relevante Expositionen *24*
1.2.12.2 Toxische Wirkungen *24*
1.2.12.3 Grenzwerte und Einstufungen *25*
1.2.13 Zink *26*
1.2.13.1 Vorkommen und relevante Expositionen *26*
1.2.13.2 Essenzielle und toxische Wirkungen *26*
1.2.13.3 Grenzwerte und Einstufungen *27*
1.2.14 Zinn *27*
1.2.14.1 Vorkommen und relevante Expositionen *27*
1.2.14.2 Essenzielle und toxische Wirkungen *28*
1.2.14.3 Grenzwerte und Einstufungen *28*

1.3 Zusammenfassung 29

1.4 Fragen zur Selbstkontrolle 29

1.5 Literatur 30

1.6 Weiterführende Literatur 30

2 Toxikologische Wirkungen Anorganischer Gase *33*
Wim Wätjen, Yvonni Chovolou und Hermann M. Bolt

2.1 Vorbemerkungen *33*

2.2 Kohlenmonoxid *34*

2.3 Cyanwasserstoff *38*

2.4 Schwefelwasserstoff *42*

2.5 Nitrose Gase *45*

2.6 Isocyanate *46*

2.7 Formaldehyd *47*

2.8 Zusammenfassung *48*

2.9 Fragen zur Selbstkontrolle *48*

2.10 Weiterführende Literatur *50*

3 Asbest, Stäube, Ruß *51*
Hans-Werner Vohr

3.1 Einleitung *51*

3.2 Asbest *51*
3.2.1 Eigenschaften, Vorkommen und Exposition *51*
3.2.1.1 Eigenschaften *51*
3.2.1.2 Vorkommen *52*
3.2.1.3 Exposition *53*
3.2.2 Toxikokinetik *54*
3.2.3 Toxizität *55*

3.3 Stäube *56*
3.3.1 Eigenschaften, Vorkommen und Exposition *56*
3.3.1.1 Eigenschaften *56*
3.3.1.2 Vorkommen *57*
3.3.1.3 Exposition *58*
3.3.2 Toxikokinetik *60*
3.3.3 Toxizität *60*
3.3.3.1 Tierexperimente *61*
3.3.3.2 Mensch *63*

3.4 Ruß *65*
3.4.1 Eigenschaften, Vorkommen und Exposition *65*
3.4.1.1 Eigenschaften *65*
3.4.1.2 Vorkommen *66*
3.4.1.3 Exposition *66*
3.4.2 Toxikokinetik *66*

3.4.3 Toxizität *67*
3.4.3.1 Tierexperimente *68*
3.4.3.2 Mensch *69*

3.5 Zusammenfassung *70*

3.6 Fragen zur Selbstkontrolle *71*

3.7 Literatur *71*

3.8 Weiterführende Literatur *72*

3.9 Substanzen *72*

4 Kohlenwasserstoffe *73*
Hans-Werner Vohr

4.1 Einleitung *73*

4.2 Aliphatische, acyclische Kohlenwasserstoffe *74*
4.2.1 Eigenschaften, Vorkommen und Exposition *74*
4.2.1.1 Eigenschaften *74*
4.2.1.2 Vorkommen *76*
4.2.1.3 Exposition *77*
4.2.2 Toxikokinetik *77*
4.2.3 Toxizität *78*
4.2.3.1 Mensch *78*
4.2.3.2 Tierexperimente *79*

4.3 Aliphatische, cyclische Kohlenwasserstoffe *80*
4.3.1 Eigenschaften, Vorkommen und Exposition *80*
4.3.1.1 Eigenschaften *81*
4.3.1.2 Vorkommen *81*
4.3.1.3 Exposition *82*
4.3.2 Toxikokinetik *82*
4.3.3 Toxizität *82*
4.3.3.1 Tierexperimente *83*
4.3.3.2 Mensch *83*

4.4 Aromaten *84*
4.4.1 Eigenschaften, Vorkommen und Exposition *84*
4.4.1.1 Eigenschaften *84*
4.4.1.2 Vorkommen *85*
4.4.1.3 Exposition *87*
4.4.2 Toxikokinetik *88*
4.4.3 Toxizität *90*
4.4.3.1 Tierexperimente *90*
4.4.3.2 Mensch *92*

4.5 Zusammenfassung *93*

4.6 Fragen zur Selbstkontrolle *94*

4.7 Literatur *95*

4.8 Weiterführende Literatur *95*

4.9 Substanzen *95*

5 Alkohole, Phenole und Carbonyle *97*
Ernst Bomhard

5.1 Alkohole *97*
5.1.1 Eigenschaften, Vorkommen, Verwendung und Exposition *98*
5.1.1.1 Eigenschaften *98*
5.1.1.2 Vorkommen und Verwendung *98*
5.1.1.3 Exposition *98*
5.1.2 Toxikokinetik *99*
5.1.3 Toxizität *99*

5.2 Methanol *100*
5.2.1 Eigenschaften, Vorkommen, Verwendung und Exposition *100*
5.2.2 Toxikokinetik *101*
5.2.3 Toxizität *101*
5.2.3.1 Erfahrungen beim Menschen *101*
5.2.3.2 Tierexperimente *102*

5.3 Ethanol *103*
5.3.1 Eigenschaften, Vorkommen, Verwendung und Exposition *103*
5.3.2 Toxikokinetik *103*
5.3.3 Toxizität *104*
5.3.3.1 Erfahrungen beim Menschen *104*
5.3.3.2 Tierexperimente *105*

5.4 Phenole *106*
5.4.1 Eigenschaften, Vorkommen, Verwendung und Exposition *107*
5.4.2 Toxikokinetik *107*
5.4.3 Toxizität *107*

5.5 Phenol *108*
5.5.1 Eigenschaften, Vorkommen, Verwendung und Exposition *108*
5.5.2 Toxikokinetik *109*
5.5.3 Toxizität *109*
5.5.3.1 Erfahrungen beim Menschen *109*
5.5.3.2 Tierexperimente *110*

5.6 Kresole *111*
5.6.1 Eigenschaften, Vorkommen, Verwendung und Exposition *111*
5.6.2 Toxikokinetik *112*
5.6.3 Toxizität *112*

5.6.3.1 Erfahrungen beim Menschen *112*
5.6.3.2 Tierexperimente *112*

5.7 Carbonyle *114*
5.7.1 Ketone *115*
5.7.1.1 Eigenschaften, Vorkommen, Verwendung und Exposition *115*
5.7.1.2 Toxikokinetik *115*
5.7.1.3 Toxizität *115*
5.7.2 Aceton *116*
5.7.2.1 Eigenschaften, Vorkommen, Verwendung und Exposition 116
5.7.2.2 Toxikokinetik *116*
5.7.2.3 Toxizität *116*
5.7.3 Aldehyde *118*
5.7.3.1 Eigenschaften, Vorkommen, Verwendung und Exposition *118*
5.7.3.2 Toxikokinetik *118*
5.7.3.3 Toxizität *119*
5.7.4 Formaldehyd *119*
5.7.4.1 Eigenschaften, Vorkommen, Verwendung und Exposition *119*
5.7.4.2 Toxikokinetik *120*
5.7.4.3 Toxizität *121*

5.8 Zusammenfassung 122

5.9 Fragen zur Selbstkontrolle 122

5.10 Literatur 123

5.11 Weiterführende Literatur 125

6 Aromatische Amine, Nitroverbindungen und Nitrosamine *127*
Alexius Freyberger

6.1 Aromatische Amine *127*
6.1.1 Eigenschaften, Vorkommen und Exposition *127*
6.1.1.1 Eigenschaften *127*
6.1.1.2 Vorkommen *127*
6.1.1.3 Exposition *128*
6.1.2 Toxikokinetik *128*
6.1.3 Toxizität *131*
6.1.3.1 Mensch *131*
6.1.3.2 Tierexperimente *137*

6.2 Aromatische Nitroverbindungen *138*
6.2.1 Eigenschaften, Vorkommen und Exposition *139*
6.2.1.1 Eigenschaften *139*
6.2.1.2 Vorkommen *139*
6.2.1.3 Exposition *139*
6.2.2 Toxikokinetik *140*

6.2.3 Toxizität 140
6.2.3.1 Mensch 140
6.2.3.2 Tierversuch 141

6.3 Nitrosamine 142
6.3.1 Eigenschaften, Vorkommen und Exposition 142
6.3.1.1 Eigenschaften 142
6.3.1.2 Vorkommen 142
6.3.1.3 Exposition 142
6.3.2 Toxikokinetik 143
6.3.3 Toxizität 144
6.3.3.1 Mensch 144
6.3.3.2 Tierversuch 145

6.4 Zusammenfassung 146

6.5 Fragen zur Selbstkontrolle 147

6.6 Literatur 147

7 Organische Halogenverbindungen I 149
Hans-Werner Vohr

7.1 Haloalkane (Halogenalkane) 149
7.1.1 Eigenschaften, Vorkommen und Exposition 150
7.1.1.1 Eigenschaften 150
7.1.1.2 Vorkommen 152
7.1.1.3 Exposition 153
7.1.2 Toxikokinetik 153
7.1.3 Toxizität 155
7.1.3.1 Mensch 155
7.1.3.2 Tierexperimente 157

7.2 Ungesättigte, halogenierte KWs (Haloalkene, Haloalkine) 159
7.2.1 Eigenschaften, Vorkommen und Exposition 159
7.2.1.1 Eigenschaften 159
7.2.1.2 Vorkommen 159
7.2.1.3 Exposition 160
7.2.2 Toxikokinetik 161
7.2.3 Toxizität 162
7.2.3.1 Tierexperimente 162
7.2.3.2 Mensch 165

7.3 Fluorchlorkohlenwasserstoffe (FCKWs) 167
7.3.1 Eigenschaften, Vorkommen und Exposition 168
7.3.1.1 Eigenschaften 168
7.3.1.2 Vorkommen 168
7.3.1.3 Exposition 171

7.3.2 Toxikokinetik *171*
7.3.3 Toxizität *171*
7.3.3.1 Tierexperimente *172*
7.3.3.2 Mensch *172*

7.4 Perfluorierte Kohlenwasserstoffe (PFC) *172*

7.5 Zusammenfassung *173*

7.6 Fragen zur Selbstkontrolle *174*

7.7 Literatur *174*

7.8 Weiterführende Literatur *175*

7.9 Substanzen *175*

8 Organische Halogenverbindungen II *177*
Dieter Schrenk und Martin Chopra

8.1 Polychlorierte Dibenzo-*πασα*-dioxine und Dibenzofurane (PCDD/Fs) *177*
8.1.1 Eigenschaften und Vorkommen *178*
8.1.1.1 Eigenschaften *178*
8.1.1.2 Vorkommen *178*
8.1.2 PCDD/Fs und der Arylhydrocarbonrezeptor *179*
8.1.2.1 Wirkungsweise *179*
8.1.3 Relative Toxizität – Das TEF-Konzept *181*
8.1.3.1 Exposition *182*
8.1.4 Toxikokinetik *183*
8.1.5 Toxische Effekte *183*
8.1.5.1 Akute Toxizität *184*
8.1.5.2 Subchronische und chronische Toxizität *185*
8.1.6 Endokrine Effekte und Reproduktionstoxizität *186*
8.1.6.1 Tierexperimente *186*
8.1.6.2 Erfahrungen beim Menschen *187*
8.1.7 Immuntoxizität *187*
8.1.7.1 Tierexperimente *187*
8.1.7.2 Erfahrungen beim Menschen *188*
8.1.8 Kanzerogenität *188*
8.1.8.1 Tierexperimente *188*
8.1.8.2 Erfahrungen beim Menschen *189*

8.2 Zusammenfassung *190*

8.3 Polychlorierte Biphenyle (PCBs) *190*
8.3.1 Eigenschaften, Vorkommen und Exposition *191*
8.3.1.1 Eigenschaften *191*
8.3.1.2 Vorkommen *192*

8.3.1.3 Exposition *192*
8.3.2 Toxikokinetik *193*
8.3.3 Toxizität *193*
8.3.3.1 Tierexperiment *193*
8.3.3.2 Mensch *194*

8.4 Bromierte Flammschutzmittel *196*
8.4.1 Eigenschaften, Vorkommen und Exposition *196*
8.4.2 Toxizität *197*

8.5 Zusammenfassung *197*

8.6 Fragen zur Selbstkontrolle *198*

8.7 Literatur *198*

8.8 Weiterführende Literatur *199*

8.9 Substanzen *199*

9 Chemische Kampfstoffe *201*
Horst Thiermann, Sascha Gonder, Harald John, Kai Kehe, Marianne Koller, Dirk Steinritz und Franz Worek

9.1 Einleitung *201*
9.1.1 Eigenschaften, Vorkommen und Exposition *201*
9.1.2 Einteilung *202*

9.2 Nervenkampfstoffe *203*
9.2.1 Geschichte, Vorkommen, Eigenschaften *203*
9.2.1.1 Historischer Hintergrund *203*
9.2.1.2 Vorkommen *204*
9.2.1.3 Eigenschaften *204*
9.2.2 Toxikokinetik *206*
9.2.3 Wirkungsweise *206*
9.2.3.1 Wirkmechanismus und Symptome der Vergiftung *206*
9.2.3.2 Intermediäres Syndrom (IMS) *208*
9.2.3.3 Verzögerte Neurotoxizität *209*
9.2.3.4 Langzeitwirkungen *209*
9.2.3.5 Weitere Maßnahmen *212*
9.2.3.6 Vorbehandlung *212*
9.2.3.7 Klinisch-chemische Parameter zur Diagnostik und Therapieüberwachung *212*
9.2.4 Toxizität *213*
9.2.5 Spezielle Toxikologie *214*

9.3 Zusammenfassung *214*

9.4 Hautkampfstoffe – Schwefellost *214*
9.4.1 Geschichte *214*

9.4.2 Physikalische und chemische Eigenschaften *215*
9.4.3 Toxikodynamik *215*
9.4.4 Metabolismus *217*
9.4.5 Wirkung auf die Haut *217*
9.4.6 Auge *218*
9.4.7 Gastrointestinaltrakt *218*
9.4.8 Lungen *218*
9.4.9 Systemische Wirkungen *219*
9.4.10 Diagnostik *219*
9.4.11 Therapie *219*
9.4.12 Langzeiteffekte *220*

9.5 Zusammenfassung *220*

9.6 Reizstoffe *221*
9.6.1 Geschichtlicher Hintergrund *221*
9.6.1.1 CN *221*
9.6.1.2 CS *222*
9.6.1.3 OC *222*
9.6.2 Allgemeines, physikalisch-chemische Eigenschaften *222*
9.6.2.1 CN *222*
9.6.2.2 CS *223*
9.6.2.3 OC *223*
9.6.3 Toxikokinetik *223*
9.6.3.1 CN *223*
9.6.3.2 CS *223*
9.6.3.3 OC *224*
9.6.4 Wirkmechanismus und Symptome der Vergiftung *224*
9.6.4.1 CN *224*
9.6.4.2 CS *224*
9.6.4.3 OC *225*
9.6.5 Klinisch-chemische Parameter *226*
9.6.6 Langzeitwirkungen *226*
9.6.7 Therapeutische Maßnahmen *226*
9.6.8 Toxizität *227*

9.7 Zusammenfassung *227*

9.8 Verifikation von Kampfstoffexpositionen *228*
9.8.1 Methoden der Verifikation von Nervenkampfstoffexpositionen *229*

9.9 Zusammenfassung *231*

9.10 Fragen zur Selbstkontrolle *231*

9.11 Literatur *232*

9.12 Weiterführende Literatur *233*

Appendix: MAK- und BAT-Werte

Auszug aus der *MAK- und BAT-Werte-Liste 2009* der Senatskommission der Deutschen Forschungsgemeinschaft zur Prüfung gesundheitsschädlicher Arbeitsstoffe *235*

Inhaltsübersicht *235*

I Bedeutung, Benutzung und Ableitung von MAK-Werten *235*
a) Stoffauswahl und Datensammlung *238*
b) Ableitung aus Erfahrungen beim Menschen *239*
c) Ableitung aus tierexperimentellen Untersuchungen *240*
d) Besondere Arbeitsbedingungen *240*
e) Geruch, Irritation und Belästigung *241*
f) Gewöhnung *241*

II Krebserzeugende Arbeitsstoffe *243*

III Sensibilisierende Arbeitsstoffe *246*

IV Hautresorption *254*

V MAK-Werte und Schwangerschaft *255*

VI Keimzellmutagene *258*

VII Bedeutung und Benutzung von BAT-Werten und Biologischen Leitwerten *259*

VIII Krebserzeugende Arbeitsstoffe *265*

IX Biologische Leitwerte *266*

X Biologische Arbeitsstoff-Referenzwerte *266*

Literatur *267*

Sachregister *269*

Vorwort zu Band II

Wir haben lange Zeit darüber diskutiert, welches das beste Format für ein Lehrbuch der Toxikologie sein könnte, das sich an eine so breite Leserschicht richtet, wie das vorliegende Werk. Einiges sprach dafür, die Toxikologie der verschiedenen Substanzklassen stärker in die Grundlagen zu integrieren, also alles in einem einzigen, großen Buch zusammenzufassen. Schließlich haben wir uns aber dazu entschlossen, die Grundlagen der Toxikologie und die Toxikologie der Substanzen in zwei Bänden zu trennen. Ausschlaggebend hierfür war das besondere Ziel, dem Leser ein Buch über angewandte Toxikologie an die Hand zu geben, also nicht nur ein Lehrbuch, sondern auch ein Nachschlagewerk. Wir wollten es jedem Leser ermöglichen, schnell und einfach sowohl grundlegende Themen als auch toxikologische Details zu bestimmten Stoffklassen nachschlagen zu können. Gerade dieser Aspekt hat dazu geführt, den vorliegenden zweiten Band über die Toxikologie der Substanzen von den Grundlagen zu trennen. Hier kann man gezielt vertiefende Informationen zu verschiedenen Substanzklassen finden. Die Kapitel decken ein breites Spektrum an toxikologisch interessanten Verbindungen ab und bieten somit sowohl für Lernende, wie sicherlich auch für erfahrene Toxikologen sowie interessierte Laien relevante Informationen.

Band I vermittelt ein umfangreiches toxikologisches Grundwissen mit vielen Hinweisen auf wichtige Literatur und bindet dabei die relevanten regulatorischen Aspekte mit ein. Band II ergänzt dieses Grundwissen in ganz hervorragender Weise, indem hier Gemeinsamkeiten an toxikologischen Befunden wichtiger Stoffklassen dargestellt, aber auch relevante Unterschiede genannt werden, die sich manchmal aus kleinsten Moleküländerungen ergeben können. Wo möglich wurde besonders Wert gelegt auf den Vergleich von Daten, die in Tieren erhoben wurden, mit Erfahrungswerten beim Menschen. Das macht eine Risikobewertung toxischer Substanzen nachvollziehbar und objektiviert die Bedeutung abgeleiteter Grenzwerte.

Leider ist man nie ganz zufrieden und denkt immer „Hier hätte man noch etwas mehr schreiben sollen!", „Dort wäre vielleicht eine Tabelle wichtig gewesen!" oder „Kapitel 7 sollte doch besser nach hinten, dafür Kapitel 5 vielleicht weiter vor." usw. Ich weiß, ein Lehrbuch kann und wird wohl nie, besonders nicht in der ersten Ausgabe, perfekt sein. Aber die beiden Bände stellen, wie

Toxikologie Band 2: Toxikologie der Stoffe. Herausgegeben von Hans-Werner Vohr

ISBN: 978-3-527-32385-2

ich finde, einen sehr gelungenen Anfang dar. Über konstruktive Kritik würde ich mich natürlich sehr freuen. Sie ist in jedem Fall herzlich willkommen.

Wie bei Band I bleibt mir am Ende nur, mich bei allen Kollegen, die auch für diesen Band wieder kompetente Beiträge geschrieben haben, sowie bei den Mitarbeitern des Verlags und bei meiner Familie ganz herzlich zu bedanken. Ohne das Engagement aller Beteiligten, die vielfältige Unterstützung, die stete Diskussionsbereitschaft und den hilfreichen Zuspruch wären die beiden Bände nie rechtzeitig fertig geworden.

Wuppertal im Oktober 2009 Hans-Werner Vohr

Autorenverzeichnis

Hermann M. Bolt
Technische Universität Dortmund
Leibnitz-Institut für Arbeitsforschung
Ardeystraße 67
44139 Dortmund

Ernst Bomhard
Am Brucher Häuschen 79
42109 Wuppertal

Martin Chopra
Technische Universität Kaiserslautern
Lebensmittelchemie
und Umwelttoxikologie
Erwin-Schrödinger-Str. 52
67663 Kaiserslautern

Yvonni Chovolou
Universität Düsseldorf
Institut für Toxikologie
Universitätsstraße 1
40225 Düsseldorf

Alexius Freyberger
Bayer Schering Pharma AG
BSP-GDD-GED-GTOX-ST
Aprather Weg 18
42096 Wuppertal

Sascha Gonder
Institut für Pharmakologie
& Toxikologie der Bundeswehr
Neuherbergstraße 11
80937 München

Andrea Hartwig
Technische Universität Berlin
Institut für Lebensmitteltechnologie
Fachgebiet Lebensmittelchemie
und Toxikologie
Gustav-Meyer-Allee 25
13355 Berlin

Harald John
Institut für Pharmakologie
& Toxikologie der Bundeswehr
Neuherbergstraße 11
80937 München

Kai Kehe
Institut für Pharmakologie
& Toxikologie der Bundeswehr
Neuherbergstraße 11
80937 München

Marianne Koller
Institut für Pharmakologie
& Toxikologie der Bundeswehr
Neuherbergstraße 11
80937 München

Dieter Schrenk
Technische Universität Kaiserslautern
Lebensmittelchemie
und Umwelttoxikologie
Erwin-Schrödinger-Str. 52
67663 Kaiserslautern

Toxikologie Band 2: Toxikologie der Stoffe. Herausgegeben von Hans-Werner Vohr

ISBN: 978-3-527-32385-2

Dirk Steinritz
Institut für Pharmakologie
& Toxikologie der Bundeswehr
Neuherbergstraße 11
80937 München

Horst Thiermann
Institut für Pharmakologie
& Toxikologie der Bundeswehr
Neuherbergstraße 11
80937 München

Hans-Werner Vohr
Bayer HealthCare AG
Immunotoxicology
Aprather Weg
42096 Wuppertal

Wim Wätjen
Universität Düsseldorf
Institut für Toxikologie
Universitätsstraße 1
40225 Düsseldorf

Franz Worek
Institut für Pharmakologie
& Toxikologie der Bundeswehr
Neuherbergstraße 11
80937 München

1
Metalle

Andrea Hartwig

1.1
Allgemeine Aspekte

Metallionen und Metallverbindungen sind ubiquitär in der Umwelt vorhanden. Viele von ihnen, darunter Calcium, Magnesium, Zink, Cobalt, Nickel, Mangan und Eisen, sind essentielle Bestandteile von biologischen Systemen. Sie vermitteln den Sauerstofftransport und -metabolismus, katalysieren Elektronenübertragungsreaktionen, sind an der Signaltransduktion beteiligt und stabilisieren die Struktur von Makromolekülen. Zudem vermitteln sie aber auch das Zusammenwirken der Makromoleküle untereinander, wie beispielsweise Zink in sogenannten Zinkfingerstrukturen, die als häufiges Motiv bei DNA-bindenden Proteinen nachgewiesen wurden. Für andere Metallverbindungen, wie solche von Blei, Arsen, Cadmium und Quecksilber, sind bislang keine essentiellen Funktionen beschrieben worden.

Aus toxikologischer Sicht weisen Metalle und Metallverbindungen einige Besonderheiten auf. So sind toxische und sogar kanzerogene Wirkungen keineswegs auf nicht essentielle Metalle beschränkt, sondern werden auch bei essentiellen Elementen beobachtet. Die oftmals enge Verknüpfung zwischen essentieller und toxischer Wirkung wird besonders bei Übergangsmetallen wie Eisen und Kupfer deutlich. Während eine ihrer essentiellen biologischen Funktionen darin besteht, Ein-Elektronen-Übergänge zu katalysieren, kann genau diese Fähigkeit der Übergangsmetallionen zu toxischen Reaktionen führen, indem die Generierung reaktiver Sauerstoffspezies katalysiert wird, die in der Folge zelluläre Makromoleküle schädigen können. Hier wird deutlich, dass eine genaue Regulation der Metallionenkonzentrationen in Geweben und Zellen nötig ist, um toxische Effekte zu verhindern; dies wird beispielsweise bei Eisen durch eine strikte Kontrolle der Aufnahme und der intrazellulären Speicherung erreicht. Toxische Wirkungen kommen dann zustande, wenn diese homöostatische Kontrolle entweder durch zu hohe Konzentrationen oder durch unphysiologische Aufnahmewege außer Kraft gesetzt wird. So wird die Resorption von essentiellen Elementen aus der Nahrung durch den Gastrointestinaltrakt stark reguliert; diese Kontrolle wird aber umgangen, wenn die Exposition über die Haut oder die Lunge erfolgt. Ein weiteres Prinzip der toxischen Wirkung von Metallverbin-

Toxikologie Band 2: Toxikologie der Stoffe. Herausgegeben von Hans-Werner Vohr

ISBN: 978-3-527-32385-2

dungen besteht in der Kompetition toxischer Metallionen mit essentiellen Metallionen. Diese Wechselwirkungen finden auf der Ebene der Aufnahme und der intrazellulären Funktionen statt; potenzielle Folgen sind eine verminderte Bioverfügbarkeit essentieller Metallionen, Störungen der Signaltransduktion sowie der Struktur und Funktion von Makromolekülen. Schließlich muss noch berücksichtigt werden, dass die toxische Wirkung nicht nur von Metall zu Metall stark variiert, sondern auch erheblich von der jeweiligen Verbindungsform bestimmt wird. Wesentliche Einflussfaktoren sind hier die Oxidationsstufe und die Löslichkeit, die wiederum die Aufnahme und damit die Bioverfügbarkeit von Metallverbindungen modifizieren können.

1.1.1 Toxische Wirkungen von Metallverbindungen unter besonderer Berücksichtigung der Kanzerogenität

Die meisten Erkenntnisse über toxische Wirkungen von Metallverbindungen beim Menschen wurden in epidemiologischen Studien mit Personen gewonnen, die beruflich exponiert waren bzw. sind. Schwere akute Gesundheitsstörungen durch Metallbelastungen in der allgemeinen Umwelt sind demgegenüber heutzutage selten, aber nicht ausgeschlossen. Hier sind insbesondere Cadmium, Blei, Quecksilber und Arsen von Belang. So wurde das Auftreten der sog. „Itai-Itai"-Krankheit in Japan mit dem Verzehr von Cadmium-kontaminiertem Reis und Wasser in Verbindung gebracht. Quecksilbervergiftungen in der allgemeinen Bevölkerung wurden in Japan und im Irak beobachtet. Gründe hierfür waren im ersten Fall der Konsum von kontaminiertem Fisch aus Quecksilber-verseuchten Gewässern und im zweiten Fall die Behandlung von Saatgut mit Quecksilber-haltigen Fungiziden. Bleivergiftungen wurden hauptsächlich bei Kindern durch das Verschlucken von bleihaltigen Farben hervorgerufen. Auch im Fall von Arsen sind Umweltbelastungen von Bedeutung. Hier können insbesondere die Belastung von Böden und Trinkwasser sowie der Verzehr arsenbelasteter Nahrungsmittel zu subakuten oder chronischen Gesundheitsstörungen führen.

Während die Symptome akuter oder subakuter Metallvergiftungen gut bekannt sind und heutzutage nur noch selten auftreten, gewinnt die Aufklärung von chronischen Gesundheitsschäden, die bei länger andauernder Exposition gegenüber vergleichsweise geringen Konzentrationen toxischer Metallverbindungen auftreten, an Bedeutung. Hierzu gehören beispielsweise Schädigungen des Zentralnervensystems durch Blei, Mangan und Quecksilber sowie Schädigungen des Immunsystems. Besonderes Interesse gilt aber der Frage nach einer potenziell Krebs erzeugenden Wirkung von Metallverbindungen. So wurden u. a. Chromate sowie Nickel-, Cadmium- und Arsenverbindungen in epidemiologischen Studien als kanzerogen identifiziert. Bei Verbindungen von Blei und Cobalt ergaben epidemiologische Untersuchungen – hauptsächlich aufgrund von Mischexpositionen – widersprüchliche Ergebnisse; hier traten jedoch vermehrt Tumore in Langzeit-Kanzerogenitätstests mit Versuchstieren auf.

Die Bewertungen der einzelnen Metalle und ihrer Verbindungen bezüglich ihrer Kanzerogenität für den Menschen durch die *„International Agency for Research on Cancer“* (IARC), Lyon, und die Senatskommission der Deutschen Forschungsgemeinschaft zur gesundheitlichen Bewertung von Arbeitsstoffen (MAK-Kommission) sind in Tabelle 1.1 zusammengefasst.

Tab. 1.1 Klassifikationen ausgewählter kanzerogener Metalle und ihrer Verbindungen.

Substanzen	IARC-Kategorie	MAK-Kategorie
Antimon und seine Verbindungen	∅	2 (ausgenommen SbH_3)
Antimontrioxide (Sb_2O_3)	2B	2
Antimontrisulfid (Sb_2S_3)	3	2
Arsen und seine Verbindungen	1	1
Beryllium und seine Verbindungen	1	1
Blei (Metall)	∅	2
Bleiverbindungen	2A	2
Butylzinnverbindungen	∅	4
Cadmium und seine Verbindungen	1	1
Chrom (Metall)	3	∅
Chrom(VI)-Verbindungen	1	2 (außer $ZnCrO_4$: Kat. 1)
Chrom(III)-Verbindungen	3	∅
Cobalt und seine Verbindungen	2B	2
Hartmetalle (Wolframcarbid)	2A	1
Nickel (Metall)	2B	1
Nickelverbindungen	1	1
Quecksilber und seine Verbindungen	2B	3B
Rhodium	∅	3B
Selen und seine Verbindungen	3	3B
Vanadium und seine Verbindungen	∅	2
Vanadiumpentoxid (V_2O_5)	2B	2

IARC (*International Agency for Research on Cancer*), MAK (DFG-Senatskommission zur gesundheitlichen Bewertung von Arbeitsstoffen); ∅: nicht eingestuft; Einstufungen IARC: Kat. 1: beim Menschen Krebs erzeugend; Kat. 2A: Wahrscheinlich beim Menschen Krebs erzeugend; Kat. 2B: Möglicherweise beim Menschen Krebs erzeugend; Kat.3: Nicht klassifizierbar bezüglich des Krebsrisikos für den Menschen. Einstufungen MAK: Kat. 1: beim Menschen Krebs erzeugend; Kat. 2: im Tierversuch Krebs erzeugend; werden auch als Krebs erzeugend für den Menschen angesehen; Kat. 3B: beim Menschen möglicherweise Krebs erzeugend; Daten zur endgültigen Eingruppierung fehlen noch; Kat. 4: kanzerogen, aber kein Beitrag zum Krebsrisiko bei Einhaltung des MAK- und BAT-Wertes zu erwarten

1.1.2
Wirkungsmechanismen kanzerogener Metallverbindungen

Bei der Kanzerogenese von Metallverbindungen ist in den meisten Fällen die direkte Wechselwirkung von Metallionen mit DNA-Bestandteilen von untergeordneter Bedeutung. Eine Ausnahme bilden Chromate, die intrazellulär zu Chrom(III) reduziert werden und potenziell mutagene ternäre Cr-DNA-Addukte bilden, an denen auch das Reduktionsmittel wie z. B. Ascorbat beteiligt ist (siehe Abb. 1.1). Für die meisten anderen Metallverbindungen sind eher indirekte Mechanismen postuliert worden: die vermehrte Bildung reaktiver Sauerstoffspezies (ROS), eine Inaktivierung von DNA-Reparaturprozessen, Veränderungen der

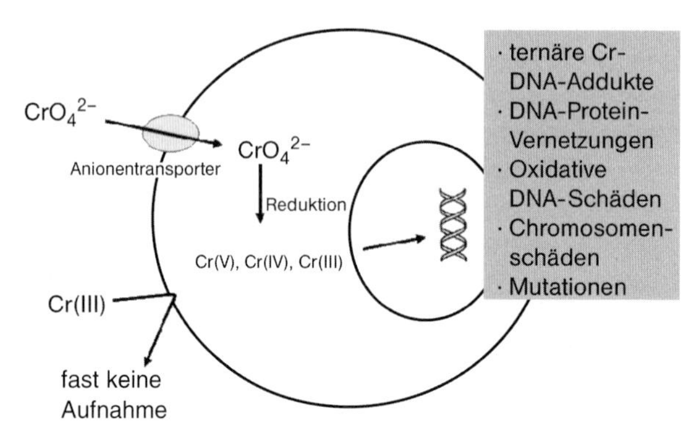

Abb. 1.1 Aufnahme und Genotoxizität von Chromverbindungen.

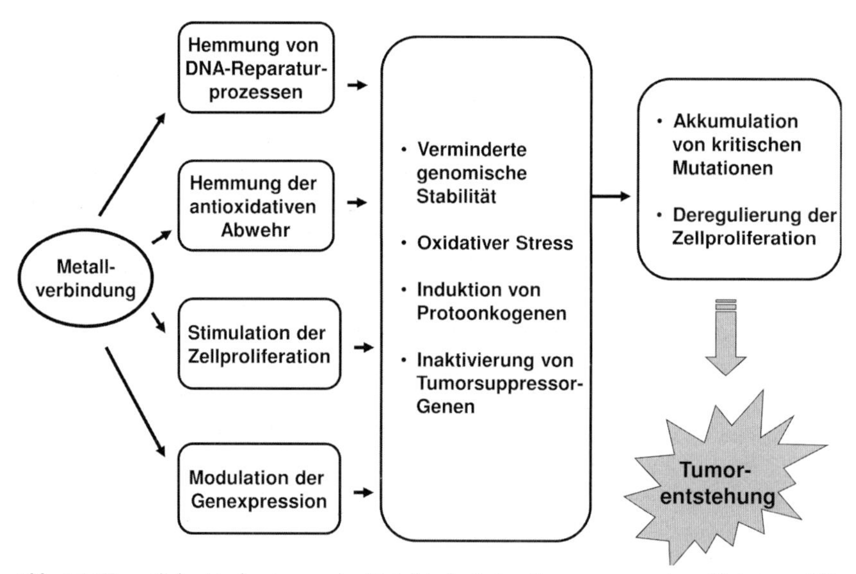

Abb. 1.2 Wesentliche Mechanismen der Metall-induzierten Kanzerogenese (modifiziert aus [1]).

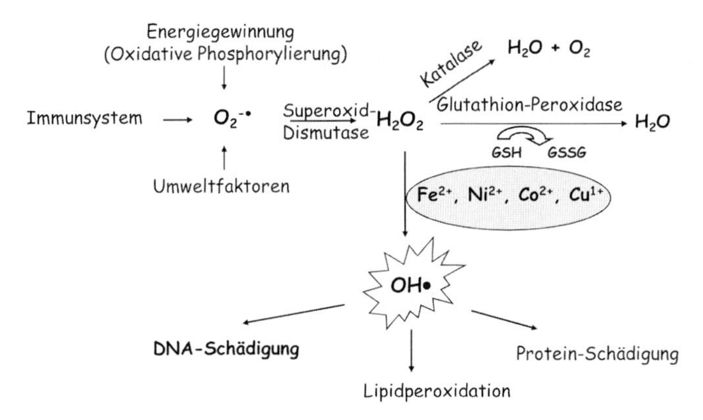

Abb. 1.3 Entstehung reaktiver Sauerstoffspezies durch endogene und exogene Faktoren, zelluläre Schutzmechanismen und die Rolle von Übergangsmetallionen (aus [3]).

Genexpression sowie Wechselwirkungen mit Signalübertragungsprozessen (siehe Abb. 1.2).

So wurden für einige Metallverbindungen oxidative DNA-Schäden in zellulären Testsystemen nachgewiesen, die jedoch durch indirekte Mechanismen hervorgerufen werden (siehe Abb. 1.3). Beispiele sind die Katalyse Fenton-ähnlicher Reaktionen mit H_2O_2 durch Übergangsmetallionen und damit die Generierung von sehr reaktiven Hydroxyl-Radikalen sowie die Inaktivierung von Schutzenzymen gegenüber reaktiven Sauerstoffspezies (ROS). Ein gemeinsamer Mechanismus für die meisten Metallverbindungen besteht darüber hinaus in der Beeinflussung von DNA-Reparatursystemen; hier haben Arbeiten der letzten Jahre erhebliche Fortschritte bezüglich der molekularen Angriffspunkte erbracht. So wird die DNA permanent durch endogene Stoffwechselprozesse und durch eine Vielzahl von Umweltfaktoren geschädigt. Zur Vermeidung von Mutationen, also permanente Veränderungen der genetischen Information, verfügt die Zelle über ein umfangreiches Schutzsystem, von denen DNA-Reparaturprozesse eine wichtige Rolle spielen. Metallverbindungen, wie solche von Nickel, Cadmium, Arsen, Cobalt und Antimon, hemmen DNA-Reparaturprozesse in teilweise sehr niedrigen Konzentrationen, sodass wichtige Schutzmechanismen gegenüber Umweltmutagenen, aber auch gegenüber DNA-Schäden durch reaktive Sauerstoffspezies in ihrer Funktion herabgesetzt werden. Dies führt zu Wirkungsverstärkungen in Kombination mit anderen mutagenen und kanzerogenen Substanzen. Als molekulare Angriffspunkte wurden u. a. Zink-bindende Strukturen in DNA-Reparatur- und Tumorsuppressorproteinen identifiziert. Darüber hinaus wurden für einige Metalle Veränderungen im DNA-Methylierungsmuster beobachtet, die zu veränderten Genexpressionsmustern führen können; besonders kritisch im Rahmen der Krebsentstehung ist dabei die Aktivierung von Wachstumsgenen (Onkogenen) oder die Inaktivierung von Tumorsuppressorgenen (zusammengefasst in [1, 2]).

1.1.3
Bioverfügbarkeit als zentraler Aspekt der speziesabhängigen Wirkungen

Ein zentraler Aspekt der Metalltoxikologie ist die Frage der Bewertung der unterschiedlichen Metallspezies. Ein Beispiel ist Chrom: Während Chrom(VI)-Verbindungen kanzerogen sind, ist dies für Chrom(III)-Verbindungen nicht belegt. Dies kann auf Unterschiede in der Bioverfügbarkeit zurückgeführt werden. Wasserlösliche Chrom(VI)-Verbindungen werden über den Anionentransporter aufgenommen, intrazellulär über verschiedene Zwischenschritte zu Chrom(III) reduziert und führen u. a. zu DNA-Schädigungen und Mutationen. Für lösliche Chrom(III)-Verbindungen hingegen ist die Zellmembran nahezu impermeabel (siehe oben Abb. 1.1).

Für andere Metalle und ihre Verbindungen stellt sich die Frage der toxikologischen Bewertung von schwer wasserlöslichen, partikulären im Vergleich zu gut wasserlöslichen Verbindungen. Besonders gut wurde dies am Beispiel Nickel untersucht. Sowohl wasserlösliche als auch partikuläre Nickelverbindungen sind kanzerogen beim Menschen; im Tierversuch gehören Verbindungen mittlerer Löslichkeit und mittlerer Toxizität wie Nickelsulfid (NiS) und Nickelsubsulfid (αNi_3S_2) zu den stärksten bekannten Kanzerogenen überhaupt. Entscheidend sind vor allem die Löslichkeit in extrazellulären Flüssigkeiten, die Aufnahme der Verbindungen in die Zellen der Zielorgane, sowie die anschließende intrazelluläre Freisetzung von Nickelionen als das ultimal schädigende Agens.

Lösliche Nickelverbindungen werden über Ionenkanäle in die Zellen aufgenommen. Weitgehend wasserunlösliche, kristalline Partikel werden phagozytiert und gelangen so in die Lysosomen und in die Nähe des Zellkerns; dort

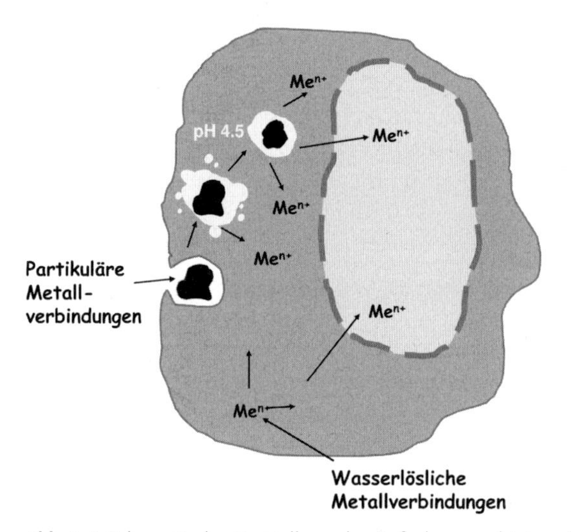

Abb. 1.4 Schematische Darstellung der Aufnahme und intrazellulären Verteilung partikulärer und wasserlöslicher Metallverbindungen; besonders gut ist dies für Nickelverbindungen untersucht (aus [3]).

lösen sie sich aufgrund des sauren pH-Wertes in den Lysosomen allmählich auf und setzen Nickelionen frei (siehe Abb. 1.4). Insgesamt zeigen Versuche in Zellkulturen eine vergleichbare Verteilung von Nickelionen im Zytoplasma und im Zellkern für wasserlösliche und partikuläre Nickelverbindungen. Dies gilt auch für die biologischen Effekte. Sowohl Nickelchlorid als auch partikuläres Nickeloxid bewirken eine deutliche, in ihrem Ausmaß vergleichbare DNA-Schädigung und DNA-Reparatur-Hemmung in Zellkultursystemen. Das höhere kanzerogene Potenzial von partikulärem Nickeloxid und -subsulfid im Tierversuch ist daher wahrscheinlich eher auf die wesentlich längere Retentionszeit *in vivo* zurückzuführen und nicht auf unterschiedliche Schädigungsmechanismen auf zellulärer Ebene. Somit sind die Wirkungen der unterschiedlichen Spezies qualitativ gleich und durch Nickelionen bedingt; entscheidende Faktoren für quantitative Unterschiede sind die Bioverfügbarkeit und die biologische Halbwertszeit.

1.2 Toxikologie ausgewählter Metallverbindungen

1.2.1 Aluminium

1.2.1.1 Vorkommen und relevante Expositionen

Aluminium ist das dritthäufigste Element der Erdkruste und kommt als natürlicher Bestandteil insbesondere im Trinkwasser und in pflanzlichen Lebensmitteln vor. Zu nennen sind insbesondere Gemüse, Obst sowie Tee und Gewürze. Weitere relevante Expositionen resultieren aus Aluminium-haltigen Zusatzstoffen in z. B. Back- und Süßwaren sowie über Aluminium-haltige Lebensmittelverpackungen und Aluminium-haltiges Kochgeschirr. Während für die meisten Lebensmittel vergleichsweise niedrige Aluminiumeinträge über Bedarfsgegenstände resultieren, ist dies insbesondere für die Aufbewahrung von sauren Lebensmitteln von Bedeutung: hier können durch die Verwendung von Aluminiumfolien und -gefäßen vergleichsweise hohe Aluminiumwerte auftreten.

1.2.1.2 Toxische Wirkungen

Nach hoher inhalativer Exposition gegenüber Aluminium-haltigen Stäuben und Schweißrauchen wurden Lungenfibrosen und obstruktive Atemwegserkrankungen beobachtet. Toxische Wirkungen des Aluminiums umfassen darüber hinaus Interaktionen mit dem Phosphat- und Calciumstoffwechsel mit der Folge der Reduktion der Knochenfestigkeit, neurotoxischer Wirkungen sowie embryotoxischer Effekte im Tierversuch. Da die Bioverfügbarkeit von Aluminium nach oraler Aufnahme maximal 1% beträgt, manifestierten sich toxische Effekte bei beruflich nicht exponierten Personen hauptsächlich bei Dialysepatienten, die gegenüber hohen Konzentrationen von Aluminium im Dialysewasser, durch die therapeutische Gabe von Aluminiumhydroxid und/oder nach der Einnahme von Antacida (>1000 mg Al Tag^{-1}) exponiert waren. Hier traten Mineralisierungsstörungen der Knochen, Anämie und Hirnschädigungen auf (Dialyse-Enzephalopathie). Ein vielfach postulierter Zusammenhang zwischen Aluminiumexposition und dem Auftreten von Alzheimer-Erkrankungen konnte auch bei hochexponierten Personen nicht manifestiert werden, da sich die neuropathologischen Veränderungen deutlich unterscheiden. Dennoch gibt es zahlreiche Hinweise darauf, dass Aluminium die Blut-Hirnschranke passieren kann und in höheren Konzentrationen neurotoxisch wirkt; die genaue Ursache ist unklar, diskutierte Mechanismen sind oxidativer Stress, Entzündungsprozesse oder die Hemmung des Abbaus von Amyloidpeptiden.

1.2.1.3 Grenzwerte und Einstufungen

Vom Gemeinsamen Expertengremium für Lebensmittelzusatzstoffe der Welternährungsorganisation (FAO) und der WHO (JECFA) und dem wissenschaftlichen Lebensmittelausschuss der EU-Kommission (SCF) wurde 1989 ein vorläufiger, tolerierbarer wöchentlicher Aufnahmewert (PTWI *„Provisional Tolerable Weekly Intake“*) in Höhe von 7 mg kg^{-1} Körpergewicht für die Gesamtaufnahme von Aluminium aus Lebensmitteln, einschließlich Aluminiumsalzen in Lebensmittelzusatzstoffen, abgeleitet. Dieser PTWI-Wert wurde 2006 von der JECFA auf 1 mg kg^{-1} Körpergewicht für die Gesamtaufnahme von Aluminium aus Lebensmitteln gesenkt. Das Komitee kam zu dem Schluss, dass Aluminium die Fortpflanzung und das sich entwickelnde Nervensystem bereits in niedrigeren Dosen beeinträchtigen kann, als es für die Ableitung des früheren PTWI-Wertes zugrunde gelegt wurde. Kritisch ist insbesondere das Passieren der Blut-Hirn-Schranke.

Die MAK-Kommission legte für die Exposition gegenüber Aluminium-, Aluminiumoxid- und Aluminiumhydroxid-haltigen Stäuben am Arbeitsplatz einen MAK-Wert in Höhe des Allgemeinen Staubgrenzwertes von 4 mg m^{-3} für die einatembare Fraktion und von 1,5 mg m^{-3} für die alveolengängige Fraktion fest. Der BAT-Wert beträgt 60 µg l^{-1} Urin.

1.2.2 Antimon

1.2.2.1 Vorkommen und relevante Expositionen

Antimon gehört zu den seltenen Elementen, ist aber aufgrund anthropogener Aktivitäten ubiquitär vorhanden. Es zählt wie Arsen zu den Halbmetallen und kommt hauptsächlich in Form von Sulfiden und Oxiden in den Oxidationsstufen −3, 0, +3 und +5 vor, wobei +3 die dominierende Oxidationsstufe ist. Durch den vielfältigen Einsatz von Antimon z. B. als Asbestersatz in Bremsbelägen, als Flammschutzmittel in Textilien, Kunststoffen und Papier, als Katalysator in Kunststoffen und als Pigment ist Antimon in der Umwelt weit verbreitet, vorwiegend als Sb_2O_3. Die Gehalte in Lebensmitteln sind gering; quantitativ bedeutender kann die Migration von Antimon aus Verpackungsmaterialien wie z. B. PET sein.

1.2.2.2 Toxische Wirkungen

Antimon wirkt als Kapillargift; weiterhin stehen Kardiotoxizität sowie Leber- und Nierenschäden im Vordergrund. Damit ähneln akut toxische systemische Wirkungen denen des Arsens. Allerdings lösen hohe oral aufgenommene Konzentrationen an Antimon einen Brechreiz aus, sodass es schnell wieder ausgeschieden wird. Wie beim Arsen ist die Toxizität des Antimons stark abhängig von der Oxidationsstufe und der jeweiligen Verbindungsform; generell sind dreiwertige Verbindungen toxischer als fünfwertige und anorganische toxischer als organische. Das gasförmige Stibin besitzt die höchste akute Toxizität. Vermutungen, dass das als Flammschutzmittel in Matratzen eingesetzte Antimontrioxid für den plötzlichen Kindstod verantwortlich ist, haben sich nicht bestätigt. Inhalationsstudien mit Antimontrioxid und Stäuben von antimonhaltigen Erzen zeigten eine Induktion von Lungentumoren in weiblichen Ratten. Die genauen Wirkungsmechanismen sind allerdings noch unklar. Wie beim Arsen stehen eher indirekte genotoxische Effekte im Vordergrund, so die Induktion von oxidativem Stress und die Beeinflussung von DNA-Reparaturprozessen.

1.2.2.3 Grenzwerte und Einstufungen

In der Trinkwasserverordnung wurde der Grenzwert für Antimon in Trinkwasser und Mineralwässern 2003 auf 5 $\mu g\ l^{-1}$ herabgesetzt. Basierend auf Versuchen an Ratten und hier anhand der Beeinflussung von Blutglucose- und Cholesterin-Werten veröffentlichte die amerikanische EPA eine „*Reference dose*" (RfD-Wert) von 0,04 $\mu g\ kg^{-1}$ KG Tag^{-1}, allerdings auf schwacher Datenbasis. Von der WHO wurde ein TDI-Wert von 6 $\mu g\ kg^{-1}$ KG festgelegt. Die MAK-Kommission stufte Antimon und seine anorganischen Verbindungen in Kanzerogenitätskategorie 2 ein, die IARC bewertete nur Antimontrioxid als möglicherweise krebserzeugend für den Menschen (Kategorie 2B).

1.2.3 Arsen

1.2.3.1 Vorkommen und relevante Expositionen

Arsen gehört zu den Halbmetallen und tritt in den Oxidationsstufen +5, +3, 0 und −3 auf; dabei sind sowohl natürliche als auch anthropogene Quellen relevant. Eine je nach geologischen Gegebenheiten bedeutende Expositionsquelle ist das Trinkwasser, in dem Arsen in Abhängigkeit von den Redoxbedingungen als Arsenat (+5) oder Arsenit (+3) vorliegt. Die gemessenen Arsenkonzentrationen im Grundwasser reichen von nicht nachweisbar bis 800 $\mu g\ l^{-1}$. Im Trinkwasser können in einigen Gebieten der Erde wie z. B. West Bengalen und Bangladesch Arsengehalte von bis zu 9 $mg\ l^{-1}$ erreicht werden. In Deutschland überschreiten die Trinkwassergehalte nur selten 10 µg l^{-1} ; in einigen Mineralwässern wurden aber Werte von bis zu 45 µg l^{-1} nachgewiesen. Der Hauptteil des über die Nahrung aufgenommenen Arsens stammt in Deutschland aus Fisch und Fischprodukten, in denen Arsen vorwiegend in Form von Arsenobetain und Arsenocholin vorliegt. Darüber hinaus wurden in den letzten Jahren auch Arsenolipide in Fischölen identifiziert. Weiterhin relevant sind Braun- und Rotalgen, in denen mehr als 100 mg kg^{-1} Trockengewicht Arsenozucker nachgewiesen wurden. Die kommerzielle Verwendung von Arsen ist in der Bundesrepublik Deutschland inzwischen auf die Halbleiterfertigung beschränkt; international wird es bei der Laugenreinigung im Rahmen der Zinkgewinnung, in Holzschutzmitteln, in Pflanzenbehandlungsmitteln, in der Glas- und Keramikindustrie sowie als Bestandteil von Nicht-Eisenmetalllegierungen eingesetzt.

1.2.3.2 **Toxische Wirkungen**

Werden längerfristig erhöhte Mengen an Arsen oder seinen anorganischen Verbindungen entweder inhalativ oder oral (z. B. über das Trinkwasser) aufgenommen, ist dies mit einer Reihe von toxischen Wirkungen verbunden. So treten vermehrt Schädigungen des peripheren und zentralen Nervensystems, des Atemtraktes, der Haut, der Leber und der peripheren Blutgefäße auf; letzteres ist Ursache für die sogenannte *„Blackfoot Disease“* in Taiwan. Im Gegensatz zu den meisten anderen Metallverbindungen ist die kanzerogene Wirkung von Arsenverbindungen wesentlich klarer beim Menschen als im Tierversuch belegt. So wurden nach inhalativer Arsenbelastung in mehreren epidemiologischen Studien vermehrt Tumoren des Respirationstraktes beobachtet; der erhöhte Gehalt von Arsen in Trinkwasser ist mit dem gehäuften Auftreten von Hautkrebs, aber auch von Lungen-, Blasen- und Leberkrebs verbunden. Arsen(V) wird zunächst zu dem toxischeren Arsen(III) reduziert, bevor es in der Leber biomethyliert wird. Hier werden aus Arsenit jeweils drei- und fünfwertige mono- und dimethylierte Arsenspezies in Form von monomethylarsoniger Säure (MMA(III)), dimethylarsiniger Säure (DMA(III)), Monomethylarsonsäure (MMA(V)) und Dimethylarsinsäure (DMA(V)) gebildet. Unklar ist die Bedeutung dieser Biomethylierung für die Krebsentstehung. Galt diese Methylierung bis vor einigen Jahren noch als Detoxifizierung, zeigen Forschungsergebnisse der letzten Jahre, dass insbesondere die dreiwertigen methylierten Metaboliten eine erhöhte Toxizität und auch Genotoxizität im Vergleich zu Arsenit aufweisen. Bezüglich der kanzerogenen Wirkungen sind neben der Induktion oxidativer DNA-Schäden eher indirekte Mechanismen von Bedeutung, insbesondere die Hemmung von DNA-Reparaturprozessen, sowie Beeinflussungen von DNA-Methylierungsmustern mit der Folge von veränderten Genexpressionsmustern von Protoonkogenen und Tumorsuppressorgenen und genomischer Instabilität. Bezüglich der organischen Arsenverbindungen gelten Arsenobetain und Arsenocholin als toxikologisch unbedenklich, wohingegen eine toxikologische Bewertung von Arsenozuckern und Arsenolipiden noch aussteht.

1.2.3.3 Grenzwerte und Einstufungen

Sowohl von der Weltgesundheitsorganisation, der amerikanischen EPA als auch durch die Trinkwasserverordnung wurde ein Trinkwassergrenzwert von 10 µg Arsen l^{-1} festgelegt. Seit 1.1. 2006 gilt dieser Wert auch für natürliche Mineral- und Tafelwässer; Wasser zur Zubereitung von Säuglingsnahrung darf 5 µg l^{-1} nicht überschreiten (MTVO). Der von der WHO/JECFA 1989 aufgestellte PTWI-Wert beträgt 7 µg Arsen kg^{-1} Körpergewicht $Woche^{-1}$, die *„Oral reference dose"* (RfD) der EPA von 1999 0,3 µg anorganisches Arsen kg^{-1} Körpergewicht Tag^{-1}. IARC und MAK-Kommission stuften Arsen und seine anorganischen Verbindungen in die Kanzerogenitätskategorie 1 ein. Der Biologische Leitwert der MAK-Kommission liegt bei 50 µg l^{-1} Urin.

1.2.4 Blei

1.2.4.1 Vorkommen und relevante Expositionen

Blei ist ubiquitär in der Umwelt verbreitet und kommt in den Oxidationsstufen 0, +2 und +4 sowie hauptsächlich als Bleisulfid vor. Verwendet wird Blei u.a. zur Herstellung von Batterien und Akkumulatoren, zur Herstellung von Rohren und Kabelummantelungen sowie als Farbpigment (Bleiweiß, Mennige). Insbesondere der Einsatz von Tetramethylblei und Tetraethylblei in Kraftstoffen führte auch in der beruflich nicht exponierten Allgemeinbevölkerung zu vergleichsweise hohen Konzentrationen an Blei im Blut (s.u.). Besonders in der Nähe stark befahrener Straßen waren auch die dort angebauten Lebensmittel wie Blattsalate bleibelastet. Weitere wesentliche Expositionen können über das Trinkwasser resultieren, wenn in Altbauten noch (inzwischen nicht mehr verwendete) Bleirohre vorhanden sind. Durch das Abblättern bleihaltiger Anstrichfarben, die dann oftmals von Kindern mit dem Staub oral aufgenommen werden, können sogar akute Bleivergiftungen auftreten; auch wenn Bleifarben im Wohnraum bereits seit 1971 nicht mehr verwendet werden dürfen, kann dies in unsanierten Häusern noch ein Problem darstellen. Typische Bleikonzentrationen in Lebensmitteln liegen zwischen 10 und 200 µg kg^{-1}, wobei pflanzliche Lebensmittel in der Regel weniger Blei enthalten als tierische; höchste Gehalte finden sich in Muscheln sowie in Innereien. Von Bedeutung kann zudem die Aufnahme von Blei aus Keramikgefäßen, insbesondere bei der Befüllung mit sauren Lebensmitteln wie beispielsweise Fruchtsäften, sein. Diese dürfen je nach Gefäß bis zu 4 mg Blei l^{-1} abgeben; auch wenn dieser Wert eingehalten wird, kann dies zu erheblichen Überschreitungen des von der WHO festgelegten *„Provisional Tolerable Weekly Intake"* (PTWI) führen.

1.2.4.2 Toxische Wirkungen

In den letzten Jahren haben sich die Blutbleispiegel der Allgemeinbevölkerung infolge des Einsatzes von unverbleitem Benzin deutlich von ca. 10–20 µg l^{-1} im Zeitraum von 1975–1980 auf heute 2–5 µg l^{-1} gesenkt. Akute Bleivergiftungen kommen heute nur noch selten vor, sie äußern sich in Erbrechen, Darmkoliken bis hin zum Nierenversagen. Chronische Gesundheitsschäden betreffen hauptsächlich die Blutbildung und neurotoxische Effekte. Letztere können auch bei sehr geringer Bleibelastung auftreten; Kinder reagieren besonders empfindlich auf Blei. Diskutiert werden auch Nierentoxizität und kardiovaskuläre Störungen. Zudem wurde Blei sowohl von der IARC als auch von der MAK-Kommission als krebserzeugend eingestuft. Die epidemiologischen Studien lieferten hierfür Anhaltspunkte; ausschlaggebend waren aber vor allem Tierversuche, in denen Tumoren in Niere, Nebenniere, Hoden, Prostata, Lunge, Leber, Hypophyse, Schilddrüse und Brustdrüse sowie Leukämien, Sarkome des hämatopoetischen Systems und zerebrale Gliome aufgetreten waren. Die Mechanismen der kanzerogenen Wirkung sind noch nicht aufgeklärt; vermutet werden indirekte genotoxische Effekte wie eine Beeinflussung von DNA-Reparaturmechanismen. Organobleiverbindungen wie Tetramethyl- und Tetraethylblei sind flüchtige und lipophile Verbindungen, die im Körper oxidativ zum vergleichsweise stabilen Trialkylblei metabolisiert werden. Hier stehen insbesondere neurotoxische Wirkungen im Vordergrund.

1.2.4.3 Grenzwerte und Einstufungen

Der von der WHO 2001 festgelegte „*Provisional Tolerable Weekly Intake*" (PTWI) beträgt 25 μg kg^{-1} Körpergewicht. Zudem wurden Höchstgehalte für Blei in einzelnen Lebensmitteln festgelegt, so beispielsweise 20 μg kg^{-1} für Milch, 50 μg kg^{-1} für Fruchtsaft, 100 μg kg^{-1} für Fleisch, Obst und Gemüse, 200 μg kg^{-1} für Fisch und Getreide, 300 μg kg^{-1} für Blattgemüse und 1500 μg kg^{-1} für Muscheln. Für Trinkwasser gilt derzeit ein Wert von 25 μg l^{-1}, dieser soll bis 2013 auf 10 μg l^{-1} abgesenkt werden. Die IARC stufte Bleiverbindungen in Kanzerogenitäts-Gruppe 2A, die MAK-Kommission metallisches Blei und Bleiverbindungen in Kanzerogenitäts-Kategorie 2 ein. Der Biologische Leitwert der MAK-Kommission wurde für Frauen über 45 Jahren und Männer auf 400 μg l^{-1} Blut und für Frauen unter 45 Jahren auf 100 μg l^{-1} Blut festgelegt.

1.2.5 Cadmium

1.2.5.1 Vorkommen und relevante Expositionen

Cadmium ist ein natürliches Element der Erdkruste, in der es als Cadmiumoxid, Cadmiumchlorid, Cadmiumsulfat oder Cadmiumsulfit vorkommt. Cadmiumverbindungen sind sowohl in der Umwelt als auch am Arbeitsplatz weit verbreitet. Sie werden beispielsweise in Lötmetallen, in Pigmenten, als Stabilisatoren in PVC und in Batterien eingesetzt. Obwohl die industrielle Anwendung aufgrund der Toxizität in den letzten Jahren erheblich zurückgegangen ist, sind einige Anwendungsbereiche ansteigend. Hierzu zählt der Einsatz in Nickel-Cadmium-Akkumulatoren sowie in der Galvanik-Industrie.

Aufgrund des ubiquitären Vorkommens in Böden ist Cadmium in allen pflanzlichen Lebensmitteln sowie in tierischen Lebensmitteln vorhanden. Cadmiumreich sind insbesondere Nüsse, Kerne und Samen, darunter auch Kakaobohnen. Der Gehalt in tierischen Lebensmitteln ist abhängig vom Cadmiumgehalt in Futtermitteln; aufgrund der Anreicherung von Cadmium finden sich hohe Gehalte insbesondere in der Leber und der Niere. Bei Nichtrauchern ist die orale Aufnahme die überwiegende Expositionsquelle; bei Rauchern trägt die inhalative Aufnahme erheblich zur Cadmiumexposition bei. Nicht zu vernachlässigen ist darüber hinaus die Aufnahme von Cadmium aus Keramikgefäßen, die selbst bei Einhaltung der zulässigen Höchstmengen zu erheblichen Überschreitungen der tolerierbaren wöchentlichen Aufnahmemenge (PTWI, s. u.) führen kann.

1.2.5.2 **Toxische Wirkungen**

Akut toxische Wirkungen sind selten. Dennoch sind schwere Gesundheitsstörungen beim Menschen durch Cadmiumexpositionen bekannt. Ein besonders gravierender Fall von umweltbedingten Cadmiumvergiftungen stellte das Auftreten der sog. „Itai-Itai"-Krankheit in Japan dar. Die Krankheitssymptome waren starke Schmerzen im Rücken und in den Beinen, die durch Osteomalazie und Osteoporose ausgelöst wurden; Ursache waren massive Nierenschäden, die zu Störungen im Calcium-, Phosphor- und Vitamin D-Metabolismus in den Knochen führten. Für die Allgemeinbevölkerung potenziell relevante toxische Wirkungen umfassen insbesondere Nierenfunktionsstörungen (Nephropathie), Wirkungen auf das kardiovaskuläre System sowie Wirkungen auf das Knochensystem. Problematisch ist vor allem die starke Akkumulation von Cadmium in Leber und Niere. In diesen Organen induziert Cadmium Metallothionein, ein kleines, schwefelhaltiges Protein, und bindet daran. Einmal resorbiertes Cadmium wird aus diesem Grund nur sehr langsam wieder ausgeschieden mit Halbwertszeiten von mehreren Jahrzehnten; die höchsten Cadmiumgehalte finden sich in der Nierenrinde. Nierenfunktionsstörungen treten bereits bei vergleichsweise niedrigen Konzentrationen auf; betroffen sein können hiervon insbesondere Personen mit überdurchschnittlich hohem Verzehr von Cadmium haltigen Lebensmitteln, Personen mit Ca-, Fe- und Vitamin-D-Mangel, Raucher und beruflich exponierte Personen. Nach inhalativer Exposition gilt Cadmium als krebserzeugend für den Menschen (Lunge und Niere, in Tierversuchen Lunge und Prostata). Mehrere für die Expositionsbedingungen am Arbeitsplatz besonders relevante Inhalationsstudien an Ratten zeigen, dass sowohl wasserlösliches Cadmiumchlorid und Cadmiumsulfat als auch wasserunlösliche Verbindungen wie Cadmiumsulfid und Cadmiumoxid in niedrigen, den Arbeitsplatzbedingungen vergleichbaren Konzentrationen kanzerogen sind. Eine direkte DNA-schädigende Wirkung ist für die Kanzerogenität eher von untergeordneter Bedeutung; relevante Wirkungsmechanismen umfassen die Induktion von oxidativem Stress, die Hemmung von DNA-Reparatursystemen, die Inaktivierung von Tumorsuppressorproteinen sowie Veränderungen des DNA-Methylierungsmusters und damit der Genexpression.

1.2.5.3 Einstufungen und Grenzwerte

Cadmium und seine Verbindungen wurden sowohl von der IARC als auch von der MAK-Kommission als kanzerogen eingestuft (s.o. Tabelle 1.1). Von der EFSA (European Food Safety Authority) wurde 2009 ein TWI (Tolerable Weekly Intake) von 2,5 µg/kg Körpergewicht festgelegt; entscheidend waren hierbei nierentoxische Effekte bereits im niedrigen Konzentrationsbereich. Dieser Wert wird im Durchschnitt in der Allgemeinbevölkerung eingehalten, wird aber in einzelnen Bevölkerungsgruppen wie Rauchern, Kindern und Vegetariern sowie in Gebieten mit Cadmium-belasteten Böden häufig überschritten. Für einzelne Lebensmittel wurden Höchstmengen für Cadmiumgehalte abgeleitet.

1.2.6
Chrom

1.2.6.1 Vorkommen und relevante Expositionen

Chrom gehört zu den Übergangsmetallen und kommt in den Oxidationsstufen 0 bis +6 vor; in der Natur überwiegt allerdings Cr^{3+}. In Lebensmitteln finden sich die höchsten Chromgehalte in Fleisch, Fisch, Fetten und Ölen sowie in Brot, Nüssen und Zerealien. Die Resorption von Chrom aus der Nahrung ist insgesamt gering, deckt aber den Bedarf. Kommerziell werden Chromverbindungen hauptsächlich als Pigmente in Rostschutzlacken, bei der Lederfärbung, als Holzschutzkonservierungsmittel sowie als Bestandteil von Edelstahl verwendet.

1.2.6.2 Essenzielle und toxische Wirkungen

Als essentielles Spurenelement beeinflusst Chrom den Kohlenhydrat-, Fett- und Proteinstoffwechsel über die Insulinaktivität. Der genaue Wirkungsmechanismus ist noch unklar; postuliert wird ein „Glucose-Toleranzfaktor", dessen Struktur noch nicht aufgeklärt wurde. Bezüglich toxischer Wirkungen muss klar zwischen Chrom(VI)-Verbindungen und Cr(III)-Verbindungen unterschieden werden. Während Chrom(VI)-Verbindungen krebserzeugend beim Menschen und im Tierversuch sind, ist die Toxizität von Chrom(III) wesentlich geringer. Grund hierfür ist die unterschiedliche Bioverfügbarkeit. Während Chrom(VI)-Verbindungen über den Anionentransporter in Zellen aufgenommen werden und nach intrazellulärer Reduktion zu Cr(III) zu Schäden an zellulären Makromolekülen einschließlich der DNA führen, werden Chrom(III)-Verbindungen kaum aufgenommen und eine Krebs erzeugende Wirkung wurde nicht beobachtet; auch andere toxische Effekte treten erst bei wesentlich höheren Konzentrationen auf. Da Chrom in Lebensmitteln als Chrom(III) vorkommt und eine Oxidation zu Chrom(VI) im Organismus nicht wahrscheinlich ist, sind toxische Wirkungen durch die normale Ernährung nicht anzunehmen. Bei beruflicher Exposition gegenüber Chrom(VI)-Verbindungen wurden jedoch erhöhte Tumorhäufigkeiten in der Lunge und den Nasennebenhöhlen beobachtet, so bei Beschäftigten in den Bereichen der Chromatherstellung, der Chromatpigmentproduktion sowie der Galvanisierung. Die Mechanismen der Chromat-induzierten

Kanzerogenese sind vergleichsweise gut aufgeklärt. So wird Chrom(VI) nach der Aufnahme über den Anionentransporter intrazellulär über unterschiedliche Zwischenschritte zu Chrom(III) reduziert. Im Laufe dieser Reduktion durch Ascorbat und/oder GSH entstehen in Abhängigkeit vom Reduktionsmittel reaktive Intermediate, die in der Folge zu unterschiedlichen Arten von DNA-Schäden wie DNA-Addukten, oxidativen DNA-Basenschäden, DNA-Strangbrüchen und DNA-Protein-Vernetzungen führen (Abb. 1.1). Unter physiologischen Bedingungen wurden hauptsächlich ternäre Chrom(III)-Ascorbat-DNA-Addukte mit einem hohen mutagenen Potenzial identifiziert, die darüber hinaus auch noch zu reparaturdefekten Zellpopulationen führen. Ein weiterer Wirkungsmechanismus besteht in der Induktion von Aneuploidie, die zu Zelltransformationen führen kann. Ferner haben Chromverbindungen, insbesondere Chrom(VI), kontaktsensibilisierende Eigenschaften, die insbesondere bei Zementarbeitern vermehrt zu Kontaktdermatitis führen. Weitere Quellen für eine Aufnahme von Chrom über die Haut sind beispielsweise chromathaltige Handschuhe.

1.2.6.3 Grenzwerte und Einstufungen

Chrom(VI)-Verbindungen sind sowohl von der IARC als auch von der MAK-Kommission als kanzerogen eingestuft (s. o. Tabelle 1.1). Zur Aufrechterhaltung der essentiellen Funktionen belaufen sich die Schätzwerte der D-A-CH für eine angemessene Zufuhr auf 30–100 µg Tag^{-1}, und es gibt keine Hinweise auf eine Mangelversorgung. Bezüglich einer potenziell toxischen Wirkung für die orale Aufnahme von Chrom(III) liegen keine belastbaren Daten vor, die die Ableitung eines *„Upper Limits“* erlauben würden. Empfehlungen des BfR bezüglich einer Höchstmenge in Nahrungsergänzungsmitteln sind mit 250 µg Tag^{-1} bzw. 60 µg Chrom $Tagesration^{-1}$ Nahrungsergänzungsmittel angegeben. Hiervon ausgenommen ist Chrompicolinat, für das Hinweise auf eine höhere Toxizität vorliegen. Aufgrund der insgesamt sehr begrenzten Datenlage wird eine Anreicherung von Lebensmitteln mit Chrom vom BfR nicht befürwortet.

1.2.7 Cobalt

1.2.7.1 Vorkommen und relevante Expositionen

Cobalt ist ein Übergangsmetall und zählt zu den essentiellen Spurenelementen. Die wichtigsten Oxidationsstufen sind +2 und +3, es kann aber auch in den Oxidationsstufen −3, −1, 0, +1, +4 und +5 vorliegen. Es kommt in vielen Mineralien vor, meist zusammen mit Nickel, Arsen und Kupfer. Cobaltverbindungen wurden bereits in ägyptischer Keramik der Zeit um 2600 v. Chr. nachgewiesen und werden seither als blaufärbende Pigmente bei der Herstellung von Keramik, Schmuck und Glas eingesetzt. Heutzutage findet Cobalt jedoch vorrangig als Bestandteil von Hartmetalllegierungen Verwendung, hier insbesondere aufgrund der hohen Korrosions- und Hitzebeständigkeit im Bereich des Flugzeug- und Werkzeugbaus.

1.2.7.2 Essenzielle und toxische Wirkungen

Cobalt ist ein essentieller Bestandteil von Vitamin B12 und als solcher an allen Vitamin B12-abhängigen Reaktionen beteiligt, so im Fett- und Folatstoffwechsel. Nach oraler Aufnahme ist Cobalt vergleichsweise wenig toxisch; bei 20–30 mg Tag^{-1} treten toxische Wirkungen auf, die zu Haut-, Lungen-, Leber-, Herz- und Nierenschäden führen können. Bekanntes Beispiel war der Zusatz von Cobaltsulfat zur Schaumstabilisierung bei der Bierherstellung in einigen Ländern in den 1960er Jahren; hier kam es zu Todesfällen durch Herzmuskelschädigung bei starken Biertrinkern. Nach inhalativer Aufnahme können Cobalt und seine Verbindungen in Form von atembaren Stäuben und Aerosolen zu Fibrosen führen und sind aufgrund von Tierversuchen als krebserzeugend eingestuft. Ausschlaggebend waren durch Cobaltsulfat verursachte Lungentumoren bei Ratte und Maus sowie lokale Tumoren nach subkutaner, intramuskulärer oder intraperitonealer Applikation. Bei Cobalt- und Wolframcarbid-haltigen Hartmetallstäuben liegen auch deutliche epidemiologische Hinweise auf eine krebserzeugende Wirkung vor; dies spiegelt sich auch in unterschiedlichen Einstufungen wider (siehe 1.2.7.3). Relevante Mechanismen für die kanzerogene Wirkung umfassen die Induktion von oxidativem Stress und eine Beeinflussung von DNA-Reparaturmechanismen. Insbesondere die Kombination von metallischem Cobalt mit Wolframcarbid führte in subzellulären Testsystemen zu einer gegenüber den Einzelkomponenten verstärkten Bildung von reaktiven Sauerstoffspezies. Darüber hinaus können Cobalt-haltige Gegenstände zu allergischen Reaktionen führen.

1.2.7.3 Grenzwerte und Einstufungen

Obwohl Cobalt zu den essentiellen Spurenelementen gehört, existiert keine Empfehlung für eine notwendige Aufnahmemenge, da der Mensch es nicht für die Vitamin B12-Versorgung nutzen kann. Darüber hinaus wurden auch keine TDI- oder PTWI-Werte aufgestellt. Cobalt und seine Verbindungen sind von der IARC in die Kanzerogenitäts-Kategorie 2B und von der MAK-Kommission in die Kanzerogenitätskategorie 2 eingestuft. Cobalt- und Wolframcarbid-haltige Hartmetallstäube sind jedoch in die Kategorie 1 (MAK) und 2A (IARC) eingestuft worden.

1.2.8 Eisen

1.2.8.1 Vorkommen und relevante Expositionen

Eisen ist das vierthäufigste Element und das häufigste Übergangsmetall. In der Natur findet es sich hauptsächlich in Form von oxidischen und sulfidischen Erzen. Sowohl in Erzen als auch in biologischen Systemen liegt es in den Oxidationsstufen +2 und +3 vor. Besonders eisenreiche tierische Lebensmittel sind Schweineleber, Leberwurst und Rindfleisch sowie bei pflanzlichen Lebensmitteln Spinat, Vollkornbrot und Äpfel. Zu berücksichtigen ist allerdings die unterschiedliche Verbindungsform. So liegen im Fleisch ca. 40–60% des Eisens als Hämeisen vor, welches eine vergleichsweise hohe Bioverfügbarkeit aufweist (ca. 15–35%, abhängig vom Eisenstatus), wohingegen vom Nichthämeisen nur ca. 1–15% resorbiert werden. Eine gemischte Kost enthält in den westlichen Ländern 5–15 mg Nicht-Hämeisen und 1–5 mg Hämeisen; der Anteil des hauptsächlich in Pflanzen und Milchprodukten vorkommenden Nicht-Hämeisens an der Eisenzufuhr wird auf >85% geschätzt. Darüber hinaus dürfen in Deutschland einige Eisenverbindungen als Zusatzstoffe zu ausgewählten Lebensmitteln für technologische Zwecke zugesetzt werden (als Farbstoffe, als Oxidationsmittel bei Oliven, zum Erhalt der Rieselfähigkeit von Kochsalz). Kommerziell werden Eisenoxide zur Herstellung von Werkstoffen wie Eisen und Stahl eingesetzt. Ferner finden synthetische Eisenoxide als Pigmente in Farben, Lacken, Tinten und Beschichtungen sowie in Papier-, Keramik- und Glasprodukten Verwendung.

1.2.8.2 **Essenzielle und toxische Wirkungen**

Eisen, das häufigste Spurenelement des menschlichen Organismus, ist essentiell für Mensch, Tier und Pflanze. Die biologisch wichtigsten Formen sind das Eisen(II) und das Eisen(III). Da das in wässrigen Lösungen vorliegende Eisen(III)hydroxid schwer löslich ist, benutzen Organismen eisenbindende Proteine und Chelatoren, um dieses verfügbar zu machen. Als Bestandteil von Enzymen ist Eisen zum Beispiel über Hämoglobin am Sauerstofftransport aus der Lunge in die Zielgewebe, über Myoglobin an der gesteigerten Diffusion von Sauerstoff aus den Erythrozyten in die Muskulatur, über Cytochrome an der Elektronentransportkette der oxidativen Phosphorylierung und über weitere eisenabhängige Enzyme an zahlreichen Oxidations- und Reduktionsreaktionen wie auch am Fremdstoffmetabolismus beteiligt. Toxische Wirkungen des Eisens hängen wie die essentiellen Funktionen mit der Redoxaktivität des Eisens zusammen. Nicht fest gebundenes Eisen kann über die Bildung reaktiver Sauerstoffspezies (Fenton-Reaktion, Haber-Weiß-Reaktion) zu Schäden an Proteinen, Nukleinsäuren, Lipiden und zellulären Membranen führen sowie als Promotor das Wachstum von Krebszellen fördern. Um toxische Reaktionen zu verhindern, verfügt der Körper über ein komplexes System der Eisenhomöostase, in dem Eisen proteingebunden im Blut transportiert, in die Zellen aufgenommen und gespeichert wird. Wird diese Speicherkapazität überlastet, können schwerwiegende Gesundheitsschäden auftreten; besonders deutlich wird dies beispielsweise bei der genetisch bedingten Hämochromatose, bei der die Regulation der intestinalen Eisenaufnahme gestört ist und es in der Folge zu einer vermehrten Aufnahme durch die Mucosazellen und zur Akkumulation von Eisen in wichtigen Organen kommt. Akute Eisenvergiftungen in nicht genetisch vorgeschädigten Personen treten überwiegend bei Einnahme einer Überdosis eisenhaltiger Medikamente auf, wovon meist Kinder betroffen sind. Akute toxische Wirkungen zeigen sich bei Dosen zwischen 20 und 60 mg Eisen kg^{-1} Körpergewicht, Dosen über 180 mg Eisen kg^{-1} Körpergewicht können tödlich sein. Folgen einer akuten

Eisenintoxikation sind blutiges Erbrechen, blutige Durchfälle, Herzinsuffizienz, Lebernekrosen mit Organversagen, Gerinnungsstörungen, Hypoglykämie, Lethargie, Koma und Krämpfe. Bei einer chronisch überhöhten Aufnahme von Eisenpräparaten (150–1200 mg Tag^{-1}) kann es zu Leberzirrhose, Diabetes mellitus und Herzversagen kommen; solche Fälle sind jedoch selten. Hinweise auf ein erhöhtes Krebsrisiko liegen für Patienten mit Hämochromatose vor; ferner wird ein Zusammenhang zwischen hohen Eisenspeichern und Krebserkrankungen diskutiert. Die epidemiologischen Daten bezüglich einer möglicherweise erhöhten Krebshäufigkeit bei eisenexponierten Arbeitern sind dagegen widersprüchlich. Zwar ergaben epidemiologische Studien Anhaltspunkte für ein erhöhtes Lungenkrebsrisiko bei Personen, die gegenüber Eisenoxid exponiert waren; da Eisen aber als Hauptbestandteil von Stählen – je nach Verwendungszweck – auch zusammen mit Chrom, Cobalt und Nickel be- und verarbeitet wird, traten in allen Fällen gleichzeitige Expositionen gegenüber anderen potenziell krebserzeugenden Metallverbindungen oder polycyclischen aromatischen Kohlenwasserstoffen auf. Mechanistisch gesehen ist ein erhöhtes Tumorrisiko mit der Induktion von oxidativen DNA-Schäden zu erklären, die bei Überschreitung der Kapazität zur kontrollierten Aufnahme und Speicherung von Eisen vermehrt auftreten.

1.2.8.3 **Grenzwerte und Einstufungen**

Die Zufuhrempfehlung der D-A-CH [9] liegt für Frauen vor der Menopause bei 15 mg Tag^{-1}, ansonsten für Erwachsene bei 10 mg Tag^{-1}. In der Schwangerschaft wird eine tägliche Aufnahme von 30 mg Eisen empfohlen. Obwohl die erhöhten Zufuhrempfehlungen für Frauen nicht vollständig erreicht werden, liegt in den Industrienationen anders als in den sogenannten Entwicklungsländern keine Unterversorgung mit Eisen vor. Laut Trinkwasserverordnung beträgt der Grenzwert 0,2 mg Eisen l^{-1}. Die von den verschiedenen Gremien auch im Hinblick auf Eisen als Nahrungsergänzungsmittel und mit Eisen angereicherten Lebensmitteln abgeleiteten *„Upper Limits"* schwanken. So beträgt der von der FAO/WHO aufgestellte PMTDI-Wert (*Provisional Maximum Tolerable Daily Intake*) 0,8 mg kg^{-1} Körpergewicht. Vom FNB (US Food and Nutrition Board) wurde 2002, basierend auf Nebenwirkungen durch orale pharmazeutische Eisenzubereitungen, ein UL (Tolerable Upper Intake Level) von 45 mg für Erwachsene festgelegt; dieser bezieht aber nicht Hinweise auf chronische Effekte wie ein erhöhtes kardiovaskuläres Erkrankungsrisiko und ein möglicherweise erhöhtes Tumorrisiko ein. Das BfR (Bundesamt für Risikobewertung) empfiehlt daher, aus Gründen des vorbeugenden Gesundheitsschutzes, sowohl auf die Verwendung von Eisen in Nahrungsergänzungsmitteln als auch auf einen Zusatz von Eisen zu herkömmlichen Lebensmitteln zu verzichten.

1.2.9
Kupfer

1.2.9.1 Vorkommen und relevante Expositionen

Kupfer ist ein essentielles Spurenelement. Vergleichsweise hohe Kupfergehalte finden sich in Getreideprodukten, Leguminosen, Nüssen, Kakao, Schokolade, Kaffee, Tee und einigen grünen Gemüsen. Darüber hinaus können Innereien (Leber und Nieren) von Wiederkäuern sowie Fisch und Schalentiere besonders hohe Kupfergehalte aufweisen. Die Bioverfügbarkeit des Kupfers schwankt zwischen 35% und 70%. Relevante Expositionen können darüber hinaus über das Trinkwasser erfolgen, insbesondere bei Vorliegen von Kupferleitungen und saurem pH-Wert. Insgesamt ist die Kupferaufnahme in Deutschland in den letzten Jahren gestiegen und liegt zwischen 1 und 1,5 mg Tag^{-1}. Bei Vegetariern liegt diese mit 2,1–3,9 mg Tag^{-1} deutlich höher.

1.2.9.2 Essenzielle und toxische Wirkungen

Kupfer ist als Übergangsmetall Bestandteil vieler Metalloproteine, wo es aufgrund seiner Oxidationsstufen +1 und +2 insbesondere an Elektronenübertragungsreaktionen beteiligt ist. Kupferhaltige Enzyme sind von essentieller Bedeutung für den zellulären Energiestoffwechsel (Atmungskette), für die Synthese von Bindegewebe und von neuroaktiven Peptidhormonen wie z. B. Katecholaminen. Darüber hinaus sind die Kupfer-haltigen Enzyme Caeruloplasmin und Ferroxidase aufgrund ihrer Fähigkeit, Eisen zu oxidieren, direkt in den Eisenstoffwechsel involviert. Im Nervensystem ist Kupfer für die Myelinbildung von Bedeutung. Die Melaninsynthese ist ebenfalls kupferabhängig.

Neben essentiellen Funktionen hat Kupfer aber auch potenziell toxische Wirkungen. Wie bei den essentiellen Funktionen sind diese hauptsächlich mit der Redoxaktivität von Kupfer verbunden, sodass bei Kupferüberladung reaktive Sauerstoffspezies mit der Folge von Lipidperoxidation sowie DNA- und Proteinschädigungen auftreten. Um essentielle Funktionen zu ermöglichen und toxische Reaktionen weitgehend zu verhindern, verfügt der Körper über ein sehr gut reguliertes System der Kupferhomöostase, welches die Regulation der Aufnahme aus dem Gastrointestinaltrakt, die Ausscheidung durch die Galle sowie die Proteinbindung sowohl im Blut als auch in den Zellen umfasst. Wird die Kapazität dieser Homöostase überschritten, kann dies zu schwerwiegenden Gesundheitsschäden führen. Besonders deutlich wird dies bei genetisch bedingten Stoffwechselstörungen wie dem Menkes-Syndrom, bei dem die gastrointestinale Kupferresorption gestört ist, sowie dem Wilson-Syndrom, bei dem die Kupferausscheidung über die Galle aufgrund einer mangelnden Synthese des Transportproteins Caeruloplasmin gestört ist. Im letzteren Fall treten aufgrund einer Kupferüberladung in der Leber, wahrscheinlich aufgrund von oxidativem Stress und Entzündungsreaktionen, schwerwiegende Leberschädigungen sowie Schädigungen des Zentralen Nervensystems, der Augen und des Blutes auf. Besonders empfindlich reagieren Säuglinge auf erhöhte Kupferzufuhr, da sich die Fähigkeit der biliären Kupferausscheidung durch die Leber erst im Laufe der ersten Lebensjahre voll entwickelt. So kann es zu frühkindlicher Leberzirrhose kommen, wenn Säuglingsnahrung mit saurem und über längere Zeit in Kupferinstallationen abgestandenem Wasser („Stagnationswasser") aus Hausbrunnen zubereitet wird.

1.2.9.3 Grenzwerte und Einstufungen

Die Bedarfsschätzung für das essentielle Spurenelement Kupfer liegt für Kinder ab 7 Lebensjahre, Jugendliche und Erwachsene bei 1,0–1,5 mg. Die für Deutschland vorliegenden Daten weisen darauf hin, dass bei gesunden Personen der Bedarf gedeckt ist und somit die Gefahr einer Unterversorgung nicht besteht.

Bezüglich toxischer Effekte von Kupfer wurde von der SCF ein *„Tolerable Upper Intake Level"* (UL) von 5 mg Tag^{-1} und für Kinder je nach Lebensalter zwischen 1 und 4 mg Tag^{-1} festgelegt. Da die 97,5-Percentile der Gesamtkupferaufnahme dicht bei den ULs liegen, wird eine Kupferzufuhr durch Nahrungsergänzungsmittel sowie eine Anreicherung von Lebensmitteln mit Kupfer nicht empfohlen. Bei natürlich vorkommenden Lebensmitteln kann insbesondere das Trinkwasser zu einer Überversorgung beitragen. So wurde in der Trinkwasserverordnung und den entsprechenden EU-Standards eine maximale Konzentration von 2 mg Kupfer l^{-1} angegeben; dieser Wert wird auch von der WHO empfohlen. In den USA gilt dagegen ein zulässiger Höchstwert von 1 mg l^{-1}. Bezüglich der Arbeitsplatzexposition hat die MAK-Kommission für Kupfer und seine anorganischen Verbindungen einen MAK-Wert von 0,1 mg m^{-3} festgelegt.

1.2.10 Mangan

1.2.10.1 Vorkommen und relevante Expositionen

Mangan ist ein essentielles Spurenelement. Es gehört zu den Übergangsmetallen und kommt in mehr als hundert Mineralien in den Oxidationsstufen –3 bis +7 vor. In biologischen Systemen sind Mn^{2+} und Mn^{3+} die vorherrschenden Formen. Hauptquellen für die Manganaufnahme von nicht beruflich exponierten Personen sind Lebensmittel. Besonders hohe Werte finden sich in Getreide, Reis und Nüssen, die 10–≥30 mg Mn kg^{-1} enthalten können. Noch höhere Mangangehalte lassen sich in Teeblättern nachweisen (bis ≥900 mg kg^{-1}; daraus zubereiteter Tee enthält zwischen 1 und 4 mg l^{-1}). Die Trinkwassergehalte in Deutschland sind üblicherweise gering (wenige µg l^{-1}); deutlich höhere Mangangehalte mit bis zu 2 mg l^{-1} sind dagegen in Mineralwasser anzutreffen. Repräsentative Daten zur Manganaufnahme in Deutschland liegen nicht vor; Schätzwerte der EFSA und des US Food and Nutrition Board (FNB) gehen bei typischer westlicher Ernährungsweise von einer täglichen Aufnahme von 10–11 mg Tag^{-1} bei Erwachsenen aus. Bei Vegetariern kann dieser Wert allerdings bis zu doppelt so hoch liegen. Die Resorptionsrate über den Gastrointestinaltrakt beträgt 3–8% bei Erwachsenen, kann aber bei Kindern deutlich höher liegen. Kommerziell wird Mangan zur Reduktion und Entschwefelung von Eisen und Stahl sowie als Legierungsbestandteil eingesetzt, darüber hinaus u. a. zur Herstellung von Pigmenten, im Korrosionsschutz, bei der Trinkwasseraufbereitung, in der Datenverarbeitungstechnik sowie als Zusatz zu Futter- und Düngemitteln.

1.2.10.2 Essenzielle und toxische Wirkungen

Als essentielles Spurenelement ist Mangan Bestandteil verschiedener Stoffwechselenzyme sowie der Superoxid-Dismutase und dient anderen Enzymen als Kofaktor. Höchste Konzentrationen finden sich in Leber, Niere, Pankreas und Nebenniere; bei Kindern wird es allerdings bevorzugt in bestimmten Hirnregionen abgelagert. Auch wenn repräsentative Daten zur Aufnahme fehlen, liegen für Deutschland und andere westliche Länder keine Hinweise auf eine Mangelversorgung vor. Im Tierversuch führt Manganmangel zu einer Beeinträchtigung des Wachstums, zu Abnormalitäten des Skeletts, Reproduktionsstörungen, Koordinationsstörungen und einer Beeinflussung des Lipid- und Kohlenhydratstoffwechsels. Bei zu hoher Manganzufuhr können deutlich toxische Wirkungen auftreten. Typische Symptome einer Manganvergiftung, wie sie nach beruflich bedingter inhalativer Belastung beobachtet wurden, aber auch nach zu hoher oraler Zufuhr auftreten können, sind u. a. Muskelschmerzen, allgemeine Schwäche, Appetitlosigkeit und Sprachstörungen aufgrund degenerativer Veränderungen im Zentralnervensystem. Eine Schwellendosis (NOAEL) für irreversible neurologische Veränderungen konnte bislang weder beim Menschen noch im Tierversuch abgeleitet werden.

1.2.10.3 Grenzwerte und Einstufungen

Für Mangan gibt es aufgrund mangelnder Daten weder gesicherte Kenntnisse über die essentielle Aufnahmemenge noch über Höchstmengen zur Vermeidung toxischer Wirkungen. So wurden weder in den USA noch in Europa empfohlene tägliche Aufnahmemengen festgelegt, sondern nur Schätzwerte für eine angemessene Zufuhr. Diese belaufen sich in Deutschland, Österreich und der Schweiz auf 2,0–2,5 mg Tag^{-1} für Jugendliche und Erwachsene ab 13 Jahren, für Säuglinge und Kinder entsprechend weniger. Da insbesondere für Veränderungen im Zentralnervensystem kein NOAEL als Grundlage für einen sicheren *„Upper Limit"* abgeleitet werden kann, und aufgrund des geringen Abstandes zwischen der geschätzten Aufnahme und den Mengen, bei denen bereits toxische Effekte beobachtet wurden, empfiehlt das BfR aus Gründen des vorbeugenden Gesundheitsschutzes auf den Zusatz von Mangen zu Nahrungsergänzungsmitteln und zu angereicherten Lebensmitteln zu verzichten. Der MAK-Wert liegt bei 0,5 mg m^{-3}, der BAT-Wert ist auf 20 µg l^{-1} Blut festgesetzt.

1.2.11
Nickel

1.2.11.1 Vorkommen und relevante Expositionen

Nickel zählt zu den essentiellen Spurenelementen. Als Übergangsmetall kommt es meist in der Oxidationsstufe +2, aber auch –1, 0, +1, +3 und +4 vor. In Mineralien ist es fast immer an Schwefel, Antimon, Arsen oder Kieselsäure gebunden. Der weltweite Verbrauch von Nickel und seinen Verbindungen liegt bei mehreren hunderttausend Tonnen jährlich. Verwendet wird es hauptsächlich als Bestandteil von Edelstahl und von Nicht-Eisenmetalllegierungen, bei der Galvanisierung, in Pigmenten sowie zur Herstellung von Nickel-Cadmium-Batterien und Münzen. Nach Schätzungen der IARC sind weltweit mehrere Millionen Personen beruflich gegenüber nickelhaltigen Stäuben, Nebeln und Dämpfen exponiert. Die Konzentrationen sind am höchsten bei der Nickelproduktion sowie in der metallbe- und verarbeitenden Industrie; Hauptaufnahmewege sind die Inhalation und der Hautkontakt. Über 95% der Nickelaufnahme der nicht beruflich exponierten Bevölkerung erfolgt über die Nahrung. Hier sind die mittleren Nickel-Gehalte – abhängig vom Nickel-Gehalt im Boden – in pflanzlichen Lebensmitteln deutlich höher. Besonders nickelreich sind Nüsse, Schokolade und Kakaopulver, Hülsenfrüchte und Getreidekörner. Relativ nickelarm sind Milch und Molkereierzeugnisse, Fleisch, Eier, Kartoffeln sowie Früchte und Gemüse. Die geschätzte Aufnahme in Deutschland liegt bei Mischkost im Mittel bei 90–100 μg Tag^{-1}; bei vegetarischer Ernährung können wesentlich höhere Werte erreicht werden. Die Resorption aus dem Magen-Darm-Trakt durch passive Diffusion wird auf 1–10% geschätzt, abhängig von der Zusammensetzung des Speisebreis.

1.2.11.2 Essenzielle und toxische Wirkungen

Obwohl Nickel als essentiell gilt, wurden beim Menschen bislang noch keine Nickel abhängigen Funktionen identifiziert. Im Tierversuch zeigten sich bei Nickel-Mangel allerdings Wachstumseinschränkungen, eine Beeinflussung des Glucose-Stoffwechsels und der Methionin-Synthese.

Nickel und seine anorganischen Verbindungen in Form von atembaren Stäuben und Aerosolen wurden als krebserzeugend für den Menschen eingestuft. So wurden erhöhte Lungen- und Nasenkrebsraten in mehreren epidemiologischen Studien beobachtet, wobei sich sowohl wasserunlösliche als auch wasserlösliche Nickelverbindungen als kanzerogen erwiesen. Auch im Tierversuch sind Nickelverbindungen kanzerogen, wobei das kanzerogene Potenzial erheblich von der jeweiligen Verbindungsform abhängt. So gehören Verbindungen mittlerer Löslichkeit und mittlerer Toxizität wie Nickelsulfid (NiS) und Nickelsubsulfid (αNi_3S_2) zu den stärksten bekannten Kanzerogenen überhaupt, während sowohl wasserlösliche als auch schwerlösliche Nickelverbindungen schwächere Effekte zeigen. Eine Erklärung hierfür sind Unterschiede in der Aufnahme in die Zellen: Während lösliche Nickelverbindungen nur langsam die Zellmembran passieren können, werden weitgehend wasserunlösliche, kristalline Partikel phagozytiert, wodurch relativ große Mengen an Nickelverbindungen in die Zelle und hier in die Nähe des Zellkerns gelangen, wo sie sich allmählich auflösen. Das ultimal schädigende Agens ist bei allen Löslichkeitsstufen das Ni^{2+}-Ion; entscheidende Faktoren sind die Löslichkeit in extrazellulären Flüssigkeiten, die Aufnahme der Verbindungen in die Zellen der Zielorgane mit der anschließenden intrazellulären Freisetzung von Ni^{2+}-Ionen sowie die Halbwertszeit in den Zielgeweben. Für metallisches Nickel ist eine kanzerogene Wirkung im Tierversuch nur nach intratrachealer Instillation, nicht aber nach Inhalation belegt. Hinzu kommt eine hohe Lungentoxizität sowohl von metallischem Nickel als auch von Nickelverbindungen, die in Inhalationsstudien im Tierversuch schon bei vergleichsweise niedrigen Konzentrationen beobachtet wurde. Auch bei Nickelverbindungen ist die kanzerogene Wirkung vorwiegend auf indirekte Wirkungsmechanismen zurückzuführen. Sie sind nicht oder nur schwach mutagen, zeigen aber deutliche komutagene Eigenschaften in Kombination mit anderen DNA schädigenden Agenzien. Dies ist auf die Inaktivierung von DNA-Reparaturmechanismen zurückzuführen. Hinzu kommt die Induktion von oxidativen DNA-Schäden sowie veränderte Genexpression von Onkogenen und Tumorsuppressorgenen, zurückzuführen auf Veränderungen im DNA-Methylierungsmuster.

Nach oraler Aufnahme können Nierenschäden auftreten; Nickelvergiftungen durch den Verzehr von Lebensmitteln sind nicht bekannt. Nach Hautkontakt mit metallischem Nickel oder Nickelverbindungen (Modeschmuck, Uhrenarmbänder, Münzen, Jeansknöpfe u. a.) können Kontaktekzeme als Folge einer allergischen Reaktion vom Typ IV in der Epidermis auftreten, die sich durch den Verzehr nickelreicher Lebensmittel verschlimmern können. Aufgrund von Tierversuchen wurden Nickel bzw. Nickelverbindungen als sehr schwache Kontaktallergene klassifiziert (niedriges Potenzial). Diese Einteilung scheint in deutlichem Widerspruch zu dem häufigen Auftreten von Nickelallergien in der Klinik zu stehen. Dieses begründet sich allerdings nur in den vielfältigen und intensiven Hautkontakten (s. o.), die in der Bevölkerung stattfinden (sehr hohe Prävalenz und Inzidenz). Dieser Sachverhalt führt auch unter Experten oft zu heftigen Diskussionen bezüglich der Klassifizierung von Nickel als Kontaktallergen.

1.2.11.3 **Grenzwerte und Einstufungen**

Als Schätzwert für eine angemessene Zufuhr werden 25–30 µg Nickel Tag^{-1} angegeben, wobei die tatsächliche Zufuhr wesentlich höher liegt und nicht mit einer Unterversorgung zu rechnen ist. Die tolerierbare Obergrenze für die tägliche Nickelaufnahme bei Erwachsenen wurde vom US Food and Nutrition Board mit 1 mg Nickel Tag^{-1} angegeben; besonders empfindliche Personen sollten aufgrund der möglichen allergenen Wirkung nicht mehr als 600 µg Tag^{-1} aufnehmen. Höchstmengen in Mineral- und Tafelwasser betragen 0,05 mg l^{-1} Nickel, für Trinkwasser 0,02 mg l^{-1}. Aus nickelhaltigen Bedarfsgegenständen dürfen nicht mehr als 0,5 µg Nickel cm^{-2} $Woche^{-1}$ freigesetzt werden. Die

MAK-Kommission stufte Nickel und Nickelverbindungen in die Kanzerogenitätskategorie 1 ein. Die IARC dagegen bewertete Nickelverbindungen als Humankanzerogen (Kategorie 1), wohingegen Nickelmetall als möglicherweise kanzerogen für den Menschen bewertet wurde (Kategorie 2B).

1.2.12 Quecksilber

1.2.12.1 Vorkommen und relevante Expositionen

Quecksilber gehört zu den seltenen Elementen der Erde. Es tritt in den Oxidationsstufen +1 und +2 auf. Das wichtigste Quecksilber-Mineral ist der Zinnober (HgS). Elementares Quecksilber ist das einzige Metall, das bei Raumtemperatur flüssig ist und hier schon einen relativ hohen Dampfdruck aufweist. Anorganisches Quecksilber wird durch aquatische Mikroorganismen in organische Quecksilberverbindungen transformiert und reichert sich deshalb in der Nahrungskette an. Für die beruflich nicht Quecksilber-exponierte Bevölkerung ist die Ernährung, insbesondere der Verzehr von Fisch und anderen Meeresorganismen, die wichtigste Expositionsquelle. Hinzu kommen Quecksilberfreisetzungen aus Amalgamfüllungen in Zähnen. Die quantitativ wichtigsten Verwendungsgebiete sind der Einsatz von Quecksilber in Batterien (abnehmende Tendenz), beim Goldwaschen, als Kathodenmaterial bei der Chloralkali-Elektrolyse und für Dentallegierungen, ferner zur Füllung von Barometern und Thermometern, in Neonröhren und in Quecksilberdampf-Lampen. Andere Anwendungen wurden eingestellt bzw. verboten, so die Verwendung als Farbpigmente und der Einsatz von Organoquecksilberverbindungen als Biozide und Saatbeizmittel. Der Einsatz von Quecksilber in der Medizin, z. B. früher bei der Syphilis-Behandlung, als Abführmittel oder als Mittel gegen Hauterkrankungen, wurde größtenteils eingestellt; bedeutsam ist aber nach wie vor der Einsatz in Dental-Amalgamfüllungen.

1.2.12.2 Toxische Wirkungen

Beispiele für akute Vergiftungen der Allgemeinbevölkerung durch organische Quecksilberverbindungen sind Massenerkrankungen in Minamata (Japan) um 1960 und im Irak (1971/72). Im ersten Fall war der Verzehr von verseuchtem Fisch ausschlaggebend, nachdem anorganisches Quecksilber als Produktionsabfall in die Meeresbucht eingeleitet worden war. Im zweiten Fall war die Verwendung von Methylquecksilber-behandeltem Saatgut als Brotgetreide im Irak (1971/72) die Ursache. Die Aufnahme, Verteilung und die toxischen Wirkungen von Quecksilber und seinen Verbindungen hängen stark von der Verbindungsform ab. Metallisches Quecksilber wird zu etwa 80% aus der Lunge resorbiert, ist jedoch nach oraler Aufnahme kaum systemisch verfügbar. Bei akuter inhalativer Exposition gegen hohe Quecksilberdampf-Konzentrationen stehen Lungenschädigungen im Vordergrund. Zielorgan bei chronischer Exposition des Menschen gegen Quecksilberdämpfe ist das zentrale Nervensystem mit charakteristischen Formen von Tremor sowie psychischen und neurologischen Veränderungen. Neurotoxische Wirkungen stehen auch bei organischen Quecksilberverbindungen im Vordergrund; besonders ist die neuronale Entwicklung des Fötus und der Neugeborenen betroffen. Grund für die besonders hohe Neurotoxizität von elementarem Quecksilber und organischen Quecksilberverbindungen ist die hohe Lipophilie. So gelangen vergleichsweise hohe Konzentrationen über die Lunge, die Haut oder, im Fall von organischen Quecksilberverbindungen, auch über den Magen-Darm-Trakt ins Blut und können auch die Blut-Hirn-Schranke überwinden. Intrazellulär werden metallisches Quecksilber und Alkylquecksilberverbindungen zu Hg^{2+} oxidiert bzw. metabolisiert, welches insbesondere an SH-Gruppen bindet und so u. a. die Mikrotubuli neuronaler Zellen schädigt. Ionische Quecksilberverbindungen überwinden in geringerem Umfang biologische Membranen, was sich auf die Verteilung im Körper und auch die Schädigungsmuster auswirkt. Dennoch wird ionisches Quecksilber zu ca. 15% aus dem Magen-Darm-Trakt resorbiert und findet sich in der Leber, im Nierencortex und auch im Gehirn. Bei oraler Aufnahme im Tierversuch ist das empfindlichste Zielorgan die Niere. Quecksilber(I)-Verbindungen disproportionieren im Plasma zu Hg^{2+} und metallischem Quecksilber und zeigen entsprechende toxische Wirkungen. Quecksilber(II)-Verbindungen wirken sensibilisierend an der Haut. Sowohl für organische wie auch für anorganische Quecksilberverbindungen besteht ein Verdacht auf eine kanzerogene Wirkung. Grundlage hierfür sind induzierte Nierentumoren bei männlichen Mäusen sowie klastogene Wirkungen *in vitro* und *in vivo*. Diskutierte Mechanismen umfassen Wechselwirkungen mit Proteinen des Spindelapparates, eine Hemmung der DNA-Reparatur oder weiterer an der DNA-Replikation beteiligter Enzym- bzw. Proteinsysteme, die Entstehung reaktiver Sauerstoffspezies sowie eine direkte, nicht kovalente Interaktion mit der DNA. In Nagermodellen konnten durch längere Gabe (einige Wochen i.p.) von Quecksilbersalzen Autoimmunreaktionen induziert werden, die von den Ausprägungen u. a. dem Lupus erythematodes und der Sklerodermie beim Menschen entsprechen. Man vermutet, dass entweder die Phagozytose der Makrophagen inhibiert wird, wodurch es zu einer Anreicherung apoptotischer Zellen kommt, oder Zellen direkt durch die Quecksilberverbindungen geschädigt werden, sodass die Makrophagenaktivität nicht mehr ausreicht, um die Zellbestandteile effektiv zu entfernen. Dieses führt dann zu autoimmunen Aktivierungen gegen Zellbestandteile, die im Normalfall in solchen Mengen nicht im Blut vorhanden sind.

1.2.12.3 **Grenzwerte und Einstufungen**

Die EFSA hat 2003 eine tolerierbare wöchentliche Aufnahmemenge (TWI) von Quecksilber und Methylquecksilber von 1,6 $\mu g\ kg^{-1}$ Körpergewicht festgesetzt. Die entsprechende „*Reference Dose*" des US National Research Council liegt bei 0,7 $\mu g\ kg^{-1}$ Körpergewicht.

Quecksilber und seine anorganischen und organischen Verbindungen sind von der MAK-Kommission in die Kanzerogenitäts-Verdachtskategorie 3B eingestuft. Der MAK-Wert für Quecksilber und anorganische Quecksilberverbindungen beträgt 0,1 mg m^{-3}, abgeleitet aus der Korrelation zu Quecksilberkonzentrationen im Urin, bei denen keine zentralnervösen Effekte auftreten. Der MAK-Wert für organische Quecksilberverbindungen wurde ausgesetzt. Der BAT-Wert für Quecksilber und anorganische Quecksilberverbindungen liegt bei 25 µg g^{-1} Kreatinin.

1.2.13
Zink

1.2.13.1 Vorkommen und relevante Expositionen

Zink steht in der Häufigkeitsliste der Elemente an 24. Stelle. Als unedles Metall kommt es in der Natur meist mit Blei und Cadmium vergesellschaftet vor. Zink ist ein essentielles Spurenelement. Für die beruflich nicht exponierte Bevölkerung erfolgt die Aufnahme von Zink fast ausschließlich über die Nahrung, wobei – von Ausnahmen abgesehen – tierische Lebensmittel höhere Zinkgehalte aufweisen. Lebensmittel mit überdurchschnittlich hohem Zinkgehalt sind u. a. Kalbs- und Schweineleber, Austern, Sojabohnen, Haferflocken, Paranüsse sowie Kakaopulver. Zu berücksichtigen ist neben dem Zinkgehalt allerdings auch die chemische Verbindungsform sowie die Lebensmittelmatrix. Generell ist die Bioverfügbarkeit von Zink aus tierischen Lebensmitteln höher als die aus pflanzlichen. Komplexbildner wie die Aminosäuren Histidin und Cystein erhöhen die Bioverfügbarkeit, wohingegen Phytinsäure Zink bindet und die Resorption vermindert. Insgesamt wird die Bioverfügbarkeit von Zink bei einer gemischten Diät in westlichen Ländern auf 20–30% geschätzt. Kommerziell wird Zink hauptsächlich zum Verzinken von Stahl eingesetzt; weitere Anwendungsgebiete umfassen u. a. die Herstellung von Legierungen (z. B. Messing) und Pigmenten.

1.2.13.2 Essenzielle und toxische Wirkungen

Zink ist als essentielles Spurenelement an einer Vielzahl von Stoffwechselprozessen beteiligt. Die Versorgungslage ist in den westlichen Industrienationen bei normaler Ernährung ausreichend; Zinkmangel ist hier im Wesentlichen auf Malabsorptionssyndrome wie Akrodermatitis enteropathica, auf parenterale Ernährung sowie auf eine Behandlung mit Chelatbildnern beschränkt. Die Bioverfügbarkeit von Zink wird auf mehreren Ebenen reguliert; wichtige Faktoren sind die kontrollierte Aufnahme und Abgabe von Zink im Gastrointestinaltrakt sowie unterschiedliche Transportmechanismen, die die intrazelluläre Verteilung und die Abgabe von Zink an die Gewebe regulieren. Der zelluläre Zinkstatus wird über Metall-responsive Elemente gesteuert, wobei Metalllothionein als intrazellulärer Zinkspeicher dient. Mangelerscheinungen äußern sich in Störungen des Immunsystems, neuronalen Störungen sowie einer Beeinflussung des Kohlenhydratstoffwechsels und damit einer verstärkten Ausprägung von Diabetes. Toxische Wirkungen durch zinkhaltige Lebensmittel sind bei normaler Ernährung nicht zu erwarten. Allerdings ist der Bereich zwischen durchschnittlicher Zinkaufnahme durch Lebensmittel und beginnender toxischer Wirkung sehr gering, sodass schnell eine Überversorgung durch Nahrungsergänzungsmittel und/oder angereicherte Lebensmittel auftreten kann. Empfindlichster Parameter ist hierbei eine Interferenz mit dem Kupferstoffwechsel. Nach Inhalation von Zink-haltigen Rauchen kann ein sogenanntes „Metallrauchfieber" auftreten, eine entzündliche Reaktion in der Lunge. Darüber hinaus verursachen gut wasserlösliche Zinksalze Reizwirkungen nach inhalativer und oraler Aufnahme sowie bei Augenkontakt.

1.2.13.3 Grenzwerte und Einstufungen

Die von der D-A-CH [9] empfohlenen Referenzwerte für die tägliche Zinkzufuhr betragen für erwachsene Frauen und Männer 7,0 bzw. 10 mg Tag^{-1}, für Säuglinge und Kinder entsprechend weniger. Aufgrund der geringen Toxizität existieren nur wenige Grenzwerte. Der Grenzwert der Trinkwasserverordnung wurde wegen fehlender Toxizität aufgehoben; der Richtwert beträgt 5 mg l^{-1}. Für landwirtschaftlich genutzten Klärschlamm liegt der Grenzwert nach Klärschlammverordnung bei 2500 mg kg^{-1} (AbfKlärV). Vor dem Hintergrund einer möglichen Überversorgung mit Vitaminen und Mineralstoffen durch Nahrungsergänzungsmittel und angereicherte Lebensmittel haben verschiedene europäische und außereuropäische Gremien Höchstwerte für die tägliche Zufuhr einiger Vitamine und Mineralstoffe abgeleitet. So empfiehlt das FNB ein *„Upper Limit"* für die gesamte Zinkzufuhr für Erwachsene von 40 mg Tag^{-1}, die EFSA von 25 mg Tag^{-1}. Da die 97,5 Perzentil-Werte für die tägliche Zufuhr in Deutschland für Frauen und Männer durch Lebensmittel ohne Supplemente bereits bei 16,0 mg Tag^{-1} bzw. 20,5 mg Tag^{-1} liegen, hat das BfR einen Höchstwert für einzelne Nahrungsergänzungsmittel von 2,25 mg abgeleitet. Der MAK-Wert für Zink und seine anorganischen Verbindungen liegt bei 0,1 mg m^{-3} für die alveolengängige Fraktion und bei 2 mg m^{-3} für die einatembare Fraktion.

1.2.14 Zinn

1.2.14.1 Vorkommen und relevante Expositionen

Zinn gehört zu den Ultraspurenelementen, eine Funktion beim Menschen ist nicht bekannt. In der Häufigkeitsliste der Elemente steht es in der Nähe von Arsen. Anorganisches Zinn wird in der Atmosphäre praktisch nicht, in unbelasteten Böden nur in geringen Konzentrationen gefunden; höhere Konzentrationen treten in der Nähe von Emittenten auf. Zinn kommt hauptsächlich in den Oxidationsstufen +2 und +4 vor. In Lebensmitteln sind die Konzentrationen in der Regel gering (im Mittel 100 µg 100 g^{-1}). Von größerer Bedeutung ist dagegen der Zinngehalt von Konserven und Getränken (z. B. Fruchtsäften) in Weißblechdosen. Je nach Doseninhalt werden hier Werte von 5 mg 100 g^{-1} und darüber gemessen; Werte von 25 mg 100 g^{-1} sollten nicht überschritten werden

(s. u.). Einflussfaktoren sind der pH-Wert und Oxidationsmittel wie z. B. Nitrationen in den Konserven; vermindert wird die Zinnabgabe durch eine Lackierung der Dosen-Oberflächen. In Meerwasser, Süßwasser und Trinkwasser liegen die Konzentrationen meist unter 1 $\mu g\ l^{-1}$. Durch Biomethylierung, z. B. durch Bakterien, kann anorganisches Zinn in organisches umgewandelt werden. Organisch gebundenes Zinn wird im Gegensatz zu anorganischem Zinn gut resorbiert; letzteres wird in der Regel zu weniger als 5% resorbiert. Industriell wird Zinn hauptsächlich für die Herstellung von Weißblech für Konserven, zur Herstellung von Weichloten (Lötzinn) sowie in Form von zinnhaltigen Chemikalien (z. B. als Flammschutzmittel) verwendet. Zinnorganische Verbindungen werden als Fungizide, als Desinfektionsmittel, als sogenannte „Antifoulinganstriche" sowie als Stabilisatoren in der Kunststoffindustrie verwendet; allerdings ist der Einsatz in diesen Bereichen aufgrund der hohen Toxizität und Ökotoxizität rückläufig.

1.2.14.2 **Essenzielle und toxische Wirkungen**

Die Essenzialität für den Menschen ist bislang nicht belegt; diskutiert wird eine Beeinflussung der Salzsäuresekretion im Magen. Die Toxizität von anorganischem Zinn ist vergleichsweise gering. Beim Menschen wurde von Beeinträchtigungen des Gastrointestinaltrakts nach Konsum von Getränken aus unlackierten Zinndosen berichtet; hierfür werden lokale Reizerscheinungen verantwortlich gemacht. In Tierversuchen wurden ferner Störungen des Kupfer-, Eisen-, Zink- und Calciumstatus und Schädigungen der Leber, Nieren, Hoden sowie des Pankreas und des Gehirns beobachtet; der NOAEL bei der Ratte als der empfindlichsten Spezies lag bei 30 $mg\ kg^{-1}$ Körpergewicht. Zinnorganische Verbindungen weisen demgegenüber eine wesentlich höhere Toxizität auf. Besonders kritisch sind hier Wirkungen auf das Immunsystem, die bereits bei sehr niedrigen Konzentrationen auftreten können. Auch eine krebserzeugende Wirkung, nachgewiesen für Butylzinnverbindungen im Tierversuch, ist nicht auszuschließen.

1.2.14.3 **Grenzwerte und Einstufungen**

Da die Essenzialität von Zinnverbindungen für den Menschen nicht geklärt ist, gibt es auch keine Empfehlungen für eine angemessene Zinnzufuhr. Für Zinnchlorid wurde ein PTWI-Wert von 14 $mg\ kg^{-1}$ Körpergewicht abgeleitet. Relevant ist in diesem Zusammenhang insbesondere die Aufnahme von Zinn aus Konserven und Dosengetränken; hier wurden von verschiedenen Kommissionen Höchstmengen von 150 $mg\ kg^{-1}$ Zinn für Getränke und 250 $mg\ kg^{-1}$ Zinn für Konserven festgelegt. Für Tributylzinnoxid wurde von der US EPA eine *„Oral reference dose"* (RfD) von 0,3 $\mu g\ kg^{-1}$ Körpergewicht aufgestellt. Für Zinn oder anorganische Zinnverbindungen hat die MAK-Kommission aufgrund ungenügender Datenlage keinen Grenzwert am Arbeitsplatz festgelegt. Der MAK-Wert für Butyl- und für Octylzinnverbindungen beträgt 0,004 $ml\ m^{-3}$, berechnet als Zinn. Ferner wurden Butylzinnverbindungen in die Kanzerogenitätskategorie 4 der MAK-Kommission eingestuft.

1.3 Zusammenfassung

Metallverbindungen sind ubiquitär in der Umwelt verbreitet. Während für einige Metalle ausschließlich toxische Wirkungen bekannt sind, haben insbesondere Übergangsmetallionen vielfältige Funktionen in biologischen Systemen; hier ist eine genaue Metallhomöostase erforderlich, um essentielle Funktionen zu gewährleisten und toxische Reaktionen zu verhindern. Während akute Vergiftungen kaum noch eine Rolle spielen, sind insbesondere – je nach Metallverbindung und Aufnahmepfad – kanzerogene, lungentoxische, nierentoxische und neurotoxische Wirkungen von Bedeutung. Die Wirkungsmechanismen sind abhängig vom jeweiligen Metall und auch von der jeweiligen Metallspezies; wichtige Einflussfaktoren sind die Oxidationsstufe und die Löslichkeit, die wiederum die Bioverfügbarkeit bestimmen. Wichtige toxische Wirkungen umfassen die Induktion von oxidativem Stress und die Kompetition von toxischen mit essentiellen Metallionen. Dies führt zur zellulären Schädigung von Makromolekülen, darunter insbesondere auch von Proteinen, die für die Aufrechterhaltung der genomischen Stabilität von Bedeutung sind.

1.4 Fragen zur Selbstkontrolle

1. ***Welche generellen Wirkungsmechanismen liegen der Kanzerogenität vieler Metallverbindungen (Nickel, Cobalt, Cadmium, Arsen) zu Grunde?***
2. ***Was versteht man unter der Speziation von Metallverbindungen?***
3. ***Wie erklärt man die Unterschiede in der Kanzerogenität zwischen Chrom(VI)- und Chrom(III)-Verbindungen?***
4. ***Wieso zeigen auch partikuläre Metallverbindungen toxische/kanzerogene Wirkungen?***
5. ***Wie ist es zu erklären, dass auch essentielle Elemente (z. B. Übergangsmetalle) unter bestimmten Bedingungen toxisch sein können?***
6. ***Was versteht man unter Metallhomöostase?***
7. ***Wie ist die hohe Toxizität von Organometallverbindungen zu erklären?***
8. ***Bei welchen Metallen stehen neurotoxische Wirkungen im Vordergrund?***
9. ***Vergleichen Sie die Toxizität anorganischer Quecksilberverbindungen und von Quecksilberdampf. Wieso unterschieden sich die Toxizitätsprofile?***
10. ***Welche Faktoren liegen der Nierentoxizität von Cadmium zu Grunde?***

1.5 Literatur

1 Beyersmann D, Hartwig A (2008), Carcinogenic metal compounds: recent insight into molecular and cellular mechanisms. Arch Toxicol 82:493–512

2 Salnikow K and Zhitkovich A (2008), Genetic and epigenetic mechanisms in metal carcinogenesis and cocarcinogenesis: nickel, arsenic, and chromium. Chem Res Toxicol 21(1):28–44

3 Hartwig A (2007), Österreichisches Forum Arbeitsmedizin 1:5–10

1.6 Weiterführende Literatur

1 DFG MAK- und BAT-Werte Liste, Mitteilung 45, 2009

2 TrinkwV (2001) Trinkwasserverordnung – Verordnung über die Qualität von Wasser für den menschlichen Gebrauch, 21. Mai 2001 (BGBl. I S. 959)

3 U.S. EPA (1999a) United States Environmental Protection Agency, Integrated Risk Information System (IRIS) on Antimony, National Center for Environmental Assessment, Office of Research and Development, Washington, DC

4 WHO (2003) Antimony in drinking-water, Background Document for Preparation of WHO Guidelines for Drinking-Water Quality (WHO/SPE/WSH/03.04/74), World Health Organization, Geneva

5 WHO (1993) Guidelines for drinking-water quality, second edition, Volume 1, Recommendations, World Health Organization, Geneva

6 U.S.EPA (2001) United States Environmental Protection Agency, National Primary Drinking Water Regulations; Arsenic and Clarifications to Compliance and New Source Contaminants Monitoring, Federal Register: January 22, 2001 (Volume 66, Number 14, Rules and Regulations, pp 6975–7066)

7 JECFA (1989) Joint FAO/WHO Expert Committee on Food Additives, Toxicological evaluation of certain food additives and contaminants, WHO Food Additives Series No. 24, World Health Organization, Geneva

8 VO 466/2001 EG – Verordnung (EG) Nr. 466/2001 der Kommission vom 8. März 2001 zur Festsetzung der Höchstgehalte für bestimmte Kontaminanten in Lebensmitteln

9 D-A-CH (2000) Deutsche Gesellschaft für Ernährung (DGE), Österreichische Gesellschaft für Ernährung (ÖGE), Schweizerische Gesellschaft für Ernährung (SGE), Schweizerische Vereinigung für Ernährung (SVE): Referenzwerte für die Nährstoffzufuhr, 1. Auflage, Umschau Braus, Frankfurt/Main

10 BfR (2004) Verwendung von Mineralstoffen in Lebensmitteln, Toxikologische und ernährungsphysiologische Aspekte Teil II, BfR Wissenschaft

11 JECFA (1983) Joint FAO/WHO Expert Committee on Food Additives, Toxicological evaluation of certain food additives and food contaminants, WHO Food Additives Series No. 18, World Health Organization, Geneva

12 SCF (2003) Opinion of the Scientific Committee on Food on the Tolerable Upper Intake Level of Copper, SCF/CS/NUT/UPPLEV/57 Final, 27 March 2003 (expressed on 5 March 2003)

13 RL 98/83/EG – Richtlinie 98/83/EG des Rates vom 3.November 1998 über die Qualität von Wasser für den menschlichen Gebrauch, Amtsblatt der Europäischen Gemeinschaften L330/32

14 FNB (2002) Dietary Reference Intakes for Vitamin A, Vitamin K, Arsenic, Boron, Chromium, Copper, Iodine, Iron, Manganese, Molybdenum, Nickel, Silicon, Vanadium and Zinc. Food and Nutrition Board, Institute of Medicine, National Academy Press, Washington

DC, http://books.nap.edu/books/0309072794/html/290.html

15 BedGgstV – Bedarfsgegenständeverordnung in der Fassung der Bekanntmachung vom 23. Dezember 1997 (BGBl. 1998 I S. 5), zuletzt geändert durch Artikel 1 der Verordnung vom 16.Juni 2008 (BGBl. I S. 1107)

16 EFSA risk assessment related to mercury and methylmercury in food, EFSA – Q-2003-030)

17 AbfKlärV – Klärschlammverordnung vom 15. April 1992 (BGBl. I S. 912), zuletzt geändert durch Artikel 4 der Verordnung vom 20. Oktober 2006 (BGBl. I S. 2298

18 JECFA (2001) Joint FAO/WHO Expert Committee on Food Additives, Safety evaluation of certain food additives and contaminants, WHO Food Additives Series No. 46. Prepared by the fifty-fifth meeting of the Joint FAO/WHO Expert Committee on Food Additives, World Health Organization, Geneva

19 U.S.EPA (1997) Toxicological Review: Tributyltin Oxide, In Support of Summary Information on the Integrated Risk Information System (IRIS), U.S. Environmental Protection Agency, Washington, DC

20 http://www.epa.gov/ncea/iris/toxreviews/0349-tr.pdf

2
Toxikologische Wirkungen Anorganischer Gase

Wim Wätjen, Yvonni Chovolou und Hermann M. Bolt

2.1
Vorbemerkungen

Die Lunge stellt aufgrund ihrer großen Oberfläche (70–100 m^2) einen wichtigen Aufnahmepfad für toxische Substanzen dar; eine Schädigung durch gasförmige Stoffe ist eine relativ häufige Vergiftungsart. Hierbei treten sowohl akute Vergiftungen, z. B. bei Bränden, als auch chronische Exposition von gasförmigen Substanzen, z. B. am Arbeitsplatz durch Emissionen von Kopiergeräten oder Ausdünstungen von Lösungsmitteln, auf. Toxische Gase können bei Inhalation die Atemwege in charakteristischer Weise schädigen: Man unterscheidet bei der toxischen Wirkung anorganischer Gase eine lokale Wirkung, z. B. eine Schädigung des Lungenepithels (Lungenödem durch Phosgen) oder eine Luftwegsobstruktion (Bronchitis/Asthma durch Isocyanate) sowie eine systemische Wirkung wie CO (Hemmung des Sauerstofftransportes im Blut) oder HCN (Hemmung der Atmungskette).

Des Weiteren unterscheidet man: Gase mit sofortiger Wirkung, sogenannte Reizgase (z. B. Isocyanate, Säuren/Säureanhydride), welche im Allgemeinen eine hohe Wasserlöslichkeit aufweisen, und Gase mit verzögerter Wirkung (z. B. Phosgen, O_3, nitrose Gase), welche eher schlechte Wasserlöslichkeit aufweisen; hinzu kommen die Gase mit systemischer Wirkung (CO, HCN).

Die Wirkorte von toxischen Gasen in Abhängigkeit von ihrer Wasserlöslichkeit sind in Abb. 2.1 dargestellt. Reizgase wie SO_2 werden in der Schleimhaut sehr schnell zu Schwefelsäure hydrolysiert, Formaldehyd wird in Ameisensäure umgewandelt. Diese Substanzen verursachen Verätzungen (Koagulationsnekrosen) im oberen Respirationstrakt. Die toxische Wirkung ist dabei von der Konzentration des eingeatmeten Gases sowie der Dauer der Exposition abhängig: Bei geringen Konzentrationen kommt es zunächst zu Augenreizungen mit Tränenfluss sowie Hustenreiz; bei stärkeren Vergiftungen zu schweren Verätzungen der gesamten Schleimhaut bis in die Luftröhre. Durch das Zuschwellen der Atemwege kann sich beim Patienten eine Atemnot entwickeln. Besondere Vorsicht ist bei Exposition gegenüber Ammoniak gegeben, da NH_3 zu NH_4OH hydrolysiert wird, welches stark alkalisch reagiert und eine Erweichungsnekrose (Kolliquationsnekrose) der Schleimhaut verursacht. Chlor hat eine mittlere Was-

Toxikologie Band 2: Toxikologie der Stoffe. Herausgegeben von Hans-Werner Vohr

ISBN: 978-3-527-32385-2

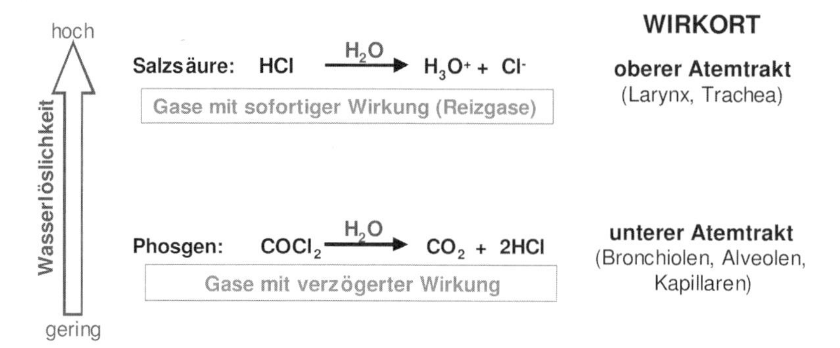

Abb. 2.1 Wirkorte von toxischen Gasen in Abhängigkeit von ihrer Wasserlöslichkeit (Beispiel: Chlorwasserstoff, Phosgen).

serlöslichkeit und schädigt daher sowohl den oberen Respirationstrakt als auch tiefere Bereiche des Atemtraktes, wobei jeweils eine Hydrolyse zu Salzsäure erfolgt. Daher kann bei einer Exposition gegenüber Chlor neben der initialen Reizwirkung verzögert auch ein Lungenödem auftreten.

2.2 Kohlenmonoxid

Kohlenmonoxid (CO) gehört zu den Gasen mit systemischer Wirkung und entsteht bei der unvollständigen Verbrennung von organischem Material (Verbrennungsprozesse unter Sauerstoffmangel). CO ist ein so genanntes Brand- und Schwelgas und ist zusammen mit HCN und NO_x ursächlich für Vergiftungen bei Bränden verantwortlich. CO besitzt eine relative Dichte von 0,968, ist also etwas leichter als Luft und kann leicht Decken und Wände durchdringen. CO ist als Gas farblos, geruchlos, geschmacklos und nicht reizend. Da jegliche Warnwirkung bei einer Vergiftung mit CO fehlt („silent killer"), kommt diese Vergiftung relativ häufig vor. Die tatsächliche Inzidenz der CO-Intoxikation ist nicht bekannt, da viele Vergiftungen nicht als solche erkannt werden. Somit wird CO auch als das „unerkannte Gift des 21. Jahrhunderts" bezeichnet.

CO ist ein Nebenprodukt bei Verbrennungsprozessen, die unter Sauerstoffmangel stattfinden. So können Abgase von Verbrennungsmotoren bis 10% CO enthalten. CO wird in der Industrie als wichtiger Rohstoff für viele Synthesen eingesetzt (technisches Gas: Leuchtgas, Generatorgas, Wassergas, Gichtgas). In der Vergangenheit bestand das Leuchtgas/Stadtgas zu etwa 10% aus CO, welches mit blauer Flamme unter Wärmeentwicklung zu CO_2 verbrennt; das heutige Erdgas ist dagegen praktisch CO-frei. Tabakrauch enthält bis zu 6% CO und führt somit zu einer chronisch erhöhten CO-Belastung.

Es existieren auch endogene Quellen für CO: Es entsteht in geringer Mengen beim Abbau von Hämoglobin, wenn das cyclische Tetrapyrrol-Gerüst in das lineare Biliverdin und letztendlich zum Bilirubin unter Abspaltung von α-Methylenbrücken gebildet wird. Auch chemische Noxen, wie z. B. das Lösungsmittel Methylenchlorid (CH_2Cl_2), welches als Abbeizmittel Verwendung findet, kann nach Inhalation oder dermaler Exposition in der Leber zu CO metabolisiert werden. CO stellt (ebenso wie NO) einen physiologischen Aktivator der Guanylatcyclase dar. Endogenes CO kann daher – ähnlich wie NO – als Signalmolekül wirken und ist an der Regulation von Entzündungsreaktionen, Zellproliferation und Apoptose beteiligt.

Die primäre toxische Wirkung von CO besteht in der Verdrängung des Sauerstoffs aus dem Hämoglobin und somit in einer Beeinträchtigung des Sauerstofftransports. Die Folge ist eine Minderversorgung der Zellen mit Sauerstoff. Die Affinität von CO zum Fe^{2+}-Ion im Hämoglobinmolekül ist im Vergleich zu O_2 250–300fach höher. Die Bindung von CO an Hämoglobin ist reversibel (Gleichgewichtsreaktion).

Im Vergleich zum Myoglobin mit einer Hämgruppe besitzt Hämoglobin vier prostetische Hämgruppen. Durch Bindung des CO wird die kooperative Bindung des Sauerstoffs an das Hämoglobin gestört: Die Bindung eines O_2-Moleküles bewirkt allosterisch eine verbesserte Aufnahme eines weiteren O_2-Moleküles; diese kooperative Bindung bewirkt eine sigmoide Form der O_2-Bindungskurve (Haldane-Effekt). Nach Bindung eines CO-Moleküls sinkt die O_2-Austauschkapazität $\gg$25%; dies führt zu einer Verschiebung der Sauerstoffdissoziationskurve nach links. Aus Abb. 2.2 wird deutlich, dass bei einem im Gewebe üblichen Sauerstoffpartialdruck (pO_2) vermehrt O_2 an Hämoglobin gebunden bleibt und somit weniger verfügbar ist für die Oxygenierung des Gewebes. Daher sind die physiologischen Auswirkungen einer 50%igen Besetzung der O_2-Bindestellen durch CO

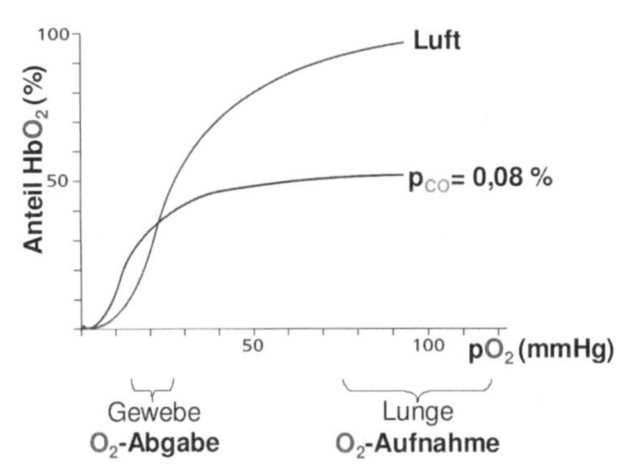

Abb. 2.2 Sauerstoffdissoziationskurve von Hämoglobin. Bei hohem Sauerstoffpartialdruck, wie er in der Lunge vorherrscht, beträgt die Sauerstoffsättigung annähernd 100%. In den peripheren Geweben des Körpers ist der pO_2 sehr viel geringer. Bei einem Sauerstoffpartialdruck von 27 mmHg beträgt die Hämoglobinsättigung 50%, d. h. 50% der maximalen Sauerstoffbeladung wird unter diesen Bedingungen an das Gewebe abgegeben. Bei einer CO-Konzentration in der Luft von 0,08% liegt etwa die Hälfte des Hämoglobins als HbCO vor. Es kommt dabei zu einer Linksverschiebung der Sauerstoffdissoziationskurve mit der Folge, dass bei einem pO_2 von 27 mmHg nur noch ca. 15% der maximalen Sauerstoffbeladung an das Gewebe abgegeben werden kann.

Tab. 2.1 Pathologische Wirkungen von unterschiedlichen HbCO-Gehalten des Hämoglobins.

0,5–1%	(endogene CO-Bildung)
4%	Veränderungen in psychomotorischen Symptomen
10–20%	Kopfschmerzen, Schwindel, Ohrensausen, Kurzatmigkeit
30%	Sehstörungen, Tachykardie, Mattigkeit und Schwindel
40–50%	Krampfanfälle, Kollaps und Bewusstlosigkeit
70%	rascher Tod (zerebrale Anoxie)

auch schwerwiegender als beispielsweise bei Vorliegen einer Anämie, bei der z. B. das Hämoglobin um 50% erniedrigt ist (Abb. 2.2). Weitere toxische Effekte von CO sind die Bindung an Myoglobin (60fach höhere Affinität als Sauerstoff), die Hemmung der Cytochromoxidase und die Inhibierung des CO_2-Transports.

Die Bindung von CO an Hämoglobin führt zur Bildung von Carboxy-Hämoglobin (HbCO) und diese letztendlich zur Hypoxie, wobei die Vergiftungssymptome mit dem HbCO-Gehalt zunehmen. Die sich einstellende HbCO-Konzentration im Blut hängt nicht nur von der CO-Konzentration in der Umgebung ab, sondern auch von der Expositionszeit und dem Atemminutenvolumen. Ein HBCO-Gehalt von über 3% bei Nichtrauchern und größer als 10% bei Rauchern gilt als Indikator für eine CO-Exposition. Es existiert allerdings keine strikte Korrelation zwischen gemessenem HbCO-Gehalt, dem Vorhandensein initialer Symptome und der Entwicklung vom Spätfolgen. Die pathologischen Wirkungen von unterschiedlichen HbCO-Gehalten sind in Tabelle 2.1 aufgeführt.

Bei einer CO-Vergiftung tritt zunächst eine unspezifische Symptomatik mit Kopfschmerzen, Brechreiz, Übelkeit und Schwindel auf (meist falsch diagnostiziert als Erkältung). Es folgen bei höheren Konzentrationen Koma und Krämpfe. Durch CO-vermittelte Aktivierung der Guanylatcyclase wird zudem im Körper eine Vasodilatation bewirkt, was zu einem Blutdruckabfall führt. Als Folge kardiotoxischer CO-Wirkungen werden insbesondere Arrythmie etwa bei einem HbCO von 20% beobachtet. Steigende HbCO-Konzentrationen bewirken zunächst eine Dilatation zerebraler Gefäße und einen gesteigerten Blutfluss in den Herzkranzgefäßen. Diese kompensatorischen Reaktionen führen zu Tachypnoe und alveolärer Hyperventilation (charakteristische Cheyne-Stokes'sche Atmung), bei noch höheren Konzentrationen kommt es zu einer zerebralen Hypoxie mit zentraler Atemdepression.

Ab einem HbCO-Gehalt von 50% färbt sich die Haut des Vergifteten hellrot, was auch in der Pathologie als Symptom für eine CO-Vergiftung herangezogen werden kann. In Abhängigkeit von der Art der CO-Vergiftung kann die Hautfärbung jedoch auch cyanotisch oder blass sein.

Ein Symptom für eine schwere Intoxikation mit CO ist zudem die hierbei auftretende Laktatazidose (metabolische Azidose): Durch die Hypoxie kommt die aerobe Energiegewinnung der Zellen zum Erliegen, und es wird Milchsäure gebildet (anaerober Stoffwechsel), die zu einer Ansäuerung des Blutes führt.

Zudem wird eine Ansäuerung durch die Inhibition des CO_2-Transportes verursacht. Durch Kapillarschädigung kommt es bei einer CO-Vergiftung zur Bildung von Gewebsödemen.

Die individuelle Empfindlichkeit gegenüber der akuten Kohlenmonoxidvergiftung ist sehr unterschiedlich. In der Regel sind Kinder und Jugendliche infolge eines höheren Atemminutenvolumens und eines intensiveren Stoffwechsels stärker gefährdet. Da Kanarienvögel aufgrund ihrer höheren Körpertemperatur und eines höheren Grundumsatzes besonders schnell Vergiftungssymptome zeigen, wurden sie früher von Bergleuten als Bioindikator verwendet. Das Ausmaß der Schädigung ist zudem stark abhängig von der Konzentration und der Dauer der Exposition. Eine Exposition über längere Zeit kann auch bei niedrigen CO-Konzentrationen zu schweren Vergiftungen führen.

Als Folge der Hypoxämie treten nach einer CO-Vergiftung meist Spätschäden auf, die hauptsächlich das zentrale Nervensystem betreffen, da dieses am empfindlichsten auf einen O_2-Mangel reagiert. Nach CO-Intoxikationen treten z. B. Konzentrationsstörungen, Enzephalopathien, periphere Neuropathien, Parkinsonismus und Psychosen auf. Es wurden jedoch nach CO-Vergiftungen auch Myokardnekrosen (durch CO-Bindung an Myoglobin), Lungenentzündungen sowie Lähmungen beobachtet. Untersuchungen an Patienten nach einer moderaten bis schweren CO-Intoxikation zeigten ein erhöhtes Risiko für einen akuten myokardialen Infarkt sowie ein 3-fach erhöhtes Mortalitätsrisiko. Eine CO-Exposition kann zu anhaltendem oxidativem Stress in den Zellen führen und zur Lipidperoxidation. Untersuchungen aus Los Angeles zeigen eine signifikante Korrelation zwischen der Sterblichkeit an Herzinfarkt und der CO-Konzentration der Luft.

Fallbeispiel: Arbeitsunfall durch Verbrennungsmotor
Ein 33-jähriger Patient hatte im Rahmen seiner beruflichen Tätigkeit in einem unzureichend belüfteten Raum eine Betonplatte geschnitten, wobei der Trennschleifer mit einem Verbrennnungsmotor angetrieben wurde. Trotz gelegentlich eingelegter Pausen traten nach zwei Stunden Schwindel und Schwächegefühl auf. Der Patient konnte gerade noch mit eigener Kraft den Raum verlassen, bevor ihm die Beine versagten. Bewusstseinsverlust oder Atembeschwerden traten nicht auf. Er wurde sofort einer intensivmedizinischen Behandlung zugeführt. Beim Eintreffen des Patienten konnte noch ein Kohlenmonoxid-Hb-Wert (CO-Hb) von 29,1% festgestellt werden. Unter hochdosierter Sauerstoffgabe von 15 l/min sank dieser Wert auf 2,1%. Am nächsten Tag konnte der Patient in gutem Allgemeinzustand entlassen werden. (Quelle: BfR).

Der MAK-Wert (maximale Arbeitsplatzkonzentration) von CO beträgt 30 ppm (35 mg/m^3), der BAT-Wert (Biologischer Arbeitsstofftoleranzwert) beträgt 5% CO-Hb (Vollblut bei Expositionsende).

CO ist plazentagängig, besitzt ein teratogenes Potenzial und hat eine fruchtschädigende Wirkung. Die Affinität von CO zu fetalem Hämoglobin ist sogar

600-fach höher als Sauerstoff. Zusätzlich ist die CO-Elimination aus dem fetalen Kreislauf deutlich verlängert.

Die Behandlung einer CO-Vergiftung erfolgt mit molekularem Sauerstoff, um durch O_2 das CO wieder vom Hämoglobin zu verdrängen (Gleichgewichtsreaktion) und eine rasche Oxygenierung von Herz und Gehirn zu erreichen: Die Halbwertzeit von HbCO beträgt bei Raumluft 250–300 min, bei 100% O_2: 50–80 min, bei hyperbarer Sauerstofftherapie (HBO, 2,5–3 bar) sinkt die Halbwertzeit auf ca. 20 min. Bei leichteren Fällen kann evtl. auch ein Gemisch aus 95% O_2 und 5% CO_2 verwendet werden, um für eine Stimulation des Atemzentrums (Spontanatmung) zu sorgen. Wegen der Gefahr der Verstärkung der Azidose sollte diese Maßnahme erst angewendet werden, wenn die Azidose korrigiert worden ist (Gabe von Natriumbicarbonat). Bei Hinweisen für die Ausbildung eines Hirnödems kann die Gabe von Glukocorticoiden erwogen werden. Das Herz reagiert – wie auch das Gehirn – sehr empfindlich auf eine Minderversorgung mit Sauerstoff. Aus diesem Grund sollte die Herzfunktion mittels EKG und eine mögliche Schädigung der Herzmuskelzellen mittels geeigneter Enzymdiagnostik überwacht werden. Das Ausmaß der Erholung nach einer CO-Intoxikation ist sehr variabel. Häufig entwickeln sich Spätschäden, die Wochen nach der Intoxikation auftreten und in einigen Fällen auch permanent sein können.

2.3
Cyanwasserstoff

Cyanwasserstoff ist eine sehr giftige und farblose Flüssigkeit mit der chemischen Formel HCN. Die Substanz siedet bei ca. 25 °C und wird daher häufig inhalativ aufgenommen. Der schwedische Chemiker Scheele isolierte 1782 erstmalig HCN aus Berliner Blau, daher leitet sich auch der Name „Blausäure" ab. Daneben existieren auch die Salze des Cyanwasserstoffs, die Cyanide (z. B. KCN, NaCN).

Cyanwasserstoff zählt in der chemischen Industrie zu den wichtigsten Synthesebausteinen und dient zur Herstellung zahlreicher Produkte (z. B. Acrylnitril, Methylmethacrylat, Adipinsäurenitril). HCN wird auch als Mittel zur Schädlingsbekämpfung in geschlossenen Räumen (Begasungsmittel Cyanosil, 99,5%) angewendet. HCN ist Bestandteil von Brandgasen; es entsteht z. B. bei der unvollständigen Verbrennung von Polyurethan, Seide, Wolle, Acrylnitril (Plexiglas) und ist ebenfalls im Tabakrauch in Spuren vorhanden.

Cyanwasserstoff kann aus bestimmten Naturstoffen enzymatisch abgespalten werden, z. B. aus cyanogenen Glykosiden wie Prunasin (Kirschlorbeer), Amygdalin (Bittermandelkerne), Dhurrin (Hirse) oder Linamarin (Maniok). Das Glykosid Amygdalin wird durch das Enzym Emulsin über Mandelsäurenitril (Bittermandelöl) freigesetzt, bittere Mandeln enthalten etwa 0,05–0,1% Blausäure. Es konnte auch eine Generierung von HCN in bestimmten Säugerzellen nachgewiesen werden (Bildungsrate ca. 10 nmol/min/g Gehirn). Dies führte zu Spekulationen, dass die Substanz auch als Neuromodulator fungieren könnte.

Cyanwasserstoff verursacht verschiedene toxische Schädigungen, von denen noch nicht alle vollständig aufgeklärt sind. Das Cyanidion (CN^-) ist ein guter Komplexbildner und besitzt eine hohe Affinität zu Metallen, insbesondere zu dreiwertigem Eisen (Fe^{3+}). HCN bindet mit hoher Affinität ($K_{i\ HCN}$: 0,2 µM) an das Zentrum der oxidierten Cytochrom-c-Oxidase, die Bindung an das reduzierte Enzym ist sehr viel schwächer ($K_{i\ HCN}$: ca. 200 µM). Die Cytochrom-c-Oxidase ist ein integraler Bestandteil der Atmungskette (letzter Schritt der Elektronentransportkette). Durch die Bindung von HCN wird die Übertragung von Elektronen auf molekularen Sauerstoff (über NADH, $FADH_2$ und Cytochrome) verhindert, so dass kein ATP generiert werden kann und letztendlich der Zelltod eintritt. Aufgrund der Hemmung der oxidativen Phosphorylierung weicht die Zelle zur Energieerzeugung auf die anaerobe Glykolyse aus. Infolgedessen kommt es zu einer schnell einsetzenden metabolischen Azidose (Lactatazidose): Die Laktatkonzentrationen im Plasma steigen von normal 0,5–2,2 mmol/L auf Werte über 8 mmol/L. In Summe führt die Hemmung der mitochondrialen Atmungskette durch HCN 1) zur Anoxie in Form einer „inneren Erstickung", ohne dass primär der Sauerstofftransport beeinträchtigt ist sowie 2) zu einer metabolischen Azidose durch Laktat (Blut-pH $< 7{,}35$).

Im Gegensatz zu CO, welches mit etwas geringerer Affinität: ($K_{i\ CO}$: 0,3 µM) die Cytochrom-c-Oxidase inhibiert, ist die Hemmung durch HCN unabhängig von der zellulären Sauerstoffkonzentration.

Neben diesem Enzym werden zahlreiche weitere Enzyme mit Eisenzentren, wie z. B. die Xanthin-Oxidase, Katalase und die Succinat-Dehydrogenase, durch HCN gehemmt. Cyanwasserstoff hat des Weiteren Effekte auf verschiedene Neurotransmittersysteme (GABAerge, dopaminerge Signalwege).

HCN hat einen charakteristischen Geruch von Bittermandelöl, eine weitere Warnwirkung ist ein typisch lokalisierter Rachenreiz (Kratzen im Hals). Die Geruchsschwelle für HCN beträgt etwa 1 ppm, jedoch kann der Warngeruch genetisch bedingt von 5–20% der Menschen nicht wahrgenommen werden. Zudem kommt es in höheren Konzentrationen zu einer Desensitivierung des Geruchsinns.

Symptome bei niedrigen Dosen sind: Reizerscheinungen an Schleimhäuten (Rachen, Augen, obere Luftwege), Lichtscheu, Pupillenerweiterung, Tränen- und Speichelfluss, Kopfschmerzen, Schwindel, Atemnot, Engegefühl, Herzklopfen und Erbrechen. Symptome bei hohen Dosen sind Erstickungskrämpfe, Atemstillstand und Kreislaufstillstand. Das zentrale Nervensystem reagiert am sensitivsten auf Hypoxie, hier kommt es auch häufig zu Spätschäden.

In der pathologischen Anatomie werden oftmals eine hellrote Färbung des Blutes (HbO_2, O_2 wird nicht verbraucht), hellrote Totenflecke sowie eine geringe Leichenfäulnis festgestellt.

Die letale inhalative Dosis beträgt 200–300 ppm (toxische HCN-Konzentrationen im Blut ca. 20–50 µM). Bei oraler Aufnahme liegt die tödliche Dosis bei etwa 1 mg CN^-/kg KG. Der MAK-Wert für HCN beträgt 1,9 ppm (2,1 mg/m^3).

Für die Therapie einer HCN-Vergiftung gilt zunächst die Sicherung der Vitalfunktionen, Azidosekorrektur mit Natriumbicarbonat bzw. Tris-Puffer (THAM),

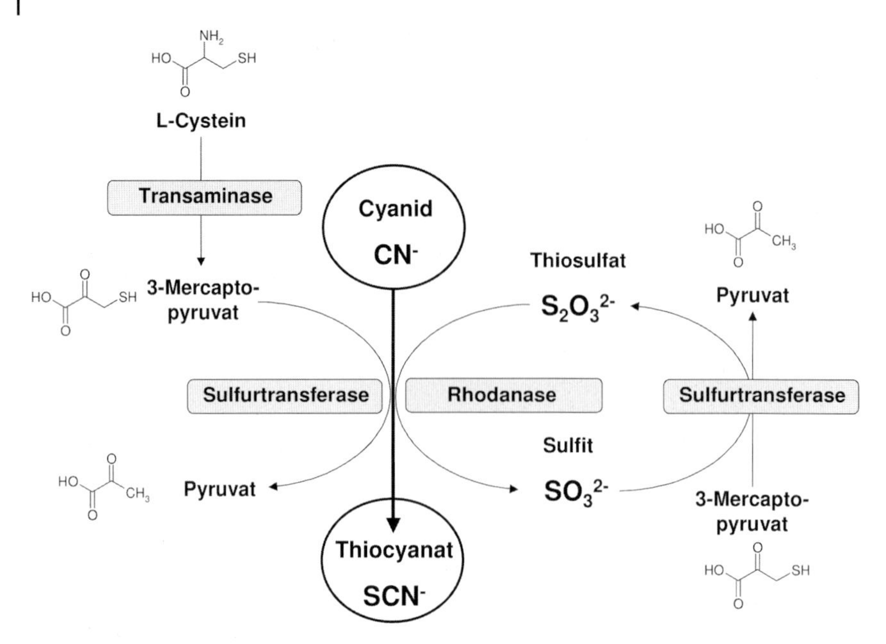

Abb. 2.3 Körpereigene Entgiftung des Cyanidions. Cyanide werden durch Rhodanase und Sulfurtransferase enzymatisch in Thiocyanat umgewandelt, welches eine geringere Toxizität besitzt. Als Schwefeldonatoren dienen hierbei 3-Mercaptopyruvat und Thiosulfat.

Prophylaxe des evtl. auftretenden Lungenödems und ggf. Beatmung mit Sauerstoff.

HCN kann auch endogen durch das mitochondrial lokalisierte Enzym Rhodanid-Synthetase (auch Rhodanase, Thiosulfat-Schwefeltransferase EC: 2.8.1.1) entgiftet werden.

Hierbei wird die Umwandlung von Cyanid (CN-) in Thiocyanat (SCN-, „Rhodanid") katalysiert. Thiocyanat besitzt eine geringere Toxizität und kann renal eliminiert werden. Limitierend für die Entgiftungskapazität der Rhodanid-Synthetase ist allerdings die geringe intrazelluläre Schwefelmenge: Die endogene Entgiftung von Cyaniden kann durch Gabe von Natriumthiosulfat als S-Donator beschleunigt werden (Abb. 2.3). Nach Gabe von Natriumthiosulfat wird die intrazelluläre Schwefelmenge allerdings vergleichsweise langsam erhöht, so dass der Wirkungseintritt bei akuten Vergiftungen relativ spät ist.

Eine weitere Therapiemöglichkeit besteht in der Erzeugung von Methämoglobin durch Gabe so genannter Methämoglobinbildner. Dazu gehören 4-Dimethylaminophenol (4-DMAP) sowie bestimmte aromatische Amino- und Nitroverbindungen (Amylnitrit, Natriumnitrit, Chlorate). Gemeinsames Wirkprinzip dieser Substanzen ist die Oxidation des zentralen Eisens im Hämoglobin (Fe^{2+}) zu Methämoglobin (Fe^{3+}), was in einer höheren Affinität zu CN^- resultiert (Abb. 2.4).

$$Hb\text{-}Fe^{2+}\text{-}O_2 + NO_2^- \xrightarrow{H_2O} Hb\text{-}Fe^{3+} + OH^- + OH^\cdot + NO_3^-$$

Hämoglobin Fe(II) — Methämoglobin Fe(III)

Abb. 2.4 Oxidation des Hämoglobins zu Methämoglobin in Anwesenheit von Nitrit.

Methämoglobin besitzt ebenfalls eine hohe Affinität zu Cyanid; durch Bereitstellen großer Mengen an Methämoglobin wird die Cytochrom-c-Oxidase wieder reaktiviert (reversible CN^--Bindung). Vorteil dieser Antidote ist der schnelle Wirkeintritt innerhalb weniger Minuten. In Deutschland wird als Antidot 4-DMAP verwendet, in USA ist ein Einsatz von Amylnitrit, Natriumnitrit und Natriumthiosulfat (CAK) gebräuchlich.

Da Methämoglobin keinen Sauerstoff mehr transportieren kann, wird eine Erzeugung von maximal 30% Methämoglobin angestrebt, um eine HCN-Vergiftung effektiv zu behandeln, ohne dabei eine ausreichende Oxygenierung der Gewebe zu beeinträchtigen. Die erneute Reduktion des Methämoglobins zu $HbFe^{2+}$ erfolgt durch verschiedene Enzymsysteme (MetHb-Reduktase). Schlüsselenzym ist dabei die Glukose-6-Phosphatdehydrogenase. Kontraindikationen für die Gabe von Methämoglobinbildnern bestehen bei einer Defizienz in der Glukose-6-Phosphat-Dehydrogenase und, wegen einer Einschränkung des O_2-Transportes, bei einer Mischintoxikation mit CO und HCN.

Eine weitere Möglichkeit der Therapie von HCN-Vergiftungen besteht in der Gabe von Cobaltverbindungen. Neben der Affinität zu Fe^{3+} hat CN^- ebenfalls eine hohe Affinität zu Co^{3+}. Es können z. B. anorganische Kobaltverbindungen (Co_2EDTA, *Kelocyanor*®) bei HCN-Vergiftungen verabreicht werden, die aber z. T. erhebliche Nebenwirkungen aufweisen (keine Antidote der ersten Wahl). Besser scheint die Verwendung von Hydroxocobalamin (*Cyanokit*®) als Antidot zu sein, welches seit 1996 in Frankreich zugelassen ist. Hydroxocobalamin (Vitamin B_{12a}), reagiert mit CN^- zu Cyanocobalamin (Vitamin B_{12}), welches renal ausgeschieden wird. Vorteil ist ein schneller Wirkeintritt bei Beibehalten der Sauerstofftransportkapazität des Blutes; das Antidot kann daher auch bei Mischintoxikationen mit Brandgasen (HCN/CO) eingesetzt werden. Nachteil ist die relativ große Menge an Antidot, die bei einer HCN-Vergiftung appliziert werden

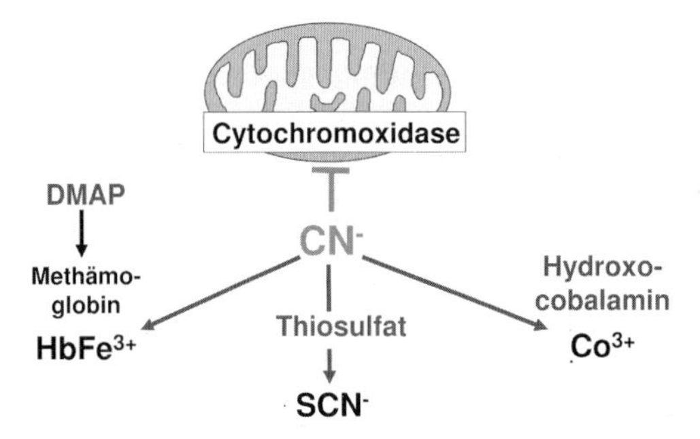

Abb. 2.5 Möglichkeiten der Behandlung von Cyanidvergiftungen (Beschreibung siehe Text).

muss: 200 mg Hydroxocobalamin binden nur 1 mg CN^-. Eine Übersicht über die verschiedenen Möglichkeiten der Behandlung einer HCN-Vergiftung ist in Abb. 2.5 zusammengestellt.

Fallbeispiel: Vergiftung mit Cyanid
Eine 19-jährige Frau ist nach dem Trinken aus einer Wasserflasche zusammengebrochen und wurde von ihrem Freund in die Notaufnahme eingeliefert. Die Patientin war nicht mehr ansprechbar und reagierte nicht mehr auf Schmerzreize. Sie wurde intubiert und zunächst symptomatisch behandelt. Die Blutanalyse ergab einen Blut-pH von 7,01; Bicarbonat 8,9 mEq/L; Laktat 10 mmol/L; Salicylate; Ethanol oder Paracetamol wurden nicht detektiert. Mit Verdachtsdiagnose Cyanidvergiftung wurde die Patientin nun mit Natriumthiosulfat (12,5 g i.v.) und Natriumnitrit (300 mg i.v.) behandelt. Nach 12 h verbesserte sich die Azidose, und nach 5 Tagen konnte die Patientin extubiert werden. Im Verlauf der weiteren Untersuchungen erhärtete sich der Verdacht auf eine Vergiftung mit Cyanid: In der Wasserflasche fand man eine hohe Konzentration dieses Giftes: Es stellte sich heraus, dass der Freund als Mitarbeiter eines Schmuckgeschäftes Zugang zu Cyaniden hatte und dieser schon häufiger Gewalt gegen die Patientin angewendet hatte. Er wurde wegen versuchten Mordes angeklagt. Die Patientin erholte sich relativ gut, nach 6 Monaten traten bei ihr jedoch noch unwillkürliche Bewegungen bestimmter Körperglieder auf, des Weiteren zeigte sie Probleme beim Kurzzeitgedächtnis.

2.4 Schwefelwasserstoff

Schwefelwasserstoff (H_2S) ist ein stark toxisches, reizendes Gas mit einem intensiven Geruch nach faulen Eiern. Die Geruchsschwelle des farblosen Gases liegt bei ca. 25 $\mu l/m^3$, der charakteristische Geruch wird jedoch bei höheren Konzentrationen infolge einer Inhibition des Nervus olfactorius nicht mehr wahrgenommen, und die Warnwirkung entfällt. Vergiftungen ereignen sich häufig beim Reinigen von Abwassergruben und Kanälen, da Schwefelwasserstoff bei der reduktiven Zersetzung von organischem Material (schwefelhaltigen Aminosäuren) durch Fäulnisbakterien entsteht. Da H_2S schwerer als Luft ist (relative Dichte: 1,19), sammelt sich das Gas am Boden an. Schwefelwasserstoff ist ein Bestandteil von Erdgas (bis zu 15%); es wird weiterhin freigesetzt bei der Verhüttung von schwefelhaltigen Metallerzen sowie bei Vulkanausbrüchen.

H_2S ist eine schwache Säure (pk_{a1}: 7,04, pk_{a2}: 11,96), in physiologischen Medien liegt es größtenteils als Hydrogensulfidanion (HS^-) vor. Schwefelwasserstoff wird im Körper durch Oxidation (Bildung von Thiosulfat und Sulfat) relativ schnell entgiftet, die Rate der Abatmung ist vergleichsweise gering.

Schwefelwasserstoff wird von vielen Geweben in signifikanten Mengen aus der Aminosäure L-Cystein gebildet. Die Synthese wird durch die Cystathionin-

β-Synthase (EC 4.2.1.22) bzw. Cystathionin γ-Lyase (EC 4.4.1.1) katalysiert, die höchsten Bildungsraten werden im ZNS, kardiovaskulärem System, Leber und Nieren beobachtet. Ähnlich wie CO und NO kann H_2S in undissoziierter Form frei durch Zellmembranen diffundieren. Derzeit wird eine Wirkung von H_2S als Signalmolekül, ähnlich wie bei NO und CO, kontrovers diskutiert. Biologische Effekte von H_2S werden z. B. durch eine Aktivierung von ATP-sensitiven Kaliumkanälen, Stimulierung der Adenylatcyclase, Anstieg der intrazellulären Calciumionenkonzentration sowie durch Modulation verschiedener weiterer Signalwege verursacht. Eine Aktivierung der Guanylatcyclase, ähnlich den beiden anderen gasförmigen Signalmolekülen NO und CO, findet durch H_2S jedoch nicht statt. Da viele Effekte von H_2S in der Literatur gegensätzlich beschrieben sind, ist eine physiologische Rolle dieses Gases derzeit nicht geklärt.

Der toxische Wirkmechanismus von H_2S bzw. HS^- besteht in einer Inhibition von Enzymen durch 1) Bildung von Disulfidbindungen und 2) Sulfidbildung an zentralen Metallionen in Enzymen. Die genauen zellulären Angriffspunkte sind jedoch noch nicht letztendlich geklärt. Da H_2S aber Enzyme der Atmungskette inhibiert (Bindung an dreiwertiges Eisen der Cytochrom-c-Oxidase) entspricht die H_2S-Vergiftung daher pathologisch zumindest in Teilen einer HCN-Vergiftung (Hemmung der oxidativen Phosphorylierung, Laktatazidose). Die Inhibitionskonstante von H_2S ist vergleichbar der von HCN ($K_{i\ H2S}$: 0,2 µM), die Mechanismen der Enzyminhibition sind jedoch sehr komplex.

Da H_2S schlecht wasserlöslich ist, gelangt es bis in die Alveolen und kann dort teilweise die Bildung eines interstitiellen Lungenödems hervorrufen. Insofern übertrifft die toxische Wirkung von H_2S noch die von HCN, da nicht nur die zelluläre Atmung (Cytochrom-c-Oxidase) inhibiert wird, sondern auch die Sauerstofftransportkapazität durch Erhöhung der Diffusionsstrecke (siehe Abb. 2.6) eingeschränkt wird.

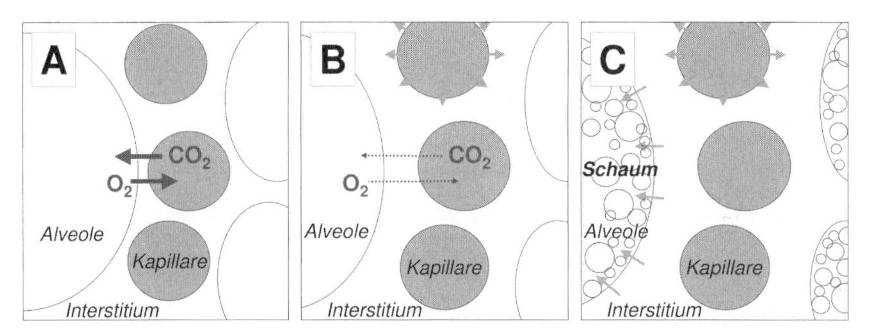

Abb. 2.6 Toxisches Lungenödem (schematische Darstellung) **A** Physiologischer Gasaustausch (Diffusion über eine Strecke von etwa 1 µm); **B** Interstitielles Lungenödem: Austritt von Plasmaflüssigkeit in das Interstitium aufgrund einer chemischen Reizung, der über die Lymphe nicht abtransportiert werden kann, die Diffusionsstrecke erhöht sich daher und der Gasaustausch wird erschwert. **C** Alveoläres Lungenödem: Austritt von Plasmaflüssigkeit in den Alveolarraum aufgrund einer persistierenden chemischen Reizung; es kommt zu einer Bläschenbildung in den Alveolen, was einen Gasaustausch noch weiter behindert.

Schwefelwasserstoff führt ab Konzentrationen von 10 ppm akut zu einer Reizung der Atemwege. Es folgen ZNS-Effekte wie Schwindel, Kopfschmerz, Krampfanfälle, dann eine zunehmende Benommenheit bis hin zur Bewusstlosigkeit. Bei sehr hohen Konzentrationen (ab 500 ppm) kann es schlagartig zu einem Auftreten von Bewusstlosigkeit kommen (apoplektischer Verlauf). Aufgrund der hohen Lipophilie kann Schwefelwasserstoff leicht in das ZNS eindringen und dort Schädigungen hervorrufen (z. T. schwere ZNS-Langzeitschäden, Amnesie, Ausbildung einer Parkinson ähnlichen Symptomatik). H_2S besitzt zudem eine ausgeprägte Kardiotoxizität (Herzrhythmusstörungen, Herzmuskeldegeneration). Der MAK-Wert beträgt für Schwefelwasserstoff 5 ppm (7,1 mg/m^3).

Die Therapie der Vergiftung besteht im Entfernen des Vergifteten aus der Schwefelwasserstoffatmosphäre, wonach eine rasche Metabolisierung bzw. Elimination eintritt (reversible Effekte). Hierbei ist unbedingt auf Selbstschutz zu achten. Es kommt bei Schwefelwasserstoffvergiftungen häufig zu Reihenvergiftungen, bei denen die helfenden Personen zu Opfern werden (siehe Fallbeispiel). Eine Gabe von Methämoglobinbildnern (4-DMAP), analog zur Vergiftung mit HCN, wird derzeit kontrovers diskutiert: Durch Bildung von Sulfmethämoglobin soll eine rasche Entgiftung des Schwefelwasserstoffs bewirkt werden. Da bei einer H_2S-Vergiftung auch mit der Entstehung eines toxischen Lungenödems gerechnet werden muss, empfiehlt sich die Gabe von Glukocorticoiden.

Fallbeispiel: Schwere Arbeitsunfälle in einer Abwasserauffanggrube (Reihenvergiftung)

In einer ca. drei Meter tiefen und 60 m^3 großen Abwasserauffanggrube eines Betriebes der Lederfaserherstellung sollte der Grubenboden mit Hilfe eines Feuerwehrschlauches gereinigt werden. Dazu stieg ein Mitarbeiter mit Gasmaske über eine Einstiegsleiter in die Grube und spritzte diese aus. Ein anderer Mitarbeiter stand in Sichtweite am Eingang der Grube. Nach Beendigung der 30-minütigen Reinigungsarbeiten kam der Arbeiter mit der Gasmaske über die Steigleiter herauf. Als er mit dem Kopf schon über der Grubenöffnung stand, nahm er seine Maske ab und gab sie seinem mit der Aufsicht betrauten Kollegen in die Hand. In diesem Moment stürzte er rückwärts in den Sumpfbereich der Grube zurück. Der oben stehende Mitarbeiter holte sofort zwei Kollegen zu Hilfe, die leider ohne Atemmaske und Hilfsmaßnahmen in die Grube stiegen. Einer von ihnen konnte nur noch tot mit dem zuerst Verunfallten von der Feuerwehr geborgen werden. Der dritte wurde lebend geborgen. Er litt später an einer schweren Hirnschädigung. Offensichtlich war Schwefelwasserstoff entstanden, und die Sicherheitsmaßnahmen beim Umgang mit Abwasserauffanggruben wurden wahrscheinlich nicht eingehalten. Messungen vor Ort waren weder vor noch nach dem Unfall durchgeführt worden. (Quelle BfR)

2.5 Nitrose Gase

Als „nitrose Gase“ (NO_x) bezeichnet man ein Gemisch verschiedener Stickoxide (N_2O, NO, NO_2, N_2O_3, N_2O_4), welches abhängig von Temperatur und Konzentration eine rotbraune bis braune Farbe aufweist. Hauptkomponenten eines NO_x-Gasgemisches sind zumeist NO und NO_2.

Freisetzungen von nitrosen Gasen erfolgen unter anderem durch Emissonen von Kraftfahrzeugen, bei Brandereignissen in der Landwirtschaft (Verbrennung von Kunstdünger), in Getreide- und Futtermittelsilos durch mikrobielle Umwandlung pflanzlicher Nitrate, bei Zersetzung von Salpetersäure (Katalyse durch Metalle oder organische Substanzen), Zigarettenrauch sowie durch Oxidation von N_2 beim Lichtbogenschweißen.

Das farblose Gas Stickstoffmonoxid (NO) besitzt vielfältige biologische Wirkungen: Die Substanz wird endogen durch die NO-Synthetase (NOS) aus der Aminosäure Arginin gebildet und ist ein physiologischer Aktivator der Guanylatcyclase. Durch vermehrte Bildung von cGMP bewirkt NO eine Erweiterung von Gefäßen und moduliert so z. B. den Blutdruck. Bei Entzündungsprozessen wird eine induzierbare NOS exprimiert. Das dann in relativ großen Mengen gebildete NO spielt eine wichtige Rolle in der Immunabwehr. NO ist in wässrigen Medien relativ stabil, kann jedoch mit Superoxidanionen das reaktivere Peroxynitrit ($ONOO^-$) bilden. NO führt zur Bildung von Methämoglobin; es ist nur gering wasserlöslich und dringt tief in den unteren Atemtrakt ein.

Distickstoffmonoxid N_2O (Lachgas) ist ein farbloses Gas, welches in der Anästhesie eingesetzt wird, da es eine analgetische/narkotische Wirkung besitzt.

Stickstoffdioxid (NO_2) hingegen ist ein rotbraunes stechend riechendes Reizgas, welches auf zellulärer Ebene eine Lipidperoxidation bewirkt.

Nitrose Gase (NO_x) besitzen eine leichte Reizwirkung auf die Augen und oberen Atemwege. Aufgrund ihrer starken Lipidlöslichkeit dringen sie jedoch bis in die Alveolen vor, werden dort hydrolysiert zu Salpetersäure/salpetriger Säure und führen zu einer starken Schädigung der alveolo-kapillären Grenzmembran. Die klinische Symptomatik lässt sich in drei Phasen unterteilen. In Phase 1 beobachtet man unmittelbar nach der NO_x-Exposition eine initiale Irritation der Augen und Nase, Reizhusten, Kopfschmerzen und Schwindel. Die Symptome sind abhängig von Schwere und Dauer der Exposition. Nach Beendigung der Exposition verschwinden diese Symptome. Nach einer Latenzzeit von mehreren Stunden kommt es jedoch zu einer plötzlichen gesundheitlichen Verschlechterung mit zunehmendem Husten, Atemnot, Schmerzen und Erstickungsgefühl (Phase II). Im weiteren Verlauf kommt es zu schwerer Atemnot, schaumig rotem Auswurf, Beschleunigung der Puls- und Atemfrequenz und Auftreten von Cyanose infolge eines toxischen Lungenödems (Phase 3). Man unterscheidet beim toxischen Lungenödem zwei Formen, das interstitielle und das alveoläre Lungenödem: Beim interstitiellen Lungenödem tritt infolge einer Schädigung der Membranen durch HNO_3 Plasma in den Interstitialraum über. Dies führt dazu, dass es zu einer Schwellung des Intestitialraumes kommt und so die Diffusionsstrecke für den Sauerstofftransport von Alveolare zur Kapillare zunimmt. Es kommt zu einer reflektorischen Steigerung von Atemfrequenz und Atemtiefe. Beim alveolären Lungenödem kommt es zu einer weiteren Verschlechterung der Situation, indem nun Flüssigkeit auch in den Alveolarraum übertritt. Dies führt zu einer Schaumbildung in den Alveolen, was den Gasaustausch zum Erliegen bringt. Eine schematische Darstellung der Entstehung des toxischen Lungenödems findet sich in Abb. 2.6. Ein toxisches Lungenödem entsteht nach einer typischen Latenzphase von einer bis vier Stunden (bei geringen Konzentrationen bis zu 24 Stunden). Daher sind auch initial symptomlose Patienten mit äußerster Vorsicht zu behandeln. Die therapeutisch wichtigsten Maßnahmen sind 1) Zufuhr von Glukocorticoiden und 2) Gabe von Sauerstoff. Die Therapie nach einer NO_x-Intoxikation besteht in der Beendigung der Exposition, Beatmung und der Gabe eines inhalativen Glukocorticoids. Trotz rechtzeitiger und ausreichender Therapie kann eine NO_x-Exposition zu einer Vielzahl von pulmonalen Spätschäden führen. Aus diesem Grund sollten Patienten einer intensiven medizinischen Nachbeobachtung unterzogen werden. Der MAK-Wert für NO bzw NO_2 beträgt jeweils 5 ppm (0,63 bzw. 0,95 mg/m^3).

Fallbeispiel: Lungenödem durch nitrose Gase
Eine 69-jährige Patientin hatte in ihrem Badezimmer eine Flasche mit Salpetersäure gelagert. Diese zerbrach und der Inhalt verteilte sich auf dem Fußboden und geriet auch mit einem Metallregal in Kontakt. Bei der Reaktion zwischen Metall und Salpetersäure entstanden Stickoxide, welche die Patientin beim Aufwischen einatmete. Sie war gerade noch in der Lage, ihre Verwandten telefonisch zu informieren. Die Tochter fand die Patientin schwer atmend im Wohnzimmer sitzend. Der alarmierte Notarzt fand die Patientin cyanotisch mit rasselnder Atmung bei einer Sauerstoffsättigung von 78%. Außerdem stellte er eine Hypertonie bis 220 mmHg systolisch fest. Zunächst wurde sie mit Glyceroltrinitrat inhalativ und Furosemid behandelt. Unter Sauerstoffgabe stabilisierte sich der Zustand der Patientin. (Quelle: BfR)

2.6 Isocyanate

Isocyanate (z. B. Methylisocyanat, 2,4-Toluoldiisocyanat) sind reaktive Verbindungen (Formel: R-N=C=O), die eine große Bedeutung in der chemischen Industrie besitzen. Diese Substanzklasse dient der Herstellung von Polyurethan.

Isocyanate können z. B. bei Kunststoffbränden (Isolationsmaterial) freigesetzt werden. In der Toxikologie sind Isocyanate untrennbar mit der Katastrophe von Bhopal (Indien) verbunden, wo sich am 2. Dezember 1984 eine Explosion in einer Chemiefabrik ereignete und mehr als 40 Tonnen leichtflüchtiges Methylisocyanat freigesetzt wurden. Hierbei kam es zu über 100 000 Vergifteten und zum Tod von mehreren Tausend Personen.

Isocyanate sind sehr reaktiv. Bifunktionelle Isocyanate (Di-isocyanate) können zu Quervernetzungen von Proteinen führen. Der toxische Wirkmechanismus der Isocyanate besteht in der Auslösung eines Bronchospasmus. Aber auch schon durch geringe Mengen von Di-isocyanaten können Asthmaanfälle hervorgerufen werden (Isocyanat-Asthma). Isocyanate zählen zu den Reizgasen (Wirkung auf obere Atemwege); es konnte aber auch die Entstehung von toxischen Lungenödemen beobachtet werden. Als Folgeerkrankungen einer Vergiftung mit Isocyanaten treten chronisch obstruktive Lungenerkrankungen sowie neurologische Erkrankungen verstärkt auf.

Der MAK-Wert beträgt für Methylisocyanat 0,01 ppm (0,024 mg/m^3).

2.7 Formaldehyd

Formaldehyd ist bei Zimmertemperatur ein stechend riechendes Gas, welches in zahlreichen industriellen Prozessen eine bedeutende Rolle spielt, aber auch in vielen verbrauchernahen Produkten enthalten ist. Formaldehyd wirkt keimtötend, konservierend und desinfizierend. Aus diesem Grund ist Formaldehyd häufig in Desinfektionsmitteln, Haushaltsreinigern, kosmetischen Mitteln, Farben, Lacken und Leimen enthalten. Formaldehyd ist aber auch eine ubiquitär natürlich vorkommende Substanz. Sie entsteht als Zwischenprodukt bei verschiedenen Stoffwechselprozessen der Zelle. Raucher sind diesem Gas gegenüber verstärkt exponiert, da es im Zigarettenrauch enthalten ist. Durch die Verwendung formaldehydhaltiger Leimharze treten Emissionen von Formaldehyd in Ausdünstungen aus Spanplatten auf.

Bei diesem wasserlöslichen Gas stehen Reizerscheinungen der Augen und der oberen Atemwege (Schleimhäute) im Vordergrund. Des Weiteren kann Formaldehyd mit Proteinen und DNA reagieren und so toxische Effekte auslösen. Schwere Inhalationsvergiftungen kommen beim Menschen kaum vor, denn der stechende Geruch hat eine ausreichende Warnwirkung. Da Formaldehyd sehr reaktiv ist, geht man davon aus, dass es seine Wirkung am Eintrittsort, also den oberen Atemwegen, entfaltet und nicht systemisch wirkt. Bei Ratten konnte nach lebenslanger Exposition mit hohen Formaldehydkonzentrationen (15 ml/m^3) eine erhöhte Bildung von Plattenepithelkarzinomen in der Nasenhöhle nachgewiesen werden. Inhalationsstudien an Mäusen zeigten ebenfalls eine erhöhte Tumorentstehung in den Nasenhöhlen. Humandaten zeigen, dass eine inhalative Formaldehydexposition Krebs auslösen und zur Ausbildung von Tumoren der oberen Luftwege führen kann, wobei eine Raumluftkonzentration von 0,3 ppm als sicher angesehen wird. Der MAK-Wert beträgt für Formaldehyd daher 0,3 ppm (0,37 mg/m^3).

2.8
Zusammenfassung

Die Lunge stellt aufgrund ihrer großen Oberfläche einen wichtigen Aufnahmepfad für toxische Substanzen dar. Toxische Gase und Dämpfe können nach Inhalation sowohl akute wie auch chronische Lungenschädigungen verursachen. Nach Inhalation können toxische Gase charakteristische Schäden hervorrufen: Man unterscheidet Gase mit einer lokalen Reizwirkung, z. B. Chlorgas, sowie Gase mit systemischer Wirkung, wie z. B. Kohlenmonoxid. Bei lokal wirksamen Gasen werden Gase mit sofortiger Wirkung, sogenannte Reizgase, und Gase mit verzögerter Wirkung unterschieden. Die Wirkorte von toxischen Gasen sind abhängig von ihrer Wasserlöslichkeit: Gase mit hoher Wasserlöslichkeit schädigen primär den oberen Respirationstrakt. Gase mit niedriger Wasserlöslichkeit hingegen schädigen eher den unteren Respirationstrakt, wo sie die Ausbildung eines toxischen Lungenödems bewirken können. Die Wirkung von Inhalationsgiften ist zudem von der Konzentration des eingeatmeten Gases sowie der Dauer der Exposition abhängig.

2.9
Fragen zur Selbstkontrolle

1. *Welche Aussage über eine Cyanidvergiftung ist nicht richtig?*
   a. *Ein Gegengift (Antidot) bei einer Cyanidvergiftung ist Natriumthiosulfat (NaS_2O_3).*
   b. *Die Cytochromoxidase der Mitochondrien wird durch Cyanide gehemmt.*
   c. *Bei einer Cyanidvergiftung kann es zu einer metabolischen Azidose kommen.*
   d. *Cyanide binden irreversibel an das Fe^{2+} des Hämoglobins.*
2. *Ordnen Sie die folgenden Aussagen zu toxischen Gasen richtig zu!*

1) Phosgen	*a) bindet mit hoher Affinität an Hämoglobin*
2) Kohlenmonoxid	*b) kann mit Methämoglobinbildnern therapiert werden*
3) Cyanwasserstoff (HCN)	*c) zählt zu den Reizgasen*
4) Ammoniak (NH_3)	*d) verursacht ein toxisches Lungenödem*

3. *Welche Aussage über eine Kohlenmonoxidvergiftung ist richtig?*

   a. *Bei einer CO-Vergiftung kommt es zu einer Verschiebung der Sauerstoffdissoziationskurve des Hämoglobins nach rechts.*
   b. *CO bindet irreversibel an das Zentralatom des Hämoglobins (Fe^{2+}).*
   c. *Bei der Kohlenmonoxidvergiftung kommt es zu einer Braunfärbung des Blutes.*
   d. *Gegengift bei einer CO-Vergiftung ist Sauerstoff (O_2).*
4. *Welche Aussage über das toxische Lungenödem ist nicht zutreffend?*
   a. *Beim interstitiellen Lungenödem kommt es zu einer Vergrößerung der Diffusionsstrecke für den Sauerstofftransport.*
   b. *Ein Lungenödem tritt mit einer Latenzzeit von mehreren Stunden auf.*
   c. *Ein Lungenödem wird durch Reizgase wie HCl ausgelöst.*
   d. *Beim alveolären Lungenödem kommt es zu einer Schaumbildung in den Alveolen.*
5. *Warum ist ein HbCO-Gehalt von 50% innerhalb kurzer Zeit tödlich, während eine 50%ige Reduktion des Hämoglobins (Anämie) keine derartigen letalen Effekte hervorruft?*
6. *Welche Gegenmaßnahmen sollten ergriffen werden, wenn eine Vergiftung mit HCN und CO zugleich erfolgte (z. B. bei Brandgasen)?*
7. *Was ist der toxische Wirkmechanismus von Phosgen?*
8. *Welche Therapieoptionen bestehen bei einer HCN-Vergiftung?*
9. *Welche CO-Konzentration in der Außenluft ist nötig, um einen HbCO-Gehalt von 50% zu generieren (Annahme: Die Bindungsaffinität von CO an Hämoglobin ist 250-mal höher als die Bindungsaffinität von O_2)?*
10. *Wie ist der Wirkmechanismus des Antidotes 4-DMAP (4-Dimethylaminophenol)?*
11. *Was ist der toxische Wirkmechanismus von Schwefelwasserstoff?*
12. *Worin liegt der Unterschied zwischen einem interstitiellen und einem alveolären Lungenödem begründet?*

2.10
Weiterführende Literatur

1 Baud FJ (2007), Cyanide: critical issues in diagnosis and treatment. Hum Exp Toxicol 26(3):191–201
2 BfR Toxikologische Bewertung von Formaldehyd. Stellungnahme 23/2006
3 Chin RG, Calderon Y(2000), Acute cyanide poisoning: a case report. J Emerg Med 18(4):441–445
4 Cooper CE, Brown GC (2008), The inhibition of mitochondrial cytochrome oxidase by the gases carbon monoxide, nitric oxide, hydrogen cyanide and hydrogen sulfide: chemical mechanism and physiological significance. J Bioenerg Biomembr 40(5):533–539
5 Cyanide supplement (verschiedene Autoren) (2006), J Emerg Nurs 32(4)
6 Dhara VR, Gassert TH (2002),The Bhopal syndrome: persistent questions about acute toxicity and management of gas victims. Int J Occup Environ Health 8(4):380–386
7 Eyer P (2004), Gasförmige Verbindungen. In: Marquardt H, Schäfer S. (Eds), Lehrbuch der Toxikologie. Wissenschaftliche Verlagsgesellschaft mbH
8 Hampson NB, Hauff NM (2008), Carboxyhemoglobin levels in carbon monoxide poisoning: do they correlate with the clinical picture? Am J Emerg Med 2008:665–669
9 Henry CR, Satran D, Lindgren B, Adkinson C, Nicholson CI, Henry TD (2006), Myocardial injury and long-term mortality following moderate to severe carbon monoxide poisoning. JAMA 295(4):398–402
10 Łowicka E, Bełtowski J (2007), Hydrogen sulfide (H_2S) – the third gas of interest for pharmacologists. Pharmacol Rep 59(1):4–24
11 Prockop LD, Chichkova RI (2007), Carbon monoxide intoxication: an updated review. J Neurol Sci 262(1-2):122–130
12 Pyatt D, Natelson E, Golden R (2008), Is inhalation exposure to formaldehyde a biologically plausible cause of lymphohematopoietic malignancies? Regul Toxicol Pharmacol 51(1):119–133
13 Szinicz L (2008), Noxious Gases. In: Casarett & Doulls Toxicology (Editor: CD Klaassen), 7. Auflage, MacGraw Hill Medical
14 Weaver LK (2009), Clinical practice. Carbon monoxide poisoning. N Engl J Med 360(12):1217–1225
15 Zilker T (2008), Klinische Toxikologie für die Notfall- und Intensivmedizin. Kapitel 2: Vergiftungen durch Gase, pp 72–97, Uni-Med, Bremen

3
Asbest, Stäube, Ruß

Hans-Werner Vohr

3.1
Einleitung

Bei den Stäuben sind für die Toxikologie die sogenannten Schwebstäube von besonderer Relevanz. Zu den Schwebstäuben zählen feine und ultrafeine Partikel mit Durchmessern zwischen 1 nm und 100 µm. Diese Schwebstäube können fest oder flüssig sein und sind in Gasen suspendiert. Mit einem Durchmesser von 10–100 nm gehören die Rußpartikel auch in diese Kategorie.

Dagegen abzugrenzen ist Asbest. Beim Asbest handelt es sich um Fasern, die sowohl makroskopisch als auch bis in den Feinstaubbereich (0,2–200 µm) faserig vorkommen, d. h. es sind Partikel mit einem großen Verhältnis von Länge zu Durchmesser (ca. 20–120 nm). Im Prinzip kann man 6 Varietäten von Asbest unterscheiden, die unterschiedliche mechanische, chemische und toxikologische Eigenschaften aufweisen.

3.2
Asbest

3.2.1
Eigenschaften, Vorkommen und Exposition

3.2.1.1 Eigenschaften

Chemisch gesehen handelt es sich bei den Asbest-Varietäten um Silikat-Mineralien, die in zwei Gruppen aufzuteilen sind. Dabei fallen fünf Asbeste in die Gruppe der Amphibole (Hornblende), während die Serpentinasbeste praktisch nur aus dem Vertreter Chrysotil oder Weißasbest besteht. In der Tabelle 3.1 sind die wichtigsten Eigenschaften dieser Asbeste zusammengefasst.

Silikate sind die häufigste Komponente der Erdkruste. Dabei besteht die Grundstruktur aus einem Silizium-Sauerstoff(SiO_4)-Tetraeder. Diese können in verschiedenen, komplexen Gebilden kettenförmig oder schichtförmig zusammentreten. So bestehen die Fasern der Amphibole aus kettenförmig angeordneten Strukturen, während die Fasern beim Chrysotil schichtförmig-spiralig ver-

Toxikologie Band 2: Toxikologie der Stoffe. Herausgegeben von Hans-Werner Vohr

ISBN: 978-3-527-32385-2

Tab. 3.1 Eigenschaften von Asbesten.

Asbest	Chemische Idealzusammensetzung	Faserlänge (in µm)	Durchmesser (in nm)	Zugfestigkeit (in N mm^{-2})
Chrysotil	$Mg_3Si_2O_5(OH)_4$	0,2–200	18–30	Max. 20 000
Krokyldolith	$Na_2(Fe,Mg)_3Fe_2Si_8O_{22}(OH)_2$	0,2–17	60–90	1400–22 500
Amosit	$(Fe,Mg)_7Si_8O_{22}(OH)_2$	0,4–40	60–90	Max 6000
Anthophyllit	$(Mg,Fe)_7Si_8O_{22}(OH)_2$	Nd	60–90	30–2500
Aktinolith	$Ca_2(Fe,Mg)_5Si_8O_{22}(OH)_2$	Nd	60–120	6
Tremolit	$Ca_2(Mg,Fe)_5Si_8O_{22}(OH)_2$	Nd	60–90	6–50

Nd: nicht genau definierbar

laufen. Aus diesem Aufbau ergibt sich eine sehr leichte Spaltbarkeit des Asbests in Längsrichtung bis in Mikrofasern, die selbst unter dem Lichtmikroskop nicht mehr erkennbar sind.

Vor mehr als 100 Jahren wurde Asbest aufgrund seiner extrem günstigen Eigenschaften (hohe Reiß- und Zugfestigkeit, Temperaturbeständigkeit und große Flexibilität) für eine Vielzahl technischer Anwendungen entdeckt. Dabei steigt die Zugfestigkeit mit sinkendem Durchmesser der Fasern und kann mehr als 20-mal stärker sein als die von Baustahl (1000 N mm^{-2}). Für spezielle Einsätze in der Bau-, Textil- und Elektroindustrie sind außerdem noch die Beständigkeit gegen Fäulnis, die hervorragende Bindefähigkeit mit anderen Stoffen, die Spinnfähigkeit sowie die hohe elektrische Isolationswirkung bedeutsam.

Diese hervorragenden Eigenschaften von Asbest führten zu einer extremen Zunahme des Einsatzes für mehr als 3000 Anwendungen seit dem Zweiten Weltkrieg. Parallel zu dieser Entwicklung wurden nach und nach Daten publiziert, die auf ein hohes toxikologisches Risiko insbesondere der Tumorinduktion hinwiesen (vgl. Abschnitt 3.2.3).

3.2.1.2 **Vorkommen**

Asbest ist auf natürliche Weise durch Verfestigung flüssiger Gesteinslava entstanden und kommt dementsprechend häufig in der Erdkruste vor. Wichtige Lagerstätten, aus denen noch heute Asbest abgebaut wird, befinden sich in Russland, Australien, Südafrika und Kanada.

Bereits vor mehr als 2000 Jahren wurde Asbest für Dochte in Tempelanlagen verwendet, versponnen und zu Tüchern verwoben. Dass man die Eigenschaften zu schätzen wusste, beweist der griechische Name „asbestlos", was so viel wie unvergänglich, unverwüstlich bedeutet. Aber auch im Mittelalter kannte man die Feuerfestigkeit des Minerals. Trotzdem ging die weite Verbreitung und Verarbeitung erst mit der Industrialisierung einher. So betrug die Weltproduktion in den 1980er Jahren noch bis zu 5 Mio. t, sank dann aber bis zum Jahrtausendwechsel auf unter 2 Mio. t. Stark reduzierte Nachfrage in den USA und Europa wurde dabei zum Teil durch erhöhte Nachfrage aus Entwicklungsländern ausgeglichen.

Der wichtigste Asbest überhaupt ist Chrysotil (ca. 94% der Gesamtproduktion), gefolgt von Krokydolith (Blauasbest; ca. 4%) und Amosit (Braunasbest; ca. 2%). Die übrigen drei Asbeste haben keine besondere wirtschaftliche Bedeutung.

Man unterscheidet im Baugewerbe grundsätzlich zwei unterschiedliche Asbestprodukte, die bis in die 1980er Jahre hinein in Gebäuden verwendet wurden:

1. Asbestzement mit einem Anteil von 10–15%. Die Dichte beträgt 1500 kg m^{-3} die Asbestfasern sind relativ fest gebunden.
2. Spritzasbest (Weichasbest) mit einem Anteil von 25–40% (meist Krokydolith). Er wurde häufig als Hitzeschutz bei Stahlskelett-Bauten eingesetzt. Dabei ist der Asbest weniger fest gebunden, und es kann zu einer Freisetzung von Fasern in die Raumluft kommen.

Einige Produkte, bei denen Asbest zur Anwendung kam, sind z. B. Bauteile (Platten, Rohre, Formteile) aus Ethernit®, Brems- und Kupplungsbeläge, Schutzkleidung, Schläuche, Kabel, Fußboden- und Straßenbeläge, zur Wärmedämmung an Kaminen, als Isolatoren in Haartrocknern und elektrischen Nachtspeicheröfen sowie als Dochte in Gaslampen.

3.2.1.3 **Exposition**

Die wesentliche Exposition mit Asbestfasern erfolgt über die Luft, damit über die Schleimhäute bzw. Lunge.

Neben der Exposition am Arbeitsplatz beim Abbau und der Verarbeitung von Asbest wurden und werden Menschen aber allgemein über die Luft exponiert. Seit den 1980er Jahren wurde der Einsatz von Asbest in den USA und Europa zwar drastisch eingeschränkt, sodass Asbest nur noch in besonderen Ausnahmefällen verwendet werden darf, aber durch die weite Verbreitung gelangen auch weiterhin Asbestfasern in die Umwelt. Obwohl die Freisetzung von Asbestfasern durch mechanischen Abrieb aus Brems- und Kupplungsbelägen weitgehend der Vergangenheit angehört, ist inzwischen die Freisetzung von Asbest aus „Altlasten“ durch Alterung/Verwitterung kritisch zu sehen. Noch heute sind ältere Geräte im Gebrauch, die Asbest enthalten könnten, wie Nachtspeicheröfen, Toaster, Dichtungen, Fassadenplatten, Blumenkästen und Lüftungsrohre. Aber natürlich führt auch die unsachgemäße Beseitigung oder Zerstörung von Asbestprodukten in Gebäuden, wie das Zerschlagen, Zerbrechen, Bohren, Fräsen usw., zur Freisetzung von feinsten Asbestfasern.

Hinweis
Für die Sanierung oder den Abbruch von Gebäuden gelten inzwischen sehr strenge Bestimmungen. Es sind die „Technischen Regeln für Gefahrstoffe (TRGS)" zu beachten. Für Asbest ist dieses die „TRGS 519 Asbest, Abbruch-, Sanierungs- und Instandsetzungsarbeiten". Solche Arbeiten sind ausschließlich von sachkundigen Firmen durchzuführen, und die Arbeiten dem zuständigen Gewerbeaufsichtsamt anzuzeigen. Solche Arbeiten können so aufwendig und teuer werden, dass zum Teil nicht nur zwischen Sanierung oder Abbruch, sondern auch Nichtstun entschieden werden muss. Ein gutes Beispiel hierfür ist der „Palast der Republik" in Berlin, in dem die Volkskammer der ehemaligen DDR tagte. Dieser mit Asbest verseuchte Altbau wurde jahrelang nicht saniert oder abgerissen, weil man sich nicht über die Finanzierung der immensen Kosten einigen konnte. Dabei ist soviel Zeit verstrichen, dass sich inzwischen ein „Verein zur Erhaltung des Palastes der Republik e.V." gegründet hatte, der durch die Lobby-Arbeit versuchte, den Bau als solches zu erhalten. Seit 2006 wurde der Bau dann doch „zurückgebaut", was ca. 3 Jahre gedauert und weit höhere Kosten, als ursprünglich veranschlagt, verursacht hat.

3.2.2
Toxikokinetik

Asbest zerfasert sehr leicht, und Fasern im µm-Bereich werden über die Atemluft aufgenommen. Während größere Fasern wieder eliminiert werden (ca. 60% der aufgenommenen Fasern), können die übrigen in der Lunge weiter zerfasern. Fasern von bis zu 8 µm Länge und bis zu 3 µm Dicke müssen als alveolargängig angesehen werden. Während die Fasern in den Bronchien durch mukoziliäre Clearance aus der Lunge transportiert werden, ist die Clearance in den Alveolen durch Phagozytose alveolärer Makrophagen begrenzt. Die Makrophagen können optimal nur Fasern bestimmter Länge und Dicke aufnehmen. So ist die Aufnahme von Fasern mit einer Länge über 10 µm bereits stark eingeschränkt.

Die feinsten Fasern setzen sich deshalb tief in der Lunge und am Rippenfell ab. Aufgrund der Beständigkeit bleiben Fasern des Blau- und Braunasbests über Jahre erhalten, lediglich der Weißasbest (Chrysotil) kann im Körper im Laufe von 1–2 Jahren abgebaut werden. Die genaue Verteilung, der Transport und die Ablagerung hängen allerdings entscheidend von der Länge und Dicke der aufgenommenen Fasern ab.

3.2.3
Toxizität

Im Wesentlichen basiert die Toxizität von Asbestfasern erstens auf der langen Verweildauer im Gewebe und zweitens auf der Partikelgröße. Partikel, die kleiner als 5 μm mit Durchmessern unter 1 μm sind, werden von den Makrophagen relativ effektiv abgeräumt. Dagegen führt der Versuch der Phagozytose größerer Partikel zur übermäßigen Aktivierung und/oder Zerstörung der Makrophagen. Dadurch werden vermehrt Entzündungsfaktoren wie Prostaglandine, Zytokine, Chemokine und Leukotriene freigesetzt mit der Folge lokaler Entzündungsherde. In dieser Beziehung als besonders gefährlich gelten Asbestfasern mit einer Länge über 5 μm, einem Durchmesser unter 3 μm und einem Verhältnis von Länge : Durchmesser größer als 3:1.

Nach längerer Aufnahme von Asbestfasern kann es im Laufe der Jahre zu drei typischen Erkrankungen kommen, der sogenannten Asbestose, dem Lungenkrebs und besonders dem Rippenfellkrebs.

Da eine sehr große Latenzzeit zwischen längerer Exposition und Auftreten der Gesundheitsschäden besteht, wurden die Gefährdungen der Gesundheit durch Asbest erst relativ spät erkannt.

Die Asbestose (Asbeststaublunge) ist eine rein chronisch-entzündliche Erkrankung des Lungengewebes in Form einer Lungenfibrose. Das Bindegewebe der Alveolaren vernarbt, und die Atmung wird stark behindert. Asbestose tritt in der Regel erst 10–15 Jahre nach Inhalation von Asbeststaub auf.

Gelangen größere Mengen von Asbestfasern der oben angegebenen Länge in die Lunge, die dazu noch sehr schwer abbaubar sind, so wächst das Risiko für die Ausbildung von Lungenkrebs (etwa 15–30 Jahre nach Exposition). Der Zu-

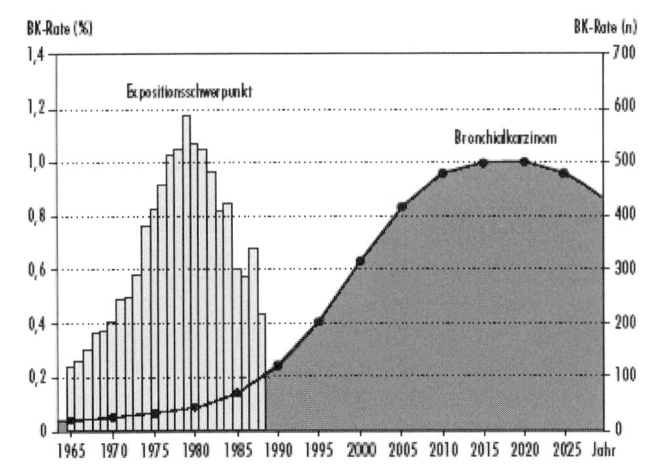

Abb. 3.1 Abschätzung der asbestinduzierten Lungenkrebserkrankungen bis in das Jahr 2025. (Mit freundlicher Genehmigung von HJ Raithel, Uni Erlangen).

sammenhang zwischen Asbest und Lungenkrebs wurde 1933 zum ersten Mal beschrieben.

Besonders typisch für Asbestfasern ist die Induktion von sehr aggressivem Bauchhöhlen- bzw. Rippenfellkrebs (Peritonal- bzw. Pleuramesothelium), der zwischen 20–40 Jahren nach Exposition auftreten kann.

Die Entstehung dieser beiden Krebsarten wird durch Rauchen deutlich erhöht. So erhöht sich das Lungenkrebsrisiko asbestbelasteter Raucher um Faktor 10. Dieser Zusammenhang wurde sowohl durch epidemiologische Untersuchungen (siehe Abb. 3.1) als auch durch Tierexperimente bestätigt.

Grenzwerte Asbest
Asbestfasern sind 1988 vom Ausschuss für Gefahrstoffe (AGS) als krebserregend, Kategorie 1 eingestuft worden. Damit kann theoretisch eine einzige Mikrofaser Asbest Krebs induzieren. Die Wirkung ist als irreversibel anzusehen, die Schäden nach wiederholtem Kontakt summieren sich. Nach der Gefahrstoffverordnung darf Asbest deswegen nicht mehr hergestellt oder verwendet werden. Materialien dürfen nicht mehr als 0,1% Asbest enthalten. Trotz all dieser Vorschriften kann die Exposition nicht auf Null gebracht werden, da Asbest als natürlich vorkommender Stoff überall in der Umwelt, damit auch in der Atemluft, zu finden ist. Für die normale Faserkonzentration in der Umwelt gilt heute ein Wert von 100–200 F m^{-3} (F = Fasern).

Als Ziel für eine Innenraumsanierung gilt ein Wert von maximal 500 F m^{-3}. Eine erhöhte Exposition am Arbeitsplatz ist heute nur noch bei Abbruch-, Sanierungs- oder Instandsetzungsarbeiten zulässig (TRGS 519).

3.3 Stäube

Wie anfangs erwähnt, zählen zu den Schwebstäuben feine und ultrafeine Partikel mit Durchmessern zwischen 1 nm und 100 µm. Diese Schwebstäube können fest oder flüssig sein und sind in Gasen suspendiert. Mit einem Durchmesser von 10–100 nm gehören die Rußpartikel auch in diese Kategorie, sollen aber wegen ihrer besonderen Bedeutung in einem eigenen Abschnitt (3.4) behandelt werden.

3.3.1 Eigenschaften, Vorkommen und Exposition

3.3.1.1 Eigenschaften

Viele assoziieren bei dem Wort „Staub" zunächst das, was sich auf dem Bücherregal mit der Zeit niederschlägt. Toxikologisch relevant aber sind die Schwebstäube, deren Partikelgröße eben so gering ist, dass sie in der Schwebe bleiben und nicht sedimentieren. Unabhängig davon, ob es sich um feste oder flüssige

Schwebeteilchen handelt, spricht man von Aerosolen. Sie werden deswegen auch in $mg\,m^{-3}$ Luft gemessen im Gegensatz zu größeren Partikeln (Sediment), deren Menge normalerweise in $kg\,m^{-2}$ über die Zeit (30 d) angegeben wird.

Die Schwebstäube lassen sich dann nochmals in zwei Unterkategorien einteilen. Bei Partikeln mit einem Durchmesser unter 2,5 μm ($PM_{2,5}$) spricht man von Feinstäuben. Haben die Teilchen einen Durchmesser von unter 100 nm, so fallen sie in die Klasse der ultrafeinen Partikel, zu denen auch Rußpartikel gehören.

Die Komposition von Schwebstäuben ist in keiner Weise stabil. Die Eigendynamik besonders der ultrafeinen Teilchen führt zu ständigen Umlagerungen. So liegt die Lebenszeit solcher Teilchen maximal im Minuten- oder im Wenige-Stunden-Bereich. Damit bleiben spezifische ultrafeine Stäube lokal begrenzt. Erst größere Aggregate (0,1–1μm) sind stabiler und können Hunderte von Kilometern verbracht werden.

Feinstäube sind mit herkömmlichen Filtersystemen in Industrieanlagen oder Motoren kaum zurückzuhalten. Sie können nur mit sehr aufwendigen Systemen zurückgehalten werden. So werden Feinstäube beim Menschen auch nicht durch natürliche Barrieren wie Haare oder Schleim der Nase zurückgehalten, sondern gelangen bis tief in die Lunge. In der Aerosol-Toxikologie geht man bei der Betrachtung von Schwebstaub von quasi sphärischen Teilchen aus, damit die Betrachtungen auf alle Partikel unabhängig von der tatsächlichen Form und Dichte übertragen werden können. Zur Vereinheitlichung verwendet man eine gemeinsame Kenngröße für alle Partikel, den „aerodynamischen Durchmesser". Aerosolpartikel haben praktisch nie den gleichen Durchmesser, sie sind nicht monodispers, sondern lassen sich durch eine logarithmische Normalverteilung beschreiben (siehe Abb. 3.2).

Lange Jahre hindurch war man davon ausgegangen, dass die an den Staubteilchen anhaftenden Chemikalien, Proteine, Bakterien und Viren die größte Gefahr für die Gesundheit der Bevölkerung darstellen. Inzwischen weiß man aber, dass auch die Partikel selbst, insbesondere Nanopartikel, mit hoher Wahrscheinlichkeit gesundheitsgefährdend sein können, da sie zum Teil ungehindert bis in die Blutbahn gelangen können.

3.3.1.2 **Vorkommen**

Schwebstäube kommen natürlich überall vor, lassen sich so also nicht eingrenzen. Trotzdem sind spezifische Feinstäube an unterschiedlichen Orten unterschiedlich verteilt. Die Zusammensetzung der Feinstäube im Innenraum wie auch im Außenraum variiert deutlich. Die Feinstaub-Zusammensetzung muss jeweils spezifisch sowohl nach Quantität aber auch nach Qualität beurteilt werden. So sind z. B. im Ballungsgebiet und auf dem Land, in der Backstube und im Büro, in der Elektrowerkstatt und in der Zementfabrik die Charakteristika der Partikel dramatisch unterschiedlich. In vielen Fällen liegen für eine vernünftige toxikologische Bewertung aber nur unzureichende Analysen vor.

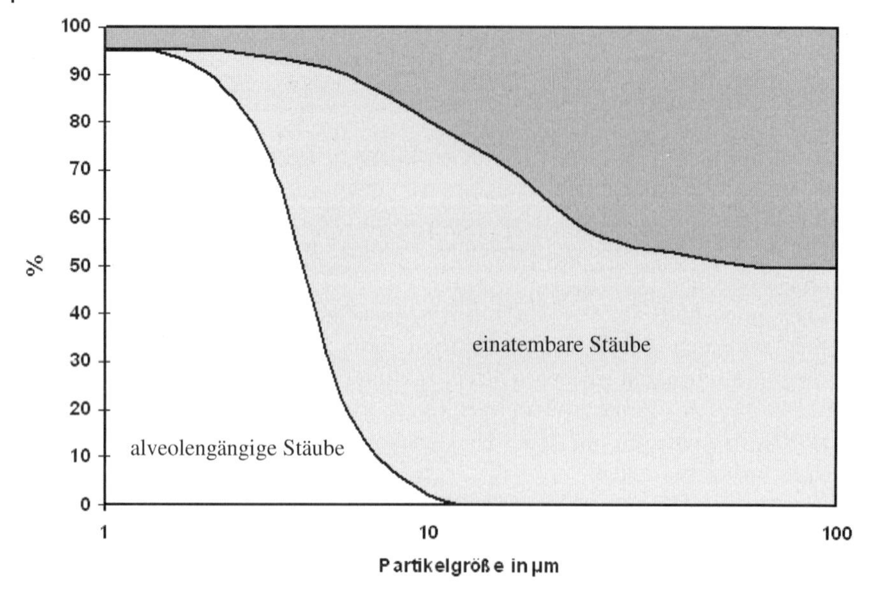

Abb. 3.2 Logarithmische Normalverteilung von Aerosolpartikeln (Modifiziert nach: Grenzwerte am Arbeitsplatz 2005, Suva, Schweizerische Unfallversicherungsanstalt).

In der Luft in Ballungsgebieten setzt sich der Feinstaub insbesondere aus Dieselruß, Baustaub, Reifenabrieb und/oder Abgasen aus Industrie- und Heizungsanlagen zusammen.

Im Innenraum gelten Kerzen, Öllampen, Öfen (hier auch Braten und Backen), ebenso Faxgeräte, Drucker und Kopierer (besonders Toner) als Quellen für Feinstäube in der Atemluft.

Am Arbeitsplatz entstehen Feinstäube beim Schweißen, Lackieren, Oberflächenbehandlungen, Backen, Bauen (insbesondere beim Zementieren), im Bergbau und Hüttenwesen.

In den letzten Jahren macht man sich zunehmend Gedanken über ultrafeine Partikel, die bei der Produktion und Anwendung moderner Nanotechnologie vorkommen. Dort werfen gesundheitliche Probleme durch Materialien wie Metalle, Halbleiter, Keramiken und polymere Stoffe, aus denen die Nanoteilchen bestehen, zusätzliche Fragen auf.

3.3.1.3 **Exposition**

Durch die Tatsache, dass sich der Mensch tagtäglich durch unterschiedlich belastete Räume bewegt, ist eine individuell angepasste Risikoeinschätzung praktisch nur für spezifische Arbeitsplätze möglich. Durch entsprechende Schutzmaßnahmen (Lüftung, Entstaubung, Filtern) und Sicherheitshinweise kann dort die Exposition über die Atemluft minimiert werden. Für die überwiegende

Tab. 3.2 Auswahl an Grenzwerten für Schwebstäube regulierender Behörden.

Richtlinie	Grenzwert	PM-Einteilung	Bemerkungen
MAK-Liste (Schweiz)	3,0 mg m^{-3} (Spitzenwert) 10,0 mg m^{-3} (Spitzenwert)	≤ 2,5 μm (Feinstaub) Gesamtstaub	
MAK-Liste (BRD)	3,0 mg m^{-3} (Spitzenwert) 8,0 mg m^{-3} (Spitzenwert)	≤ 2,5 μm (Feinstaub) Gesamtstaub	TRGS 900
MIK-Wert (BRD)	75 μg m^{-3} (Jahresmittel)	Schwebstaub	VDI 2310, Bl16
BImschV (BRD)	150 μg m^{-3} (Jahresmittel)	Schwebstaub	
BImschV (BRD)	40 μg m^{-3} (Jahresmittel)	≤ 10 μm	1999/30/EG
EPA (USA)	50 μg m^{-3} (Jahresmittel)	≤ 10 μm	
	15 μg m^{-3} (Jahresmittel)	≤ 2,5 μm (Feinstaub)	
WHO	70 μg m^{-3} (24 h)	≤ 2,5 μm (Feinstaub)	
WHO	120 μg m^{-3} (24 h)	Schwebstaub	

MAK: Maximale Arbeitsplatz-Konzentration in den Technischen Regeln für GefahrStoffe für Luft (TRGS 900) gelistet
MIK: Maximale Immissions-Konzentration, festgelegt vom Verein Deutscher Ingenieure (VDI) in der Richtlinie für Luftschadstoffe 3210
BImschV: 33. Verordnung zur Durchführung des Bundes-Immissionsschutzgesetzes. Dient der Umsetzung der Europäischen Richtlinien in deutsches Recht
EPA: Environmental Protection Agency (Umweltbehörde der USA), Air Quality Standards
WHO: World Health Organistation, Air Quality guidelines

Mehrheit bleibt nur, die Exposition gegenüber Feinstäuben bzw. Ultrafeinstäuben durch Einführung von generellen Grenzwerten [1] zu minimieren. Eine Übersicht über einige Grenzwerte gibt Tabelle 3.2.

Die Zusammensetzung des Schwebstaubs, der im Englischen als *total suspended particles* (TSP) bezeichnet wird, kann auch zwischen Bundesländern sehr unterschiedlich sein. So war z. B. der mittlere Anteil an Schwebstaub aus dem Straßenverkehr 1993 in Deutschland bei knapp 10%, in Baden-Württemberg im selben Jahr dagegen bei 66% [2]. Bis zum Jahre 2005 hat sich dann der mittlere Anteil an Schwebstäuben aus dem Straßenverkehr deutschlandweit auf 17–20% erhöht und das, obwohl die Gesamtmenge an Schwebstaub sich im selben Zeitraum deutlich reduziert hat. Das wird erklärlich durch die Tatsache, dass verbesserte Filtersysteme und Rückführanlagen (Auswaschungen) industrieller Anlagen in den letzten Jahren die Emission von Schwebeteilchen drastisch reduziert haben, andererseits die Verkehrsdichte, Mobilität und der Anteil an Dieselfahrzeugen deutlich gestiegen sind.

Die Exposition des Menschen gegenüber Schwebestäuben kann nicht nur durch das Arbeitsumfeld, den überwiegenden Aufenthalt, sondern ebenso durch die Wetterlage bestimmt werden. So können größere Feinstaubteilchen als

Kondensationskerne die Wolkenbildung beschleunigen und zum Abregnen führen, dieser bewirkt dann eine zusätzliche Auswaschung der Schwebeteilchen.

3.3.2 Toxikokinetik

Die Verweildauer, Resorption und Elimination von eingeatmeten Schwebstaubteilchen ist entscheidend von deren Größe und Eindringtiefe (Bronchialraum oder alveolärer Bereich) abhängig. In den Bronchien werden die Teilchen durch den mukoziliären Transport innerhalb weniger Tage zum Kehlkopf verbracht und verschluckt. Sind Schwebstaubpartikel bis in den Alveolarbereich eingeatmet worden, so werden sie durch Makrophagen (Alveolarmakrophagen), die auf dem Alveolarepithel wandern, phagozytiert. Die Phagozytose ist optimal allerdings nur in einem Größenbereich der Teilchen zwischen 0,3 und 5 µm, kleinere Partikel werden wesentlich langsamer aufgenommen, während größere Teilchen meist im Bronchialraum verbleiben, da sie durch Ihre Trägheit Richtungsänderungen des Luftstroms nicht einfach mitmachen und an die Gefäßwände prallen (Impaktion).

Wandern die „beladenen“ Makrophagen in den Bronchialraum, werden sie ebenfalls zum Kehlkopf transportiert und verschluckt. Ultrafeine Teilchen haben also eine größere Verweildauer im Alveolarraum und können dort auch in die Epithelzellen eindringen und evtl. bis in das Bindegewebe übertreten. Wahrscheinlich können so nicht nur die an Staubteilchen anhaftenden Chemikalien oder biogenen Bestandteile, sondern auch die Partikel selber zu Abwehrreaktionen im Epithel- bzw. Bindegewebe führen. Einmal ins Interstitium gelangt, können sie aber auch über die Lymphbahnen bis in die drainierenden Lymphknoten gelangen. Es wurden im Körper Verweildauern von solchen Teilchen von mehreren hundert Tagen gemessen.

Ein Phänomen, welches man zum ersten Mal im Bergbau gefunden hat, ist das „Überladen“ der Lunge mit Staub. Ein solches Überladen durch Schwebstaubteilchen – bis 20 g Grubenstaub pro Lunge („Staublunge“) wurden gemessen – führt nicht etwa zur verstärkten Clearance durch Makrophagen, sondern zu deren Inaktivierung; die Clearance durch Phagozytose sinkt praktisch auf Null. Die exzessive Aufnahme von Partikeln führt zur Immobilität und Dysfunktion der Makrophagen. Dieses Phänomen konnte in tierexperimentellen Studien gut nachvollzogen werden.

3.3.3 Toxizität

Die toxischen Effekte durch Schwebeteilchen sind ebenso vielfältig wie die Teilchen und ihre anhaftenden Komponenten selbst. Aufgrund dieser Heterogenität liegen einigermaßen verlässliche Daten zur Partikelwirkung fast nur aus Arbeitsplatzuntersuchungen vor. Bei der Bewertung der allgemeinen Gesundheitsgefährdung durch Schwebstäube im Innenraum oder in der Außenluft ist man auf epidemiologische Untersuchungen und Hochrechnungen angewiesen. Durch die komplexen Interaktionen sind die daraus resultierenden Schlussfolgerungen eher spekulativ und daher umstritten. Im Folgenden soll deshalb nur allgemein auf mögliche Mechanismen eingegangen werden. Zusätzlich werden einige Beispiele für die Vielfältigkeit der Reaktionen angeführt.

3.3.3.1 **Tierexperimente**

Obwohl versucht wird, z. B. über die Phagozytose von definierten Staubteilchen durch Makrophagen im *In-vitro*-Experiment Aufschluss darüber zu bekommen, welche Mechanismen für die gesundheitsgefährdenden Eigenschaften eine Rolle spielen, können doch nur *In-vivo*-Experimente die überaus komplexen Interaktionen in Bronchien und Alveolen widerspiegeln. Um fundierte Aussagen über die Wirkung einer einzigen Komponente im Schwebstaub machen zu können, sind aufwendige und gut kontrollierte Apparaturen notwendig. So muss für jedes Tier in einer Inhalationskammer sicher gestellt werden, dass es während des Experiments durch keine anderen Keime oder Teilchen beeinflusst wird als die, die es zu untersuchen gilt. Es muss nicht nur die Reinheit der Partikel/Komponenten, die Dosierung und die Verteilung in der Kammer dauernd kontrolliert werden, sondern auch die Versuchstierbetreuung durch Tierpfleger und Experimentatoren. Außerdem müssen die „künstlich" hergestellten Aerosole so weit irgend möglich den jeweiligen Bedingungen am Arbeitsplatz oder in der Umwelt entsprechen.

Aerosole lassen sich durch Vernebler oder Zerstäuber (Flüssigkeiten) für diese Zwecke herstellen. Beispiele hierfür sind der Ultraschallvernebler und der Zentrifugalzerstäuber, die aber auch in Flüssigkeiten (meist Wasser) enthaltene Feststoffe (Suspensionen, Lösungen) zerstäuben können, somit Feststoffaerosole produzieren können.

Zur Dispersion von Feststoffen werden Feststoffgeneratoren eingesetzt, die über Scherkräfte die Adhäsion der Partikel aufbrechen. Allerdings können mit diesen Apparaturen nur Teilchen bis ca. 1 µm hergestellt werden. Ultrafeine Aerosole sind nur mit noch größerem Aufwand durch sogenannte Nukleations-Kondensationsverfahren herzustellen.

Für die Exposition der Tiere können Ganzkörperexpositionen in Frage kommen, bei denen die Tiere in der Kammer auch mit Futter und Wasser versorgt werden können, oder die sogenannte *„Nose-only"*-Exposition, wie sie in Abb. 3.3 dargestellt ist.

Ebenso aufwendig wie die Expositionsphase ist bei solchen Inhalationsexperimenten die Auswertung. So müssen Nase, tracheobronchialer und alveolärer Bereich histopathologisch auf Anzeichen von direkter Gewebsschädigung (Irritation, Zytolyse) oder Sensibilisierung (Eosinophile, Makrophagenaktivität) untersucht werden. Zusätzlich können Lungenfunktion (Atemvolumen, Atemwiderstand) sowie Zellen und Entzündungsfaktoren in der Lungenlavage-Flüssigkeit bestimmt werden.

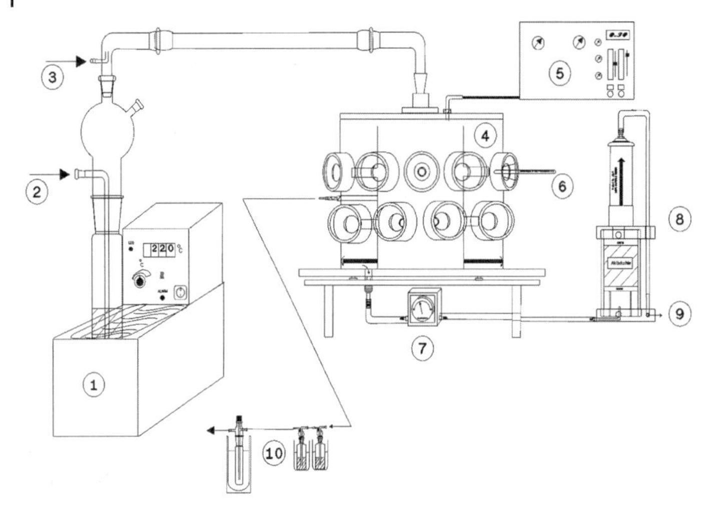

Abb. 3.3 Schema einer „Nose-only"-Expositionskammer. 1. Thermostat, 2. Verdampfer, 3. Verdünner, 4. Nose-only Kammer, 5. Real-time Analytik, 6. Off-line Partikelanalytik, 7. Abluft, 8–9. Abluftreinigung, 10. Off-line Analytik von flüchtigen Stoffen (Impinger). Die Abb. wurde freundlicherweise von Prof. Dr. J. Pauluhn, Wuppertal, zur Verfügung gestellt.

Für die Übertragung so gewonnener Daten müssen dann aber auch noch mögliche Speziesunterschiede berücksichtigt werden. So werden z. B. bei Ratten Partikel mit Durchmessern über 4 μm schon in der Nase zurückgehalten, während diese beim Menschen noch bis in den Alveolarbereich vordringen können.

Trotzdem können tierexperimentelle Daten natürlich wichtige Aufschlüsse über einige schädliche Mechanismen geben. Seit einigen Jahren wird, wie bereits erwähnt, darüber diskutiert, ob und inwieweit nicht nur die anhaftenden Komponenten, sondern die Partikel selber gesundheitsschädlich sein können. Da sind besonders die ultrafeinen Partikel (Nanoteilchen) ins Blickfeld gekommen. Hierzu konnten interessante Ergebnisse präsentiert werden [3]. Es wurden zum einen Ratten mit inerten ultrafeinen Titanoxid(TiO_2)-Partikeln (500 μg mit 20 nm Durchmesser) instilliert, zum anderen in einem anderen Experiment ultrafeinen Teflonpartikeln (26 nm Durchmesser) für 20–30 Minuten exponiert.

Während die TiO_2-Teilchen tatsächlich im Interstitium nachgewiesen werden konnten, wo sie deutliche Entzündungsreaktionen verursachten, war die Exposition mit Teflonteilchen durch ein akutes hämorrhagisches Lungenödem letal. Diese massive Reaktion war mit hoher Wahrscheinlichkeit auf toxische Komponenten auf der Oberfläche der Teflonpartikel zurückzuführen. Auch wenn solche Teflonpartikel keine umweltrelevanten Teilchen darstellen, belegen die Versuche doch, wie sehr anhaftende Komponenten die eigentliche Partikelwirkung überdecken können.

3.3.3.2 Mensch

Insgesamt bestätigen die Tierexperimente die Beobachtungen am Menschen aus epidemiologischen Studien. Die gesundheitsschädliche Wirkung einer akuten Belastung mit Schwebstäuben kann sich danach nur in einer vorgeschädigten Lunge zeigen. Im Tierexperiment werden erst nach langer Exposition oder nach zusätzlicher Irritation Schädigungen beobachtet. Nach den Ergebnissen epidemiologischer Erhebungen sind besonders ältere Menschen und Menschen mit chronischen Atemwegs- oder Herz-Kreislauferkrankungen betroffen. Auch wenn die genauen Mechanismen noch nicht vollkommen verstanden sind, kann man davon ausgehen, dass ultrafeine Partikel in den Alveolen bzw. im Interstitium zu Entzündungsreaktionen führen, die einerseits die Lungenfunktion beeinträchtigen, andererseits durch Koagulation des Blutes auch ungünstige Wirkung bei Herz-Kreislaufproblemen haben.

Außerdem haften den Partikeln diverse Stoffe an, die im Körper einerseits immunologische Reaktionen hervorrufen können (Allergien), andererseits aber auch Entzündungsreaktionen verstärken können (Adjuvanzeffekt).

So konnten Wissenschaftler des Fraunhofer-Instituts für Toxikologie und Experimentelle Medizin in Hannover in Zusammenarbeit mit Kollegen der GSF in München die entzündungsfördernde Wirkung von stark metallhaltigen Stäuben gegenüber wenig metallhaltigen Stäuben an gesunden Probanden zeigen. Dazu mussten die Probanden jeweils 100 µg der unterschiedlichen Schwebstäube einatmen. Die Wirkungen wurden dann mittels Bronchoskopie ausgewertet. Die Mengen an Feinstaub entsprachen dabei denen, die Menschen in den entsprechenden Regionen innerhalb von 24 h einatmen.

Die mögliche Gefahr, die von ultrafeinen Partikeln ausgeht, ist auch für die sich schnell entwickelnde Nanotechnologie erkannt. Zur Untersuchung möglicher Gesundheitsgefahren durch die oftmals hoch reaktiven Nanopartikel wurden Forschungen z. B. durch zwei EU-Projekte gefördert, „Nanosafe" und „Nanoderm". Beide wurden im Jahre 2004 abgeschlossen und schlagen verschiedene Regularien zum Umgang vor [4, 5]. Der Kommissionsbericht ist auf den Internet-Seiten einiger Umweltministerien der einzelnen Bundesländer abrufbar (z. B. Baden-Württemberg). Das EU-Projekt „Nanosafe" wurde in den Jahren 2008 und 2010 neu aufgelegt. Die Auswertungen der neuen Untersuchungen (Projekt 2008) dauern noch an.

Im Normalfall beginnen alle schädlichen Reaktionen im Respirationstrakt mit akuten Entzündungen, die wahrscheinlich durch Inhalation reizender bzw. zytotoxischer Aerosole bedingt sind. Die abgestorbenen Epithelzellen führen unter den entzündlichen Prozessen zu Reparaturmechanismen, z. B. zur Proliferation epithelialer Zellen (Clarazellen). Bei chronischer Exposition kann es zu Fibrosen kommen. Dabei kommt es durch die Aktivität der Alveolarmakrophagen zur erhöhten Produktion von Entzündungsfaktoren wie Tumornekrosefaktor-alpha (TNF-α) und dem *Transforming Growth Factor-β* (TGF-β), die Fibroblasten zur übermäßigen Produktion von Kollagen stimulieren.

In die so vorgeschädigte Lunge dringen mögliche sensibilisierende Substanzen leichter ein. Bei entsprechender genetischer Prädisposition kann es dann in dem entzündeten Milieu zu Überreaktionen des Immunsystems kommen und damit zu allergischen Reaktionen, insbesondere zum Asthma oder chronischem Asthma bronchiale. Beruflich induziertes Asthma wurde für diverse Stoffe beschrieben: Diisocyanat, Mehl- und Getreidestäube, Formaldehyd und Metallsalze.

Bei Rauchern kann es aber auch wie bei lang anhaltender Staubbelastung zu chronischer Bronchitis kommen. Die WHO spricht von chronischer Bronchitis, wenn bei einem Patienten in zwei aufeinander folgenden Jahren in mindestens drei Folgemonaten Husten und Auswurf vorkommen. Kommt es zur weiteren Zerstörung von Lungenbläschen, also zur ballonartigen Vergrößerung der Lufträume, spricht man vom Lungenemphysem. Die Lungenfunktion ist dann stark eingeschränkt, die Leistungsfähigkeit deutlich reduziert.

Ein anderer Endpunkt der toxischen Belastung der Lunge ist Lungenkrebs. Obwohl sicherlich auch bestimmte toxische Schwebstäube ein Lungenkrebsrisiko darstellen (Asbest, polyzyklische aromatische Kohlenwasserstoffe, metallhaltige Feinstäube), ist nach wie vor der bei weitem wichtigste Faktor der Zigarettenrauch. Im Gegensatz zu Ratten treten Lungentumoren beim Menschen überwiegend im tracheobronchialen Bereich auf, weswegen die Übertragbarkeit der Tierbefunde auf den Menschen auch häufig angezweifelt wird. Auch bei epidemiologischen Untersuchungen sind Einflüsse durch Rauchen und Passivrauchen auf die Befunde immer schwierig herauszurechnen.

Insgesamt ist die Risikobewertung der Gesundheitsgefahr durch Feinstaub aufgrund der komplexen Interaktionen und Befunderhebung sehr schwierig. Oft beruhen veröffentlichte Grenzwerte und Risikoangaben auf Schätzungen oder Hochrechnungen nicht sicherer Befunde.

Grenzwerte Stäube

In der EU-Richtlinie [1], die im Januar 2005 in Deutschland in Kraft trat und zu sehr großer Publicity führte, wurde der Grenzwert für Feinstäube in der Außenluft auf $50\,\mu g\,m^{-3}$ festgesetzt. Dieser Wert darf laut Richtlinie nicht öfter als 35-mal im Jahr überschritten werden. Die Gefahr von Feinstäuben für die Gesundheit war bereits in den 1980er Jahren beschrieben worden, und auch die EU-Richtlinie wurde bereits 1999 veröffentlicht. Daher war die Hektik, mit der auf die Grenzwertüberschreitungen Anfang 2005 öffentlich reagiert wurde, für viele Experten nicht nachvollziehbar. Im Endeffekt hat diese Richtlinie aber den Anstoß für die Einrichtung der Umweltzonen (Feinstaubverordnung vom März 2007, [6]) gegeben, die ab 2008 etwas halbherzig etabliert wurden.

3.4
Ruß

Sehr oft wird der Begriff Feinstaub in der Öffentlichkeit mit Ruß gleichgesetzt. Deswegen und wegen seiner besonderen Bedeutung soll dieser hier gesondert besprochen werden. Obwohl prinzipiell auf Rußpartikel alles zutrifft, was bereits unter dem Stichwort „Staub“ (Abschnitt 3.3) gesagt wurde, sind diese Partikel besser untersucht, da ihre Präsenz im Alltag offensichtlicher ist, somit das Problem für den einzelnen Mensch wie auch die Industrie „greifbarer“ ist.

3.4.1
Eigenschaften, Vorkommen und Exposition

3.4.1.1 Eigenschaften

Mit einem Durchmesser von 10–100 nm gehören die Rußpartikel zu den Schwebstäuben. Sie entstehen bei unvollständiger Verbrennung von C-haltigem Material. Während größere Teilchen sich als schwarzes Pulver bzw. schmieriger Niederschlag absetzen, kommen die Nanopartikel als gefährliches Aerosol in Ballungsgebieten und Industrieanlagen vor. Obwohl die eigentlichen Partikel überwiegend aus Kohlenstoff bestehen, tragen sie aufgrund der relativ großen und reaktiven Oberfläche sehr viele unterschiedliche Komponenten mit, die ebenfalls bei der Verbrennung entstehen. Gerade diese Verbrennungsprodukte stehen im Verdacht oder sind nachgewiesener Maßen kanzerogen. Wie aus der Tabelle 3.3 zu sehen ist, bestehen die Komponenten aus monozyklischen und polyzyklischen aromatischen Kohlenwasserstoffen (PAK), Sulfaten und Metalloxiden.

Bis in die 1980er Jahre hinein hatte man die anhaftenden Komponenten als überwiegend zur Gesundheitsgefahr beitragende Komponenten angesehen. Wie im vorhergehenden Abschnitt über Stäube bereits ausführlich beschrieben, hat man dann aber zunehmend auch die Gefahr der ultrafeinen Teilchen selbst erkannt, die bis in das Gewebe bzw. Blut/Lymphe übertreten können. Allerdings muss bei allen Betrachtungen bezüglich der Eigenschaften der Rußpartikel beachtet werden, dass diese in relativ kurzer Zeit aus den ultrafeinen „Primärteilchen“ Agglomerate bilden, die zwar vom Durchmesser nur etwas größer sind,

Tab. 3.3 Mittelwerte der Zusammensetzung von Dieselpartikeln.

Substanz	Prozent	Bemerkungen
Kohlenstoff	ca. 70	
Organische Komponenten	ca. 25	insbesondere PAK, Nitro-PAK
Sulfate	ca. 3	
Metalloxide	ca. 2	insbesondere Eisen, Kalzium und Zink

PAK: Polycyclische aromatische Kohlenwasserstoffe

deren Gesamtoberfläche aber fast die Summe der Einzeloberflächen ausmacht. Dieses ist eine Besonderheit von Rußpartikeln, verglichen mit anderen Aerosolteilchen, die Aggregate mit relativ geringerer Oberfläche bilden. Das könnte aus toxikologischer Sicht für die Verweildauer und Freisetzung der Komponenten in der Lunge von Bedeutung sein.

3.4.1.2 **Vorkommen**

Ruß bildet sich in Dieselabgasen, Heizungen, Kaminen, industriellen Verbrennungsanlagen, aber auch bei Bränden, besonders Waldbränden, und wird bei Vulkanausbrüchen bis in große Höhen ausgeworfen. Abgesehen von akuten Vulkanausbrüchen und Brandfällen ergibt sich daraus, dass Ruß hauptsächlich in Ballungsgebieten und in der Nähe industrieller Verbrennungsanlagen ein Gefährdungsproblem darstellen kann.

3.4.1.3 **Exposition**

Selbst bei lokalen Ereignissen, bei denen es zur Freisetzung großer Mengen an Rußpartikeln kommt, die auch bis hoch in die Atmosphäre aufsteigen können (Waldbrände, Vulkanausbrüche), ist eine globale Verteilung eher selten. Die in hoher Atmosphäre stattfindenden chemisch-physikalischen Interaktionen mit den Rußpartikeln sind zwar größtenteils noch ungeklärt, führen aber wahrscheinlich zu deutlichen Änderungen sowohl der Rußpartikel selbst, aber auch der anhaftenden Primärkomponenten. Der größte Teil dieser Schwebteilchen wird dann durch Niederschläge aus der Luft ausgewaschen. Somit sind für (umwelt-)toxikologische Betrachtungen tatsächlich die bodennahen Rußemissionen weitaus wichtiger. Und tatsächlich können in Bezug auf Rußteilchen deutliche Expositionsunterschiede und damit verbundene Gesundheitsrisiken zwischen Ballungszentren und ländlichen Gebieten bei epidemiologischen Untersuchungen nachgewiesen werden. Obwohl sich die Feinstaub-Konzentrationen in den letzten Jahren insgesamt verringert haben, werden beim Ruß immer noch Unterschiede bis zu Faktor 10 und mehr bei der Partikelkonzentration zwischen innerstädtischen und ländlichen Messpunkten gefunden. Allerdings wird Ruß in den meisten Fällen als elementarer Kohlenstoff (EC) analysiert, sodass bei der Auswertung weder die Quelle des Rußes noch die anhaftenden Komponenten damit exakt nachzuweisen sind.

3.4.2 **Toxikokinetik**

Rußteilchen im Schwebstaub verhalten sich bezüglich der Toxikokinetik wie ultrafeine Partikel. Da darauf bereits im vorhergehenden Kapitel 2 eingegangen wurde, soll an dieser Stelle auf eine Wiederholung verzichtet werden. Ob und inwieweit die relativ großen Oberflächen von Rußpartikeln (Agglomerate) bei der Toxikokinetik einen besonderen Einfluss haben könnten, ist nicht untersucht. Klar ist aber, dass der Besatz mit vielfältigen Komponenten aus Verbrennungsvorgängen im Gewebe unterschiedliche Wirkungen entfalten kann. Und jede dieser Komponenten hat wiederum eigene toxikokinetische Eigenschaften.

3.4.3 Toxizität

Die Diskussion zum Feinstaub in der Außenluft hat sich in den letzten Jahren verengt auf den Rußpartikel-Ausstoß von Dieselfahrzeugen, obwohl der Straßenverkehr einen relativ geringen Anteil am Gesamtschwebstaub (ca. 10%) verursacht. Dabei ist paradoxer Weise der Anteil an Fein- und Ultrafeinstaub durch Reduktion der gesamten Staubkonzentration in der Luft gestiegen. Denn größere Staubteilchen sind in der Lage, bei der Sedimentation kleinere Partikel einzufangen. Bei geringerer Staubkonzentration in den Belastungsgebieten verbleiben also feine und ultrafeine Teilchen länger in der Luft.

Durch günstigere Dieselpreise bei gleichzeitiger Optimierung des Verbrennungsvorgangs des Dieselkraftstoffs im Motor haben sich auch die Absatzzahlen von Diesel-Pkws kontinuierlich erhöht. So hat sich der Anteil dieser Pkws in den letzten Jahren verdoppelt und machte 2004 40% des Pkw-Marktes aus, mit steigender Tendenz [7]. Noch in den 1970er Jahren des vorigen Jahrhunderts hat man Dieselmotoren aufgrund des geringeren CO- und NO_x-Ausstoßes für durchaus umweltfreundlich gehalten. Die Einführung des Katalysators beim Ottomotor, das Verständnis für toxische Effekte anhaftender Komponenten sowie die zunehmende Einsicht in die Gesundheitsgefahr, die von den ultrafeinen Teilchen selbst ausgehen kann, hat zu immer kritischeren Bewertungen von Diesel-Pkws geführt. Im Jahre 1988 hat die Volkswagen AG gemittelte Emissionswerte für Diesel- und Ottomotoren veröffentlicht [8], die in der Tabelle 3.4 wiedergegeben sind.

Tab. 3.4 Gemittelte Emissionswerte von Diesel- und Ottomotoren pro Meile.

	Dieselmotor	Ottomotor	
		mit Katalysator	ohne Katalysator
NO_x	1,0 g	0,15 g	4,2 g
CO	1,3 g	1,7 g	17 g
SO_2	374 mg	58 mg	49 mg
Aldehyde	27,8 mg	2,5 mg	59 mg
Ammoniak	1,9 mg	137 mg	3,5 mg
Benzol	5,7 mg	10,5 mg	84 mg
PAK (Summe von 11)	315 µg	12,5 µg	196 µg
Benzo[a]pyren	7,6 µg	0,39 µg	6,3 µg
Partikel	335 mg	10,3 mg	25,1 mg

Durch die Werte wird deutlich, dass einerseits die bei Dieselfahrzeugen relativ hohe Partikelbelastung ein besonderes Problem darstellt, aber auch die große Menge an PAK-Molekülen und Benzo[a]pyren. Eine mögliche Gesundheitsgefahr durch Rußpartikel wurde übrigens zum ersten Mal 1775 von Percival Pott beschrieben [9].

Im Zusammenhang mit der Gesundheitsgefahr, die von Rußpartikeln ausgeht, ist eine neue Studie eines Wissenschaftlers des Mailänder Krebsforschungsinstituts, Mario Negri, interessant. Die Wissenschaftler haben festgestellt, dass eine Zigarette genauso viel Feinstaub freisetzt wie ein Dieselfahrzeug bei 100 Minuten Betrieb.

Da die krebsfördernde Wirkung vieler Rauchinhaltsstoffe, insbesondere der aromatischen Kohlenwasserstoffe, an anderer Stelle diskutiert wird, sollen hier nur an wenigen Beispielen rußspezifische Probleme aufgezeigt werden.

3.4.3.1 Tierexperimente

Als Anfang der 1980er Jahre die Dieselabgase zunehmend in den Verdacht gerieten, kanzerogene Wirkung zu entfalten, wurden auf breiter Front die verdächtigen Komponenten (überwiegend polyzyklische aromatische Kohlenwasserstoffe) in Mäusen, Ratten und Hamstern nach Applikation in den Respirationstrakt untersucht. Erstaunlicherweise blieben auch längere Expositionsdauern mit Konzentrationen, die um Faktor 100 über den tatsächlich im Abgas vorhandenen lagen, in vielen Fällen ohne negative Wirkung, d.h. ohne erhöhte Tumorentwicklung gegenüber den Kontrollen.

Aufgrund dieser Ergebnisse wurde von einigen Experimentatoren wieder Entwarnung gegeben. Die ersten veröffentlichten Befunde mit Gesamt-Dieselabgasen zeigten in vielen Fällen statistisch nicht signifikante Tumorinduktionsraten. Insgesamt konnten weder durch extrem hohe Konzentrationen reiner Einzelkomponenten, noch durch saubere Partikel, sondern nur durch „normale" Abgase Tumoren induziert werden.

Das führte zu verschiedenen Hypothesen zum Mechanismus:

1. Die relativ große Oberfläche der Rußpartikel führt zu einer wesentlich langsameren Freisetzung der Komponenten als bei direkter Gabe. Damit erhöht sich die Verweildauer und folglich die Einwirkzeit.
2. Im Dieselruß gibt es noch unbekannte, aber stark kanzerogene Anhaftungen.
3. Die Partikel induzieren Entzündungsreaktionen und Fibrose im Lungengewebe. Dieses vorgeschädigte Gewebe ist dann empfänglicher für die kanzerogenen Wirkungen der Komponenten.

Wahrscheinlich liegt wie so oft die Wahrheit in der Mitte, und alle angesprochenen Komponenten spielen bei der toxischen Wirkung eine Rolle. Dabei ist es nachgewiesenermaßen so, dass eine vorgeschädigte Lunge bereits bei relativ niedrigen Konzentrationen an Abgasen die unerwünschten Nebenwirkungen zeigt. Das konnte durch Rattenexperimente klar gezeigt werden [10, 11]. Und es würde erklären, wieso ältere Menschen und solche mit Asthma, Bronchitis und

Herz-Kreislaufproblemen empfindlicher auf Dieselabgase reagieren als jüngere Gesunde.

3.4.3.2 **Mensch**

Aus epidemiologischen Studien weiß man inzwischen relativ sicher, dass das Lungenkrebsrisiko für Menschen, die in Ballungsgebieten wohnen, gegenüber denen aus Reinluftgebieten leicht erhöht ist. Allerdings gibt es hier große Varianzen und Unsicherheiten in den Analysen. So werden z. B. in einigen Studien zwar die Daten nach Rauchern und Nichtrauchern getrennt analysiert, aber oft der Effekt des Passivrauchens ebenso vernachlässigt wie in manchen Fällen auch die zusätzlichen Belastungen am Arbeitsplatz.

Wie schwierig die Auswertung von Daten zur Gesundheitsgefährdung durch Partikel sein kann, zeigt eine neuere Studie des Fraunhofer Instituts für Toxikologie und Experimentelle Medizin (ITEM) in Zusammenarbeit mit dem GSF Forschungszentrum bei München. Die Wissenschaftler applizierten jeweils 100 µg Feinstaub aus einer ländlichen Magdeburger Region (Zerbst) und aus Hettstedt, einer Stadt, die eine lange Tradition im Bergbau und Hüttenwesen (Kupfer) hat. In Hettstedt erkranken signifikant mehr Kinder an Asthma als in Zerbst. Je 100 µg Feinstaub, die ungefähr der Menge entsprechen, die ein Mensch in 24 h einatmet, wurden 12 gesunden Probanden in jeweils einen Lungenabschnitt appliziert. Obwohl die Größenverteilung und Zusammensetzung vergleichbar waren, führten nur die Partikel aus Hettstedt zu lokalen Entzündungsreaktionen. Der einzige, deutliche Unterschied zwischen beiden Proben war der Gehalt an Metalloxiden, die besonders an die Rußfraktionen gebunden waren.

Euro-Normen für Diesel-Pkw

Bis Ende 2004 galt die Abgasrichtlinie „Euro 3“, nach der bis zu 50 mg Rußpartikel pro Kilometer ausgestoßen werden durften. Diese Werte beziehen sich immer nur auf die gesamte „Rußmasse“. Eine Differenzierung nach Partikelgröße ist auch in der seit 2005 geltenden Abgasnorm „Euro 4“ (25 mg km^{-1}) nicht vorgesehen. Das war wohl auch der Grund, weshalb deutsche Automobilhersteller meinten, die Grenzwerte durch „innermotorische Maßnahmen“ erreichen zu können (Statement DaimlerChrysler AG), auch zu einer Zeit, als die ausländische Konkurrenz bereits Rußfilter in Neufahrzeuge einbaute (Frankreich seit dem Jahr 2000). Durch „innermotorische“ Maßnahmen (feinere Versprühung und effektivere Verbrennung des Dieselkraftstoffs) gelang es tatsächlich, die Partikelgröße in den schwieriger messbaren Bereich der Feinstäube ($\leq PM_{2,5}$) und ultrafeinen Partikel zu bringen. Somit war messtechnisch der Grenzwert erreicht, die gesundheitlichen Gefährdungen allerdings durch die sehr gut lungengängigen Partikel (aber) eher verschärft.

Die öffentliche Diskussion um die Gefahren von Feinstäuben und Ruß hat aber zu einem Umdenken geführt; ebenso wohl auch die Aussicht auf die kommende Abgasnorm „Euro 5“, die im September 2009 (realistisch 2010?) in Kraft treten soll. Statt der erwarteten Reduktion des Ausstoßes auf 2,5 mg km^{-1} bei Neufahrzeugen wurde der Grenzwert auf 5 mg km^{-1} reduziert. Schärfere Grenzwerte für Autoabgase auch in Bezug auf die Partikelgröße der Rußteilchen werden jetzt erst für die „Euro 6“ Norm erwartet, die 2014 verabschiedet werden soll.

3.5 Zusammenfassung

Schwebstäube sind feine Partikel kleiner als 100 µm, die nicht sedimentieren, sondern als Aerosole in der Luft vorkommen. Für Verteilungsberechnungen geht man bei diesen Teilchen von einer idealen Kugelform aus. Davon abzugrenzen sind Asbeststäube, die zu den faserigen Teilchen gehören, aber ebenfalls bis in den Feinstaubbereich (0,2 µm) vorkommen.

Während man die toxikologischen Mechanismen beim Asbest inzwischen relativ gut aufgeklärt hat, beruhen die Risikobewertungen von Feinstäuben und ultrafeinen Partikeln bis in den Nanobereich überwiegend auf hypothetischen Annahmen. Aus toxikologischer Sicht sollten die alveolargängigen Teilchen ($PM_{2,5}$) weitaus kritischer gesehen werden als größere. Für die toxikologischen Wirkungen bei diesen Staubpartikeln sind nicht nur die Größe und Menge, sondern besonders auch die anhaftenden Komponenten von Interesse. Sie können zu Entzündungen und allergischen Reaktionen führen, aber auch kanzerogen sein. Andererseits können aber auch ultrafeine Partikel (Nanopartikel) bis in das Interstitium vordringen und von dort bis in die Lymph-/Blutkreisläufe verschwemmt werden.

Epidemiologische Studien haben negative Auswirkungen von Luftverunreinigungen auf Personen mit Atemwegs- und Herz-Kreislauferkrankungen festgestellt. Auch ein leicht erhöhtes Krebsrisiko im Ballungsgebiet im Gegensatz zu „Reinluftgebieten“ wurde beschrieben. Solche negativen Wirkungen auf die Gesundheit wurden zum Teil auch bei Konzentrationen unterhalb der zulässigen Grenzwerte gefunden.

Bei Tierexperimenten konnten schädliche Wirkungen eher mit Gemischen (Ausnahme Asbest) als mit Reinsubstanzen festgestellt werden. Dabei führen die ultrafeinen Partikel selbst anscheinend zu Entzündungsreaktionen und verstärken dadurch die toxische, kanzerogene oder mutagene Potenz der anhaftenden Komponenten.

Somit scheint es aus toxikologischer Sicht nicht nur geboten, die Schwebstaubkonzentrationen allgemein zu verringern, sondern die pathophysiologischen Mechanismen von ultrafeinen Partikeln weiter aufzuklären und diese dann spezifisch zu regulieren. Auch im Hinblick auf den Boom der Nanotechnologie erscheinen hier Untersuchungen am Arbeitsplatz und in der Umwelt dringend geboten.

3.6 Fragen zur Selbstkontrolle

1. *Wie unterscheiden sich Rußpartikel und Asbeste?*
2. *Welche Asbeste gibt es und wie unterscheiden sie sich?*
3. *Welche drei typischen Erkrankungen können durch Asbest ausgelöst werden?*
4. *In welchen zwei Formen wurde Asbest hauptsächlich verwendet?*
5. *Welche Eigenschaften von Asbest bewirkten die weitverbreitete Anwendung?*
6. *Wie kann man Stäube einteilen?*
7. *Ab welcher Größe sind Partikel alveolargängig?*
8. *Warum ist die Alveolargängigkeit von besonderem toxikologischem Interesse?*
9. *Wie werden größere Partikel normalerweise aus der Lunge entfernt?*
10. *Wo liegt der Unterschied zwischen Feinstaub- und Rußpartikeln, der für die toxikologische Wirkung verantwortlich ist?*
11. *Welche Emissionen in Dieselabgasen sind neben den Rußpartikeln toxikologisch relevant?*

3.7 Literatur

1 EU-Richtlinie 1999/30/EG
2 Landesamt für Umwelt, Jahresbericht Luft 1995, Stuttgart, 1996
3 Oberdörster G, Finkelstein JN, Johnston C, Gelein R, Cox C, Baggs R, Elder AC (2000), Acute pulmonary effects of ultrafine particles in rats and mice. Res Rep Health Eff. 96:5–74
4 „Nanosafe", 2004, 2008 und 2010; www.nanosafe.org.
5 „Nanoderm", 2004; Nanoderm, Quality of Skin as a Barrier to ultra-fine Particles. Final Report, 2007, www.uni-leipzig.de/~nanoderm/
6 Verordnung zum Erlass und zur Änderung von Vorschriften über die Kennzeichnung emissionsarmer Kraftfahrzeuge (Feinstaubverordnung vom März 2007; www.bmu.de/luftreinhaltung/downloads/doc/36674.php).
7 Gensch CO, Grießhammer R, Götz K, Birzle-Harder B (2004), PROSA-Pkw-Flotte. Bericht des Öko-Instituts e.V., Freiburg, www.oeko.de
8 Volkswagen AG, Forschung und Entwicklung, Firmenschrift 1988
9 Percival Pott (1775), Chirurgical observations relative to the cataract, the polypus of the nose, cancer of the scrotum, different kinds of ruptures, and the mortification of the toes and feet. Hawes, London (Skrotalkrebs bei Schornsteinfegern)
10 Godleski JJ, Sioutas C, Katler M, Koutrakis P (1996), Death from inhalation of concentrated ambient air particles in animal models of pulmonary disease. Am J Respir Crit Care Med 153:A15
11 Godleski JJ, Verrier RL, Koutrakis P, Catalano PJ (2000), Mechanisms of morbidity and mortality from exposure to ambient air particles. Health Effects Institute (HEI)-Report 91

3.8
Weiterführende Literatur

1 Anwendung von Nanopartikeln Analyse Teilbereich Chemikaliensicherheit, Technischer Arbeitsschutz. Landesanstalt für Umwelt, Messungen und Naturschutz Baden-Württemberg, 2007

2 Behrendt H, Kahle S (1991), Umweltschadstoffe und Allergie. Forschungsbericht in Umwelthygiene, Düsseldorf, Band 23, 111–122

3 Internetseiten des Bayerischen Landesamts für Umweltschutz, Umweltberatung Bayern, http://www.bayern.de/lfu

4 Pandya RJ, Solomon G, Kinner A, Balmes JR (2002), Diesel Exhaust and Asthma: Hypotheses and Molecular Mechanisms of Action. Environ Health Perspect 110 (1), 103–112

5 Pott F, Roller M (1996), Aktuelle Fragen und Daten zur Kanzerogenität von Partikeln aus Abgas von Dieselmotoren. Forschungsbericht in Umwelthygiene, Düsseldorf, Band 28:77–138

6 Raithel HJ, Kraus T, Hering KG, Lehnert G (1996), Asbestbedingte Berufskrankheiten. Deutsches Ärzteblatt 93: A685–A693

7 Schaumann F, Borm PJA, Herbrich A, Knoch J, Pitz M, Schins RPF, Luettig B, Hohlfeld JM, Heinrich J, Krug N (2004), Metal-rich Ambient Particles (Particulate Matter2.5) Cause Airway Inflammation in Healthy Subjects. Am J Respir Crit Care Med Vol 170, 898–903

8 Wolff T, Topinka J, Oesterle D (2004), Mutagene Wirkung von Mineralfasern. Veröffentlichungen des Instituts für Toxikologie des GSF, Neuherberg, http://www0.gsf.de/neu/Aktuelles/Publikationen/index.php

3.9
Substanzen

Aktinolith
Amosit
Anthophyllit
Asbest
Chrysotil
Feinstaub
Krokyldolith
Ruß
Stäube
Tremolit

4
Kohlenwasserstoffe

Hans-Werner Vohr

4.1
Einleitung

Da Kohlenstoff und Wasserstoff Grundelemente des Lebens sind, kommen auch Kohlenwasserstoffe (KW) ubiquitär vor. Sie sind im Erdöl und Erdgas enthalten, entstehen bei Verbrennungsprozessen, werden künstlich synthetisiert, sind Stoffwechselprodukte. Kohlenwasserstoffe sind chemische Verbindungen mit (den) Grundkörpern aus Kohlenstoff (C) und Wasserstoff (H). Sie bilden die Grundlage der organischen Chemie. Durch Ersetzen der Wasserstoffatome durch andere Atome oder Atomgruppen entsteht eine praktisch unübersehbare Anzahl von gesundheitlich bedenklichen, aber auch unbedenklichen Molekülen. Das reicht von den aliphatischen KWs wie Methan, das toxikologisch eher unbedenklich ist, bis zu krebserregenden polycyclischen Aromaten. Neben den Aromaten sind besonders die halogenierten KWs toxikologisch, aber auch ökologisch oft sehr problematisch und sollen deshalb in den folgenden Kapiteln 5 und 6 ausführlicher behandelt werden.

Die KW-Moleküle können kettenförmig (acyclisch) oder ringförmig (cyclisch) angeordnet sein. Ursprünglich wegen ihres Geruchs, aber inzwischen auch wegen ihrer wirtschaftlichen Bedeutung, wurden cyclische Kohlenwasserstoffe, die auf der Benzolstruktur aufbauen, als eine Extraklasse, die Aromaten, abgegliedert. Die restlichen werden als aliphatische KWs bezeichnet. Besonders bei komplexen polycyclischen Molekülen sind die Übergänge zwischen den beiden Gruppen nicht immer scharf. Einen Überblick bzw. eine Systematik der KWs gibt die Tabelle 4.1 wieder. Einige bekannte Vertreter der Gruppen erleichtern die Einordnung.

Die in Tabelle 4.1 aufgeführten Beispielchemikalien sind alle nicht halogeniert. Wird Wasserstoff durch Halogenatome ersetzt, entstehen toxikologisch sehr relevante Produkte. Dorthin gehören aliphatische KWs wie Trichlormethan (Chloroform), Tetrachlorethen (Per), Vinylchlorid und die gemischt halogenierten Fluorchlorkohlenwasserstoffe (FCKW).

Ebenso sind wichtig die halogenierten monocyclischen Aromate wie Hexachlorbenzol (HCB; Hexachlorbenzen) und Pentachlorphenol (PCP) sowie natürlich die halogenierten polycyclischen Aromate. Hierhin gehört die ganze Grup-

Toxikologie Band 2: Toxikologie der Stoffe. Herausgegeben von Hans-Werner Vohr

ISBN: 978-3-527-32385-2

Tab. 4.1 Übersicht über die Kohlenwasserstoffe.

aliphatisch				**aromatisch**	
acyclisch		**cyclisch**		**mono-cyclisch**	**poly-cyclisch (PAK)** [a]
gesättigt	**ungesättigt**	**gesättigt**	**ungesättigt**		
Alkane	Alkene	Cycloalkane	Cycloalkene		Biphenyle
Alkohole	Alkine		Cycloalkine		
Amine	Alkenole				
Aldehyde	Alkinole				
Carbonsäuren	Alkenale				
(Butan, Propan, Methanol, Formaldehyd, Triethylamin, Ethansäure)	(Buten, Propen, Ethin (Acetylen), Propin)	(Cyclopropan, Cyclohexan, Cyclooktan)	(Cyclohexen, Cycloocta-tetraen, Cyclooctin)	Benzen (Benzol), Toluen (Toluol), Xylene (Xylol)	(Naphthalin, Anthracen, Benzo[a]pyren)

a) PAK = Polycyclische aromatische Kohlenwasserstoffe

pe der polychlorierten Biphenyle (PCB), die Dioxine (PCDD) und Furane (PCDF) sowie die polybromierten Diphenylether (PBDE), die alle nicht nur allgemein toxikologisch, sondern zum Teil auch immuntoxikologisch sehr interessant sind. In den letzten Jahren sind perfluorierte KW (PFC) zunehmend in den Fokus der Öffentlichkeit gerückt, ganz besonders die perfluorierten Tenside (PFT), die durch höhere Konzentrationen in Gewässern in die Schlagzeilen gekommen sind.

All diese halogenierten Verbindungen werden in den nächsten Kapiteln behandelt.

4.2 Aliphatische, acyclische Kohlenwasserstoffe

4.2.1 Eigenschaften, Vorkommen und Exposition

4.2.1.1 Eigenschaften

Mit jeder Doppelbindung werden die acyclischen Aliphate chemisch reaktiver bis hin zur Explosionsgefährdung. Ab dem dritten C-Atom treten Verzweigungen auf, die dann zu den zahlreichen Isomeren führen. So hat Hexan (C6H14) bereits fünf, und Octan (C8H18) besitzt schon 18 Isomere. Durch die unpolaren Bindungen der Kohlenwasserstoffe sind sie lipophil, also praktisch wasserunlöslich, durch die relativ geringe Dichte sind sie leichter als Wasser. Kurzkettige Moleküle sind unter normalen Bedingungen aufgrund des niedrigen Siedepunktes gasförmig.

Alkane können theoretisch beliebig langkettige gesättigte Moleküle bilden. Die sehr stabilen Bindungen werden erst durch Zufuhr hoher Energie und starker Oxidationsmittel (Sauerstoff oder Halogene) aufgebrochen. Diese Reaktionsträgheit trug Ihnen auch den Namen Paraffine (lateinisch *parum*=wenig und *affinis*=beteiligt) ein.

Da an dieser Stelle nicht einmal ansatzweise auf alle Alkane bzgl. der toxikologischen Eigenschaften eingegangen werden kann, soll beispielhaft ein wichtiger Vertreter näher charakterisiert werden, das n-Hexan. Es ist eine charakteristisch riechende, farblose Flüssigkeit, die aufgrund des geringen Flammpunktes (–26 °C) mit Luft leichtentzündliche Dämpfe bildet. In der chemischen Industrie dient n-Hexan als gutes Lösungsmittel und zur Synthese.

Alkene (früher als Alkylene bezeichnet) und Alkine sind ungesättigte, aliphatische KWs mit Doppelbindungen (Alkene) oder Dreifachbindungen (Alkine). Ab 4 C-Atomen und einer Doppelbindung sind Isomere (geometrische Isomere beim 2-Buten) möglich. Mehrfach ungesättigte KWs werden entsprechend als Alkadiene, Triene bzw. Polyene bezeichnet.

Aufgrund der Doppelbindung können sich wesentlich einfacher Fremdatome, (besonders Halogene), anlagern als bei den gesättigten KWs. Eine solche chemische Reaktion bezeichnet man als Addition. Durch solche Additionsreaktionen mit Halogenen ergeben sich Öle, weshalb diese Gruppe früher auch Olefine (lateinisch *oleum facere*=ölig machen) genannt wurde. Ein Beispiel hierfür ist der Alkennachweis durch Brom-Addition. Wechseln Doppelbindungen und Einfachbindungen einander ab, so spricht man von konjugierten Alkenen. Langkettige konjugierte Alkene kommen als Farbstoffe in der Natur oft vor; so z. B. der rote Farbstoff der Tomaten, das Lycopin, oder das orange-rote *β*-Carotin (Abb. 4.1). Insgesamt zeigen Alkene ein ähnliches chemisches Verhalten wie die Alkane. Nur wird wegen der Doppelbindung etwas mehr Energie benötigt, um sie zu entflammen. Der relativ hohe Kohlenstoffgehalt führt zum Brennen mit rußender Flamme.

Oktanzahl

Die Oktanzahl ist ein Maß für die Verbrennungs-Eigenschaften (Klopfen) eines Kraftstoffs. Unverzweigte Alkane neigen stärker zur Selbstentzündung als verzweigte, weshalb man letztere im Motor bevorzugt. Allerdings wird natürlich die Aufreinigung in Richtung verzweigter Alkane mit jedem Schritt aufwendiger und damit teurer.

Das Verhältnis von linearen und verzweigten Isomeren wird bei der Oktanzahl eines Kraftstoffs standardisiert auf das prozentuale Verhältnis von 2,2,4-Trimethylpentan (OZ=100) zu n-Heptan (OZ=0). Folglich verhält sich ein Benzin mit der Oktanzahl 95 bei der Verbrennung unter Druck so, wie sich ein Gemisch aus 95% 2,2,4-Trimethylpentan und 5% n-Heptan verhalten würde.

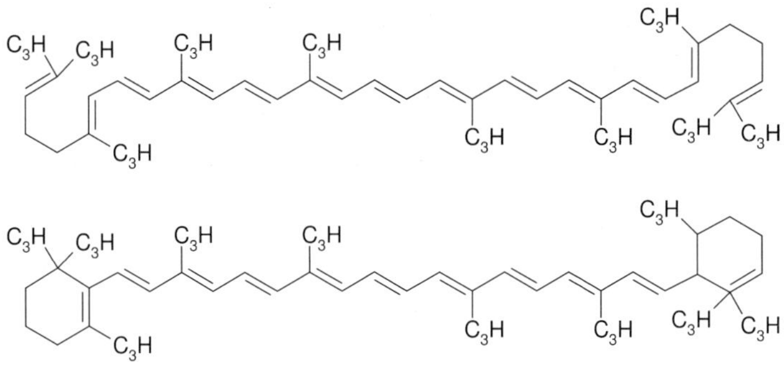

Abb. 4.1 Lycopin (CAS 502-65-8) und β-Carotin (CAS 7235-40-7).

Für die Alkine (auch mit der Endung -Acetylen benannt) gelten praktisch die gleichen Regeln wie für Alkene. Die Dreifachbindung ist allerdings relativ instabil, sodass sie leicht aufgebrochen werden kann. Dadurch sind sie Ausgangsprodukt diverser chemischer Reaktionen, die besonders in der industriellen organischen Chemie für Synthesen Verwendung finden. Vor allem die kurzkettigen Alkine (gilt entsprechend auch für Alkene) wie das Ethin können sich schon bei geringer Energiezufuhr schlagartig umlagern. Deshalb sind Ethin-Luftgemische hochexplosiv.

Durch Einführen einer OH-Gruppe an Stelle eines Wasserstoffatoms wird die große Gruppe der Alkohole eröffnet. Da diese ebenso wie die halogenierten und nitrierten KWs an anderer Stelle behandelt werden, soll hier nicht weiter darauf eingegangen werden. Auch die von den Alkoholen leicht ableitbaren Carbonylverbindungen (Aldehyde und Ketone) werden in einem späteren Kapitel (Kapitel 5.7) behandelt.

4.2.1.2 **Vorkommen**

Als Bausteine des Lebens kommen Kohlenwasserstoffe überall natürlich vor, treten beim Stoffwechsel in unüberschaubarer Vielfalt als Metaboliten auf, sind in vielfältiger Form Ausgangs- und Endprodukte der chemischen Industrie oder auch Nebenprodukte der unvollständigen Verbrennung. Natürlich kommen Alkane besonders im Erdöl und Erdgas vor. Man gewinnt gereinigte Fraktionen durch Destillation (Raffinerieverfahren). Die relativ groben Fraktionen werden dann je nach Verwendungszweck immer weiter gereinigt. So werden Gemische von Pentan bis Heptan als Leichtbenzine bezeichnet, kommen so auch im normalen Autobenzin vor. Mit 8 bis 10 Kohlenstoffatomen nennt man solche Destillate Schwerbenzine, während im Dieselkraftstoff und im Heizöl auch Alkane mit bis zu 12 Kohlenstoffatomen vorkommen. Längerkettige Alkane und Alkangemische kommen als Paraffine, Wachse, Maschinen- und Motoröl, die nicht-destillierbaren Rückstände als teerähnliche Bitumen in den Handel, sehr kurzkettige als Flüssiggas (Butan, Propan).

Die gasförmigen Alkane und Alkene treten als Erdgas auf. Dabei unterscheidet man *Naturgas* (überwiegend Ethan, Propan, Butan sowie Stickstoff und Kohlenstoffdioxid), *Erdölgas* (überwiegend Ethen, Propan und Butan) und *Sumpf-* oder *Faulgas* (überwiegend Methan).

Von den jährlich in die Atmosphäre freigesetzten Kohlenwasserstoff-Emissionen von bis zu 10×10^8 t sind über 95% Methan. Dieses stammt zu je einem Drittel aus natürlichen Quellen (Bakterien), aus landwirtschaftlicher Nutzung (Reisanbau, Viehzucht) oder ist direkt anthropogen (Bergbau, Müllkippen, Verbrennung von Biomasse usw.).

Methangas
1996 hat eine Forschergruppe des Kieler GEOMAR-Instituts einen 40 kg schweren, übel riechenden und brennbaren Eisklumpen aus dem Meer gefischt. Es stellte sich heraus, dass dieser gefrorenes Methan war. Dieses führte zu der Entdeckung enormer Methaneisvorkommen auf dem Tiefseeboden, sogenannten Gashydrats. Beim Gashydrat schließen käfigartig aufgebaute Wassermoleküle das Methan ein. Solche Einschlussverbindungen nennt man „Clathrate". Sie sind nur bei hohem Druck und niedrigen Temperaturen stabil. Ändern sich diese Bedingungen, so verflüssigt sich die Wasserphase und die Gasmoleküle werden freigesetzt und steigen dann auf. Die Entdeckung der Gashydrate hat bei Energieversorgern zu Spekulationen über die kommerzielle Nutzung geführt, bei Wissenschaftlern zu Hypothesen, die das plötzliche Verschwinden von Schiffen wie im Bermuda-Dreieck durch Gaseruptionen erklären könnten. Beides hat der Autor Frank Schätzing in seinem Roman „Der Schwarm" verarbeitet.

4.2.1.3 Exposition

Der Mensch ist andauernd verschieden gefährlichen aliphatischen KWs freiwillig oder unfreiwillig exponiert. Neben der Exposition in der Umwelt (Gase, Benzine, Öle usw.) ist toxikologisch natürlich die Exposition am Arbeitsplatz bei der Synthese, Raffinerie und Anwendung von Interesse. Ein guter Teil der aliphatischen Kohlenwasserstoffe wurde in den letzten Jahrzehnten toxikologisch untersucht und bewertet. Die Ergebnisse führten zu sehr unterschiedlichen MAK-Werten, die für Alkane bei 50 ppm (n-Hexan) aber auch bei 1000 ppm (n-Propan) liegen können. In der Außenluft können n-Hexan-Konzentrationen von gut 100 $\mu g\ m^{-3}$ und im Innenbereich von bis zu 100 $\mu g\ m^{-3}$ auftreten.

4.2.2 Toxikokinetik

Über die Toxikokinetik der acyclischen Aliphate lässt sich allgemein nicht so viel sagen, da die Gruppe einfach zu heterogen ist. Aber als lipophile Lösungsmittel werden sie leicht resorbiert, auch über die Haut. Viele überwinden problemlos die Blut-Hirnschranke (und) oder reichern sich im Fettgewebe an, wobei kürzerkettige KWs (bis zum n-Pentan) schneller wieder ausgeschieden werden als langkettige.

Außer n-Hexan sind acyclische Aliphate fast nur als Alkohole, Carbonylverbindungen und halogeniert toxikologisch auffällig und intensiver untersucht. Da diese Verbindungen aber in den folgenden Kapiteln beschrieben werden, soll hier nicht näher darauf eingegangen werden.

Als Lösungs-, Extraktions- und Reinigungsmittel sowie als Ausgangsprodukt in der Industrie kommt n-Hexan in vielfachen Kontakt mit den Menschen. Die farblose und sehr flüchtige Substanz wird bis zu 30% über die Lunge resorbiert. Bei andauernder hoher Exposition stellt sich bereits nach ca. 15 Minuten ein Plateau der Blutkonzentration ein. Sofort nach Ende der Exposition setzt die Elimination aus dem Blut und dem Gewebe ein. Das wäre unbedenklich, wenn nicht ein reaktiver Metabolit, das 2,5-Hexandion entstehen würde (s. Abschnitt 4.2.3.1). Die dermale Aufnahme ist eher gering. Die Ausscheidung erfolgt überwiegend über die Niere.

Bei den Alkenen sind praktisch nur Ethen und 1,3-Butadien genauer toxikologisch untersucht, da sie großtechnisch für die Synthese diverser Produkte verwendet werden. Ethen wird wie Propen nach Exposition kaum metabolisiert und praktisch unverändert wieder ausgeatmet. Allerdings kann nach hoher Exposition ein geringer Teil von Ethen in das mutagene Oxiran (Ethylenoxyd) umgewandelt werden. Die toxikologische Relevanz dieses Stoffwechselproduktes ist allerdings noch nicht klar. Im Gegensatz dazu wird 1,3-Butadien sehr viel schneller zu möglicherweise kanzerogenen Substanzen metabolisiert.

4.2.3 Toxizität

Wie bereits erwähnt, sei auch an dieser Stelle darauf verwiesen, dass in diesem Kapitel nur die einfachen gesättigten und ungesättigten KWs behandelt werden. Alle anderen werden in den folgenden Kapiteln näher besprochen.

4.2.3.1 Mensch

Alkane und Alkene können als Lösungsmittel zu Zellmembranschäden führen, also zytotoxisch bzw. irritativ wirken. Es kommt dann weniger zu Haut- als öfter zu Schleimhautreizungen, die bei anhaltend langer und hoher Exposition auch zum Lungenödem führen können. Solche extremen toxischen Nebenwirkungen sind allerdings eher selten in dieser Substanzklasse. Von besonderer toxikologischer Bedeutung ist praktisch nur die neurotoxische Wirkung des n-Hexans via 2,5-Hexandion. Wie in Abb. 4.2 dargestellt, wird n-Hexan über Oxidationsschritte u. a. zum 2,5-Hexadion metabolisiert.

Dieser Hauptmetabolit, der auch renal ausgeschieden wird, hat nun die unangenehme Eigenschaft, über Lysinreste Proteine, besonders der Nervenfasern, zu vernetzen. Dadurch wirkt n-Hexan akut narkotisch und chronisch degenerie-

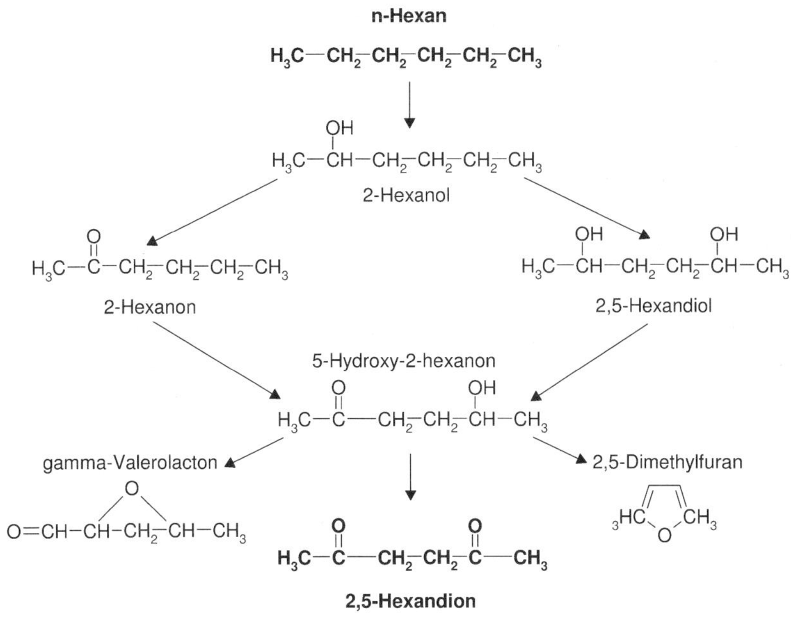

Abb. 4.2 Metabolismus von n-Hexan.

rend auf das periphere Nervensystem. Akute Reaktionen sind Schwindel, Übelkeit und Benommenheit. Nach weiterer Einwirkzeit kommen Erbrechen, Kopfschmerzen, Taubheitsgefühle in den Fingern und Zehen sowie Narkose hinzu, die auch tödlich enden kann. Chronische Einwirkung von n-Hexan führt zu weitergehenden Taubheitsgefühlen, die in den Extremitäten aufsteigen. Sekundär kommt es zur Muskelschwäche. Das Gesamtbild dieser Symptome wird auch mit „n-Hexan-Polyneuropathie“ beschrieben. Nach dem Ende der Einwirkzeit lassen die Symptome allmählich (in schweren Fällen über Monate) wieder nach. Solche Vergiftungen wurden nicht nur bei exponierten Arbeitern, sondern auch bei „Schnüfflern“ beobachtet. Bei diesen wurden allerdings zusätzlich auch andere Organschäden beschrieben (Niere, Auge), was aber sicherlich darauf zurückzuführen ist, dass es sich in solchen Fällen um nicht weiter definierte Lösungsmittelgemische handelt, die eine genaue Zuordnung der Nebenwirkungen zum n-Hexan nicht zulassen.

4.2.3.2 **Tierexperimente**

Da die Alkane und Alkene fast alle toxikologisch uninteressant sind, ist auch die Literaturlage zu tierexperimentellen Versuchen durchaus überschaubar. Auch hier liegen die meisten Untersuchungen mit n-Hexan bzw. dessen Hauptmetaboliten, dem 2,5-Hexadion, vor. Obwohl die Biotransformation bei Ratten der von Menschen qualitativ ähnlich ist, gibt es doch auch deutliche speziesspezifische Unterschiede. So wurde bei männlichen Ratten nach Gabe von 2,2,4-Trimethylpentan eine erhöhte Tumorrate festgestellt, die aber durch eine spezifische Bindung eines Metaboliten an ein Alpha-Globulin verursacht wird, das nur in Ratten vorkommt. Auch die Ausscheidung von n-Hexan, die beim Menschen überwiegend über die Niere geschieht, erfolgt bei Ratten über Lunge, Niere und Darm.

Erst Applikationen relativ hoher Dosen von n-Hexan ($>500\,mg\,m^{-3}$) oder 2,5-Hexadion über Wochen und Monate führen bei Ratten zu den auch beim Menschen beobachteten Neuropathien. Zusätzlich kommt es noch zu irreversiblen testikulären Veränderungen (in den Sertoli-Zellen) sowie Thymus- und Milzatrophie. Diese letzteren Effekte müssen aber als sekundär immuntoxische angesehen werden.

Bei Mäusen wurden Effekte auf das Immunsystem durch verminderte zelluläre und humorale Immunantworten beobachtet. Leider wurden bei diesen Versuchen nur die immunologischen Parameter analysiert, sodass nicht entschieden werden kann, ob die beobachteten Effekte primär oder sekundär sind.

Zur Embryotoxikologie oder Teratogenität liegen bislang keinerlei Daten vor.

Interessant ist noch, dass die Anwesenheit anderer Kohlenwasserstoffe die Metabolisierung von n-Hexan herabsetzt, somit die Toxizität reduziert. Daher sind Gemische von n-Hexan mit schwach toxischen KWs anders zu beurteilen als reines n-Hexan.

4.3 Aliphatische, cyclische Kohlenwasserstoffe

4.3.1 Eigenschaften, Vorkommen und Exposition

Die ringförmigen Aliphate werden entsprechend eingeteilt wie die acyclischen, d.h. man unterscheidet Cycloalkane, -alkene und -alkine je nachdem, ob sie gesättigte oder ungesättigte Kohlenstoffbindungen enthalten. Sie wurden früher auch als Naphtene oder Cycloparaffine bezeichnet und haben ähnliche Eigenschaften wie die kettenförmigen KWs, sind aber meist durch die relativ stabile Ringstruktur noch reaktionsträger als diese. Durch Austausch einzelner Kohlenstoffatome gegen Stickstoff, Schwefel oder Sauerstoff entstehen Heterocycloalkane. Sie sind keine Aromaten, stellen aber den Übergang zu diesen dar. Unter den einfachen, aliphatischen, cyclischen KWS (sogenannten Alizyklen oder Alicyclen) finden sich überwiegend Lösungsmittel, die toxikologisch wenig aufregend sind. Dagegen sind heterocyclische Kohlenwasserstoffe toxikologisch wesentlich interessanter, aber es wird auch schwieriger, allgemeine Regeln für diese fast unüberschaubar große Substanzklasse aufzustellen.

4.3.1.1 **Eigenschaften**

Wären alle Cycloalkane planar, so hätten sie eine sehr große Ringspannung. Dieser Ringspannung entgehen sie durch eine spannungsfreie Tetraeder-Winkel-Form wie z. B. beim Cyclohexan in Abb. 4.3.

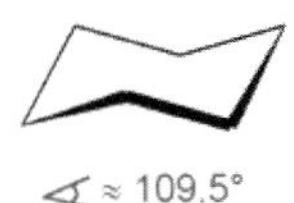

Abb. 4.3 Sesselform des Cyclohexans.

Die Ringe mit 3 oder 4 Kohlenstoffatomen, z. B. Cyclopropan und Cyclobutan, können naturgemäß nur eine fast planare Ringform einnehmen, haben entsprechend eine hohe Ringspannung. Dieser Unterschied führt zu unterschiedlichen Reaktivitäten bei den Cyclokohlenwasserstoffen. Bis zum 4. Kohlenstoffatom sind die Cycloalkane gasförmig, darüber dann flüssig. Die Cyclohexane können auch als polycyclische Strukturen auftreten, die vielfältige Formen bilden.

Als Lösungsmittel sind die heterocyclischen, insbesondere die Cycloalkane Tetrahydrofuran, Tetrahydropyran und Dioxan, bekannt. Aufgrund des unangenehmen Geruchs wird Tetrahydrothiophen geruchslosem Erdgas als Odorierungsmittel beigemengt.

4.3.1.2 **Vorkommen**

Sehr viele Cycloalkane kommen im Erdöl vor. Die große Gruppe der Terpene und Steroide, prinzipiell Derivate des Cyclohexans bzw. der Cycloalkane, kommen in Pilzen, Pflanzen, Tieren und im Menschen vor. Man kann sich Terpene durch Kopf-Schwanz-Verknüpfungen von Isopren-Molekülen [$H_2C{=}C(CH_3){-}CH{=}CH_2$] vorstellen. Deswegen beträgt der Gehalt an Kohlenstoffatomen bei den Terpenen immer ein Vielfaches von 5. Sie finden sich besonders in Pflanzen und können in den ätherischen Ölen extrahiert werden. Aber auch im Tierreich kommen Terpene als Duftstoffe vor. So ist z. B. Moschus, ursprünglich das Sekret einer Drüse des Moschushirsches, eine Mischung polycyclischer Alkane mit 14–18 Kohlenstoffatomen. Der typische Moschus-Duft wird heute synthetisch u. a durch das Cyclopentadecanon (C15-Gerüst) dargestellt. Als monocyclische Terpene gehören chemisch gesehen auch die Pyrethrine in diese Stoffklasse. Diese natürlich vorkommenden Insektizide wurden für die kommerzielle Anwendung bereits seit den 1950er Jahren des vorigen Jahrhunderts modifiziert synthetisch hergestellt (Pyrethroide). Da aber auch die Pflanzenschutzmittel in einem anderen Kapitel behandelt werden (Biozide, Band I, Kap. 12), wird hier nicht weiter auf diese Stoffgruppe eingegangen.

Steroide leiten sich alle von dem tetracyclischen Kohlenstoffgerüst des Gonans (Steran mit B/C und C/D *trans* Konfiguration) ab (siehe Abb. 4.4).

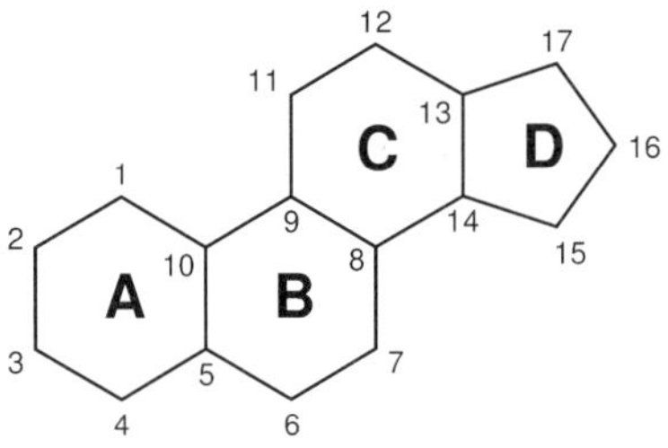

Abb. 4.4 Vereinfachte Grundstruktur des Gonans.

4.3.1.3 **Exposition**

Für die Exposition mit cyclischen KWs gilt praktisch das Gleiche, was für die acyclischen KWs bereits gesagt wurde. Toxikologisch sind die cyclischen Aliphate bis auf wenige Ausnahmen praktisch nur bei der Exposition am Arbeitsplatz relevant. Ansonsten muss es für den Toxikologen noch um eine Risikobewertung bei der freiwilligen Exposition über die Haut oder die Lunge (z. B. Parfüme, Duftöle) oder nach oraler Aufnahme (Steroide) gehen.

4.3.2 Toxikokinetik

Aromate und halogenierte polycyclische KWs sind sowohl toxikologisch als auch von ihrer wirtschaftlichen Bedeutung her so viel wichtiger als Alicyclene, dass kaum Daten zur Toxikokinetik letzterer vorliegen. Man kann allerdings davon ausgehen, dass gasförmige Alicyclene sich ähnlich verhalten wie ihre kettenförmigen Verwandten, d. h. dass inhalativ aufgenommene Cycloalkane praktisch unverändert wieder ausgeschieden werden. Erst die Einführung eines Fremdatoms (wie S, O, N) zu Heterozyklen ändert die Reaktivität, und damit auch die Kinetik. So ist die Resorption über die Haut bei 1,4-Dioxan deutlich erhöht gegenüber Cyclohexan. Ansonsten ist aus den o. a. Gründen bezüglich der Toxikokinetik der Alicyclen wenig bekannt.

4.3.3 Toxizität

Wie die kettenförmigen aliphatischen KWs sind cyclische aliphatische KWs aufgrund der noch größeren Reaktionsträgheit toxikologisch eher noch uninteressanter. Sie haben toxikologisch ähnliche Nebenwirkungen wie die entsprechenden Alkane und Alkene. Erst durch Einführung von Fremdatomen werden heterocyclische Aliphate reaktiver und damit toxikologisch interessanter. Gleiches gilt auch für hochkomplexe polycyclische Aliphate, Steroide und Terpene.

Insgesamt sind aber Nebenwirkungen und Mechanismen halogenierter und/ oder nitrierter und aromatischer Kohlenwasserstoffe wegen ihrer gesundheitsgefährdenden Bedeutung weitaus intensiver untersucht und in den anschließenden Kapiteln ausführlich beschrieben.

Deswegen soll und kann im Folgenden nur auf wenige Beispiele eingegangen werden, wie Cyclohexan und 1,4-Dioxan.

4.3.3.1 **Tierexperimente**

Cyclohexan ist eine stark flüchtige Flüssigkeit, die im Tierversuch deutlich reizend wirkt. Inhalationsversuche hoher Dosierungen führten zu narkoseähnlichen Zuständen.

1,4-Dioxan ist ein Lösungsmittel, das im Tierversuch kaum haut-, wohl aber deutlich schleimhautreizend ist. Nach hohen Konzentrationen, über einen längeren Zeitraum im Trinkwasser verabreicht, führte 1,4-Dioxan zu erhöhten Tumorraten. Deswegen wurde es in die Liste möglicherweise krebserregender Stoffe aufgenommen und als Lösungsmittel für kosmetische Produkte verboten.

4.3.3.2 **Mensch**

Aufgrund der möglicherweise kanzerogenen Wirkung ist der MAK-Wert für 1,4-Dioxan bei 50 ppm festgesetzt. Das entspricht 180 mg m^{-3} Luft. Die Dämpfe wirken bei höheren Konzentrationen schleimhautreizend und narkotisierend. Von einigen am Arbeitsplatz belasteten Menschen wurden Depressionen sowie Nieren- und Leberschäden berichtet. Inwieweit hierfür das Dioxan allein ursächlich ist, kann den Daten allerdings nicht klar entnommen werden.

Terpene und Steroide kommen in vielfacher Weise natürlich vor. So kennt man die Struktur von etwa 40000 verschiedenen Terpenen, die als Duft- und Geschmackstoffe, Pheromone oder natürliche Biozide isoliert werden können. Außerdem sind sie Bausteine diverser Stoffwechselprodukte und technischer Synthesen wie z. B. Pinene, Limonen, Cymol und Camphen. Terpene sind oftmals ebenfalls haut- und/oder schleimhautreizend und manchmal deutliche Kontaktsensibilisierer. Allerdings liegen die Duftstoffe in Kosmetika in so geringen Konzentrationen vor, dass diese für eine Induktion der Sensibilisierung meist nicht ausreichen, sondern höchstens für die Auslösung bei bereits spezifisch sensibilisierten Personen.

Terpene dienen auch als Ausgangsstoff bei der Herstellung von Vitaminen, Katalysatoren und Arzneimitteln. So wird z. B. das Diterpen Taxol® bei der Tumorbekämpfung eingesetzt und ist ein häufig anzutreffender Standard bei *In-vitro*-Cytotoxversuchen.

Es würde den Rahmen dieses Buches sprengen, würde hier auch nur ansatzweise auf toxikologische Nebenwirkungen solcher synthetisch hergestellter Terpene eingegangen. Dasselbe gilt sinngemäß für Steroide, von denen über 10000 genauer beschrieben worden sind, aber 200000 natürlich bzw. synthetisch hergestellt vorkommen sollen. Zu den Steroiden gehören natürlich die Sterine, Steroidhormone (wie Androgen, Östrogen, Gestagen), Corticosteroide, aber auch diverse Pflanzen- und Tierhormone.

4.4 Aromaten

Aromaten sind cyclische, ungesättigte Kohlenwasserstoffe, die konjugiert sind. Fremdatome sind zumeist Halogene, Stickstoff, Sauerstoff oder Schwefel. Ursprünglich wurden KWs dieser Gruppe nur als Derivate des Benzols eingeteilt und erhielten ihren Namen von dem angenehmen, aromatischen Geruch vieler Substanzen aus dieser Klasse. Da die Einteilung über den „Duft" natürlich zu ungenau ist, wurden im Laufe der Zeit immer spezifischere Aromatizitätskriterien entwickelt.

Die wichtigsten Kriterien dieser toxikologisch relevanten Substanzklasse sind (minimal):

- Mindestens ein Ring, meist ein Benzolring, im Molekül.
- Ein vollständig über den Ring konjugiertes Doppelbindungs-System.
- Mehrere Doppelbindungen sind jeweils durch Einfachbindungen getrennt.

Das sind nur die wichtigsten Kriterien für Aromaten. Es kommen noch einige spezifische Regeln hinzu, die aber an dieser Stelle ohne Belang sind.

Es sei hier nur kurz angemerkt, dass nach den jetzt geltenden Kriterien auch anorganische Aromaten existieren. Ein Vertreter wäre z. B. das Borazol $B_3N_3H_6$. Allerdings sollen hier natürlich nur die organischen Aromaten besprochen werden.

Eine Einteilung der Aromaten ist einmal möglich über die Art des Ringsystems, d. h. Ringe ausschließlich aus Kohlenstoffatomen heißen Carbocyclen, solche, die Fremdatome enthalten, Heterocyclen. Ebenso kann die Anzahl der Ringstrukturen zur Einteilung verwendet werden. Entsprechend gibt es monocyclische, bicyclische und polycyclische Aromaten.

Als letztes kann die Art des Substituenten (Methyl-, Nitro-, Amino-, Hydro-, Chlor- usw.) zur Einteilung herangezogen werden.

In diesem Abschnitt werden nur monocyclische oder polycyclische nicht-halogenierte Aromaten behandelt.

4.4.1 Eigenschaften, Vorkommen und Exposition

4.4.1.1 Eigenschaften

Die mehrfach ungesättigten, konjugierten Kohlenstoffverbindungen sind wesentlich reaktiver als die aliphatischen KWs. Das macht sich einmal in ihren chemischen Stoffeigenschaften, aber auch in den toxischen Wirkungen bemerkbar. Als Vertreter der monocyclischen Aromaten sollen die vier wichtigsten kurz behandelt werden, Benzol (Benzen), Toluol (Toluen), Ethylbenzol (Ethylbenzen) und Xylol (Xylen). Zusammen werden die vier manchmal auch als BETX bezeichnet (siehe Abb. 4.5).

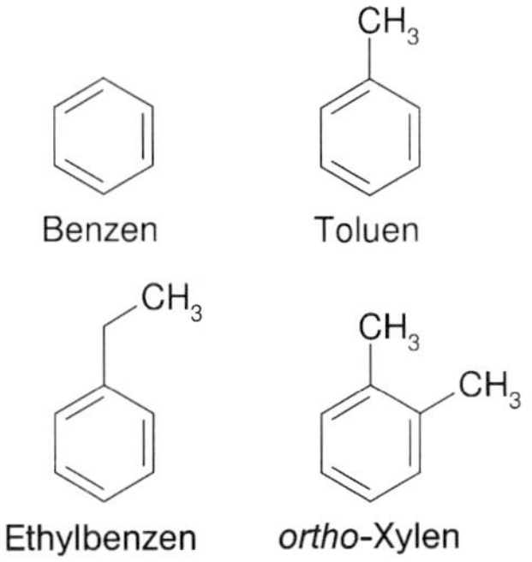

Benzen Toluen

Ethylbenzen *ortho*-Xylen

Abb. 4.5 Die vier Strukturformeln von B (Benzen), E (Ethylbenzen), T (Toluen) und X (*ortho*-Xylen).

Von den polycyclischen aromatischen Kohlenwasserstoffen (PAK, im englischen Sprachgebrauch PAH), bei denen weit über 100 bekannt sind, soll nur ein typischer Vertreter, das Benzo[a]pyren (BaP) genauer besprochen werden.

Die BETX sind alle gute Lösungsmittel, farblose, flüchtige, aromatisch riechende Flüssigkeiten, die in Wasser schwach oder gar nicht löslich sind.

Als einfachster Aromat ist Benzol Grundlage einer großen Anzahl synthetischer Produkte der chemischen Industrie, kann leicht oxidiert werden, wie die drei übrigen Vertreter der BETX auch. Sie sind leicht entflammbar, stark lipophil und bilden mit Luft explosive Gemische, verbrennen mit rußiger Flamme.

PAK kommen fast ausschließlich in 2- (Naphthalin) bis 7-kernigen Ringsystemen vor. Als Reinsubstanzen sind es farblose, gelbliche oder grüne Kristalle. Toxikologisch interessant sind PAK mit 4–6 Ringen. Während die 2- und 3-kernigen PAK noch relativ gut wasserlöslich sind, nimmt dies bei den mehrkernigen deutlich ab. Sie sind sehr lipophil und die Absorption an organische Substanzen ist ausgesprochen groß. Die geochemische Mobilität nimmt mit Zunahme des Molekulargewichts stark ab, was zur „Filterung" im Boden führt (2- und 3-kernige vermehrt in tieferen Schichten). Nur die PAK mit 2 und 3 Ringen sind einigermaßen gut aerob abbaubar, was insgesamt zu lang persistierenden „Linsen" der übrigen PAK im Boden führen kann. Besonders die mehrkernigen Ringsysteme sind schwerflüchtig und chemisch sehr beständig.

H-Atome können gegen funktionelle Gruppen ausgetauscht sein, und kommen ebenfalls als Heterozyklen vor, die die Reaktivität der Moleküle verändern können. Die im Folgenden aufgeführten Betrachtungen beziehen sich überwiegend auf die monocyclischen PAK.

4.4.1.2 **Vorkommen**

Die BETX-Moleküle kommen alle natürlich in Kohle, Erdöl und in unterschiedlichen Mengen auch im Erdgas vor. Bis auf Ethylenbenzol werden sie auch durch Raffinerie aus diesen gewonnen. Ethylenbenzol wird günstiger synthetisch hergestellt und kommt natürlich auch in Honig, Olivenöl und Käse vor.

Die BETX-Substanzen werden als Antiklopfmittel dem Ottokraftstoff zugesetzt. Aufgrund seiner Toxizität wurde die Verwendung von Benzol weltweit untersagt, nur in Europa darf Benzol im Kraftstoff noch eingesetzt werden (ca. 1,5% in Superbenzin) sowie überall dort, wo es nicht durch „geeignete" Substanzen ersetzt werden kann. Das hat dazu geführt, dass die Jahresproduktion an Benzol in Deutschland noch vor einigen Jahren bei über 1 Mio. t im Mittel lag und bis zu 90% des Benzolgehalts der Luft aus dem Straßenverkehr stammen. In den letzten Jahren wurden zunehmend Toluol und Ethylenbenzol als „Benzol-Ersatz" in verschiedenen Produkten (besonders Lösungsmitteln) eingesetzt.

Benzol ist aber Ausgangsstoff zur Herstellung von Ethylenbenzol, das wiederum zur Synthese von Polystyrol, eines vielseitig verwendeten Kunststoffs, benutzt wird. Andere wichtige Produkte aus Benzol sind Cumol (zur Herstellung von Phenol), Nitrobenzole (Farbstoffe, Arzneimittel, Pflanzenschutzmittel) und Chlorbenzol (Farbstoffe, Pflanzenschutzmittel).

Toluol und Xylol werden als Lösungsmittel in Farben, Lacken, Klebstoffen und im Druckerei-Betrieb eingesetzt. Aufgrund der Lipophilie dieser Substanzen führt die Lagerung von Druckereierzeugnissen neben Lebensmitteln zur messbaren Anreicherung in diesen.

Neben anderen gesundheitsgefährdenden Stoffen sind auch die BETX-Substanzen im Tabakrauch vorhanden.

Im Gegensatz zu den BETX werden PAK nicht kommerziell hergestellt, sondern kommen in der Kohle und im Erdöl vor und sind typische Pyrolyseprodukte. Bei Verbrennungen unter 1000 °C entstehen überwiegend PAK mit wenigen Ringen, während bei höheren Temperaturen (z. B. in Motoren) höherkernige Ringsysteme erzeugt werden. Natürlich entstehen sie bei Wald- und Steppenbränden, Vulkanausbrüchen und als Stoffwechselprodukte von Mikroorganismen, Algen und Pflanzen. Neben der Bildung in Verbrennungsmotoren werden PAK anthropogen durch Müllverbrennung, Kompostierung, Kraftwerke, Kokereien, Raffinerien, Brandrodung usw. in die Umwelt entlassen. Für die Risikobewertung ebenfalls wichtige Quellen sind außerdem Tabak-Rauchen sowie Fritieren, Braten, Grillen und Räuchern von Lebensmitteln.

Aufgrund der weiten Verbreitung und der kanzerogenen Wirkung (s. u.) hat die amerikanische Umweltbehörde (US-EPA) 16 PAK als prioritäre Stoffe benannt. Mit der Zeit hat sich die Liste dieser Substanzen als Standard bei der Bewertung der Belastung der Umwelt durch PAK durchgesetzt. Sie werden häufig als EPA-PAK bezeichnet. Für 6 dieser EPA-PAK wurden Grenzwerte in der Trinkwasserverordnung (TVO) festgelegt (Summengrenzwert = 0,0001 $mg\,l^{-1}$).

Da Benzo[a]pyren (BaP) praktisch ubiquitär vorkommt und intensiv toxikologisch untersucht wurde, hat es sich zu einer Leitsubstanz für die Bewertung und Gefahrenabschätzung für PAK entwickelt. Allerdings kommen die PAK praktisch ausschließlich in Gemischen in der Umwelt vor, bei denen einzelne Komponenten sehr unterschiedlich kanzerogen, reizend, immun- oder lebertoxisch sind.

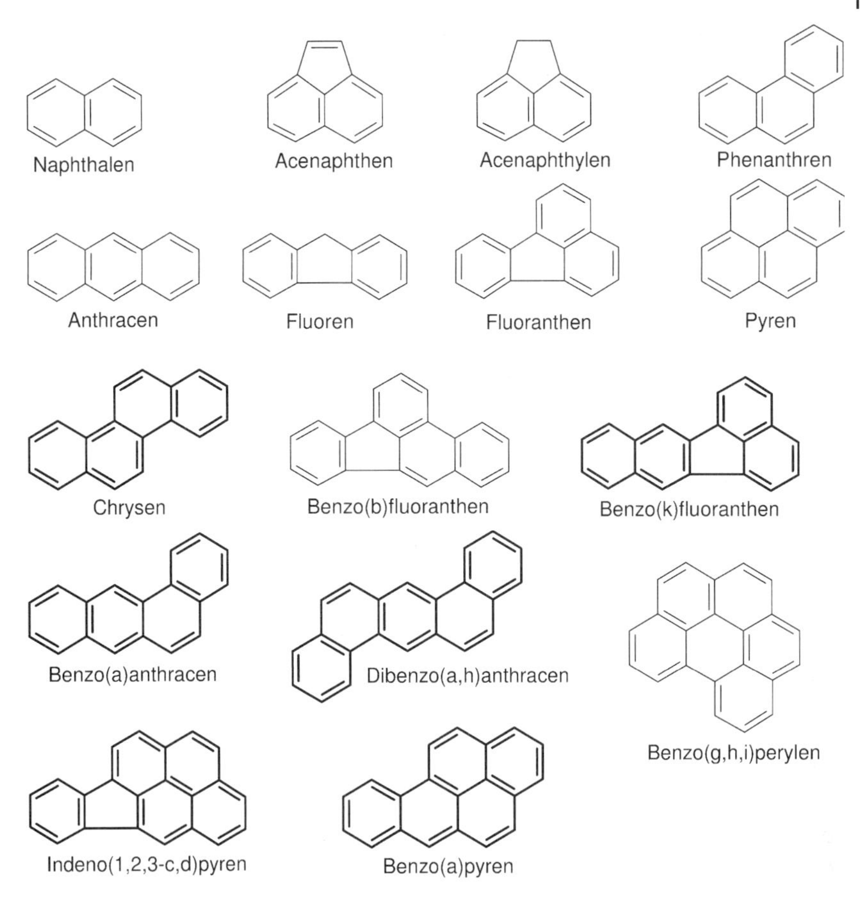

Abb. 4.6 Die wichtigsten PAK, die bei Umweltanalysen bestimmt werden. Normal schwarz sind die sogenannten EPA-PAK und fett gedruckt, die nach TVO reguliert sind.

4.4.1.3 **Exposition**

Aromaten kommen, wie schon erwähnt, ubiquitär vor. Da sehr viele durch den Kraftverkehr freigesetzt werden, sind Ballungsgebiete, die Umgebungen von Tankstellen, Kokereien und Raffinerien besonders hoch belastet. Größere Moleküle wie die polycyclischen Kohlenwasserstoffe kommen in der Luft fast ausschließlich gebunden an Partikel, z. B. Ruß, vor, während die leicht flüchtigen als freie Moleküle in der Luft auftreten. Messungen in den letzten Jahren haben für alle Aromaten deutliche Unterschiede bei der Exposition zwischen Ballungsgebiet und Reinluftgebiet ergeben, aber auch zwischen Außenluft im Ballungsgebiet und Innenraumluft gibt es große Unterschiede, wie die Tabelle 4.2 zeigt.

Selbstverständlich sind das alles nur Mittelwerte aus verschiedenen Studien. Sie geben aber trotzdem eine gute Relation zwischen den verschiedenen Expositionsräumen wieder. Die Unterschiede bei den BETX-Konzentrationen in ver-

Tab. 4.2 Durchschnittliche Werte einiger flüchtiger Aromaten in verschiedenen Umgebungen.

	Benzen	**Etylenbenzen**	**Toluen**	**Xylen**
Ballungsgebiet	5–20 µg	bis 40 µg	80 µg	15–55 µg
Reinluftgebiet	<1 µg	<4 µg	<10 µg	<10 µg
Innenraum	5–10 µg	bis 100 µg	85 µg	bis 300 µg

Alle Angaben beziehen sich auf einen cbm Luft

schiedenen Ballungsgebieten sind enorm, gehen aber insgesamt durchschnittlich langsam, aber konstant, zurück.

Angegeben in der Tabelle sind Werte für Nichtraucher-Innenräume. Sind diese durch 20 Zigaretten pro Tag zusätzlich belastet, können sich die Innenraumwerte um bis zu 50% erhöhen. Die Raucher selber belasten sich zusätzlich mit sehr hohen Dosen. So kann bei einem Konsum von 20 Zigaretten am Tag die aufgenommene Menge an Benzol bei 600 µg liegen, während ein Nichtraucher im Schnitt nur ca. 250 µg Benzol aufnimmt.

Interessant ist noch, dass die Geruchsschwellen für viele flüchtige Aromaten deutlich über den normalen Expositionskonzentrationen in der Umwelt liegen. Für Xylol z. B. liegt die Geruchsschwelle etwa bei 4 mg m^{-3} Luft und für Benzol bei 16 mg m^{-3} Luft, also um mehr als Faktor 10 bzw. 1000 über den „normalen" Innenraumkonzentrationen.

4.4.2 Toxikokinetik

Die flüchtigen monocyclischen Aromaten werden alle relativ gut und schnell über die Lunge resorbiert. Nach anfänglicher hoher Resorption um ca. 80% stellt sich schnell ein *Steady-state*-Gleichgewicht von ca. 50% Resorption ein. Nach oraler Aufnahme werden Benzol und die Alkylbenzole alle gut resorbiert (bis 100%). Dagegen ist die dermale Aufnahme aus der flüssigen Phase bei ihnen sehr unterschiedlich. Benzol wird mit 400 µg cm^{-2} pro Stunde relativ gut aufgenommen, während Ethylenbenzol, Toluol (ca. 20–30 µg cm^{-2}) und die drei Isomere des Xylols (bis 1–4 µg cm^{-2}) in der gleichen Zeit sehr viel schwächer resorbiert werden. Die Hautresorption aus der Gasphase ist bei allen sehr gering.

Die Verteilung in den Organen und im Gewebe richtet sich nach der Lipophilie dieser Substanzen und dem Fettgehalt der Strukturen. Nachdem sich die Moleküle zunächst in stark durchbluteten Organen wie Leber, Herz, Niere und Gehirn anreichern, erfolgt nach länger anhaltender Exposition eine Umverteilung in Muskulatur und Haut, später vermehrt in das Fettgewebe und Knochenmark. In absteigender Konzentration findet man die Alkylbenzole nach wenigen Stunden Exposition im Fettgewebe, im Knochenmark, in der Niere, Lunge, im Blut, in der Leber, ZNS und in der Milz.

Der Metabolismus des Benzols ist in Abb. 4.7 wiedergegeben.

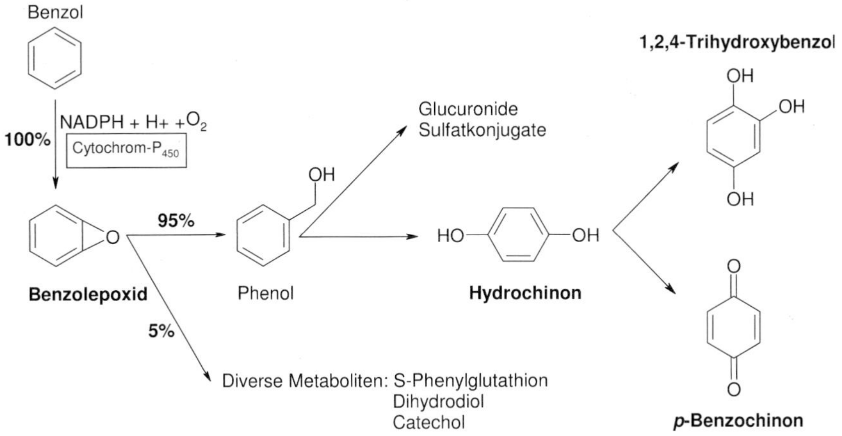

Benzol

100% NADPH + H+ + O_2
Cytochrom-P_{450}

Benzolepoxid

95%

Phenol

5%

Diverse Metaboliten: S-Phenylglutathion
Dihydrodiol
Catechol

Glucuronide
Sulfatkonjugate

Hydrochinon

1,2,4-Trihydroxybenzol

***p*-Benzochinon**

Abb. 4.7 Nach der ersten Oxidation kann der Stoffwechselweg des Benzols sehr unterschiedlich weiter verlaufen. Toxikologisch relevante Metaboliten sind fett markiert.

Benzol wird durch Peroxisomen (besonders CYP2E1) zum Benzolepoxid oxidiert und lagert sich spontan zu Phenol (Hauptmetabolit) um. Das Phenol kann dann weiter zum Hydrochinon und Hydroxyhydrochinon oxidiert werden. Durch Wassereinbau kann das Epoxid aber auch zum Dihydrodiol und von dort zu Catechol und o-Benzochinon umgebaut werden. Benzolepoxid kann mit Proteinen und Nukleinsäuren Addukte bilden.

Aufgrund des ubiquitären Auftretens des Benzols ist ein Nachweis der Elimination und der Umweltbelastung sehr schwierig. Lange Zeit wurde der Hauptmetabolit Phenol, der über den Urin ausgeschieden wird, als Leitparameter gemessen. Heute weiß man, dass bestimmte Medikamente ebenfalls zu hohen Konzentrationen von Phenol im Urin führen können. Deshalb werden heute Metaboliten mit einer sehr hohen Halbwertszeit für ein Biomonitoring einer Benzolbelastung verwendet, die *trans, trans*-Muconsäure und S-Phenylmerkaptursäure.

Sowohl Toluol als auch Xylol hemmen die metabolische Umsetzung von Benzol, und ihre Metaboliten (selbst) werden über die Niere ausgeschieden.

Durch das hohe Sorptionsvermögen der PAK kommen sie – besonders als höherkernige Ringstrukturen – praktisch immer an Partikel gebunden vor. Bis auf Naphthalin und Acenaphthen besitzen alle PAK hohe Bioakkumulationsfaktoren, reichern sich also in der Nahrungskette an. Über Rußpartikel gelangen u. a. auch PAK in die Lunge. Je nach Größe der Teilchen verbleiben sie mehr oder weniger lange dort (s. a. Kapitel 3) oder können mit in das Gewebe übertreten. Die kanzerogene Wirkung entfalten die PAK erst nach der Metabolisierung.

4.4.3 Toxizität

Benzol und Benzo[a]pyren sowie 11 weitere PAK sind in Deutschland als kanzerogen eingestuft [1]. Durch die weite Verbreitung in der Atmosphäre, im Boden, im Wasser und in Lebensmitteln gehören diese zu den wichtigsten Umweltkanzerogenen überhaupt. Von allen wird nur Benzol kommerziell hergestellt und so gewollt in die Umwelt freigesetzt. Insgesamt sind die PAK zwar toxischer als Benzol, aber nur dieses hat auch eine direkte blutschädigende Wirkung.

Stoffwechselaktive Organe wie das ZNS und das Immunsystem metabolisieren Benzol durch Peroxidasen relativ stark zu den reaktiven Chinonen (aus Phenol). Dadurch kommt es zur Addukt-Bildung wie oben beschrieben. Nukleinsäureaddukte führen dann zu Mutationen, die im weiteren Verlauf genotoxisch wirken können. Durch die Anreicherung im Knochenmark schädigen Metaboliten des Benzols auch die Blutbildung (Myelotoxizität). Aus Tierversuchen weiß man, dass diese myelotoxische Eigenschaft nicht durch einzelne Metaboliten, sondern durch die Mischung aller hervorgerufen wird.

Viele PAK und einige Alkylbenzole (Toluol und Xylol) reizen akut lokal Schleimhäute. Die meisten dieser Aromaten sind auch leber- und nierentoxisch, aber nur wenige auch immuntoxisch. In den meisten Fällen müssen immuntoxische Effekte als sekundär angesehen werden.

Benzin

Als Gemisch aus gesättigten, ungesättigten, aliphatischen und aromatischen Kohlenwasserstoffen ist die Toxizität des Benzins sehr komplex, da die Einzelkomponenten die Wirkungen überadditiv verstärken, aber ebenso antagonistisch inhibieren können (s.a. Toluol und Benzol). (Auch) Tierversuche gibt es nur sehr wenige, da meistens gereinigte Komponenten (z.B. Benzol, n-Hexan, Phenole, Toluol) für Versuche benutzt werden. Allerdings gibt es einige Humandaten zu Benzinvergiftungen bei suizidalen oder freiwilligen („Schnüffler") Aufnahmen.

Hohe Benzinkonzentrationen führen akut zu Übelkeit, Schwindel und narkoseähnlichen Erscheinungen. Längere Einwirkzeit kann dann zu Atemlähmung und Koma führen. Die akut tödliche Dosis liegt bei $>5\ mg\ kg^{-1}$ KG.

Chronischer Kontakt höherer Dosierungen führt zu neurotoxischen Veränderungen wie Gedächtnisstörungen, euphorischer Erregung, Depressionen und Lähmungen.

4.4.3.1 Tierexperimente

Benzol ist akut relativ untoxisch. Effekte treten eher bei wiederholter Gabe geringerer Dosen auf, als bei wenigen hohen Dosierungen. Das hängt wahrscheinlich mit der Erholungszeit nach kurzer Applikationsdauer zusammen.

Zum einen führt die schnelle Elimination aus Blut, Niere, Lunge, ZNS, Milz und Knochenmark ($t_{1/2} = < 1h$) nach Applikationsende dann nicht zur Anreicherung in diesen Organen und zweitens hat das hämatopoetische System ausreichend Zeit, sich nach anfänglichen Schädigungen schnell zu regenerieren.

Bei längerer Applikation kann aber eine immuntoxische Komponente in Tieren klar nachgewiesen werden. So verursachte eine tägliche Inhalation von 50 oder 200 ppm über jeweils 6 h für 7 Tage in BALB/c-Mäusen signifikante Reduktionen bei den Lymphozyten. Einhergehend damit waren auch die Funktionen der zellulären und humoralen Immunantwort beeinträchtigt.

Die kanzerogene Wirkung des Benzols konnte in Tierversuchen dagegen nicht immer eindeutig nachgewiesen werden. Erst nach Versuchen, bei denen relativ hohe Dosen per Inhalation ($\geq 100\,ml\,m^{-3}$) oder Schlundsonde ($> 50\,mg\,kg^{-1}$ KG) über Monate verabreicht wurden, konnten erhöhte Tumorraten festgestellt werden. Neben anderen Tumoren traten besonders Lymphome und Leukämien auf.

Im Gegensatz zu Benzol sind Ethylbenzol, Toluol und Xylol bei weitem nicht so intensiv in Tierversuchen untersucht worden. Hinweise auf Kanzerogenität oder Immuntoxizität liegen für diese Moleküle nicht vor. Einige zweifelhafte Ergebnisse zur Kanzerogenität wurden bei sehr hohen Konzentrationen gefunden. Wegen möglicher Benzol-Verunreinigungen der Proben waren in solchen Fällen die beobachteten Effekte allerdings nicht differenzierbar. Die geringere Toxizität ist wahrscheinlich darauf zurückzuführen, dass Toluol nur zu einem sehr geringen Grad am aromatischen Kern oxidiert wird und stattdessen zu einem großen Prozentsatz metabolisch zu Benzoesäure oxidiert und glucuronidiert wird.

Dagegen konnte für Xylol, aber nicht für Toluol, eine teratogene Wirkung bei hohen Dosierungen bei Maus ($500\,mg\,m^{-3}$) und Ratte ($3000\,mg\,m^{-3}$) nachgewiesen werden.

Bei Ethylenbenzol steht anscheinend immer die Schleimhaut reizende Komponente im Vordergrund. Allerdings ist hier die Anzahl an Untersuchungen deutlich begrenzt.

Für die Gruppe der PAK soll an dieser Stelle nur auf die „Leitsubstanz" Benzo[a]pyren eingegangen werden. Wie praktisch alle (Ausnahme Phenanthren) PAK ist BaP krebserzeugend, wirkt schädlich auf das Immunsystem, ist toxisch für die Leber und reizt die Schleimhaut.

Für Benzo[a]pyren, wie für zahlreiche andere PAK, wurde bei Ratten und Mäusen eine mutagene und kanzerogene Wirkung nach dermaler, inhalativer, intraperitonealer und oraler Gabe nachgewiesen. In vielen Studien wurden DNA-Addukte gefunden, ohne dass man bisher eine Präferenz für eine bestimmte DNA-Target-Struktur gefunden hätte.

Aus den Tierversuchen wurde klar, dass die PAK bezüglich der Krebsentstehung als Initiatoren wirken, also eine genotoxisch auslösende, aber keine promovierende Wirkung haben.

Immuntoxische Untersuchungen sind sowohl mit zahlreichen reinen PAK, als auch mit Gemischen durchgeführt worden. In vielen Fällen wurde aber nicht klar, ob nicht die kanzerogene Wirkung im Vordergrund stand, die immuntoxischen Effekte also nur sekundär waren, da selbstverständlich alle mitotisch sehr aktiven Organe und Gewebe (das hämatopoetische System, Gonaden, intestinale Epithelien) für mutagene Substanzen sehr empfindlich sind. Es gibt nur sehr wenige Versuche, die klar diese beiden Endpunkte trennen und nachweisen können, dass auch primär immuntoxische Effekte an Mäusen induziert werden können [2].

Eine einmalige im Gabe von 25–50 mg kg^{-1} KG von Benzo[a]pyren führte bei CBA-Mäusen zu deutlichen Reduktionen bei der zellvermittelten Immunantwort. Ähnliche Befunde wurden an Ratten und Mäusen nach parenteraler Gabe von Dimethylbenz[a]anthracen gefunden.

4.4.3.2 **Mensch**

Für den Menschen gilt ebenso wie oben besprochen, dass die Effekte einer Benzolvergiftung eher bei chronischer Exposition mit geringeren Dosen als bei kurzzeitig hoher Dosierung auftreten. So führt erst eine Exposition von ca. 2300 mg m^{-3} Luft über 30–60 Minuten zu tiefer Bewusstlosigkeit. Geringere Dosierungen führen zu den bekannten pränarkotischen Effekten wie Schwindel, Übelkeit, Benommenheit, in vielen Fällen zu euphorischen Rauschzuständen, was auch die Gefahr der Benzolsucht verursacht.

Auch bei Menschen können besonders nach chronischer Exposition Wirkungen auf das blutbildende System, wie aplastische Anämie, Leukopenie und Thrombozytopenie, auftreten. Aus epidemiologischen Studien gilt als gesichert, dass Benzol besonders das Risiko erhöht, an einer myeloischen Leukämie zu erkranken. Aus diesem Grund ist Benzol in die Liste der krebserzeugenden Gefahrstoffe der Gruppe II (stark gefährdend) aufgenommen worden (siehe Tab. 4.3).

Da Tabakrauch eine Vielzahl von PAK enthält, die dann in der Lunge auch direkt dort durch relativ hohe Konzentrationen von AHH in Typ-II-Alveolar- und

Tab. 4.3 Grenzwerte für Benzol (Luft).

Richtlinie	Grenzwert	Bemerkungen
MAK-Liste (BRD)	3,2–8,0 mg m^{-3} (Spitze)	TRGS 102
BImschV (BRD)	10 µg m^{-3} (Jahresmittel)	seit 1996
TA Luft (BRD)	5 mg m^{-3} (Emission)	
EG	5 µg m^{-3} (Jahresmittel)	ab 1. 1. 2010
EG	1% (max. im Benzin)	98/70/EG

MAK: Maximale Arbeitsplatz-Konzentration in den Technischen Regeln für Gefahrstoffe für Luft (TRGS 102) gelistet BImschV:
23. Verordnung zur Durchführung des Bundes-Immissionsschutzgesetzes. Dient der Umsetzung der Europäischen Richtlinien in deutsches Recht
TA Luft: Technische Anleitung zur Reinhaltung der Luft von 1986

Clarazellen zu mutagenen Metaboliten umgewandelt werden, tragen besonders die PAK zum erhöhten Lungenkrebsrisiko der RaucherInnen bei.

Wie bereits im vorhergehenden Kapitel über Rußpartikel beschrieben, berichtete Percival Scott 1775 zum ersten Mal über die krebserzeugende Wirkung von Rußpartikeln. Den Zusammenhang mit anhaftenden PAK-Molekülen hat er allerdings noch nicht gezeigt. Den direkten Beweis hat ein deutscher Arzt durch dermale Applikation von Benzo[a]pyren in einem Selbstversuch erbracht [3]. Nach dem Auftragen von BaP bildete sich auf seinem Arm ein benignes Epitheliom.

Grenzwerte

Für Trinkwasser, Böden, Innenraum und Arbeitsplatz existieren diverse Grenzwerte für einzelne PAK und für PAK-Gemische (meist als EPA-PAK gemessen). So liegt der PAK-Grenzwert bei der geltenden Trinkwasserverordnung (Dez. 1990) bei 0,2 $\mu g\,l^{-1}$.

Dagegen liegen bisher noch keine verbindlichen Immissionsgrenzwerte vor. Zurzeit wird auf EG-Ebene für Benzo(a)pyren ein Grenzwert von 1 $ng\,m^{-3}$ als Jahresmittelwert diskutiert. Dieser Grenzwert könnte in vielen Ballungsgebieten gerade erreicht werden. Noch vor wenigen Jahren wurde dieser Wert in den meisten Städten deutlich (Faktor 2–10) überschritten. Nachdem aber von der Arbeitsgruppe „Krebsrisiko durch Luftverunreinigungen" des Länderausschusses für Immissionsschutz (LAI) 1991 ein Richtwert von 1,3 $ng\,m^{-3}$ für den Jahresmittelwert für BaP als PAK-Leitsubstanz festgelegt worden war, der durch die Umweltministerkonferenz bestätigt wurde, hat das dazu geführt, dass im Laufe der letzten Jahre die Emissionen von PAK insgesamt durch diverse Umweltschutzmaßnahmen verringert wurden (Sanierungen von Industrieanlagen, Kohlekraftwerken, Befeuerungsanlagen usw.).

4.5 Zusammenfassung

Kohlenwasserstoffe treten ubiquitär in der Umwelt auf. Sie kommen natürlich in Kohle, Erdgas und Erdöl vor, werden in großen Mengen kommerziell extrahiert, aufkonzentriert, synthetisiert. Sie entstehen aber auch spontan (unerwünscht) in hohen Konzentrationen bei der unvollkommenen Verbrennung. Die wirtschaftliche Bedeutung ist immens, der Schaden durch toxikologische Nebenwirkungen und Beeinträchtigungen der Umwelt aber ebenso.

Die aliphatischen Kohlenwasserstoffe sind sowohl als kettenförmige, als auch als ringförmige Moleküle, außer dem n-Hexan, toxikologisch weniger interessant, obwohl Ihre Bedeutung als Endprodukt (z. B. Propan, Butan) oder Ausgangsstoff vieler Synthesen sehr wichtig ist.

Dagegen sind die Aromaten wegen ihrer vielfältigen toxischen Wirkungen weitaus besser untersucht. Besonders die polycyclischen Moleküle persistieren zum Teil sehr lange in der Umwelt, reichern sich in der Nahrungskette an und sind aufgrund ihrer kanzerogenen und immuntoxischen Eigenschaften äußerst gesundheitsgefährlich.

Für die toxikologische Beurteilung ist bedeutsam, dass sie in der Umwelt kaum als Reinsubstanz auftauchen, sondern immer als Gemische, insbesondere an Partikel (z. B. Ruß) adsorbiert, vorkommen. Daher werden meistens bei Belastungsmessungen nur wichtige Leitsubstanzen analysiert und die toxikologischen Wirkungen aufgrund der Beurteilung dieser Leitsubstanzen vorgenommen. Auch Grenzwerte beziehen sich auf einzelne Leitsubstanzen wie Benzo[a]-pyren bei den polycyclischen Aromaten.

Durch Einführen von sogenannten Fremdatomen wie O, N, S entstehen Heteroringsysteme mit neuen Eigenschaften, die chemisch deutlich reaktiver sein können. Die Einführung von Halogenen als Fremdatome eröffnet die Stoffklasse der kommerziell wichtigen aber zum Teil auch sehr schädlichen halogenierten Kohlenwasserstoffe, wie der Dioxine, PCB, HCB oder PCP. Diese werden wegen ihrer toxikologischen Bedeutung in Extra-Kapiteln behandelt.

4.6 Fragen zur Selbstkontrolle

1. *Wie unterscheiden sich Alkane, Alkene und Alkine voneinander?*
2. *Was versteht man unter der Oktanzahl?*
3. *Was sind Clathrate?*
4. *Wo kommen Cycloalkane natürlich vor?*
5. *Welches sind die sogenannten BETX-Moleküle?*
6. *Welcher toxikologische Endpunkt ist für die PAKs entscheidend für die Bewertung?*
7. *Welches sind die toxikologisch wichtigen Metaboliten des Benzols?*
8. *Was sind EPA-PAK?*
9. *Was versteht man unter einer Leitsubstanz?*
10. *Welcher Parameter muss beim Biomonitoring von Innenraumkonzentrationen von Aromaten besonders berücksichtigt werden?*

4.7 Literatur

1 Woitowitz HJ, Thielmann HW, Norpoth K, Henschler D, Hallier E (2003), Benzol als Ausnahmekanzerogen in der Prävention und seine gentoxischen Folgen: Toxikologische, arbeitsmedizinische und sozialmedizinische Aspekte. Zentralblatt für Arbeitsmedizin, Arbeitsschutz und Ergonomie 3, Jahrgang 53:126–150

2 Blanton RH, Lyte M, Myers MJ, Bick PH (1986), Immunomodulation by polyaromatic hydrocarbons in mice and murine cells, Cancer Research 46:2735

3 Klar E (1938), Über die Entstehung eines Epitheliomas beim Menschen nach experimentellen Arbeiten mit Benzpyren. Klinische Wochenzeitschrift 17: 1279–1280

4.8 Weiterführende Literatur

1 Umweltbundesamt (Hrsg.) (2005), Daten zur Umwelt – Der Zustand der Umwelt in Deutschland 2005. Erich Schmidt Verlag, Berlin

2 AEA Technology and TNO (2001), Economic Evaluation of Air Quality Targets for PAHs. Draft final report for European Commission DG Environment

3 Richtlinie 98/70/EG des Europäischen Parlaments und des Rates vom 13. Oktober 1998 über die Qualität von Otto- und Dieselkraftstoffen (EG, L 350, 58)

4 Zweiundzwanzigste Verordnung zur Durchführung des Bundes-Immissionsschutzgesetzes (Verordnung über Immissionswerte für Schadstoffe in der Luft – 22. BImSchV) vom 11. September 2002 (BGBl. I, 3626)

4.9 Substanzen

Alkane, Alkene, Alkine
Cycloalkane, Cycloalkene, Cycloalkine
n-Hexan
Oktan
Cyclohexan
Aromaten
PAK
Benzen (Benzol)
Toluen (Toluol)
Ethylbenzen (Ethylbenzol),
Xylen (Xylol)
Benzo[a]pyren

5
Alkohole, Phenole und Carbonyle

Ernst Bomhard

5.1
Alkohole

Als Alkohole werden organische Verbindungen bezeichnet, die eine oder mehrere Hydroxylgruppe(n) besitzen. Die Hydroxylgruppe muss an ein C-Atom mit 4 Einfachbindungen gebunden sein und es darf keinen höherwertigen Substituenten in der Verbindung geben. Alkohole werden nach der Zahl der dem Kohlenstoffatom mit der OH-Gruppe benachbarten Kohlenstoffatome unterschieden. Bei primären Alkoholen hat das C-Atom, das die OH-Gruppe trägt, eine Bindung zu einem weiteren C-Atom, bei sekundären zwei und bei tertiären drei.

Ist mehr als eine Hydroxylgruppe in einem Alkoholmolekül vorhanden, spricht man von mehrwertigen Alkoholen. Sie werden entsprechend deren Anzahl mit den Silben „-di", „-tri" usw. vor der Endung „-ol" bezeichnet. Ziffern vor dem Namen des Alkylrestes geben die Position der funktionellen Gruppen an (siehe Abb. 5.1). Alkohole mit C-C-Doppelbindungen werden als Alkenole, solche mit Dreifachbindungen als Alkinole bezeichnet.

In diesem Kapitel werden aus Platzgründen nur die monohydroxylierten Alkohole Methanol und Ethanol ausführlicher behandelt.

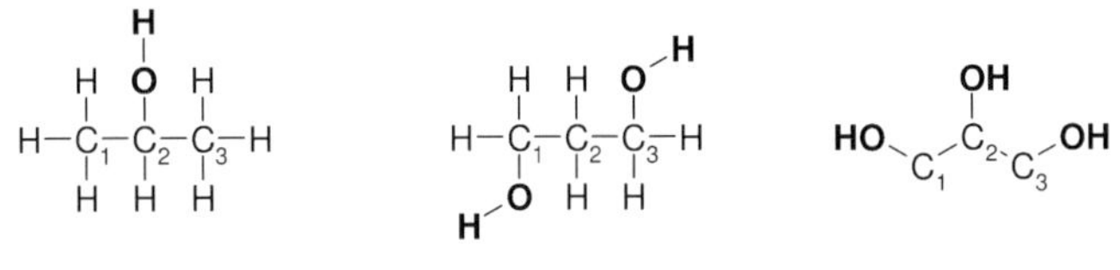

2-Propanol   1,3-Propandiol   1,2,3-Propantriol (Glyzerin)

Abb. 5.1 Beispiele verschiedenwertiger Alkohole auf der Basis von Propan.

Toxikologie Band 2: Toxikologie der Stoffe. Herausgegeben von Hans-Werner Vohr

ISBN: 978-3-527-32385-2

5.1.1
Eigenschaften, Vorkommen, Verwendung und Exposition

5.1.1.1 Eigenschaften

Verglichen mit Alkanen vergleichbarer molarer Masse, haben Alkohole höhere Schmelz- und Siedepunkte, da die Hydroxylgruppe Wasserstoffbrückenbindungen bildet. Je mehr Hydroxylgruppen und je länger die Alkylreste desto höher ist der Siedepunkt. Stark verzweigte, eher kugelförmige Moleküle mit einer mittelständigen Hydroxylgruppe weisen einen niedrigeren Siedepunkt auf als unverzweigte, langgestreckte, primäre Alkohole. Alkohole mit kurzer Kette bzw. geringer Anzahl an C-Atomen haben einen relativ hohen Dampfdruck (Methanol mit Abstand den höchsten). Die Hydroxylgruppe kann auch Wasserstoffbrückenbindungen mit Wasser eingehen und damit die Wasserlöslichkeit erhöhen. Da der organische Alkylrest selbst nicht wasserlöslich ist, sinkt mit steigendem organischem Anteil die Wasserlöslichkeit und steigt mit der Zahl der Hydroxylgruppen. Viele der niedermolekularen Alkohole sind entzündlich. Abgesehen von den ungesättigten Alkoholen sind Alkohole keine reaktiven Verbindungen.

5.1.1.2 Vorkommen und Verwendung

Alkohole repräsentieren eine sehr wichtige Klasse von Industriechemikalien mit einem breiten Verwendungsspektrum. Gemessen am Produktionsvolumen stellen die monohydroxylierten Alkohole die wichtigste Gruppe dar. Die meisten Alkohole mit kommerzieller Bedeutung werden synthetisch hergestellt, einige wenige auch aus Naturprodukten oder durch Fermentation. Wichtigste industrielle Prozesse sind der Methanol-Prozess und der Oxo-Prozess. Letzterer kann für die Produktion von Alkoholen im Bereich C_3 bis C_{20} genutzt werden, wobei Alkene als Startmaterial eingesetzt werden.

Das Verwendungsspektrum der Alkohole hängt stark von den jeweiligen physikalisch-chemischen Eigenschaften ab. Neben den Verwendungen als Lösungsmittel und als chemische Zwischenprodukte werden z. B. die höheren Alkohole mit 6 bis 11 C-Atomen für die Herstellung von Weichmachern genutzt, die mit 12 bis 18 C-Atomen als Detergenzien, Tenside, Schmiermittel und Kosmetika.

5.1.1.3 Exposition

In der Industrie bzw. am Arbeitsplatz besteht die Exposition im Wesentlichen in Hautkontakt und über die Atemluft. Das Ausmaß der Exposition über diese beiden Aufnahmewege wird maßgeblich durch die Verwendung des betreffenden Alkohols und dessen physikalisch-chemischen Eigenschaften determiniert. Ein Sonderfall liegt bei Ethanol vor, wo sowohl am Arbeitsplatz und insbesondere im privaten Bereich die orale Exposition eine erhebliche Bedeutung hat.

5.1.2
Toxikokinetik

Alkohole werden sowohl inhalativ als auch über den Magen-Darm-Trakt meist schnell und in hohem Maße aufgenommen und im Organismus verteilt. Bei der Aufnahme über die Haut spielen physikalisch-chemische Eigenschaften eine wesentliche Rolle: sie nimmt beispielsweise mit zunehmender Zahl an Kohlenstoffatomen ab.

Primäre Alkohole werden relativ schnell durch die Alkoholdehydrogenase (ADH) zu den entsprechenden Aldehyden oxidiert und anschließend durch die Aldehyddehydrogenase (ADH) zur entsprechenden Säure verstoffwechselt. Sekundäre Alkohole werden vorwiegend zu Ketonen metabolisiert. Tertiäre Alkohole sind deutlich stärker resistent gegen Metabolismus als primäre und sekundäre, werden dagegen schneller konjugiert, z. B. mit Glucuronsäure oder Glycin. Bei hohen Expositionen ist bei einigen Alkoholen auch eine Beteiligung von Cytochrom-P450 abhängigen Enzymen im Stoffwechsel nachgewiesen worden [1].

Die Ausscheidung erfolgt meist durch Exhalation in Form des Stoffwechselendproduktes CO_2, z. T. auch über Nieren und Harnwege bzw. Faeces in Form der Konjugate.

5.1.3
Toxizität

Mit Ausnahme von Methanol beim Menschen ist die akute Toxizität der monohydroxylierten Alkohole sowohl beim Menschen als auch im Tierversuch als gering anzusehen. Dies gilt für orale, dermale und inhalative Aufnahme. Auch die subakute bis chronische Toxizität kann bei diesen Verbindungen als vergleichsweise gering erachtet werden. Dies lässt sich u. a. an den relativ hohen maximalen Arbeitsplatzkonzentrationen (MAK-Werte) erkennen (siehe Tab. 5.1).

Das Potenzial zur Sensibilisierung der Haut und Atemwege kann generell als sehr niedrig bezeichnet werden.

Tab. 5.1 MAK-Werte einiger repräsentativer monohydroxylierter Alkohole [2].

Stoff	MAK-Wert ml m^{-3} (ppm)	MAK-Wert mg m^{-3}
Methanol	200	270
Ethanol	500	960
2-Propanol	200	500
1-Butanol	100	310
iso-Butanol	100	310
tert-Butanol	20	62

Mit Ausnahme von Ethanol (Mensch) und Methanol (Maus) lässt sich bei den Alkoholen kein spezifisches Potenzial für embryotoxische bzw. teratogene Wirkungen nachweisen. Die im Tierversuch festgestellten Effekte waren meist im deutlich maternal-toxischen Bereich und dürften daher sekundäre Folgen sein.

Das genotoxische Potenzial kann man generell als gering bezeichnen. In den validierten Mutagenitäts- bzw. Genotoxizitätstests liegen in aller Regel keine oder allenfalls sehr schwache Hinweise auf diesbezügliche Wirkungen vor.

Zumindest für die berufliche Exposition lässt sich feststellen, dass keine belastbaren Daten für eine primäre kanzerogene Wirkung der Alkohole vorliegen. Dagegen kann der Konsum von größeren Mengen Alkohol über lange Zeiträume zu erhöhten Inzidenzen von Tumoren verschiedener Lokalisationen führen.

Sonstige spezifische Wirkungen, wie z. B. immun- oder neurotoxische Effekte sind bei den Alkoholen nicht zu erwarten. Als Sekundäreffekte können speziell neurotoxische Wirkungen z. B. bei Methanol und Ethanol durchaus eine bedeutsame Rolle spielen [1].

5.2 Methanol

5.2.1 Eigenschaften, Vorkommen, Verwendung und Exposition

Methanol ist eine farblose Flüssigkeit mit einem schwach süßlichen Geruch bei Raumtemperatur. Aufgrund der polaren Hydroxylgruppe lässt sich Methanol mit Wasser in jedem Verhältnis mischen. Methanoldämpfe bilden mit Luft explosions-fähige Gemische.

In der Natur kommt Methanol in verschiedenen Pflanzen vor und entsteht bei diversen Gärungsvorgängen. In Fruchtsäften und alkoholischen Getränken, besonders in Obstbränden, kann Methanol bis zu einigen hundert ppm vorhanden sein. Auch im endogenen Stoffwechsel des Menschen kann Methanol in Mengen bis zu 2 $\mu g\ ml^{-1}$ gebildet werden.

Methanol kann in vielfältigen Varianten entweder direkt als Kraftstoff, als Kraftstoffzusatz oder als Derivat eingesetzt werden. Methanol ist zudem einer der wichtigsten Ausgangsstoffe für Synthesen in der chemischen Industrie. Es wird vor allem für folgende Produktionen bzw. Reaktionen verwendet: Herstellung von Methyl-tert-butylether (MTBE), Formaldehyd, Essigsäure, Chlormethanen, Methylmethacrylat, Umsetzung mit Carbonsäuren zu Methylestern wie z. B. Essigsäuremethylester, Umesterung von Fetten zu Methylestern von Fettsäuren. Darüber hinaus wird es als Lösungsmittel und zum Denaturieren von Ethanol in Kosmetika und diversen anderen Anwendungen eingesetzt.

Die Exposition bei industrieller Verwendung erfolgt durch Inhalation und Hautkontakt. Im Privatbereich kommt es zu meist geringen Expositionen durch die Nahrung, durch alkoholische Getränke und Fruchtsäfte.

5.2.2
Toxikokinetik

Methanol wird sowohl inhalativ als auch oral und dermal sehr gut resorbiert und schnell und gleichmäßig in allen Organen und Geweben in direktem Verhältnis zu deren Wassergehalt verteilt.

Der erste Schritt im Metabolismus von Affe und Mensch ist die Oxidation zu Formaldehyd (Methanal) durch die ADH. In einem Zweistufenschritt entsteht aus dem Formaldehyd Ameisensäure, aus dessen Dissoziation das Formiat gebildet wird. Dessen Elimination verläuft bei Primaten relativ langsam, sodass es bei Aufnahme von größeren Mengen an Methanol bei Mensch und Affe zur Formiat-Akkumulation kommen kann. Diese Akkumulation führt bei Primaten zu der metabolischen Azidose, die das typische Bild der Methanolintoxikation hervorruft. Bei Nagern wird Methanol vor allem durch das Katalase-Peroxidase-System zu Formaldehyd metabolisiert. Durch die schnellere Ausscheidung des nachfolgend gebildeten Formiats tritt bei Nagern und anderen Labortierspezies keine metabolische Azidose auf. Das durch Oxidation von Formiat gebildete CO_2 wird mehrheitlich abgeatmet, aber je nach Spezies in unterschiedlichen Mengen auch mit dem Urin ausgeschieden. Geringe Mengen an unverändertem Methanol können sowohl exhaliert als auch renal ausgeschieden werden [3].

5.2.3
Toxizität

Methanol selbst ist nur von geringer Toxizität. Die akuten Vergiftungen beim Menschen sind, wie oben dargestellt, Folgeerscheinungen der durch die metabolische Azidose hervorgerufenen Schädigungen.

5.2.3.1 Erfahrungen beim Menschen

Typischerweise treten akute Vergiftungsfälle durch orale Aufnahme vor allem von gepanschtem Alkohol mit hohem Methanolgehalt auf. Die Vergiftungssymptome einer Methanolintoxikation verlaufen in drei Phasen [1]. Direkt nach Aufnahme von Methanol zeigt sich ein narkotisches Stadium ähnlich dem nach Ethanol. Die berauschende Wirkung ist jedoch geringer als bei Ethanol. Nach einer häufig asymptomatischen Latenzphase, die 10–48 Stunden dauern kann, treten Kopfschmerzen, Schwächegefühl, Übelkeit, Erbrechen, Schwindel, beschleunigte Atmung und visuelle Störungen bis hin zur irreversiblen Erblindung und Koma auf. Als Folgeerscheinungen wurden weitere ZNS-Störungen, insbesondere eine Parkinson ähnliche Symptomatik beschrieben. In der weißen Substanz des Gehirns und im Putamen konnten Nekrosen nachgewiesen werden. Der Tod kann als Folge einer Atemlähmung eintreten. Die Mengen an Methanol, die zur metabolischen Azidose bzw. zum Erblinden oder zum Tod führen, können von Individuum zu Individuum sehr stark schwanken. Ab

0,5–1,0 g kg^{-1} Körpergewicht ist bei fehlender Behandlung mit Todesfällen zu rechnen [3].

Auch nach akuter dermaler Exposition sind einige Fälle mit dem typischen Verlauf beschrieben. Vergleichbare Intoxikationsverläufe nach Inhalation erfordern sehr extreme Expositionsbedingungen (mehrere 1000 ppm in der Atemluft) und sind daher sehr selten [3].

Symptome nach länger dauernder Exposition gegenüber Konzentrationen von mehr als 400 ppm in der Atemluft, z. B. am Arbeitsplatz, bestanden in Kopfschmerzen, verschwommenem Sehen, Übelkeit und Augenirritationen [3].

Valide Daten zur Frage reproduktionstoxischer, kanzerogener oder genotoxischer Wirkungen liegen nicht vor. Das Potenzial für allergene Wirkung ist als gering einzustufen. Haut und Schleimhaut reizende Wirkungen von reinem Methanol sind beschrieben.

5.2.3.2 **Tierexperimente**

Bei den üblicherweise verwendeten Labortieren lässt sich aufgrund der o. g. Fakten eine metabolische Azidose und ihre Folgen nicht induzieren. Dies gelingt nur bei einigen Affenspezies und Folat defizienten Labortieren.

Die akute orale Toxizität ist mit LD_{50}-Werten von mehr als 2000 mg kg^{-1} Körpergewicht auch bei Primaten als gering einzustufen. Gleiches gilt für dermale und inhalative Exposition.

Bei Versuchen mit oraler oder inhalativer Verabreichung hoher Dosierungen bzw. Konzentrationen über mehrere Wochen fanden sich keine Hinweise auf systemisch-toxische Wirkungen.

Hinweise auf Störungen der Fertilität ergaben sich nicht. Im Bereich maternal-toxischer Konzentrationen (ab 5000 ml m^{-3}) ergaben sich bei Ratten Hinweise auf embryotoxische und teratogene Wirkungen. Bei Mäusen waren derartige Wirkungen bereits in einem Dosisbereich aufgetreten, in dem keine Schädigungen der Muttertiere festgestellt werden konnten [4].

In zahlreichen Untersuchungen mit validierten Testsystemen ließ sich kein nennenswertes genotoxisches Potenzial erkennen.

Langzeitinhalationsstudien an Ratten und Mäusen mit Konzentrationen von bis zu 1000 ppm ließen keine kanzerogenen Wirkungen erkennen [3]. Dagegen fanden sich bei Ratten nach Verabreichung von Konzentrationen bis zu 20 000 ppm im Trinkwasser über 2 Jahre und anschließender Nachbeobachtung bis zum spontanen Tod signifikant vermehrt Karzinome des Gehörgangs. Die Gesamtzahl aller malignen Tumoren war ebenfalls signifikant erhöht. [5]

5.3 Ethanol

5.3.1 Eigenschaften, Vorkommen, Verwendung und Exposition

Ethanol ist eine farblose, leicht entzündliche, flüchtige Flüssigkeit. Er wird synthetisch aus Ethylen produziert, tritt als Nebenprodukt diverser industrieller Verfahren auf und entsteht bei der Fermentation von Zucker, Zellulose oder Stärke. Als Industriechemikalie hat Ethanol ein sehr breites Anwendungsspektrum, z. B. als Lösungs- und Frostschutzmittel, als Ausgangsmaterial oder Zwischenprodukt bei der Herstellung von Arzneimitteln, Kunststoffen, Lacken, Weichmachern, Parfümen usw.

Am Arbeitsplatz liegt der Schwerpunkt der Exposition bei der Inhalation. Die orale Aufnahme durch alkoholische Getränke kann wesentlich zur Belastung beitragen, während der Beitrag der Resorption über die Haut unter normalen Bedingungen eher gering ist.

5.3.2 Toxikokinetik

Beim Menschen wurden durchschnittlich 62% des in Konzentrationen von 5000–10 000 ppm inhalierten Ethanols absorbiert. Dagegen wird Ethanol bei Mensch und Tier nach oraler Aufnahme durch einfache Diffusion praktisch vollständig resorbiert. Die Resorption erfolgt hauptsächlich im Dünndarm (ca. 80%), der Rest im Magen. Der Hauptanteil wird innerhalb von einer Stunde resorbiert. Füllungsgrad des Magens und Fettgehalt der Nahrung können die Resorption verzögern.

Im Körper verteilt sich Ethanol vorwiegend im wässrigen Kompartiment, weshalb es nicht zu einer Akkumulation kommt. Aufgrund seiner Wasser- und Lipidlöslichkeit penetriert Ethanol auch die Blut-Hirn-Schranke und die Plazenta.

In der Leber werden über 90% des resorbierten Ethanols metabolisiert, der Rest renal eliminiert oder exhaliert.

Die hepatische Ethanoloxidation zum Acetaldehyd erfolgt im Wesentlichen durch die zytosolische ADH und das mikrosomale Cytochrom-P450-2E1 (siehe Abb. 5.2). Der Acetaldehyd wird dann durch die mitochondriale ADH zur Essigsäure oxidiert, die in den Intermediärstoffwechsel eingeht und peripher zu Wasser und CO_2 abgebaut wird. Das mikrosomale Oxidationssystem ist durch chronische Ethanolaufnahme induzierbar, mit der Folge, dass sowohl vermehrt Acetaldehyd gebildet wird als auch Sauerstoffradikale entstehen, die eine Lipidperoxidation begünstigen. Zudem werden durch die Induktion von 2E1 viele Fremdstoffe zu toxischen Metaboliten aktiviert [6].

Ohne näher darauf einzugehen, soll hier erwähnt werden, dass beim Menschen die ADH einem genetischen Polymorphismus unterliegt. Dieser hat zur Folge, dass speziell bei einigen asiatischen Völkern ein gewisser Prozentsatz an

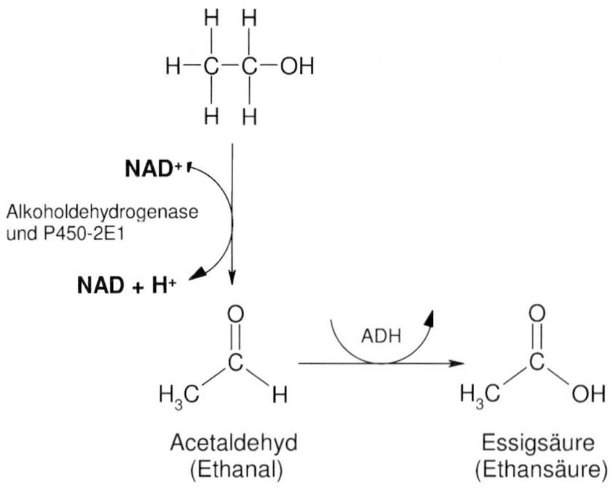

Abb. 5.2 Oxidation von Ethanol durch die Alkoholdehydrogenase (ADH) zu Acetaldehyd und Essigsäure.

Personen schon auf relativ kleine Alkoholmengen mit ausgeprägten Unverträglichkeitserscheinungen reagiert. Eine wesentliche Rolle scheint ein verzögerter Acetaldehydabbau zu spielen.

5.3.3
Toxizität

Die Toxikologie des Ethanols wird dominiert von den Berichten und Untersuchungen zu den Folgen des akuten und chronischen Abusus beim Konsum alkoholischer Getränke. Dabei wird oft übersehen, dass dessen Toxizität sowohl im Tierversuch wie beim Menschen relativ gering ist, unabhängig von der Route und der Dauer der Aufnahme. Mäßigem Alkoholgenuss werden sogar die Gesundheit und Lebenserwartung positiv beeinflussende Effekte zugeschrieben.

5.3.3.1 Erfahrungen beim Menschen

Entsprechend den vorgenannten Aussagen, gibt es nur wenige Fälle von adversen Effekten nach akuter oder chronischer Exposition am Arbeitsplatz, wobei die Konzentrationen in der Atemluft jeweils oberhalb von 1000 ppm gelegen haben. Berichte über Intoxikationen nach dermaler Exposition liegen nicht vor.

Wirkungen akuter oraler Alkoholaufnahmen beginnen bei etwa 0,5 Promille im Blut mit leichten Einschränkungen von Leistungen des ZNS (verminderte Sehschärfe, muskuläre Inkoordination, verlangsamte Reflexe usw.). Dosis- bzw. Konzentrations-abhängige toxische Symptome treten ab etwa 1,5 Promille im Blut auf, ab etwa 4,0 Promille kommt es zu Todesfällen durch Atemstillstand oder Kreislaufversagen.

Hoher Alkoholkonsum über lange Zeiträume kann an zahlreichen Organen zu Schädigungen führen. Primäres Zielorgan ist die Leber. Dort kommt es zunächst zu einer Verfettung. Im weiteren Verlauf treten Fibrosen und Nekrosen, im Finalstadium Zirrhosen auf. Den massiven Schädigungen der Leber und den konsekutiven funktionellen Einschränkungen sind diverse Sekundäreffekte zuzuschreiben.

Das Potenzial für eine allergene Wirkung ist als gering einzustufen. Schleimhaut-reizende Wirkungen von reinem oder hochprozentigem Ethanol sind beschrieben.

Es liegen Berichte über Störungen der männlichen und weiblichen Fertilität nach chronischem Konsum hoher Alkoholmengen vor. Hoher Alkoholkonsum während der Schwangerschaft kann zu einem sogenannten fetalen Alkoholsyndrom (auch Alkoholembryopathie genannt) bei den Nachkommen führen. Die Symptome können sehr vielfältig sein und reichen von funktionellen Effekten (z. B. muskuläre Hypotonie, motorische und geistige Retardierung, Hyperaktivität) bis hin zu massiven Fehlbildungen wie Gaumenspalte, Herzfehler, Genitalanomalien. Nach eingehender Wertung der seinerzeit vorliegenden Studien kam die Senatskommission zur Prüfung gesundheitsschädlicher Arbeitsstoffe der Deutschen Forschungsgemeinschaft zu der Interpretation, dass bei einem täglichen Konsum von mehr als 30 g Ethanol Beeinträchtigungen bei den Nachkommen auftreten können. Ethanol ist heute mit Abstand die häufigste Ursache für exogene Keimschädigungen [6].

Hinweise für eine krebserzeugende Wirkung durch inhalative Exposition am Arbeitsplatz liegen nicht vor. Der Konsum alkoholischer Getränke führte nachweislich zu einer Erhöhung der Tumorinzidenzen an diversen Lokalisationen wie z. B. Mundhöhle, Rachen, Kehlkopf, Ösophagus, Leber, Mamma, möglicherweise auch Colon/Rektum. Das Risiko für Tumoren in Mundhöhle, Rachen und Kehlkopf ist nach Einschätzung der *International Agency for Research on Cancer* (IARC) [7] schon nach täglicher Aufnahme von mehr als 10 g Ethanol signifikant erhöht.

Die bisher vorliegenden Daten zur Genotoxizität, überwiegend Vergleiche diverser Parameter bei Alkoholikern versus nicht Alkoholikern, lassen aufgrund methodischer Mängel und/oder diverser Störfaktoren eine klare Aussage zu diesbezüglichen Wirkungen nicht zu [6].

5.3.3.2 **Tierexperimente**

Die Werte zur akuten Toxizität von Ethanol weisen bei allen untersuchten Spezies sowohl bei oraler, dermaler und inhalativer Exposition auf eine geringe Toxizität hin.

An der Haut wirkt Ethanol nicht reizend und sensibilisierend, am Kaninchenauge ergaben sich mehrheitlich Hinweise auf Schleimhaut-reizende Wirkungen.

Aussagekräftige Studien zur subchronischen Toxizität liegen nur nach oraler Verabreichung vor. Dort zeigte sich ein breites Intoxikationsspektrum mit der Leber als Hauptzielorgan.

Die für die Situation am Arbeitsplatz relevanten Inhalationsstudien zeigten selbst bei Konzentrationen von 10 000 ppm und mehr keine reproduktionstoxischen Effekte auf. Nach oraler Applikation sehr hoher Dosierungen ergaben sich dagegen bei Ratten und Mäusen Hinweise auf Schädigungen der Fortpflanzungsorgane und der Nachkommen [6].

Da sich nur unter sehr hohen, deutlich toxischen Dosierungen Hinweise auf erbgutverändernde Wirkungen ergaben, ist von einem schwachen genotoxischen Potenzial auszugehen.

Die bis 1987 durchgeführten Untersuchungen zur krebserzeugenden Wirkung wurden von der IARC [7] als inadäquat bewertet. In einer neueren umfangreichen Studie an Sprague-Dawley-Ratten, die entweder beginnend im Alter von 39 Wochen oder bereits intrauterin und dann über die ganze Lebenszeit mit einer Konzentration von 10% im Trinkwasser behandelt worden waren, kamen die Autoren zu dem Schluss, dass Ethanol die Inzidenz an Karzinomen im Bereich der Mundhöhle, wie auch die der malignen Tumoren insgesamt signifikant erhöhte. Der Effekt war bei Männchen und Weibchen etwa gleich stark ausgeprägt [5]. Eine Studie mit 130-wöchiger Verabreichung von Moselwein (Alkoholgehalt ca.10%) als alleinige Trinkflüssigkeit an Wistar-Ratten ließ dagegen keine kanzerogenen Wirkungen erkennen, trotz deutlich längerer Überlebenszeiten im Vergleich zur Trinkwasserkontrolle [8].

5.4 Phenole

Die Phenole sind charakterisiert durch einen aromatischen Ring und einer oder mehrerer daran gebundener Hydroxylgruppe(n). Sie werden durch Anhängen der Nachsilbe „-ol“ oder Voranstellen der Vorsilbe „Hydroxy-“ bezeichnet. Phenole mit einer Hydroxylgruppe, sogenannte einwertige Phenole, sind das Phenol selbst und die Kresole, die Naphthole und Thymol. Die wichtigsten Phenole mit zwei Hydroxylgruppen, genannt Dihydroxybenzole, sind 1,2-Dihydroxybenzol (Brenzcatechin), 1,3-Dihydroxybenzol (Resorcin) und 1,4-Dihydroxybenzol (Hydrochinon) (siehe Abb. 5.3). Einige Trihydroxybenzole haben in der che-

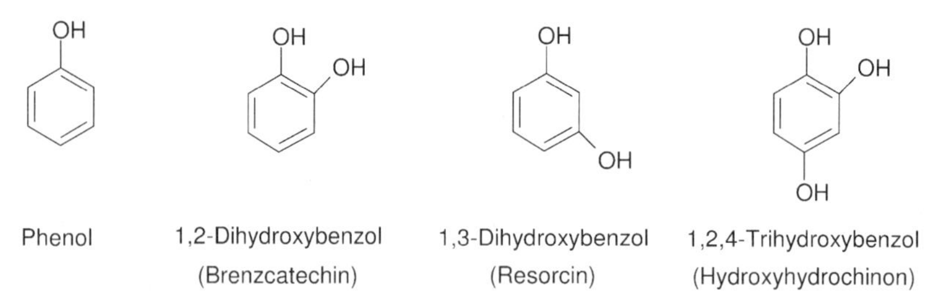

Abb. 5.3 Strukturformeln einiger Phenole.

mischen Analytik eine gewisse Bedeutung, nicht aber als großtechnisch hergestellte Substanzen.

Auch hier können aus Platzgründen nur einige wenige Phenole ausführlicher behandelt werden. Auf die wirtschaftlich, wissenschaftlich und/oder toxikologisch interessanten Bi- und Polyphenole kann aus diesen Gründen hier nicht eingegangen werden. Die nachfolgend genannten Generalisierungen beziehen sich vorrangig auf ein- und zweiwertige Phenole.

5.4.1 Eigenschaften, Vorkommen, Verwendung und Exposition

Durch die Hydroxylgruppe ähneln die Phenole den Alkoholen, sind aber im Unterschied zu diesen schwache Säuren, die mit Basen Salze, die Phenolate, bilden.

Die meisten Phenole werden nach dem Cumolhydroperoxidverfahren synthetisiert, einige lassen sich durch Destillation aus Steinkohlenteer, andere aus Naturstoffen isolieren. Phenole werden bei der Herstellung einer Vielzahl aromatischer Verbindungen u. a. von Kunstharzen, Kunststoffen, Weichmachern, Antioxidantien, Pharmazeutika und Pestiziden in großem Maßstab eingesetzt.

In aller Regel kommt es im Bereich der Industrie akzidentell zur Exposition der Haut oder zur Inhalation von Dämpfen, im privaten Bereich auch durch Verschlucken.

5.4.2 Toxikokinetik

Die Phenole werden meist sehr gut oral, dermal und nach Inhalation resorbiert und schnell im Organismus verteilt. Die Verstoffwechselung erfolgt im Wesentlichen durch Konjugation mit Glucuronsäure und Sulfat. Die Phenole werden schnell und ganz überwiegend mit dem Urin ausgeschieden [9].

5.4.3 Toxizität

Die derzeit gültigen Einstufungen und Kennzeichnungen einiger wichtiger Phenole sind der folgenden Tabelle 5.2 zu entnehmen.

Phenol und Kresole werden als giftig eingestuft, die Dihydroxybenzole als gesundheitsschädlich. Phenole zeichnen sich durch eine mehr oder weniger starke Reizwirkung an der Haut aus. An Auge und Schleimhäuten besteht große Gefahr von Ätzwirkungen. Sensibilisierungen der Haut sind bei den Dihydroxybenzolen sowohl bei Mensch als auch im Tierexperiment beschrieben. Targetorgane nach längerdauernder Exposition waren vor allem Leber, Niere, Nervensystem und Gastrointestinaltrakt. Die epidemiologischen Untersuchungen sowie die Erfahrungen aus Tierversuchen weisen Phenole ganz überwiegend nicht als primär karzinogene Substanzen aus. Es gibt jedoch zahlreiche Hinweise auf tu-

Tab. 5.2 Einstufungen von ausgewählten mono- und dihydroxylierten Phenolen [10]

Stoff	Phenol	Kresole	Catechol	Resorcin	Hydrochinon
Endpunkt					
Akute Toxizität	T	T	Xn	Xn	Xn
Reizwirkung	C	C	Xi	Xi	Xi
Sensibilisierung	–	–	–	–	R43
Kanzerogenität	–	–	–	–	3
Mutagenität	3	–	–	–	3
Fertilität	–	–	–	–	–
Embryotoxizität	–	–	–	–	–

T = giftig; Xn = gesundheitsschädlich; C = ätzend; Xi = reizend; R43 = Sensibilisierung durch Hautkontakt möglich; 3 = begründeter Verdacht auf Krebs erzeugende bzw. Erbgut verändernde Stoffe

morpromovierende bzw. ko-karzinogene Wirkungen. Eine mögliche Ausnahme könnte das 1,4-Dihydroxybenzol darstellen, das einer der wichtigsten Metaboliten des Humankarzinogens Benzol ist. Doch auch hier wird in Bewertungen aus jüngster Zeit ein nicht genotoxischer Mechanismus der bei männlichen Ratten induzierten Nierentumoren und bei Mäusen erhöhten Raten an hepatozellulären Adenomen postuliert [11]. Relativ zahlreich sind die Hinweise auf ein genotoxisches Potenzial *in vitro*, vereinzelt auch *in vivo* nach hohen oft parenteral applizierten Dosierungen, vor allem im Mikronukleustest.

Die vorliegenden Daten lassen eine spezifische Schädigung der Fortpflanzung und des Embryos nicht erkennen. Von einigen Vertretern sind nach industrieller Exposition und kosmetischer Verwendung Depigmentierungen der Haut beschrieben.

5.5 Phenol

5.5.1 Eigenschaften, Vorkommen, Verwendung und Exposition

Phenol ist hydroxysubstituiertes Benzol, dessen Schmelzpunkt bei 41 °C und dessen Siedepunkt bei 182 °C liegt. Reines Phenol bildet bei Zimmertemperatur farblose Kristallnadeln. Das kommerziell erhältliche Produkt ist jedoch i. d. R. durch geringe Verunreinigungen oder Oxidationsprodukte rosa bis rötlich-braun gefärbt. Es besitzt einen charakteristischen, aromatischen Geruch. Phenol ist in Wasser und Benzol nur mäßig löslich, dafür umso besser in Ethanol, Ether, Chloroform, fetten und ätherischen Ölen, in wässrigen Laugen und in unverzweigten Kohlenwasserstoffen. Es ist sehr reaktionsfähig.

Phenol ist eine der vielen im Steinkohlenteer vorkommenden aromatischen Verbindungen und wird daraus durch Destillation gewonnen, in großem Maßstab aber auch synthetisch hergestellt. Die Jahresproduktion beträgt weltweit viele Millionen Tonnen.

Es wird in der Herstellung einer Vielzahl von aromatischen Verbindungen u. a. Sprengstoffen, Düngemitteln, Farben, Medikamenten, Holzschutzmitteln, Weichmachern, Antioxidantien, Unkrautvernichtungsmittel und zur Synthetisierung von Kunstharzen verwendet. Wegen seiner bakteriziden Wirkung wird es auch als Desinfektionsmittel eingesetzt.

Die Exposition erfolgt in aller Regel durch akzidentellen Hautkontakt oder durch Inhalation von Dämpfen. Mehrheitlich handelt es sich um akute Expositionen, bei chronischer Exposition liegt meist eine Mischexposition mit anderen Chemikalien vor.

5.5.2 Toxikokinetik

Phenol wird gut über die Haut, den Magen-Darm- und Respirationstrakt resorbiert und schnell im Körper verteilt. Nach Resorption wird Phenol zum überwiegenden Teil mit Sulfat und Glucuronsäuren konjugiert und rasch im Urin ausgeschieden. In geringem Umfang wird es auch zu Hydrochinon und Catechol hydroxyliert. (siehe Abb. 5.4) Phenol ist ein Hauptmetabolit im Stoffwechsel des Benzols [12]. Die bekannte Krebs erzeugende Wirkung von Benzol hat dazu geführt, dass dessen Stoffwechselprodukte als mögliche Wirkprinzipien unter Verdacht kamen.

5.5.3 Toxizität

5.5.3.1 Erfahrungen beim Menschen

Akute Vergiftungen nach oraler und dermaler Aufnahme sind zunächst gekennzeichnet durch die schmerzhaften lokalen Reiz-/Ätzwirkungen. Je nach Höhe der Dosis treten vor allem folgende Vergiftungssymptome auf: Kopfschmerzen, Hypotonie, Hypothermie, Muskelschwäche, Schwindel, Übelkeit, Lethargie, kardiale Arrhythmie, metabolische Azidose, Krämpfe, Bewusstlosigkeit, Nierenversagen, Herz- und/oder Atemstillstand. Die wenigen pathologisch-anatomischen Daten weisen auf Schädigungen der Leber, des kardiovaskulären Systems, des Respirationstrakts (u. a. Lungenödem) und der Magen-/Darmschleimhaut nach oraler Aufnahme hin [13].

Bei wiederholter bis chronischer Exposition kann es zu Verdauungsstörungen, wie Erbrechen, Schluckbeschwerden, Speichelfluss, Diarrhö, und Anorexie, sowie zu Schädigungen nahezu aller parenchymatöser Organe und des ZNS kommen.

Als Wirkungsmechanismus werden die durch die reaktiven Metabolite Hydrochinon, Catechol und Benzochinon eingegangenen Bindungen z. B. an Proteine

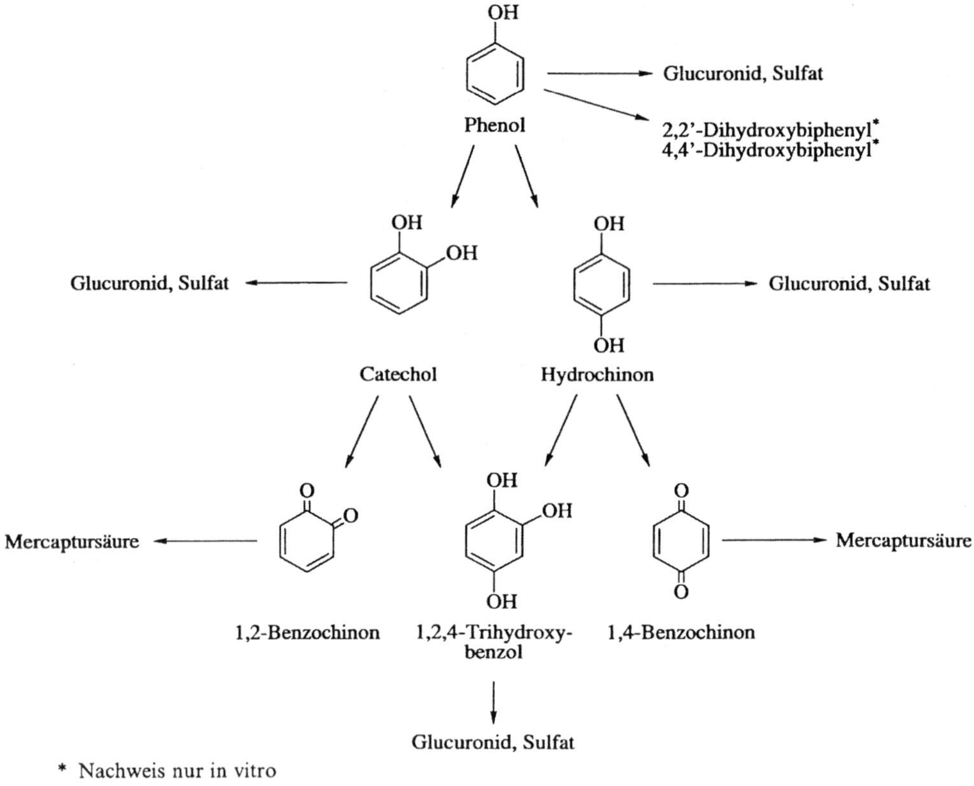

Abb. 5.4 Metabolische Abbauwege des Phenols [12].

der Mikrotubuli diskutiert. Deren Aggregation wird dadurch gestört und es kann zur Hemmung der Proliferation von Stammzellen in bestimmten Phasen (G_2 oder M) der Teilung kommen [9, 12].

5.5.3.2 Tierexperimente

Die akute Intoxikation ist bei diversen Säugetieren, neben den lokalen Reiz-/Ätzwirkungen, gekennzeichnet von Wirkungen auf motorische Zentren des Rückenmarks, die sich in Zuckungen, Tremor und Krämpfen äußern. Irregulärer, verlangsamter Puls, Blutdruckabfall, Hypothermie, Speichelfluss und Atemnot sind weitere typische Symptome.

Im Maximierungstest am Meerschweinchen und im Schwelltest am Mäuseohr war Phenol nicht sensibilisierend.

Nach wiederholter oraler Verabreichung von Bolusgaben mit der Magensonde treten bereits im Bereich von täglichen Dosierungen zwischen 10 und 50 mg kg^{-1} KG Schädigungen an Leber und Niere auf. Die protrahierte Exposition im Trinkwasser führte dagegen selbst bei täglichen Dosierungen von mehr als 1000 mg kg^{-1} KG zu keinen bedeutsamen Organschäden. Neuere Untersuchungen zur subakuten Inhalationstoxizität (2 Wochen) an Ratten zeigten im untersuchten Konzentrationsbereich (0,5–25 ppm, entsprechend 1,9–95 mg m^{-3}) keine adversen Effekte. Ältere Untersuchungen zur subchronischen Inhalationstoxikologie ergaben im Konzentrationsbereich 100–200 mg m^{-3} (7 Stunden Tag^{-1}, 5 Tage $Woche^{-1}$) bei Ratten keine Vergiftungssymptome, bei Kaninchen und Meerschweinchen Schädigungen am Respirationstrakt, am Myokard sowie an Leber und Niere.

Spezifische Schädigungen der Reproduktionsorgane und der Nachkommenschaft lassen die vorliegenden Studien nicht erkennen.

Zahlreiche Studien zur Genotoxizität zeigen ein sehr heterogenes Bild. Nach Anwendung neuerer Auswertekriterien lässt sich bei den vorliegenden Daten kein primäres Potenzial bezüglich der Induktion von Genmutationen an Bakterien und Säugerzellen ableiten. Jedoch scheint ein Potenzial für die Induktion von Chromosomenaberrationen an Säugerzellen *in vitro* vorhanden zu sein. Zahlreiche Untersuchungen an Mäusen mit oraler und i. p. Verabreichung zeigten eine meist schwache Induktion von Mikronuklei im Knochenmark bei Dosierungen im Bereich letaler Wirkungen. Nach neuesten Untersuchungen [14] könnten sekundäre Wirkungen (z. B. durch eine induzierte prolongierte Hypothermie) die Zunahme erklären, womit ein Schwellenwert diskutabel wäre.

Langzeituntersuchungen an Ratten und Mäusen mit Verabreichung im Trinkwasser lassen keine karzinogene Wirkung erkennen [12].

5.6 Kresole

5.6.1 Eigenschaften, Vorkommen, Verwendung und Exposition

Die Kresole zeichnet ein „medizinischer" Geruch aus, der schon bei wenigen Mikrogramm m^{-3} Luft wahrgenommen und in höheren Konzentrationen unerträglich wird. Sie sind leicht löslich in oder mischbar mit organischen Lösungsmitteln, pflanzlichen Ölen, Äther und Alkohol, schwerlöslich in Wasser. Sie werden oft als Trikresol, einer Mischung aller drei Isomere, gehandelt. *o*- und *p*-Kresol sind kristalline Festsubstanzen oder gelbliche Flüssigkeiten, *m*-Kresol ist eine farblose bis gelbe Flüssigkeit. Kresole kommen in der Natur in geringen Konzentrationen vor, u. a. in Tomaten, Spargel, Käse, Kaffee, Tee, Wein. Durch Zigarettenrauch und bei der Verbrennung von Holz, Kohle und fossilen Brennstoffen gelangen Kresole auch in die Umwelt. Alle drei Isomere sind von großer technischer Bedeutung. Sie werden entweder destilliert oder synthetisch hergestellt und finden breite Verwendung bei der Produktion von Kunst- und Farbstoffen, Kunstharzen, Sprengstoffen und als Start- oder Zwischenprodukt bei der Herstellung u. a. von Coumarin, Herbiziden und Tensiden. Kresole wirken außerdem bakterizid, insektizid und fungizid. Sie werden deshalb als Bestandteile von Desinfektions- und Konservierungsmitteln eingesetzt.

Nennenswerte Expositionen treten in Industrien auf, die Kresole verwenden. Der relativ niedrige Dampfdruck und der unangenehme Geruch höherer Konzentrationen verhindern meist Expositionen, die eine akute Lebensgefahr bedeuten könnten. Hohe Expositionen der Haut können dagegen lebensgefährlich sein.

Kresole, speziell *p*-Kresol, werden auch endogen im intermediären Stoffwechsel des Menschen gebildet. Ohne erkennbare externe Exposition werden bis zu 39 mg *p*-Kresol Tag^{-1} mit dem Urin ausgeschieden.

5.6.2 Toxikokinetik

Kresole werden schnell aus dem Magen-Darm-Trakt und über die Haut resorbiert. Zur Resorption aus dem Atemtrakt liegen keine Daten vor. Aus akuten und subchronischen Tierversuchen kann jedoch indirekt auf eine gute Resorption geschlossen werden.

Kresole werden überwiegend mit Glucuronsäure und Sulfat konjugiert und rasch im Urin ausgeschieden. In geringem Umfang werden sie auch zu Dihydroxymetaboliten oder Hydroxybenzoesäure (*p*-Kresol) oxidiert. Aus *p*-Kresol kann außerdem ein reaktives Chinonmethid-Intermediat entstehen, das an Glutathion oder Makromoleküle bindet [15].

5.6.3 Toxizität

5.6.3.1 Erfahrungen beim Menschen

Die lokalen Reiz-/Ätzwirkungen, wie auch die Symptome und systemischen Organschädigungen nach akuten oralen und dermalen Vergiftungen sind weitgehend vergleichbar mit denen von Phenol. Einige Berichte deuten darüber hinaus auf markante hämatologische Effekte (wie z. B. Methämoglobinbildung, Hämolyse) hin. In einer kontrollierten Studie an Freiwilligen riefen kurze Expositionen gegen 6 mg m^{-3} von *o*-Kresol bei 8 von 10 Probanden respiratorische Reizwirkungen hervor.

Nach wiederholter Exposition sind recht unspezifische Symptome berichtet, wie Kopfschmerzen, Husten-/Brechreiz, Übelkeit, Erbrechen, Appetitlosigkeit, Mattheit. Die Datenlage ist hier allerdings sehr limitiert [16].

5.6.3.2 Tierexperimente

Die vorliegenden Daten zur akuten Toxizität der drei Isomere sind der Tabelle 5.3 zu entnehmen.

Soweit Daten vorhanden, weisen sie *m*-Kresol als das am wenigsten toxische Isomer aus. Die beiden anderen sind in etwa vergleichbar akut toxisch.

Alle drei Isomere waren an Haut und Schleimhäuten von Versuchstieren stark reizend bis ätzend. Hinweise auf eine Sensibilisierung der Haut ergaben sich nicht.

Tab. 5.3 Tierexperimentelle Daten zur akuten Toxizität der drei Kresolisomeren [16, 17].

Spezies	**Applikation**	***o*-Kresol** $mg\ kg^{-1}$	***m*-Kresol** $mg\ kg^{-1}$	***p*-Kresol** $mg\ kg^{-1}$
Ratte	oral (10%ig)	1350	2020	1800
	oral (10%ig)	1470	2010	1460
	oral unverdünnt	121	242	207
	dermal unverdünnt	620	1100	750
Maus	oral (10%ig)	344	828	344
Kaninchen	dermal unverdünnt	890	2830	300
	dermal unverdünnt	1380	2050	301
	dermal unverdünnt	>2000	1860	360

In subakuten/subchronischen Versuchen mit oraler Verabreichung ließen sich erstaunlich hohe Konzentrationen aller 3 Isomere im Futter an Ratten und Mäuse verabreichen, ohne dass Vergiftungserscheinungen auftraten. Die dabei täglich aufgenommenen Mengen liegen z.T. im Bereich der akuten LD_{50}-Werte. Auch mit der Magensonde ließen sich in derlei Versuchen noch relativ hohe Dosierungen ohne gravierende Effekte verabreichen. Bei den Fütterungsversuchen erklärt die über den Tag verteilte Aufnahme kleiner Substanzmengen die geringe Toxizität. Bei den Studien mit Magensondenverabreichung sind die Ursachen wohl bei den eingesetzten Konzentrationen bzw. Applikationsmedien zu suchen. Bei entsprechender Verdünnung treten die massiven Schleimhautläsionen und deren sekundäre Folgen nicht bzw. nur sehr abgeschwächt auf [16].

Im Rahmen des *National Toxicology Program* der USA wurden an Ratten und Mäusen Fütterungsstudien über 4 Wochen mit allen 3 Isomeren und einer Mischung von *m*- und *p*-Kresol (ca. 60:40) sowie über 13 Wochen mit *o*-Kresol und der Mischung von *m*- und *p*-Kresol durchgeführt. Die höchste verabreichte Konzentration von 30 000 ppm (entsprechend etwa 4500–5000 mg kg^{-1} KG) führte in den 4-Wochen-Versuchen an Mäusen bei allen 3 Isomeren, nicht aber bei der Mischung zu Todesfällen. Bei Ratten entsprach diese Konzentration einer täglichen Dosis im Bereich von ca. 2000–2600 mg kg^{-1} KG und hatte keine Letalität zur Folge. Ab 3000 ppm (entsprechend ca. 240–270 bzw. 470–760 mg kg^{-1} KG bei Ratte bzw. Maus) traten minimale Effekte in Form von erhöhten absoluten und/oder relativen Leber- und Nierengewichten ohne pathologisches Korrelat auf. Bei höheren Dosierungen waren histologisch Hypozellularität im Knochenmark, Irritationen im Magen-Darmtrakt und im Nasenepithel sowie Atrophien an den weiblichen Geschlechtsorganen zu diagnostizieren. Das Toxizitätsprofil war bei allen Isomeren und bei Ratte und Maus sehr ähnlich. Die Kombination von *m*- und *p*-Kresol über 13 Wochen im Futter verabreicht führte bei Ratten und Mäusen ab Dosierungen von 95 mg kg^{-1} KG zu dosisabhängigen Hyperplasien am Nasenepithel, in höheren Dosierungen bei Ratten zudem zu Hypozellularität im Knochenmark, Uterusatrophie, und vermehrt Kolloid in den Follikelzellen der Schilddrüse. Bei *o*-Kresol wurden im Bereich hoher Dosierungen vermehrt Hypozellularität im Knochenmark bei Ratten sowie minimale Hyperplasien im Vormagen von Mäusen gesehen [18].

Bei sehr hohen mit der Magensonde verabreichten Dosierungen von *m*-Kresol (450 mg kg^{-1} KGW) sowie *o*- und *p*-Kresol (600 mg kg^{-1} KG) zeigten Ratten klinisch Anzeichen neurologischer Wirkungen (z. B. Speichelfluss, Hypoaktivität, Tremor, Krämpfe), jedoch ohne makroskopische und mikroskopische Korrelate im zentralen und peripheren Nervensystem [17].

Untersuchungen mit wiederholter dermaler oder inhalativer Verabreichung liegen nicht vor bzw. sind so unvollständig dokumentiert, dass sich daraus keine belastbaren Aussagen entnehmen lassen.

Spezifische Schädigungen der Reproduktionsorgane und der Nachkommenschaft lassen die vorliegenden Studien nicht erkennen. Die diversen bei Ratten, Mäusen und Kaninchen berichteten Effekte traten stets im Bereich parental toxischer Dosierungen auf [17].

Zur Genotoxizität aller 3 Isomere, wie auch zu Mischungen liegen zahlreiche Ergebnisse sowohl von *In-vitro-* als auch von *In-vivo-*Tests vor. Die überwiegende Mehrzahl mit relevanten Endpunkten, insbesondere alle *In-vivo-*Tests waren negativ [17, 19]. Lediglich im Test auf Chromosomenaberrationen an CHO-Zellen mit und ohne metabolische Aktivierung (*o*- und *p*-Kresol) sowie im UDS-Test an SHE-Zellen mit metabolischer Aktivierung, nicht aber an Rattenhepatozyten (*m*-Kresol) ergaben sich Hinweise auf Genotoxizität.

Nach Verfütterung einer Mischung von *m*- und *p*-Kresol (ca. 60:40) an männliche Ratten über 2 Jahre wurden in der höchsten Konzentration von 15 000 ppm (entsprechend 720 mg kg^{-1} KG) bei 4 Tieren tubuläre Adenome in der Niere diagnostiziert, was als *„equivocal evidence of carcinogenic activity“* bewertet wurde. Die Konzentrationen 1500 und 5000 ppm waren nicht betroffen. Bei weiblichen Mäusen, denen Konzentrationen von 1000, 3000 und 10 000 ppm (entsprechend ca. 100, 300 bzw. 1040 mg kg^{-1} KG) der vorgenannten Mischung über 2 Jahre im Futter verabreicht wurden, war die Inzidenz an Plattenepithelpapillomen im Vormagen in der höchsten Dosierung signifikant erhöht. Dies veranlasste NTP zu der Bewertung *„some evidence of carcinogenic activity“* [19]. Da in beiden Fällen an den Zielorganen auch nicht neoplastische Veränderungen vorlagen, könnte, auch im Hinblick auf die Datenlage zur Genotoxizität, ein nicht genotoxischer Mechanismus für die Induktion dieser Tumoren diskutiert werden.

5.7 Carbonyle

Carbonyle sind gekennzeichnet durch ein Kohlenstoffatom, das ein doppelt gebundenes Sauerstoffatom trägt. Diese CO-Gruppe ist Bestandteil vieler organischer Verbindungen und unter anderem enthalten in: Carbonsäuren, deren Salzen, Anhydriden, Estern, Amiden, Aziden und Halogeniden, sowie Imiden, Ketonen, Aldehyden und Urethanen. Aufgrund der Heterogenität der Gruppe und der damit verbundenen Komplexität muss hier aus Platzgründen eine Beschränkung auf einzelne Beispiele der Untergruppen Ketone und Aldehyde erfolgen.

5.7.1 Ketone

Ketone enthalten als funktionelle Gruppe eine nicht endständige Carbonylgruppe, die daher mit zwei weiteren Kohlenstoffatomen verbunden ist.

5.7.1.1 Eigenschaften, Vorkommen, Verwendung und Exposition

Niedermolekulare Ketone sind farblose Flüssigkeiten, höhermolekulare sind feste Stoffe. Viele Ketone zeichnen sich durch einen fruchtigen Geruch aus. Aufgrund u. a. ihrer niedrigen Viskosität, exzellenten Lösungsmitteleigenschaften und breiten Mischbarkeit mit anderen Flüssigkeiten finden sie in großen Mengen und Anwendungsgebieten Verwendung z. B. als Lösungsmittel, Extraktionsmittel, Aromen und als Duftstoffe. Da die meisten Ketone bei Raumtemperatur einen hohen Dampfdruck haben, erfolgt die Exposition im Wesentlichen über die Atmungsluft. Viele Ketone können aber auch gut über die Haut resorbiert werden.

5.7.1.2 Toxikokinetik

Ketone können nach Absorption unverändert exhaliert werden oder über verschiedene Abbauwege zu sekundären Alkoholen, Hydroxyketonen, Diketonen und CO_2 metabolisiert werden. Bei aliphatischen Ketonen spielen dabei Carbonylreduktion, α- und ω-1-Oxidation, Decarboxylierung und Transaminierung wichtige Rollen. Aromatische Ketone können oxidativ durch Dehydrierung, Ringhydroxylierung oder Oxidation am Substituenten verstoffwechselt werden. Außerdem können aliphatische und aromatische Ketone mit Glukuronsäure, Sulfat oder Glutathion konjugiert und dann mit dem Urin ausgeschieden werden [20].

5.7.1.3 Toxizität

Nach akuter inhalatorischer Exposition besteht grundsätzlich die Gefahr von Reizungen der Augen, der Nase und des Rachens. Mit steigender Expositionshöhe treten dann Kopfschmerzen, Übelkeit, Schwindel, Inkoordination, ZNS-Depression, Narkose und schließlich Herz- und Atmungsversagen auf. Allerdings sind Vergiftungen relativ selten, da der intensive Geruch vieler Ketone hohe Expositionen meist verhindert. Nach kutaner Exposition treten je nach Substanz leichte bis starke Hautreizungen auf [20].

Eine spezifische neurotoxische Wirkung, die sogenannte Axonopathie zeichnet eine Reihe von γ-Diketonen aus, die auch arbeitsmedizinisch größere Bedeutung erlangte. Das pathologisch-anatomische Bild wird zunächst bestimmt von multifokalen Schwellungen vorwiegend der langen Axone. Diese Schwellungen sind mit desorganisierten Neurofilamenten und anderen Organellen gefüllt. Sekundär treten Schädigungen der Myelinscheiden auf. Klinisch zeigen sich bilaterale symmetrische Parästhesien und Muskelschwäche vornehmlich in Beinen und Armen [20]. Abgesehen davon sind die meisten Ketone aber nur von geringer Toxizität, dies gilt insbesondere für die am meisten verwendeten Stoffe (Aceton, Methylethylketon, Methylisobutylketon, Cyclohexanon).

5.7.2 Aceton

5.7.2.1 Eigenschaften, Vorkommen, Verwendung und Exposition

Aceton (=2-Propanon) ist eine mit Wasser mischbare Flüssigkeit mit einem hohen Dampfdruck. Es hat einen charakteristischen (fruchtartig-süßlichen) Geruch, in höheren Konzentrationen stechend, leicht entzündlich und bildet mit Luft ein explosives Gemisch. Es wird weltweit im Millionentonnen-Maßstab produziert, kommt aber auch ubiquitär in der Natur als Stoffwechselprodukt von Mikroorganismen, Pflanzen und Tieren vor. Es wird als Grundstoff bei der Herstellung von Kunstharzen und Kunststoffen, sowie als Lösungsmittel vor allem in der Kosmetik-, Klebstoff- und Lackindustrie eingesetzt. Die Exposition erfolgt hauptsächlich inhalativ.

5.7.2.2 Toxikokinetik

Aufgrund der guten Wasserlöslichkeit wird Aceton oral und nach Inhalation schnell und zu einem hohen Prozentsatz resorbiert und mit dem Blut rasch im Körper verteilt. Im Metabolismus wird zunächst durch eine Cytochrom-P-450 abhängige Oxidation 1-Hydroxy-2-propanon („Acetol") gebildet. Der weitere Stoffwechsel verläuft in der Leber über Methylglyoxal zu Glukose, außerhalb der Leber über L-1,2-Propandiol (heute S-1,2-Propandiol) zu Lactat (siehe Abb. 5.5). Geringe Serumkonzentrationen werden leicht verstoffwechselt, bei erhöhten Konzentrationen tritt dagegen eine Sättigung der Abbauwege ein, die zu einer verstärkten Ausscheidung unveränderter Substanz vor allem durch Exhalation führen. Nach längerer perkutaner Einwirkung wird Aceton langsam resorbiert, nach kurzer Einwirkungszeit ist eine Resorption nicht nachweisbar [21].

5.7.2.3 Toxizität

Erfahrungen beim Menschen. In sehr hohen Konzentrationen wirkt Aceton narkotisch und reizt die Schleimhäute, ist aber ansonsten nur von sehr geringer systemischer Toxizität. Als Flüssigkeit wirkt es auf der Haut nur wenig reizend, aber stark entfettend, wodurch die Bildung von Ekzemen begünstigt werden kann. Eine Sensibilisierung der Haut ist extrem selten, am Atemtrakt bisher

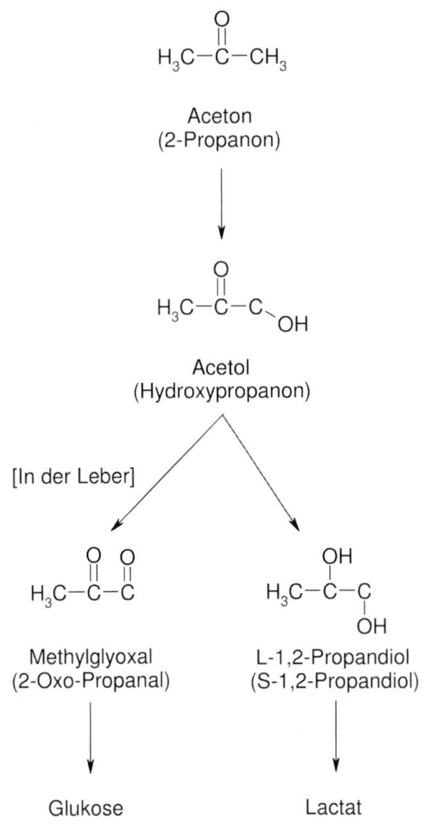

$H_3C-C(=O)-CH_3$

Aceton
(2-Propanon)

$H_3C-C(=O)-C-OH$

Acetol
(Hydroxypropanon)

[In der Leber]

$H_3C-C(=O)-C(=O)$

Methylglyoxal
(2-Oxo-Propanal)

$H_3C-C(OH)-C-OH$

L-1,2-Propandiol
(S-1,2-Propandiol)

Glukose

Lactat

Abb. 5.5 Stoffwechsel von Aceton.

nicht bekannt. Die wenigen vorliegenden Studien weisen nicht auf ein reprotoxisches, genotoxisches oder kanzerogenes Potenzial hin.

Tierexperimente. In sehr hohen Konzentrationen (meist mehr als 20 000 ppm) wirkt Aceton auch im Tierversuch narkotisch. Nach oraler Gabe treten Todesfälle erst bei Dosierungen von mehr als 2000 mg kg^{-1} KG auf. An der Haut wirkt es leicht reizend und nicht sensibilisierend, am Auge reizend.

In subchronischen Versuchen mit Verabreichung im Trinkwasser an Ratten wurden ab 5000 ppm (ca. 400 mg kg^{-1} KG) Veränderungen im Blutbild festgestellt. Bei Mäusen führten analoge Versuche erst bei 50 000 ppm (mehr als 10 000 mg kg^{-1} KG) zu einer zentrilobulären, hepatozellulären Hypertrophie bei 2/10 Weibchen. Nach subakuter/subchronischer Magensondenapplikation traten bei 2500 mg kg^{-1} KG Veränderungen im Blutbild auf, bei Männchen zusätzlich ab 500 mg kg^{-1} KG histopathologische Nierenveränderungen. Bei letzteren könnte es sich um einen für (männliche) Ratten spezifischen Effekt, der sog. α_2-Mikroglobulin-Nephropathie, handeln. Darüber hinaus kommt es durch Induktion von mikrosomalen Enzymen zu erhöhten Organgewichten insbesondere an Leber und Niere.

In Inhalationsversuchen mit Ratten und Mäusen ergaben sich keine Hinweise auf spezifische fruchtschädigende bzw. teratogene Wirkungen. Im Bereich parental/maternal toxischer Dosierungen/Konzentrationen wurden Hinweise auf Beeinträchtigungen der Fertilität und auf embryotoxische Wirkungen gesehen.

Die Mehrzahl der *In-vitro-* und *In-vivo-*Untersuchungen lässt nicht auf ein relevantes genotoxisches Potenzial schließen. Zur Frage einer kanzerogenen Wirkung liegen lediglich Studien mit dermaler Verabreichung an Mäusen vor, die kein Krebs erzeugendes oder Tumor promovierendes Potenzial erkennen ließen.

Eine Reihe von Studien konnte eine potenzierende Wirkung von Aceton auf die Toxizität anderer Stoffe, vorwiegend bedingt durch die Induktion spezieller Formen von Cytochrom-P-450 (IIE1) und davon abhängiger Enzyme, belegen [22, 23].

5.7.3 Aldehyde

Aldehyde sind chemische Verbindungen, die als funktionelle Gruppe eine endständige CHO-Gruppe enthalten. Die von den Alkanen abgeleitete Reihe der Aldehyde bildet die homologe Reihe der Alkanale. Analog wird bei Aldehyden mit Alken- bzw. Alkinresten vorgegangen. Mehrfach ungesättigte und aromatische Aldehyde, sowie Mehrfachaldehyde vervollständigen diese große Gruppe.

5.7.3.1 Eigenschaften, Vorkommen, Verwendung und Exposition

Aldehyde sind reaktive Verbindungen, die an Haut und Schleimhäuten zu Reizungen führen. Mit Wasser können Aldehyde Wasserstoffbrücken eingehen, weil das Sauerstoffatom zwei freie Elektronenpaare hat. Kurzkettige Aldehyde sind deswegen gut wasserlöslich, bei längerkettigen überwiegt der Anteil unpolarer Gruppen.

Diverse Aldehyde kommen im endogenen Stoffwechsel der Zellen, einzelne Vertreter auch ubiquitär in der Umwelt vor.

Der größte Teil wird zur Herstellung von Kunststoffen, Lösungsmitteln und Farbstoffen verwendet. Ein Teil wird auch zur Konservierung und Desinfektion eingesetzt.

Die Exposition am Arbeitsplatz dürfte überwiegend per Inhalation erfolgen, beim Verbraucher kommt es zusätzlich zu dermaler Einwirkung.

5.7.3.2 Toxikokinetik

Die Metabolisierung von Aldehyden erfolgt im Wesentlichen auf drei Wegen:

1. Oxidation zu Aziden durch die weit verbreiteten Aldehyddehydrogenasen;
2. Reduktion zu Alkoholen durch Aldehydreduktasen und Alkoholdehydrogenasen;

3. Konjugation mit Sulfhydrylgruppen, z. B. Glutathion. Welcher Abbauweg der vorherrschende ist, hängt von Tierspezies, vom speziellen Aldehyd und von den jeweiligen Expositionsbedingungen ab [24].

5.7.3.3 **Toxizität**

Den meisten Aldehyden gemeinsam ist eine mehr oder weniger starke Reizwirkung an Augen und Haut. Bei oraler Aufnahme kommt es im Mund, Rachen, Speiseröhre und Magen-Darmtrakt zu Schleimhautirritationen. Sensibilisierungen der Haut und des Atemtrakts sind möglich und es besteht die Gefahr der Hautresorption. Die Toxizität nach oraler Aufnahme variiert von Substanz zu Substanz sehr stark. Nach Exposition gegenüber Aldehyddämpfen besteht die Gefahr von Schädigungen des Atemtrakts und Lungenödem. Ungesättigte Aldehyde erwiesen sich im Tierversuch als giftiger verglichen mit gesättigten. Mit Zunahme der Kettenlänge nimmt die Toxizität ab. Bei einer Reihe von Aldehyden wurden genotoxische Wirkungen vornehmlich in *In-vitro*-Tests beschrieben. Zur Frage der Kanzerogenität und Reprotoxizität lassen sich keine generalisierenden Aussagen machen [24].

5.7.4
Formaldehyd

5.7.4.1 **Eigenschaften, Vorkommen, Verwendung und Exposition**

Formaldehyd (= Methanal) ist ein farbloses Gas, hat einen stechenden Geruch und ist in Wasser, Ethanol und Chloroform löslich. Üblicherweise ist er kommerziell als eine 30–50%ige wässrige Lösung erhältlich, die man als Formalin bezeichnet.

Formaldehyd kommt ubiquitär in der Umwelt vor, u. a. bei der Photooxidation in der Atmosphäre, bei der Zersetzung von Pflanzenbestandteilen im Boden und im Holz. Er entsteht auch endogen im Stoffwechsel der meisten Lebewesen sowie bei unvollständigen Verbrennungen. Als einer der wichtigsten organische Stoffe in der chemischen Industrie wird er weltweit jährlich in Mengen von mehr als 20 Millionen Tonnen produziert.

Er findet zum größten Teil Anwendung bei der Produktion von Harnstoff-, Phenol-, Melamin- und Polyacetal-Harzen. Ein weiterer Teil dient als Zwischenprodukt bei der Herstellung anderer chemischer Verbindungen, wie z. B. 1,4-Butandiol und Trimethylolpropan u. v. a. Auch zur Konservierung von biologischen Proben und Kosmetika sowie zur Desinfektion von Flächen z. B. in Krankenhäusern findet er noch breite Verwendung.

Die Allgemeinbevölkerung kann durch Ausgasung Formaldehyd haltiger Materialien (z. B. Bodenbeläge, Möbel, Textilien) und unvollständige Verbrennung von Holz inhalativ, über Kosmetika und Desinfektionsmittel auch dermal, meist jedoch gegenüber sehr geringen Konzentrationen/Mengen exponiert werden. In der Industrie ist durch die breite Verwendung eine große Zahl von Personen überwiegend inhalativ exponiert, wobei der schon bei ca. 3 ppm als sehr unangenehm empfundene Geruch und die reizenden Effekte eine Warnfunktion darstellen.

5.7.4.2 **Toxikokinetik**

Formaldehyd wird schnell und nahezu zu 100% im Atem- und Magen-Darm-Trakt resorbiert. Dagegen scheint die dermale Resorption sehr gering zu sein. Als normales Stoffwechselprodukt im Organismus wird er sehr schnell am Ort der Aufnahme durch die Formaldehyddehydrognase zu Ameisensäure und CO_2 oxidiert. Deshalb ist eine nennenswerte Verteilung des unveränderten Moleküls im Organismus unwahrscheinlich und die toxischen Effekte treten am Ort der Einwirkung auf. Außerdem reagiert er mit Glutathion und bindet kovalent (und meist reversibel) an Proteine und Nukleinsäuren. Über den C1-Stoffwechsel werden seine Stoffwechselprodukte auch in RNA, DNA und andere Makromoleküle eingebaut. Exogen zugeführter wie endogen gebildeter Formaldehyd werden nach Verstoffwechselung überwiegend als CO_2 exhaliert (siehe Abb. 5.6). Nach oraler Gabe markierter Substanz an Ratten und Mäusen wurden etwa zwei Drittel der Radioaktivität mit den Faeces ausgeschieden [25].

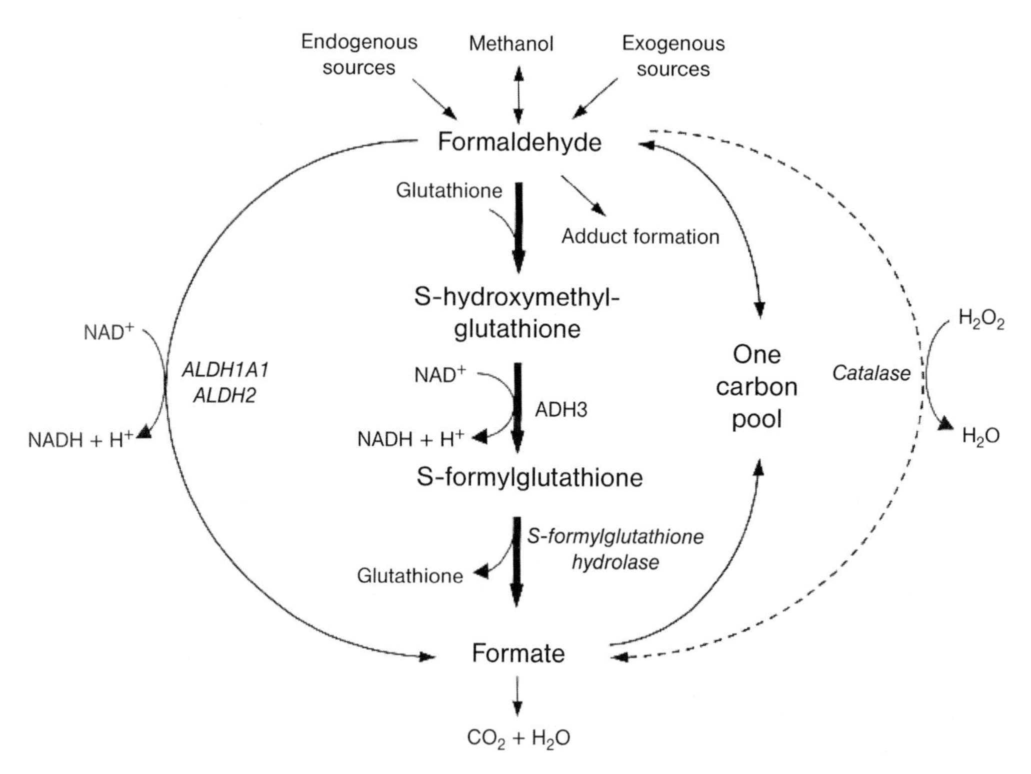

Abb. 5.6 Metabolismuswege des Formaldehyds [25].

5.7.4.3 **Toxizität**

Erfahrungen beim Menschen. Nach kurz dauernder Exposition gegenüber Konzentrationen von etwa 0,5 ppm und höher kommt es zu Augen- und Nasenirritationen. Je nach Höhe und Länge der Exposition können Rachenraum und Atemwege gereizt sein, z.T. verbunden mit Veränderungen von Atemwegsparametern. Sensibilisierung der Haut kommt relativ häufig vor, wogegen eine Sensibilisierung des Atemtrakts relativ selten auftritt.

Die vorliegenden epidemiologischen Studien lassen keine belastbaren Aussagen zu eventuellen Wirkungen auf die Reproduktion und Embryonalentwicklung zu. In der Nasenschleimhaut von Arbeitern nachgewiesene DNA-Protein-*Crosslinks* (DPX) könnten Hinweis auf genotoxische Wirkungen sein. Bei Arbeitern, die über lange Zeiträume reizenden Konzentrationen exponiert waren, scheint ein erhöhtes Risiko für die Erkrankung an Krebs des Nasen-Rachenraums vorzuliegen [25, 26]. Die DFG-Kommission hat Formaldehyd in die Kategorie 4 eingestuft, die Stoffe enthält, bei denen ein nicht genotoxischer Wirkungsmechanismus im Vordergrund steht und unter Einhaltung des MAK-Wertes kein nennenswerter Beitrag zum Krebsrisiko zu erwarten ist. Allerdings wird die Aussagekraft der betreffenden epidemiologischen Studien neuerdings in Frage gestellt [27].

Tierexperimente. Aufgrund der diversen Daten zur akuten Toxizität an verschiedenen Spezies ist der Formaldehyd als giftig beim Einatmen, Verschlucken und bei Berührung mit der Haut eingestuft. Formaldehyd wirkt stark reizend an der Haut und ätzend an Schleimhäuten. Die deutlich hautsensibilisierende Wirkung lässt sich im Tierexperiment (LLNA: *local lymph node assay*) gut nachweisen. Von den Aldehyden hat der Formaldehyd die stärkste sensibilisierende Potenz mit EC-Werten (Leitfähigkeit der Lösung) kleiner 1%.

In allen länger dauernden Studien mit inhalatorischer Exposition traten lokale Effekte im oberen Respirationstrakt, speziell in der Nasenhöhle, in Form von Epithelhyperplasien und Plattenepithelmetaplasien auf. In hohen Konzentrationen können zusätzlich Erosionen und Ulzerationen hinzukommen. Je nach Spezies schwanken die Konzentrationen, die erste Veränderungen hervorrufen, zwischen 1 und 10 ml m^{-3}. Bis auf unspezifische Effekte auf das Körpergewicht wurden bei keiner der untersuchten Spezies (Ratte, Maus, Hamster, Affe) systemisch-toxische Wirkungen festgestellt [25, 26].

In mehreren Inhalationsstudien an Ratten ergaben sich klare Hinweise auf Krebs erzeugende Wirkungen. Wesentliches Target waren die Nasenhöhlen, in denen Plattenepithelkarzinome auftraten. Da jedoch stets eine starke Reizwirkung mit entsprechenden chronischen Epithelveränderungen den Tumoren vorausgeht, wird heute allgemein eine Wirkungsschwelle für diese kanzerogenen Effekte angenommen. Bei Konzentrationen ohne Reizwirkung traten Tumoren nicht vermehrt auf. In Langzeitinhalationsstudien an Mäusen und Hamstern war Formaldehyd nicht kanzerogen. Eine ganze Reihe von *In-vitro*-Versuchen ergab zwar Hinweise auf genotoxische Wirkungen, die aber nicht primär als Auslöser der Tumorbildung angesehen werden. *In-vivo*-Versuche ergaben in den meisten validierten Modellen keine Hinweise auf primär genotoxische Wirkungen. Allerdings ließen sich wie beim Menschen auch bei Ratten und Affen DPX in der Nasenschleimhaut nachweisen.

Die vorliegenden Untersuchungen zur Reprotoxizität lassen nicht auf adverse Effekte im Bereich von Dosierungen unterhalb maternal-toxischer Wirkungen schließen [25].

5.8 Zusammenfassung

Im Folgenden werden zunächst einige gemeinsame Charakteristika der Stoffgruppen Alkohole, Phenole und Carbonyle bezüglich toxikokinetischer und toxikologischer Eigenschaften skizziert. Aus der Vielzahl der chemischen Verbindungen dieser Stoffklassen wurden exemplarisch folgende Stoffe ausgewählt: Methanol und Ethanol aus der Gruppe der Alkohole, Phenol und die drei Kresolisomere aus der Gruppe der Phenole, sowie Aceton als Vertreter der zu den Carbonylen zählenden Gruppe der Ketone und Formaldehyd als Vertreter der ebenfalls zu den Carbonylen zählenden Gruppe der Aldehyde. Die Auswahl dieser niedermolekularen Vertreter basierte auf den Erfahrungen, dass sie einerseits die toxikologisch ausgeprägteren Eigenschaften verglichen mit den höhermolekularen aufweisen, andererseits auch z. T. sehr spezielle und für den Menschen besonders bedeutsame toxikologische Eigenschaften besitzen. Bei der Besprechung der toxikologischen Eigenschaften der ausgewählten Stoffe werden neben den Erfahrungen am Menschen die für die Risikobewertung, wie auch für Einstufung und Kennzeichnung relevanten Endpunkte betrachtet, namentlich die akute/subchronische/chronische Toxizität, die Wirkung auf Haut und Schleimhäute, die Frage der Sensibilisierung der Haut und des Atemtrakts, die Kanzerogenität, Genotoxizität und Reproduktionstoxizität, die in Tierexperimenten z. T. auch in *In-vitro*-Studien untersucht wurden.

5.9 Fragen zur Selbstkontrolle

1. ***Welche entscheidenden Unterschiede gibt es im Stoffwechsel von Methanol zwischen Primaten und Labortieren und mit welchen Folgen?***
2. ***Welche Phasen der Methanolintoxikation des Menschen unterscheidet man?***
3. ***Welche Folgen werden dem (chronischen) hohen Alkoholkonsum zugeschrieben?***
4. ***Weshalb wird das 1,4-Dihydroxybenzol toxikologisch anders bewertet als die 1,2- und 1,3-Dihydroxybenzole?***
5. ***Welche Substanzeigenschaften erklären das breite Vergiftungsspektrum nach hoher Phenolexposition?***

6. Wie lässt sich erklären, dass in länger dauernden Tierversuchen z. B. mit Phenol oder Kresolen Tagesdosierungen verabreicht werden können, die im akuten Versuch an der gleichen Spezies schon Letalität hervorrufen?
7. Welchen toxikologischen Ergebnissen an welchen Endpunkten würden Sie am Beispiel der Kresole die größte Relevanz für den Menschen beimessen und wie können sie relativiert werden?
8. Was zeichnet toxikologisch einige Diketone aus und mit welchen Folgen beim Menschen?
9. Welche pathophysiologischen Vorgänge führen bei Aceton zu einer ausschließlich bei männlichen Ratten auftretenden Nephropathie, in deren chronischen Verlauf auch Nierentumoren entstehen können?
10. Welche gravierenden Befunde können im Tierversuch nach chronischer Inhalation von Formaldehyd auftreten und welche Konsequenzen für den Schutz am Arbeitsplatz sollten daraus gezogen werden?

5.10 Literatur

1 Lington AW und Bevan C (1994), Alcohols. In: Patty's Industrial Hygiene and Toxicology. 4. Edition. Hrsg. Clayton G.D. und Clayton F. E. John Wiley and Sons, pp 2585–2759
2 DFG Mitteilungen der Senatskommission zur Prüfung gesundheitsschädlicher Arbeitsstoffe der Deutschen Forschungsgemeinschaft, Wiley-VCH Verlag GmbH; Weinheim 2008
3 MAK 1999 Toxikologisch-arbeitsmedizinische Begründung von MAK-Werten: Methanol (alle Isomeren) Wiley-VCH Verlag GmbH; Weinheim
4 Anon. (2004), NTP-CERHR Expert Panel report on the reproductive and developmental toxicity of methanol. Reprod Toxicol 18: 303–390
5 Soffritti M, Belpoggi F, Cevolani D, Guarino M, Padovani M, Maltoni C (2002), Results of long-term studies on the carcinogenicity of methyl alcohol and ethyl alcohol in rats. Ann NY Acad Sci 982: 46–69
6 MAK 1998 Toxikologisch-arbeitsmedizinische Begründung von MAK-Werten: Ethanol. Wiley-VCH Verlag GmbH; Weinheim
7 IARC (International Agency for Research on Cancer) Monographs on the evaluation of carcinogenic risks to humans. Alcohol drinking. Band 44, WHO Lyon 1988
8 Bomhard EM, Eiben R, Löser E (1998), Moselwine increases lifespan of Wistar rats, orange juice does not. Toxicol. Letters, Suppl. 1/95: 161 (Abstract)
9 Allan RA (1994), Phenol and phenolic compounds. In: Patty's Industrial Hygiene and Toxicology. 4. Edition (Eds. Clayton GD and Clayton FE) John Wiley and Sons, pp 1567–1630
10 ESIS (European Chemical Substances Information System) ecb.jrc.ec.europa.eu/esis/2009
11 McGregor D (2007), Hydroquinone: an evaluation of the human risks from its

carcinogenic and mutagenic properties. Crit Rev Toxicol 37:887–914

12 MAK 1998 Toxikologisch-arbeitsmedizinische Begründung von MAK-Werten: Phenol Wiley-VCH Verlag GmbH; Weinheim

13 BUA (Beratergremium für umweltrelevante Altstoffe der Gesellschaft Deutscher Chemiker). Phenol. Stoffbericht Nr. 209. S. Hirzel 1997

14 Spencer PJ, Gallpudi BB, Waechter JM (2007), Induction of micronucli by phenol in the mouse bone marrow: I. Association with chemically induced hypothermia. Toxicol Sci 97:120–127

15 MAK (1999), Toxikologisch-arbeitsmedizinische Begründung von MAK-Werten: Kresol (alle Isomeren). Wiley-VCH Verlag GmbH, Weinheim

16 DECOS, Health Council of the Netherlands: Dutch Expert Committee on Occupational Standards. Cresols. 1998, Publikation Nr. 1998/15WGD

17 Anon (2006), Final report on the safety assessment of sodium p-chloro-m-cresol, p-chloro-m-cresol, chlorothymol, mixed cresols, m-cresol, o-cresol, p-cresol, isopropyl cresols, thymol, o-cymen-5-ol, and carvacrol. Int J Toxicol 25 (Suppl 1): 29–127

18 NTP (1992), National Toxicology Program, Toxicology studies of cresols (CAS Nos. 95-48-7, 108-39-4, 106-44-5) in male F344/N rats and female B6C3F1 mice (Feed studies). NTIS Report No. PB92174242

19 NTP (2008), National Toxicology Program, Toxicology and carcinogenesis studies of cresols in male F344/N rats and female B6C3F1 mice (Feed studies). Technical Report 550

20 Topping DC (1994), Morgott DA, Raymond MD, O'Donoghue JL (1994), Ketones. In: Patty's Industrial Hygiene and Toxicology. 4. Edition. Hrsg. Clayton G.D. und Clayton F.E. John Wiley and Sons, pp 1739–1878)

21 MAK (1993), Toxikologisch-arbeitsmedizinische Begründung von MAK-Werten: Aceton Wiley-VCH Verlag GmbH, Weinheim

22 ATSDR (Agency for Toxic Substances and Disease Registry). Toxicological profile for acetone. U.S. Department of Health and Human Services Public Health Service, Mai 1994. http://www.atsdr.cdc.gov/toxprofiles

23 BUA (Beratergremium für umweltrelevante Altstoffe der Gesellschaft Deutscher Chemiker). Aceton. Stoffbericht Nr. 170. S. Hirzel 1996

24 Brabec MJ (1993) Aldehydes and acetals In: Patty's Industrial Hygiene and Toxicology. 4. Edition (Eds. Clayton GD and Clayton FE) John Wiley and Sons: 283–327

25 IARC Monographs on the evaluation of carcinogenic risks to humans. Formaldehyde, 2-butoxyethanol and 1-tert-butoxypropan-2-ol. Band 88, WHO Lyon 2006, 39–325

26 MAK (2000), Toxikologisch-arbeitsmedizinische Begründung von MAK-Werten: Formaldehyd Wiley-VCH Verlag GmbH, Weinheim

27 Duhayon S, Hoet P, van Maele-Fabry G, Lison D (2006), Carcinogenic potential of formaldehyde in occupational settings: a critical assessment and possible impact on occupational exposure levels. Int Arch Occup Environ Health 2008: 695–710. Int J Toxicol 25 (1): 29–127

5.11 Weiterführende Literatur

1 Anon. Final report on the safety assessment of methyl alcohol. Int J Toxicol 20 (1), 2001, 57–85
2 ATSDR (Agency for Toxic Substances and Disease Registry).Toxicological profile for formaldehyde. U.S. Department of Health and Human Services Public Health Service, Juli 1999
3 ATSDR (Agency for Toxic Substances and Disease Registry).Toxicological profile for phenol (Entwurf). U.S. Department of Health and Human Services Public Health Service, September 2006
4 European Union, Risk assessment report: phenol. European Chemicals Bureau Luxembourg, Band 64, 2006
5 Hedberg JJ, Höög JO, Grafström RC, Assessment of formaldehyde metabolizing enzymes in human oral mucosa and cultured oral keratinocytes indicate high capacity for detoxification of formaldehyde. In: Crucial Issues in Inhalation Research – Mechanistic, Clinical and Epidemiologic. Hrsg Heinrich U und Mohr U (2002), (INIS Monographs), Stuttgart, Fraunhofer IRB Verlag, 103–115
6 Soffritti M, Belpoggi F, Lambertin L, Lauriola M, Padovani M, Maltoni C (2002), Results of long-term studies on the carcinogenicity of formaldehyde and acetaldehyde in rats. Ann NY Acad Sci 982:87–105

6
Aromatische Amine, Nitroverbindungen und Nitrosamine

Alexius Freyberger

6.1
Aromatische Amine

Aromatische Amine sind wichtige Ausgangsstoffe in der chemischen Industrie und sind bedeutsam für die Synthese von Arzneimitteln (z. B. Paracetamol), Azofarbstoffen, Isocyanaten (Zwischenprodukte bei der Synthese von Polyurethanen), Kautschuk-Chemikalien sowie als Lösungsmittel. Im weiteren Sinn kann man auch bestimmte Azofarbstoffe zusammen mit den aromatischen Aminen betrachten, da diese metabolisch durch Reduktion gespalten und die zugrunde liegenden aromatischen Amine freigesetzt werden.

6.1.1
Eigenschaften, Vorkommen und Exposition

6.1.1.1 Eigenschaften

Durch Substitution aromatischer Kohlenwasserstoffe mit einer Aminofunktion erhält man aromatische Amine. Einfachster Vertreter ist das Anilin. Aromatische Amine sind flüssige oder feste Verbindungen, die häufig leicht (aut)oxidabel sind und basisch reagieren. Chemisch lassen sich die technisch gebräuchlichsten aromatischen Amine in zwei Gruppen einteilen, die monocyclischen (z. B. Anilin) und die bicyclischen aromatischen Amine. Die Gruppe der bicyclischen Verbindungen ist heterogen, dort finden sich Naphthalen- (z. B. 2-Naphthylamin) und Biphenylderivate (z. B. Benzidin), aber auch Diphenylmethan- und Diphenyl(thio)etherverbindungen (z. B. 4,4′-Methylendianilin) sowie das Diphenylamin. Die Klasse der aus Nahrungsmitteln isolierten heterocyclischen aromatischen Amine weist komplexe chemische Strukturen auf. Diesen Verbindungen gemeinsam ist die Aminoimidazo-Struktur. Bekanntester Vertreter ist das 2-Amino-3-methyl-3-H-imidazo(4,5-f) chinolin (IQ).

6.1.1.2 Vorkommen

Anilin lässt sich im Steinkohlenteer und Zigarettenrauch nachweisen. In der Partikelphase des Tabakrauchs finden sich 2-Toluidin, 2-Naphthylamin und

Toxikologie Band 2: Toxikologie der Stoffe. Herausgegeben von Hans-Werner Vohr

ISBN: 978-3-527-32385-2

4-Aminobiphenyl. Heterocyclische aromatische Amine sind nach dem Erhitzen in Lebensmitteln nachweisbar und entstehen insbesondere beim Braten und Grillen von Fisch und Fleisch bei hohen Temperaturen durch Reaktion von Creatin(in) mit Zuckern und Aminosäuren in der Hitze. Einige heterocyclische aromatische Amine finden sich aber auch in Spuren in alkoholischen Getränken und in der Teerfraktion von Zigaretten.

6.1.1.3 Exposition

Die Verwendung von Anilin als freiem Anilin in Endprodukten ist gering (z. B. Bestandteil von Schuhcreme und Stempelfarbe), Exposition gegen 2-Toluidin, 2-Naphthylamin und 4-Aminobiphenyl erfolgt hauptsächlich durch das Tabakrauchen. Derivate des Phenylendiamins finden Anwendung in Haarfärbemitteln. Aufgrund ihrer toxikologischen Eigenschaften unterliegt der Umgang mit aromatischen Aminen im technisch-gewerblichen Bereich strengsten Auflagen, Exposition z. B. gegen 4,4′-Methylendianilin und 4,4′-Methylen-bis(2-chlordianilin) bei der Polyurethanproduktion wird auf das nach dem aktuellen Stand der Technik unvermeidbare Maß beschränkt. Die Exposition gegen heterocyclische aromatische Amine ist in Abhängigkeit von Ernährungsgewohnheiten und Speisenzubereitung starken Schwankungen unterworfen.

6.1.2
Toxikokinetik

Aromatische Amine werden oral, inhalativ und im Regelfall auch dermal gut resorbiert, im ganzen Organismus verteilt und überwiegend in Form ihrer Metaboliten ausgeschieden. Für die monocyclischen aromatischen Amine steht die Elimination über die Nieren, bei den bicyclischen Verbindungen über die Faeces im Vordergrund. In Abhängigkeit von der chemischen Struktur ergeben sich für die Ausscheidung Halbwertszeiten von wenigen Stunden bis zu mehreren Tagen.

Entscheidend für die toxischen Wirkungen der aromatischen Amine ist die metabolische Aktivierung durch N-Hydroxylierung. Wichtigstes Enzymsystem in diesem Zusammenhang ist ein Isoenzym der Cytochrom-P450-abhängigen Monooxygenasen, das CYP1A2. Anilin und andere monocyclische aromatische Amine werden in der Leber zu Phenylhydroxylamin oxidiert, das mit Hämoglobin und Sauerstoff unter Bildung von Methämoglobin und Nitrosobenzol reagiert (siehe Abb. 6.1). Nitrosobenzol reagiert mit Hämoglobin unter Bildung von Addukten, die zum Biomonitoring herangezogen werden können.

Die Bildung von Hydroxylaminen bicyclischer aromatischer Amine durch Prostaglandinsynthase im Zielgewebe wird ebenfalls diskutiert. Die N-Acetylierung aromatischer Amine durch cytosolische N-Actyltransferase (N-AT) repräsentiert dagegen eine Entgiftungsreaktion. Interessanterweise unterliegen sowohl CYP1A2 als auch N-AT genetischen Polymorphismen. Zudem ist CYP1A2 induzierbar.

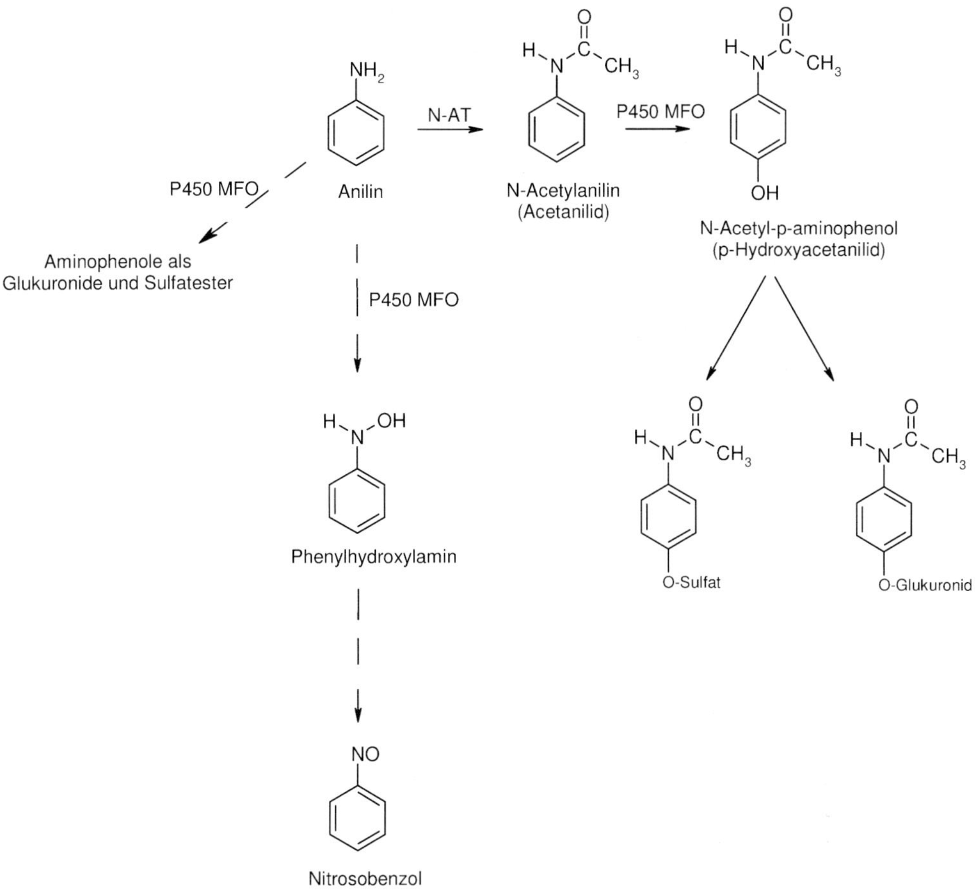

Abb. 6.1 Metabolismus von Anilin. Anilin wird durch N-Acetyltransferase acyliert (N-AT) und anschließend durch P-450 abhängige Monooxygenasen (P450 MFO) para-ständig hydroxyliert und konjugiert. Dieser Hauptstoffwechselweg stellt die wichtigste Entgiftungsreaktion dar. In geringerem Maß trägt auch die direkte Ringhydroxylierung und anschließende Konjugation zur Entgiftung bei. Der Nebenstoffwechselweg der N-Hydroxylierung führt zur Giftung des Anilins, das Hydroxylamin ist für die Methämoglobinbildung verantwortlich [1]. Durch Oxidation des Hydroxylamins entstehendes Nitrosobenzol reagiert mit Glutathion und Sulfhydrylgruppen des Hämoglobins.

Giftung durch N-Hydroxylierung und Entgiftung durch N-Acetylierung gelten auch für die kanzerogene Wirkung aromatischer Amine. Die Bedeutung der metabolischen Aktivierung von aromatischen Aminen bei der Entstehung von Blasenkrebs zeigt Abb. 6.2.

Schnelle N-Oxidierer haben aufgrund verstärkter Metabolisierung ein erhöhtes Risiko für Harnblasenkrebs. Schnelle N-Acetylierer haben hingegen im Allgemeinen aufgrund schnellerer Entgiftung ein geringeres Risiko. Für den Benzidin induzierten Blasenkrebs scheint dies allerdings nicht zu gelten.

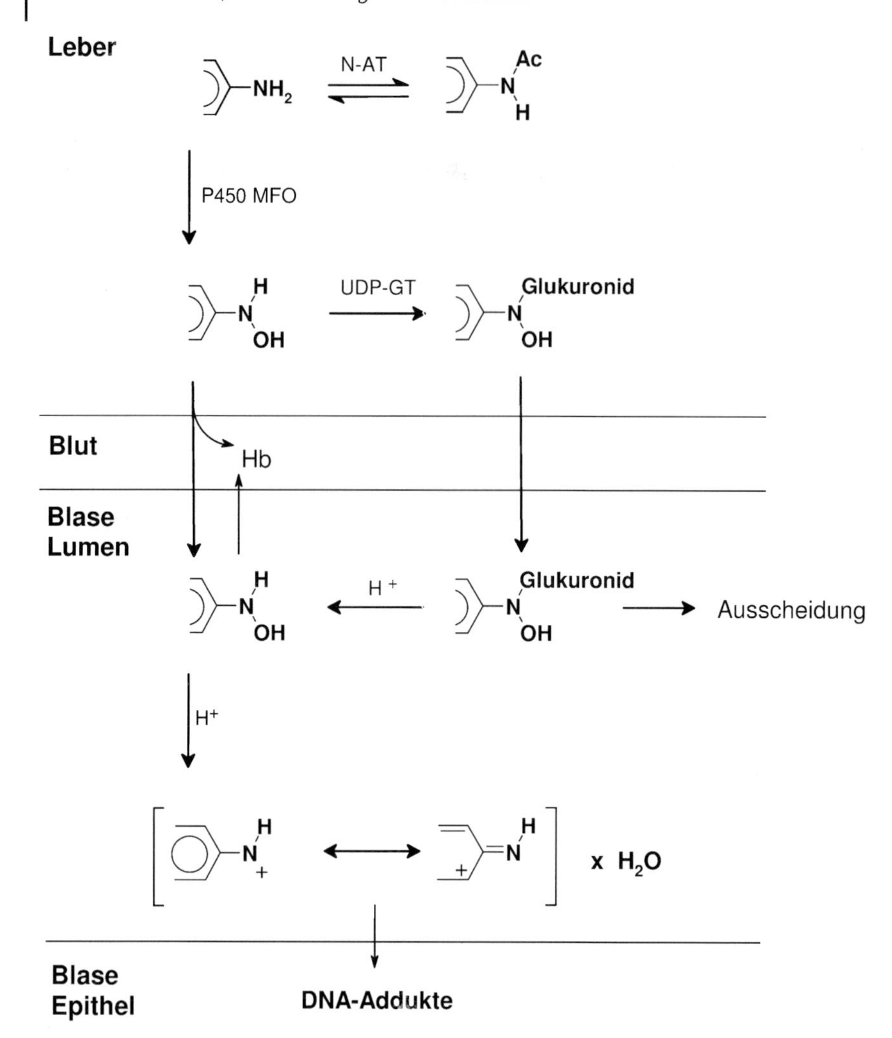

Abb. 6.2 Bedeutung der metabolischen Aktivierung von aromatischen Aminen bei der Entstehung von Blasenkrebs. In der Leber wird das Arylamin durch P-450 abhängige Monooxygenasen zum korrespondierenden Hydroxylamin metabolisch aktiviert. Acetylierung des Amins durch N-Acetyltransferase und N-Glukuronidierung des Hydroxylamins durch UDP-Glukuronyltransferase stellen Entgiftungsreaktionen dar. Mit dem Blutstrom gelangen Hydroxylamin und N-Glukuronid zur Niere und werden in den Urin ausgeschieden. In der Blase kommt es in geringem Ausmaß durch Konjugatspaltung zur Freisetzung des Hydroxylamins aus dem N-Glukuronid. Durch Protonierung werden reaktive, stark elektrophile Intermediate gebildet, die mit den nukleophilen Zentren der DNA reagieren und zur Adduktbildung führen [2]. Im Blut führt das Hydroxylamin zur Methämoglobinbildung. Durch Oxidation des Hydroxylamins entstehendes Nitrosobenzol reagiert mit Glutathion und Sulfhydrylgruppen des Hämoglobins.

6.1.3 Toxizität

6.1.3.1 Mensch

Die akute Toxizität monocyclischer aromatischer Amine beruht auf ihrer Fähigkeit, Methämoglobin zu bilden.

Zur Vergiftung durch Anilin kommt es überwiegend durch inhalative oder dermale Aufnahme. Bei einer akuten Vergiftung steht initial die Methämoglobin(Met-Hb)bildung im Vordergrund. Auslöser ist hauptsächlich der oxidativ gebildete Metabolit Phenylhydroxylamin. Metabolisch gebildete Aminophenole sind aufgrund ihrer schnellen Inaktivierung durch Konjugation mit Glukuronsäure und Sulfat für die Met-Hb-Bildung nur von untergeordneter Bedeutung. Bedingt durch die notwendige Metabolisierung des Anilins erfolgt die Bildung von Met-Hb zunächst langsam und wenig ausgeprägt, dann aber treten länger anhaltende hohe Met-Hb-Spiegel auf, die erst durch die Exkretion oder weitere Verstoffwechslung des Anilins und seiner toxischen Metaboliten wieder abfallen. Schon geringe Dosen können bei oraler Aufnahme von Anilin eine deutliche Met-Hb-Bildung bewirken. Durch Ethanol wird die Wirkung deutlich verstärkt. Vor der Etablierung effektiver Schutzmaßnahmen wurden erhöhte Met-Hb-Spiegel bei Anilin-exponierten Chemiearbeitern festgestellt. Die bei der akuten Vergiftung beobachten Symptome sind überwiegend auf die Methämoglobinämie zurückzuführen. Erste Symptome treten ab 10–20% Met-Hb auf, oberhalb von 60% bis 70% tritt Kollaps und Tod ein. Klinisches Leitsymptom ist eine Zyanose. Eine schwere Vergiftung ist neben einer Zyanose gekennzeichnet durch Allgemeinerscheinungen wie Schwindel, Kopfschmerz, Übelkeit, Erbrechen, Atemnot und Tachykardie. Durch Hämolyse kommt es zur Zerstörung von Erythrozyten und Braunfärbung des Harns. Als direkte Wirkung des Anilins tritt Blasenreizung auf. Bei hohen Dosen fallen die betroffenen ins Koma. Die chronische Vergiftung ist neben einer Zyanose gekennzeichnet durch Allgemeinerscheinungen wie Müdigkeit, Schläfrigkeit, allgemeiner Schwäche und Kopfschmerz.

Das monocyclische aromatische Amin *p*-Phenylendiamin kann bei Hautkontakt eine schwere Dermatitis auslösen und ist ein Kontaktallergen. Nach oraler Gabe kann es Gastritis und Nierenversagen hervorrufen, nach Inhalation Asthmaanfälle provozieren.

Bei den bicyclischen aromatischen Aminen ist die Methämoglobinbildung weniger bedeutsam. 4,4′-Methylendianilin ist ein Kontaktallergen, zu nennen ist auch seine Hepatotoxizität. Bereits die Inhalation geringer Mengen von 3,3′-Dimethoxy- und 3,3′-Dimethylbenzidin führt zu Nieskrämpfen und langanhaltenden Reizungen der oberen Atemwege.

Die meisten aromatischen Amine sind nach metabolischer Aktivierung mutagen und erzeugen Tumoren in Labortieren. Für den Menschen sind bislang nur fünf aromatische Amine als eindeutig kanzerogen identifiziert worden, nämlich 4-Aminobiphenyl, 2-Naphthylamin, Benzidin sowie 4-Chlor-*o*-toluidin und *o*-Toluidin. Zielorgan ist in allen Fällen die Harnblase. Bereits in der Frühzeit der

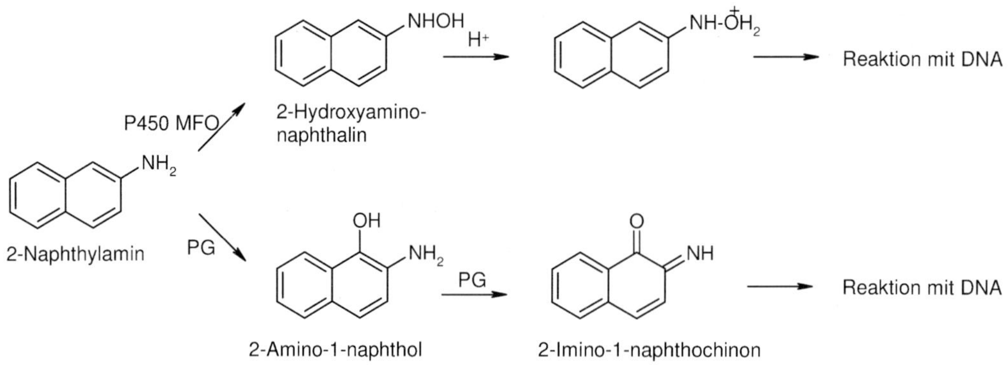

NHOH
H^+
$NH\text{-}\overset{+}{O}H_2$
Reaktion mit DNA
P450 MFO
2-Hydroxyamino-naphthalin
NH_2
2-Naphthylamin
PG
OH
NH_2
PG
O
NH
Reaktion mit DNA
2-Amino-1-naphthol
2-Imino-1-naphthochinon

Abb. 6.3 Metabolische Aktivierung von 2-Naphthylamin durch Cytochrom-P450-abhängige Monooxygenasen (P450 MFO) und Prostaglandinsynthase (PG) [3, 4].

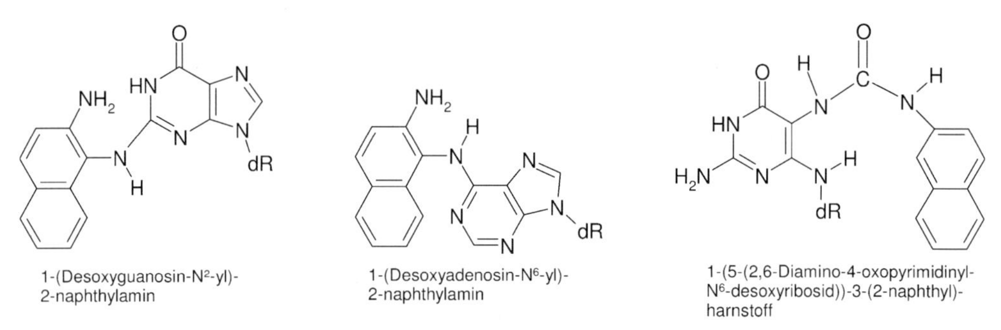

Abb. 6.4 Chemische Strukturen von DNA-Addukten des 2-Naphthylamins, die *in vitro* und *in vivo* nachgewiesen wurden [3].

industriellen Entwicklung wurde ein Zusammenhang zwischen dem gehäuften Auftreten von Blasenkrebs in Anilin-Arbeitern und der Anilin-Exposition vermutet. Dieser Zusammenhang ließ sich allerdings nicht bestätigen. Nach heutigem Kenntnisstand ist dieser Blasenkrebs auf die im technischen Anilin vorhandenen Verunreinigungen 2-Naphthylamin und 4-Aminobiphenyl zurückzuführen.

Für 2-Naphthylamin sind zwei Wege der metabolischen Aktivierung durch verschiedene Enzymsysteme beschrieben: N-Oxidation zum 2-Hydroxyamino-naphthalin durch Cytochrom-P-450-abhängige Monooxygenase bzw. Oxidation zum 2-Imino-1-naphthochinon, vermutlich über 1-Hydroxy-2-naphthylamin, durch Prostaglandinsynthase (siehe Abb. 6.3). Säure-katalysiert entsteht als ultimales Kanzerogen aus dem Hydroxylamin ein hochreaktives elektrophiles Nitreniumion, das mit DNA zu kovalent gebundenen Addukten reagiert. Dabei kommt es zum Teil zur Ringöffnung der DNA-Base (siehe Abb. 6.4). Interessanterweise ist 1-Naphthylamin nicht Krebs erregend. Das synthetisch hergestellte korrespondierende Hydroxylamin reagiert jedoch mit DNA und bildet DNA-Addukte. Diese Diskrepanz lässt sich unschwer damit erklären, dass 1-Naphthylamin metabolisch nicht zum Hydroxylamin aktiviert wird, sondern vor allem zum N-Glucuronid bzw. N-Acetat konjugiert und damit inaktiviert wird. Es besteht also eine ausgesprochene Substratspezifität des aktivierenden Systems, der Cytochrom-P-450-abhängigen Monooxygenase, zugunsten des 2-Naphthylamins.

6.1.3.1.1 **Benzidin.** Benzidin kann selbst nicht metabolisch zum entsprechenden Hydroxylamin aktiviert werden, da es kein Substrat der Cytochrom-P-450-abhängigen Monooxygenase ist. Erst nach N-Acetylierung ist die metabolische Aktivierung möglich. Im Einklang mit diesen biochemischen Befunden ist die Beobachtung, dass N-Acetylbenzidin deutlich stärker Krebs erregend wirkt als Benzidin selbst. Die metabolische Aktivierung des Benzidins ist komplex und kann durch verschiedene Enzymsysteme erfolgen. Die postulierte Reaktionssequenz beinhaltet Mono- bzw. Diacetylierung zum N-Acetyl- bzw. N,N′-Diacetylbenzidin, N-Hydroxylierung durch Cytochrom-P-450-abhängige Monooxygenase zum N-Acetyl-N′-hydroxybenzidin bzw. N,N′-Diacetyl-N-hydroxybenzidin, sowie Bildung effizienter Abgangsgruppen durch Protonierung, Acetylierung oder Sulfatierung des Hydroxylamins. In allen Fällen entsteht als ultimales Kanzerogen ein hochreaktives elektrophiles Nitreniumion. Darüber hinaus kann Benzidin direkt durch Peroxidase, z. B. Prostaglandinsynthase, zum Benzidindiimin aktiviert werden (siehe Abb. 6.5).

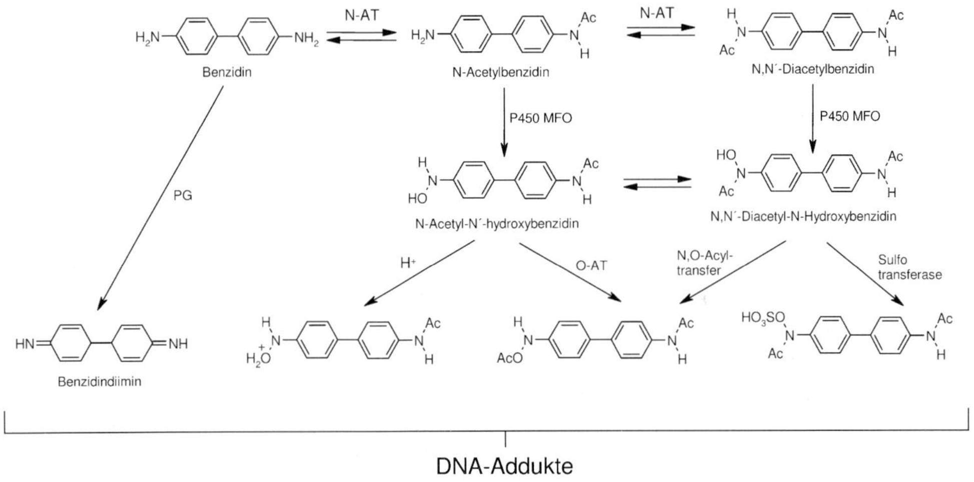

Abb. 6.5 Metabolische Aktivierung von Benzidin durch Prostaglandinsynthase (PG) bzw. durch ein komplexes Zusammenspiel von N-Acetyltransferase (N-AT), Cytochrom-P450-abhängiger Monooxygenase (P450 MFO), O-Acetyltransferase, Sulfotransferase sowie N,O-Acyltransfer [4].

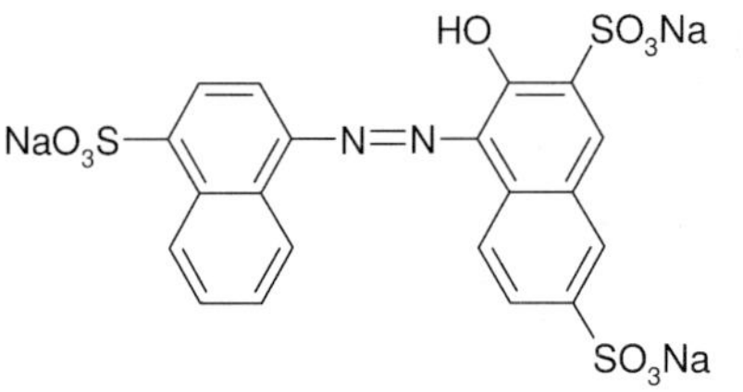

Abb. 6.6 Chemische Struktur des zugelassenen Azofarbstoffs Amaranth (E 123).

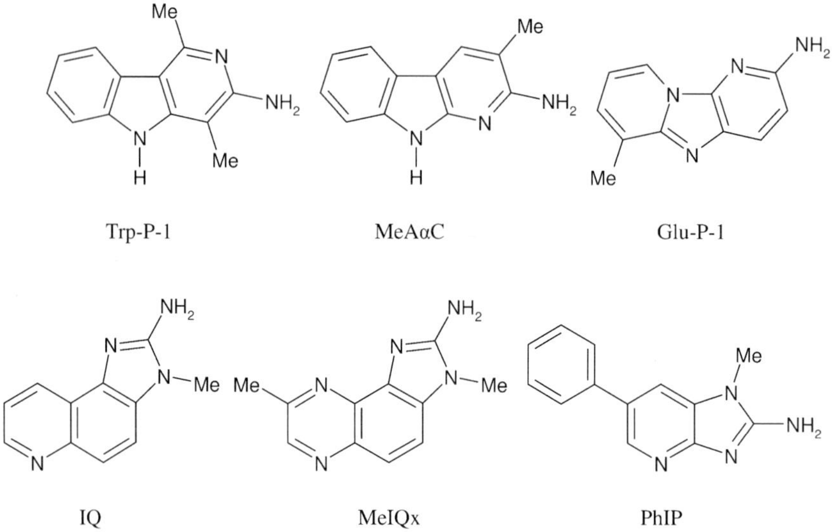

Trp-P-1 MeAαC Glu-P-1

IQ MeIQx PhIP

Abb. 6.7 Chemische Strukturen einiger heterocyclischer aromatischer Amine. (Trp-P-1, 3-Amino-1,4-dimethyl-5H-pyrido[4,3-b]indol; MeAαC, 2-Amino-3-methyl-1H-pyrido[2,3-b]indol; Glu-P-1, 2-Amino-6-methyl-dipyrido[1,2-a:3′,2′-d]imidazol; IQ, 2-Amino-3-methyl-3H-imidazo[4,5-f]chinolin; MeIQx, 2-Amino-3,8-dimethyl-3H-imidazo[4,5-f]chin-oxalin; PhIP, 2-Amino-1-methyl-6-phenyl-1H-imidazo[4,5-b]pyridin).

Azofarbstoffe, aus denen Benzidin freigesetzt wird (z. B. Kongorot), sind in ihrer kanzerogenen Wirkung dem Benzidin ähnlich.

Als Lebensmittelfarben oder für Kosmetika zugelassene Azofarbstoffe tragen an allen Molekülteilen, soweit es sich um aromatische Amine handelt, Sulfonsäuregruppen (Abb. 6.6). Nach metabolischer Freisetzung der aromatischen Amine durch Reduktion werden die gut löslichen Verbindungen, ohne metabolisch aktiviert zu werden, rasch eliminiert.

Heterocyclische aromatische Amine (siehe Abb. 6.7) stehen in dem dringenden Verdacht, beim Menschen Dickdarmkrebs zu verursachen. IQ wird von IARC (International Agency for Research on Cancer) als für den Menschen ver-

Tab. 6.1 Heterocyclische aromatische Amine in zubereiteten Lebensmitteln.

Gericht	**ng g^{-1} Zubereitung**							
	IQ	**MeIQ**	**MeIQx**	**4,8-DiMeIQx**	**PhIP**	**Trp-P-1**	**Trp-P-2**	**AαC**
Rindfleisch, gegrillt	0,19		2,11		15,7	0,21	0,25	1,20
Rinderhack, gebraten			0,64	0,12	0,56	0,19	0,21	
Rindfleischextrakt			3,10		3,62			
Hähnchen, gegrillt			2,33	0,81	38,1	0,12	0,18	0,21
Hammelfleisch, gegrillt			1,01	0,67	42,5		0,15	2,50
Kabeljau, gebraten	0,16	0,03	6,44	0,10	69,2			

Nach [6]

mutlich Krebs erregend, Glu-P-1, MeAαC, MeIQx, Trp-1, PhIP und andere heterocyclische aromatische Amine werden als möglicherweise für den Menschen Krebs erregend eingestuft. Diese Verbindungen wurden bei der Untersuchung mutagener Substanzen in Nahrungsmitteln entdeckt [5]. Die geschätzte tägliche Aufnahme des Menschen aller heterocyclischen aromatischen Amine liegt im Mikrogrammbereich, die Gehalte in der Nahrung für einzelne Verbindungen liegen im Bereich von unter 1 ng g^{-1} bis ca. 70 ng g^{-1} [6] (siehe Tab. 6.1). Nach metabolischer Aktivierung sind sie stark mutagen und induzieren im Tierversuch u. a. Darmtumoren. Ein allgemeines Reaktionsschema für die Entstehung von Colonkrebs zeigt Abb. 6.8.

Auch bei der Entstehung von Colonkrebs spielen genetische Polymorphismen eine Rolle. Schnelle N-Oxidierer haben aufgrund verstärkter Metabolisierung zum Hydroxylamin ein erhöhtes Risiko für Colonkrebs. Im Gegensatz zum Blasenkrebs haben beim Colonkrebs auch schnelle N-Acetylierer ein erhöhtes Risiko. Das für die O-Acetylierung im Colon verantwortliche Enzym, das die finale aktivierende Reaktion katalysiert, ist identisch mit der N-Acetyltransferase in der Leber und unterliegt daher einem genetischen Polymorphismus.

Der Azofarbstoff Dimethylaminoazobenzol (Buttergelb, Abb. 6.9) wurde zum Färben von Butter und Margarine verwendet. Im Stoffwechsel steht die reduktive Spaltung der Azogruppe im Hintergrund. Bevorzugt ist die N-Demethylierung und anschließende N-Oxidation zum N-Methylhydroxylamin. Buttergelb wird also überwiegend wie ein aromatisches Amin verstoffwechselt. Die Verwendung des Farbstoffs in Lebensmitteln wurde wegen seiner im Tierversuch Leberkrebs erzeugenden Wirkung und vermuteter humankanzerogener Wirkung in den 1930iger Jahren verboten.

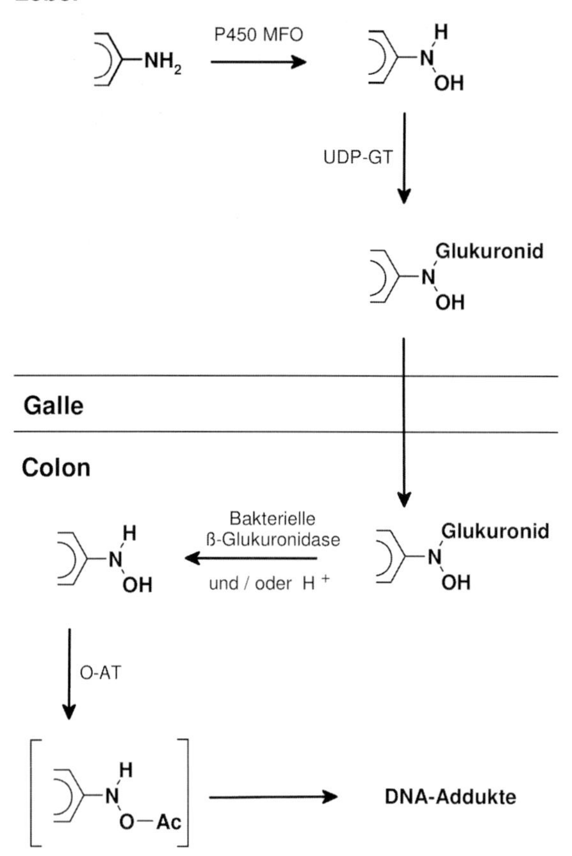

Abb. 6.8 Bedeutung der metabolischen Aktivierung von aromatischen Aminen bei der Entstehung von Colonkrebs. In der Leber wird das Arylamin durch P-450 abhängige Monooxygenasen (P450 MFO) zum korrespondierenden Hydroxylamin metabolisch aktiviert und durch UDP-Glukuronyltransferase (UDP-GT) N-glukuronidiert. Über die Galle gelangt das N-Glukuronid in den Dickdarm. Im Colon erfolgt nicht enzymatisch bzw. katalysiert durch bakterielle β-Glukuronidasen die Freisetzung des Hydroxylamins aus dem Konjugat. Durch O-Acetylierung des Hydroxylamins durch O-Acetyltransferase (O-AT) entsteht ein instabiles, hoch elektrophiles N-Acetoxyarylamin, das mit DNA reagiert und Addukte bildet [2].

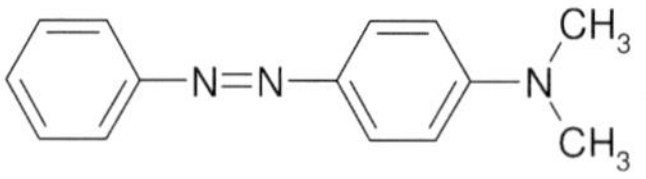

$C_6H_5{-}N{=}N{-}C_6H_4{-}N(CH_3)_2$

Abb. 6.9 Chemische Struktur des 4-Dimethylaminoazobenzols (Buttergelb).

6.1.3.2 Tierexperimente

Auch im Versuchstier kann die Verabreichung aromatischer Amine zur Methämoglobinbildung führen. Im Vordergrund steht jedoch die kanzerogene Wirkung der aromatischen Amine. Etwa 90% der untersuchten Verbindungen erweisen sich im Tierversuch als kanzerogen. Charakteristisch für viele aromatische Amine ist bei systemischer Gabe die Induktion von Tumoren entfernt vom Applikationsort in bestimmten, für die jeweilige Substanz spezifischen Zielgeweben (Organotropie). Während im Menschen die Harnblase als Zielorgan im Vordergrund steht, induzieren aromatische Amine in Nagern insbesondere Tumoren in Leber, Harnblase, Brust, und Schilddrüse [7]. Eine Übersicht gibt Tabelle 6.2.

Tab. 6.2 Kanzerogenität ausgesuchter aromatischer Amine.

Substanz	Chemie	Kanzerogenität Zielorgan		
		Mensch	Tier	Einstufung DFG/MAK
Anilin	Monocyclus		Milz	4
p-Chloranilin	Monocyclus		Milz	2
o-Toluidin	Monocyclus	Harnblase	Harnblase, Diverse	1
p-Toluidin	Monocyclus		Leber	3B
4-Chlor-*o*-toluidin	Monocyclus	Harnblase	Blutgefäße	1
2-Methoxyanilin	Monocyclus		Harnblase	2
4-Methoxyanilin	Monocyclus		Leber, (Harnblase)	3B
o-Phenylendiamin	Monocyclus		Leber	3B
m-Phenylendiamin	Monocyclus		Haut	3B
p-Phenylendiamin	Monocyclus		Haut	3B
2,4-Diaminoanisol	Monocyclus		Schilddrüse	2
4-Aminobiphenyl	Biphenyl	Harnblase	Harnblase	1
4,4′-Methylendianilin	Diphenylmethan		Schilddrüse, Leber	2
4,4′-Methylenbis(2-chloranilin)	Diphenylmethan		Leber, Lunge	2
4,4′-Oxydianilin	Diphenylether		Schilddrüse, Leber	2
4,4′-Thiodianilin	Diphenylthioether		Schilddrüse, Leber	2
Benzidin	Biphenyl	Harnblase	Harnblase	1
3,3′-Dichlorbenzidin	Biphenyl		Diverse	2
2-Naphthylamin	Naphthalen	Harnblase	Harnblase	1

Nach [7].

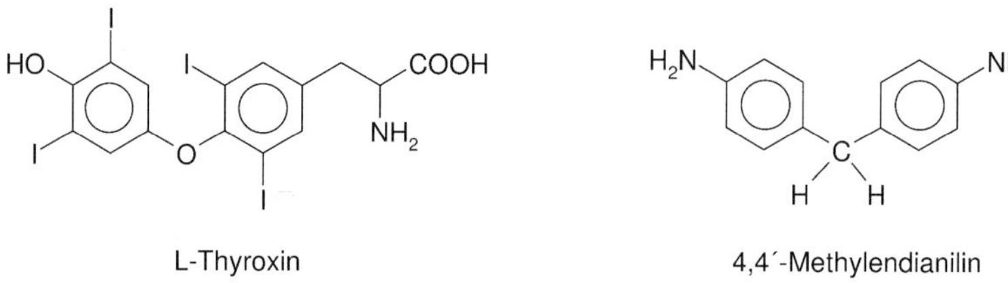

L-Thyroxin

4,4´-Methylendianilin

Abb. 6.10 Chemische Strukturen von L-Thyroxin (Schilddrüsenhormon) und 4, 4-Methylendianilin.

Einige aromatische Amine, darunter das gewerblich wichtige 4,4'-Methylendianilin (Abb. 6.10), 4,4'-Oxydianilin und andere induzieren bei chronischer Verabreichung im Tierversuch Schilddrüsentumoren bei Ratten [8]. Interessanterweise weisen diese aromatischen Amine häufig strukturelle Ähnlichkeit zu den Schilddrüsenhormonen auf, es handelt sich um Diphenylmethanderivate, Diphenyl- oder zumindest um Phenyl(thio)äther (siehe Abb. 6.10). Die Schilddrüse besitzt einen Aufnahmemechanismus für die von ihr produzierten Hormone, der bei der Regulation der Hormonsynthese eine Rolle spielen soll. Man vermutet, dass über diesen Mechanismus auch die genannten aromatischen Amine aktiv in die Drüse eingeschleust werden. Eine Hemmwirkung aromatischer Amine auf die Schilddrüsenhormonsynthese ist lange bekannt, und wurde in mechanistischen Untersuchungen als Hemmung der Schilddrüsenperoxidase charakterisiert und bestätigt, im Einklang damit wurde für das 4,4'-Oxydianilin bei chronischer Verabreichung eine goitrogene Wirkung gezeigt [9]. Eine chronische Hemmung der Peroxidase und damit der Hormonsynthese führt über eine Aktivierung der Regulationsachse Hypothalamus-Hypophyse-Schilddrüse zu einem Anstieg des Thyroliberins und des Schilddrüsen stimulierenden Hormons (TSH), das als Tumorpromotor in der Rattenschilddrüse gilt. Ein erhöhter TSH-Blutspiegel über die Lebenszeit kann bei der Ratte zur Induktion von Tumoren führen. Für die Tumor induzierende Wirkung in der Rattenschilddrüse scheinen allerdings auch andere, vermutlich kinetische, Aspekte von Bedeutung zu sein, da nicht alle aromatischen Amine mit struktureller Nähe zu den Schilddrüsenhormonen Tumoren in der Schilddrüse induzieren. Eine Beteiligung reaktiver Intermediate als Folge einer metabolischen Aktivierung der aromatischen Amine im Sinne des Mehrstufenkonzepts der Kanzerogenese, also DNA-Schädigung durch reaktive Zwischenstufen und nachfolgende Tumorpromotion durch erhöhtes TSH, ist möglich, aber bisher nicht bestätigt.

6.2 Aromatische Nitroverbindungen

Aromatische Nitroverbindungen sind bedeutsam als Lösemittel und für die Herstellung von Farben, Arznei- und Pflanzenschutzmitteln, Sprengstoffen und anderen chemischen Substanzen.

6.2.1 Eigenschaften, Vorkommen und Exposition

6.2.1.1 Eigenschaften

Durch Substitution aromatischer Kohlenwasserstoffe mit einer Nitrofunktion erhält man aromatische Nitroverbindungen. Einfachster Vertreter ist das Nitrobenzol. Chemisch lassen sich die technisch genutzten Nitroaromaten in zwei Gruppen einteilen, die monocyclischen (z. B. Nitrobenzol) und die bicyclischen aromatischen Nitroverbindungen. Aromatische Nitroverbindungen sind lipophile, zumeist feste Verbindungen, die wenig löslich in Wasser, aber teilweise mit Wasserdampf flüchtig sind und aufgrund der Nitrogruppe eine mehr oder weniger stark ausgeprägte Gelbfärbung aufweisen. Monocyclische Nitroaromaten haben einen bittermandelölartigen Geruch und Geschmack, das flüssige Nitrobenzol wird deshalb als falsches Bittermandelöl bezeichnet. Einige trinitrierte Alkylbenzole, die eine t-Butylgruppe tragen, zeichnen sich durch einen moschusartigen Geruch aus („Nitro-Moschus", z. B. Toluolmoschus, Xylolmoschus) und werden in der Parfümindustrie verwendet. In trockenem Zustand sind die monocyclischen Nitroaromaten zum Teil durch Reibung oder Stoß explosiv. Die Substitution mit mehreren Nitrofunktionen führt zu explosiven monocyclischen Polynitroaromaten, die als Sprengstoffe Verwendung finden, wie z. B. das handhabungssichere TNT (Trinitrotoluol).

6.2.1.2 Vorkommen

Aromatische Nitroverbindungen sind Bestandteil von einigen Speziallösemitteln. TNT und verwandte Nitroaromaten finden sich gegebenenfalls als Altlasten auf ehemaligen Sprengstofflager- bzw. Produktionsstätten und Truppenübungsplätzen. In Gegenwart von Stickstoff(oxiden) entstehen bei unvollständiger Verbrennung von organischem Material polycyklische aromatische Nitroverbindungen. Aristolochiasäure ist ein sekundärer Pflanzeninhaltsstoff u. a. der Osterluzei mit komplexer Struktur. Aristolochiasäure haltige Extrakte waren häufiger Bestandteil von Phytopharmaka. Ihre Anwendung ist seit 1981 verboten. Aristolochiasäure hatte sich im Tierversuch als nephrotoxisch und kanzerogen erwiesen.

6.2.1.3 Exposition

Eine gewerbliche Exposition in der chemischen und Sprengstoffindustrie ist durch technische Richtwerte reguliert. Eine Exposition durch TNT-Altlasten in Böden von ehemaligen Produktionsstandorten und Truppenübungsplätzen gilt als gering, es gibt aber unbekannte Umweltbelastungen durch monocyclischen Polynitroaromaten [10]. 4-Nitrobiphenyl und 1-Nitrochrysen finden sich wie Mononitro- und Dinitropyrenisomere in Dieselmotorabgasen und sind ubiquitär verbreitet. Arbeiter in Kokereien sind gegen 1-Nitrochrysen, 2-Nitrofluoren, 9-Nitrophenanthren, 3-Nitrofluoranthen, 6-Nitropyren und andere polycyclische Nitroaromaten exponiert [10].

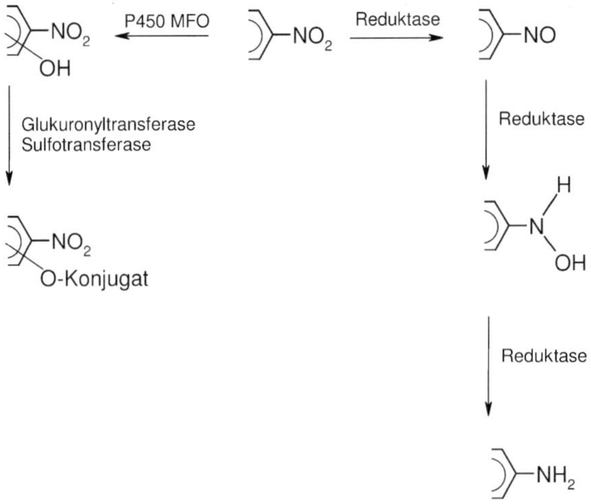

Abb. 6.11 Metabolismus von Nitroaromaten. Nitroaromaten werden durch bakterielle Reduktasen im Gastrointestinaltrakt, in der Leber, aber auch extrahepatisch zu den korrespondierenden Hydroxylaminen und aromatischen Aminen reduziert. Dieser Hauptstoffwechselweg führt zur Giftung. Entgiftung durch Ringhydroxylierung und Konjugation findet nur in geringem Umfang statt.

6.2.2 Toxikokinetik

Aromatische Nitroverbindungen werden oral, inhalativ und dermal gut resorbiert, im ganzen Organismus verteilt und überwiegend in Form ihrer Metaboliten ausgeschieden. Für die monocyclischen aromatischen Amine steht die Elimination über die Nieren im Vordergrund. Die Geschwindigkeit der Ausscheidung variiert stark in Abhängigkeit von der chemischen Struktur

Wie bei den aromatischen Aminen ist auch bei den aromatischen Nitroverbindungen für die toxischen Wirkungen die metabolische Aktivierung entscheidend. Sie erfolgt durch Reduktion der Nitrofunktion zum korrespondierenden Hydroxylamin und aromatischen Amin (siehe Abb. 6.11). Diese Reduktion kann durch bakterielle Reduktasen der Darmflora und durch Nitroreduktasen der Leber erfolgen. Reduktion kann aber auch in extrahepatischen Geweben erfolgen [2]. Der weitere Metabolismus ist dem der aromatischen Amine vergleichbar.

6.2.3 Toxizität

6.2.3.1 Mensch

Die akute Toxizität monocyclischer Nitroaromaten beruht auf ihrer Fähigkeit, Methämoglobin zu bilden. Die Wirkstärke von Nitrobenzol ist etwa der des Anilins vergleichbar, Dinitrobenzol gehört zu den stärksten Methämoglobinbildnern überhaupt. In Analogie zu den bicyclischen aromatischen Aminen ist die Methämoglobinbildung bei den bicyclischen Nitroaromaten wenig bedeutsam.

Hervorzuheben ist eine starke Reizwirkung der Nitroaromaten an Haut, Schleimhaut und Auge, 2,4-Dinitrochlorbenzol ist außerdem ein starkes Kontaktallergen.

Kennzeichen chronischer Vergiftung sind Leberschäden. Es kommt zur Gelb- oder Braunfärbung von Haut und Fingernägeln und zur Gelbrotfärbung der Haare. Exposition gegen TNT kann zur Linsentrübung ohne Änderung der zentralen Sehschärfe (sog. TNT-Star) und zur aplastischen Anämie führen.

Die meisten aromatischen Nitroverbindungen sind mutagen, in vielen Fällen bedarf es keiner metabolischen Aktivierung. Die kanzerogene Wirkung am Menschen ist bislang nicht eindeutig nachgewiesen.

6.2.3.2 **Tierversuch**

Auch im Versuchstier kann die Verabreichung von Nitroaromaten zur Methämoglobinbildung führen. Im Blickpunkt steht jedoch die kanzerogene Wirkung vieler Nitroaromaten. Eine Übersicht gibt Tabelle 6.3. Wie bei den aromatischen

Tab. 6.3 Kanzerogenität ausgesuchter aromatischer Nitroverbindungen.

Substanz	**Chemie**	**Kanzerogenität Zielorgan**		
		Mensch	**Tier**	**Einstufung DFG/MAK**
Nitrobenzol	Monocyclus		Diverse	3B
2-Nitrotoluol	Monocyclus		Diverse	2
3-Nitrotoluol	Monocyclus			3B
4-Nitrotoluol	Monocyclus		Diverse	3B
Dinitrobenzol (alle Isomeren)	Monocyclus			3B
2,4,6-Trinitrotoluol	Monocyclus		Harnblase Diverse	2
2,4,6-Trinitrophenol (Pikrinsäure)	Monocyclus			3B
4-Nitrobiphenyl	Biphenyl		Harnblase	2
1-Nitronaphthalin	Naphthalin		Harnblase	3B
2-Nitronaphthalin	Naphthalin		Harnblase	2
Nitropyrene (mono-, di-, tri-, tetranitro) (Isomere) [a]	Polycyclus		Histiozytom (am Applikationsort nach s.c./i.p. Gabe)	3B

Nach [7].

a) Es kann auch metabolische Aktivierung des aromatischen Polycyclus zum entsprechenden Epoxid erfolgen

Aminen erfolgt bei systemischer Gabe die Induktion von Tumoren entfernt vom Applikationsort, wobei die Zielgewebe oft mit denen der korrespondierenden aromatischen Amine übereinstimmen. Dies ist aufgrund identischer reaktiver Intermediate auch zu erwarten.

6.3 Nitrosamine

6.3.1 Eigenschaften, Vorkommen und Exposition

6.3.1.1 Eigenschaften

Nitrosamine entstehen durch Nitrosierung von Aminen durch Nitrit oder Stickoxide. Wichtige Determinanten für die Reaktionsgeschwindigkeit der Nitrosamine sind Basizität des Amins und pH-Wert des Reaktionsansatzes. Schwach basische Amine werden schneller nitrosiert als stark basische Amine, bei sekundären Aminen ist die Nitrosierung schneller als bei tertiären. Nitrosierung primärer Amine führt zu instabilen alkylierenden Derivaten, die bereits im Reaktionsansatz abreagieren. Durch Vitamin C, E und andere Antioxidantien kann die Nitrosierung gehemmt werden. Toxikologisch bedeutsam sind vor allem die Dialkylnitrosamine, einige cyclische Nitrosamine sowie die sogenannten Tabak spezifischen Nitrosamine. Nitrosamine sind gelb(lich)e ölige Flüssigkeiten oder Feststoffe, niedermolekulare Vertreter weisen zum Teil eine beträchtliche Flüchtigkeit auf. So verflüchtigt sich 1 g Dimethylnitrosamin aus einer Schale mit einer Oberfläche von 5 cm^2 innerhalb von acht Stunden fast vollständig. Chemisch verwandt mit den Nitrosaminen sind die Nitrosamide. Im weiteren Sinne versteht man darunter N-Nitrosoderivate substituierter Amid-, Carbamat-, Harnstoff- und Guanidinabkömmlinge.

6.3.1.2 Vorkommen

Nitrosamine finden sich in Lebensmitteln, so z. B. in Pökelfleisch und alkoholischen Getränken wie Bier. Im Tabak und Tabakrauch finden sich tabakspezifische Nitrosamine, im Rauch auch das flüchtige Dimethylnitrosamin.

6.3.1.3 Exposition

Eine gewerbliche Exposition in der Metall-, Gummi-, Leder- und chemischen Industrie ist durch Grenzwerte reguliert. Lebensmittel enthalten nur geringe Mengen an Nitrosaminen. Durch Genuss von Tabak als Kau- oder Schnupftabak bzw. durch Rauchen kann die Belastung durch Nitrosamine gegenüber Nichtrauchern um mehr als das 100fache zunehmen. Auch eine endogene Belastung ist zu nennen: Im sauren Milieu des Magens können sich aus Aminen und Nitrit, die in der Nahrung enthalten sind, Nitrosamine bilden. Dies trifft auch für nitrosierbare Arzneimittel zu. Das Schmerzmittel Aminophenazol wurde vom Markt genommen, weil nach Nitrosierung das kanzerogene Dimethylnitrosamin freigesetzt wurde. Mittlerweile werden Arzneimittel auf Nitrosaminbildung geprüft, sofern sie nitrosierbare Funktionalitäten aufweisen [11].

6.3.2 Toxikokinetik

Aufnahme von Nitrosaminen erfolgt über die Lunge (flüchtige oder aerosol-gebundene Nitrosamine), den Magen-Darm-Trakt und die Haut. Kleine Dosen oral applizierter Nitrosamine werden in der Regel in der Leber vollständig bei der ersten Passage verstoffwechselt. Dimethylnitrosamin wird vor allem zu CO_2 abgebaut, Nitrosamine mit längeren Alkylketten werden nach Hydroxylierung und gegebenenfalls anschließender Oxidation zur Carbonsäure direkt oder in Form ihrer Konjugate über die Niere ausgeschieden.

Entscheidend für die toxischen Wirkungen ist die metabolische Aktivierung der Nitrosamine. Sie erfolgt durch Cytochrom-P450-abhängige Monooxygenasen in Form einer Hydroxylierung am Kohlenstoff in α-Position. Häufig ist das Isoenzym CYP2E1 involviert [12]. (siehe Abb. 6.12). Für den Metabolismus Tabak spezifischer Nitrosamine hat das CYP 2A6 eine wichtige Rolle [13]. Entgiftung der Nitrosamine erfolgt durch Denitrosierung. Glukuronidierung der in α-Position hydroxylierten Metaboliten wird nicht zwingend als Entgiftungsreaktion betrachtet, sondern auch als Möglichkeit, ein stabilisiertes reaktives Intermediat in andere Zielgewebe zu transportieren [14]. Nitrosamide (siehe Abb. 6.13) bedür-

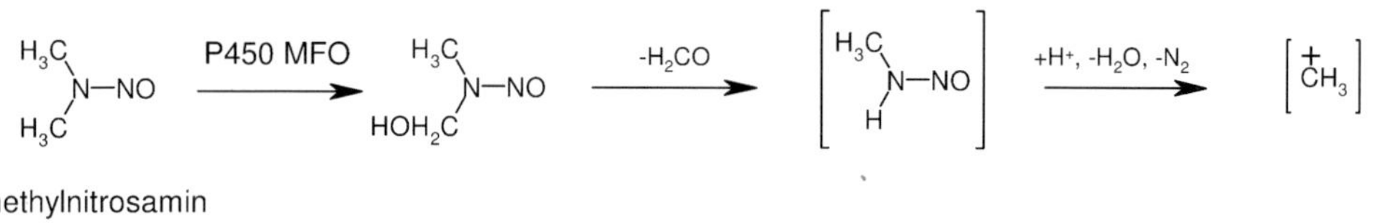

$$(H_3C)_2N{-}NO \xrightarrow{\text{P450 MFO}} (H_3C)(HOH_2C)N{-}NO \xrightarrow{-H_2CO} \left[(H_3C)(H)N{-}NO\right] \xrightarrow{+H^+,\ -H_2O,\ -N_2} \left[\overset{+}{C}H_3\right]$$

Dimethylnitrosamin

Abb. 6.12 Metabolische Aktivierung von Dimethylnitrosamin. Nach C-Hydroxylierung in α-Position und spontaner Abspaltung von Formaldehyd entsteht ein instabiles Monoalkylnitrosamin, das ein methylierendes Agens freisetzt, welches mit DNA und anderen Zellbestandteilen reagiert.

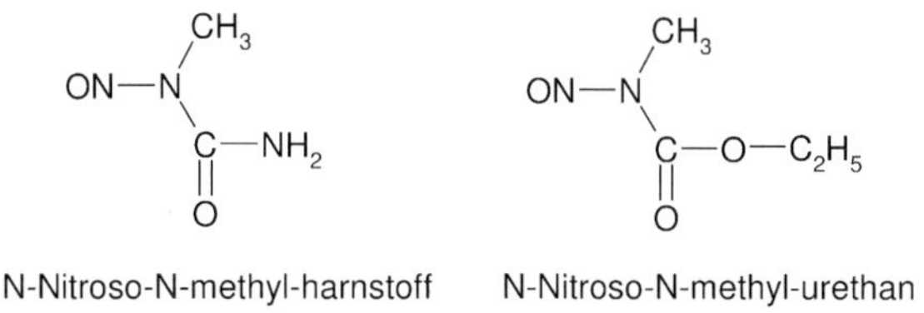

$ON{-}N(CH_3){-}C(=O){-}NH_2$ — N-Nitroso-N-methyl-harnstoff

$ON{-}N(CH_3){-}C(=O){-}O{-}C_2H_5$ — N-Nitroso-N-methyl-urethan

Abb. 6.13 Chemische Strukturen einiger Nitrosamide.

fen keiner metabolischen Aktivierung. Sie zerfallen im wässrigen Milieu spontan zu alkylierenden Intermediaten.

6.3.3 Toxizität

6.3.3.1 Mensch

Die Toxizität am Menschen, soweit bekannt, entspricht den tierexperimentellen Befunden.

Nach metabolischer Aktivierung sind die meisten Nitrosamine mutagen. Die tabakspezifischen Nitrosamine 4-(Nitrosomethylamino)-1-(3-pyridyl)-1-butanon (NNK) und 4-Nitrosonornicotinin (NNN) werden von IARC als Humankanzerogene klassifiziert und gelten als wichtiger Faktor für die durch Tabakgenuß (Rauchen, Kauen, Schnupfen) verursachten Krebserkrankungen. Die metabolische Aktivierung dieser Verbindungen ist in Abb. 6.14 dargestellt.

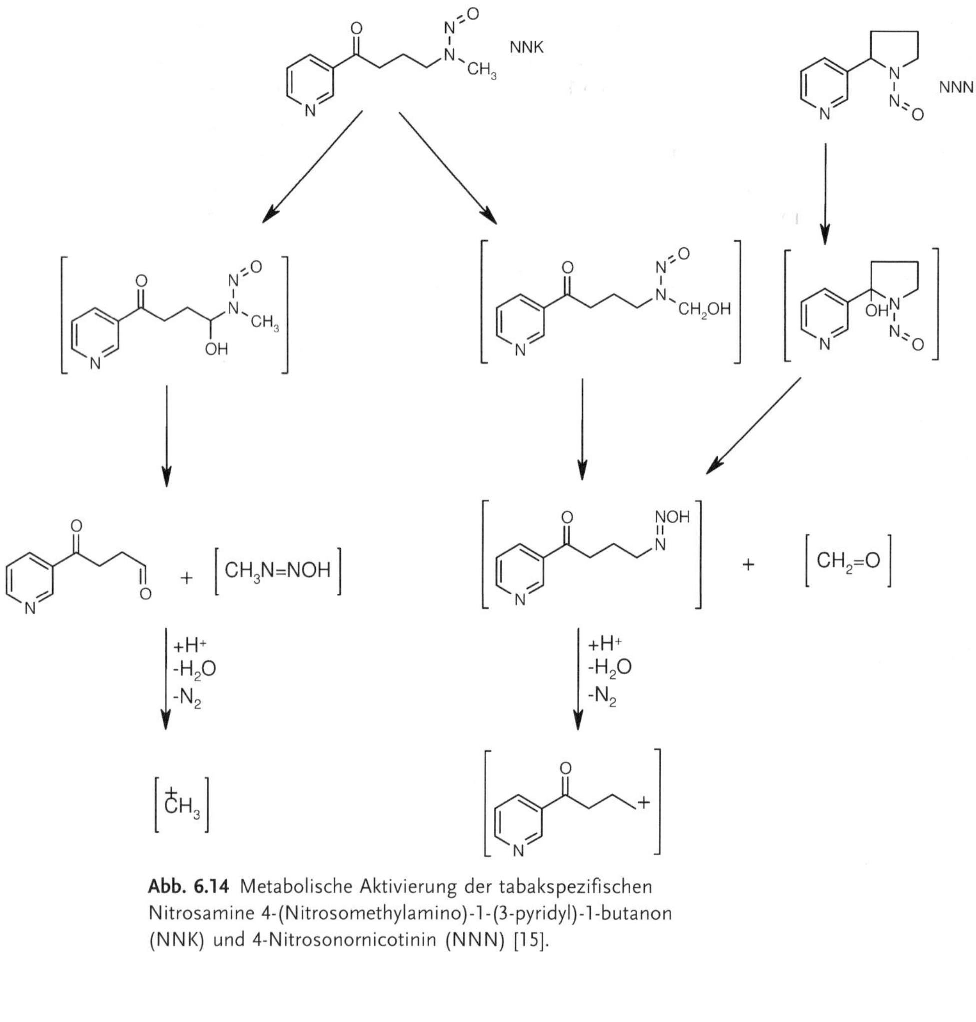

Abb. 6.14 Metabolische Aktivierung der tabakspezifischen Nitrosamine 4-(Nitrosomethylamino)-1-(3-pyridyl)-1-butanon (NNK) und 4-Nitrosonornicotinin (NNN) [15].

6.3.3.2 **Tierversuch**

Bei akuter und chronischer Vergiftung mit Dialkylnitrosaminen stehen Leberschäden im Vordergrund. Nitrosamide schädigen akut lymphatische Gewebe und das Knochenmark. Im Blickpunkt steht jedoch die kanzerogene Wirkung. Es besteht kein Zusammenhang zwischen akuter Toxizität und kanzerogener Wirkung. Fast alle untersuchten Nitrosamine erwiesen sich als kanzerogen. Es konnte bislang keine tierexperimentelle Spezies mit Resistenz gegen die kanzerogene Wirkung der Nitrosamine identifiziert werden. Bezüglich ihrer kanzerogenen Wirkung zeichnen sich die Nitrosamine durch eine ausgeprägte Organotropie aus (Tab. 6.4). Die Tumorlokalisation wird beeinflusst von Spezies, Applikationsart, Dosierung, Dauer der Exposition und vor allem von der chemischen Struktur [16, 17]. Symmetrische Dialkylnitrosamine mit identischen Alkylketten induzieren vor allem Lebertumoren, unsymmetrische vor allem Ösophagustumoren. Cyclisch substituierte Nitrosamine zeigen kein einheitliches Bild und induzieren gegebenenfalls Tumoren in verschiedenen Geweben. Bei niedrigeren Dosen kann eine Verbreiterung des Tumorspektrums beobachtet werden, da weniger Tiere sterben und auch sich später entwickelnde Tumoren miterfasst werden. Nitrosamine gelten als starke Kanzerogene. In einem Versuchsprotokoll mit *in utero* Exposition und anschließender Behandlung der Nachkommenschaft bis Woche 22 führt die Verabreichung von 10 ppb Dimethylnitrosamin im Trinkwasser (entsprechend etwa $2\,\mu g\,kg^{-1}$ Körpergewicht) noch zur Induktion von Lungentumoren. Die Nitrosoaminosäuren wie z. B. N-Nitrosoprolin sind dagegen nicht kanzerogen.

Nitrosamide erzeugen lokal und systemisch Tumoren. Dermale Applikation führt in der Regel zu Hauttumoren, subkutane Injektion zu Sarkomen an der Einstichstelle, bei oraler Gabe werden Tumoren des Vormagens bzw. Magen-Darm-Traktes beobachtet. Intravenöse Gabe bzw. orale Gabe stabilerer Verbin-

Tab. 6.4 Organotropie einiger Nitrosamine in der Ratte.

Verbindung	Substitution	Applikation	Tumor-lokalisation	DFG/MAK
Dimethylnitrosamin	symmetrisch	oral	Leber	2
Diethylnitrosamin	symmetrisch	oral	Leber	2
Di-n-butylnitrosamin	symmetrisch	oral	Leber, Blase	2
Methyl-n-butylnitrosamin	unsymmetrisch	oral	Ösophagus	Nicht evaluiert
N-Nitrosomorpholin	cyclisch	oral	Leber	2
N-Nitrosopyrrolidin	cyclisch	oral	Leber	2
N-Nitrosopiperidin	cyclisch	oral i.v. s.c.	Leber Ösophagus Nasennebenhöhlen	2

Nach [17]

dungen kann zu Leukämie und Tumoren von Lunge, Gehirn, und Rückenmark, aber auch des Vormagens führen.

Nitrosamine werden wegen ihrer Organotropie und Wirkstärke in *In-vivo*-Kurzzeitmodellen zur Prüfung auf kanzerogene Wirkung zur Induktion präkanzerogener Läsionen eingesetzt.

6.4 Zusammenfassung

Aromatische Amine und aromatische Nitroverbindungen sind wichtige Ausgangsstoffe in der chemischen Industrie. Heterocyclische aromatische Amine entstehen bei der Zubereitung von Speisen, polycyklische aromatische Nitroverbindungen bei unvollständiger Verbrennung von organischem Material. Nitrosamine werden in geringem Umfang gewerblich genutzt und finden sich in Lebensmitteln, Tabak und Tabakrauch. Daneben können sich im sauren Milieu des Magens Nitrosamine aus Aminen und Nitrit bilden, die in der Nahrung enthalten sind.

Herausragende toxikologische Eigenschaft vieler aromatischer Amine, aromatischer Nitroverbindungen und Nitrosamine ist ihre kanzerogene Wirkung. Entscheidend hierfür ist die metabolische Aktivierung zu reaktiven Intermediaten. Aromatische Amine und aromatische Nitroverbindungen werden durch N-Hydroxylierung bzw. Reduktion der aromatischen Nitrofunktion in das entsprechende Hydroxylamin überführt, aus dem – gegebenenfalls nach vorheriger O-Acetylierung oder Sulfatierung – als ultimales Kanzerogen ein reaktives Nitreniumion entsteht. Für einige aromatischen Amine wird auch eine metabolische Aktivierung durch Peroxidase zu Chinonintermediaten diskutiert. Dialkylnitrosamine werden durch C-Hydroxylierung in α-Position metabolisch aktiviert, die über eine spontane Dealkylierung zu einem instabiles Monoalkylnitrosamin führt, das als ultimales Kanzerogen ein alkylierendes Agens freisetzt. Entgiftung der aromatischen Amine erfolgt vor allem durch N-Acetylierung. Direkte Ringhydroxylierung und anschließende Konjugation trägt nur in geringerem Maß zur Entgiftung aromatischer Amine und Nitroverbindungen bei. Entgiftung der Nitrosamine erfolgt durch Denitrosierung. Charakteristisch für viele aromatische Amine und Nitrosamine ist bei systemischer Gabe eine ausgeprägte Organotropie der kanzerogenen Wirkung. Während im Menschen die Harnblase als Zielorgan im Vordergrund steht, induzieren aromatische Amine in Nagern insbesondere Tumoren in Leber, Harnblase, Brust, und Schilddrüse. Bei den Nitrosaminen wird die Tumorlokalisation beeinflusst von Spezies, Applikationsart, Dosierung, Dauer der Exposition und vor allem von der chemischen Struktur.

Die Beschäftigung mit aromatischen Aminen, aromatischen Nitroverbindungen und Nitrosaminen hat viel zum Verständnis kanzerogener Wirkmechanismen beigetragen. Nitrosamine werden heute in *In-vivo*-Kurzzeitmodellen zur Prüfung auf kanzerogene Wirkung zur Induktion präkanzerogener Läsionen eingesetzt.

6.5 Fragen zur Selbstkontrolle

1. ***Welche biochemische Reaktion führt zur Giftung aromatischer Amine?***
2. ***Wodurch ist eine akute Vergiftung durch Anilin charakterisiert?***
3. ***Einige aromatische Amine gelten als eindeutig humankanzerogen. In welchem Organ manifestiert sich die Krebserkrankung?***
4. ***Welche aromatischen Amine stehen im Verdacht, Dickdarmkrebs zu verursachen?***
5. ***Welchen Einfluss hat schnelle bzw. langsame Acetylierung auf das Risiko, an durch aromatische Amine induzierten Krebserkrankungen zu erkranken?***
6. ***Wieso induziert ein aromatisches Amin und sein entsprechender Nitroaromat häufig das gleiche Tumorspektrum?***
7. ***Welche Hautveränderungen/-krankheiten können Nitroaromaten auslösen?***
8. ***Wie können Nitrosamine entstehen.***
9. ***Wie werden Nitrosamine metabolisch aktiviert?***
10. ***Welche Faktoren beeinflussen die Tumorlokalisation Nitrosamin induzierter Tumoren?***
11. ***Nitrosamide zerfallen im wässrigen Milieu zu alkylierenden Intermediaten. Welche Konsequenzen hat das für die Tumorlokalisation?***

6.6 Literatur

1 Harrison Jr JH, Jollow DJ (1987), Contribution of aniline metabolites to aniline-induced methemoglobinemia. Molecular Pharmacology 32:423–431

2 Lang NP, Kadlubar FF (1991), Aromatic and heterolytic amine metabolism and phenotyping in humans. In: Progress in Clinical and Biological Research Vol. 372, New Horizons in Biological Dosimetry. Wiley-Liss Inc., Wilmington, pp 33–47

3 Beland FA, Kadlubar FF (1985), Formation and persistence of acrylamine DNA adducts *in vivo*. Environmental Health Perspectives 62:19–30

4 Beland FA, Kadlubar FF (1990) Metabolic activation and DNA adducts of aromatic amines and nitroaromatic hydrocarbons. In: Cooper CS, Grover PL (Eds.) Handbook of Experimental Pharmacology Vol. 94/I, Chemical Carcinogenesis and Mutagenesis I. Springer-Verlag Berlin, Heidelberg, New York, pp 267–325

5 Eisenbrand G, Tang W (1993), Food-borne heterolytic amines. Chemistry, formation, occurrence and biological activities. A literature review. Toxicology 84: 1–82

6 Wakabayashi K, Ushiyama H, Takahashi M, Nukaya H, Kim SB, Hirose M, Ochiai M, Sugimura T, Nagao M (1993), Exposure to heterolytic amines. Environmental Health Perspectives 99:129–133
7 Deutsche Forschungsgemeinschaft. MAK- und BAT-Werte-Liste 2008. Maximale Arbeitsplatzkonzentrationen und Biologische Arbeitsstofftoleranzwerte. Senatskommission zur Prüfung gesundheitsschädlicher Arbeitsstoffe. Mitteilung 44. WILEY-VCH Verlag (2008)
8 Weisburger EK, Murthy ASK, Lilja H., Lamb IV JC (1984) Neoplastic response of F344 rats and $B6C3F_1$ mice to the polymer and dyestuff Intermediates 4,4′-methylenebis(N,N-dimethyl)-benzenamine, 4,4′-oxydianiline, and 4,4′-methylenedianiline. Journal of the National Cancer Institute 72:1457–1463
9 Hayden DW, Wade GG, Handler AH (1978), The goitrogenic effect of 4,4′-oxydianiline in rats and mice. Veterinary Pathology 15:649–662
10 Neumann HG, van Dorp C, Zwirner-Baier I (1995), The implications for risk assessment of measuring the relative contribution to exposure from occupation, environment and lifestyle: hemoglobin adducts from amino- and nitroarenes. Toxicology Letters 82/83: 771–778
11 Eisenbrand G (1990), Endogenous nitrosation – Findings and problems In: Eisenbrand G, Bozler G, von Nicolai H (Eds.), The Significance of N-Nitrosation of Drugs. Gustav Fischer Verlag Stuttgart, pp 47–68
12 Yang CS, Yoo JSH, Ishizaki H., Hong J (1990), Cytochrome P450IIE1: Roles in nitrosamine metabolism and mechanisms of regulation. Drug Metabolism Reviews 22:147–159
13 Kamataki T, Fujita KI, Nakayama K, Yamazaki Y, Miyamoto M, Ariyoshi N (2002), Role of human cytochrome P450 (CYP) in the metabolic activation of nitrosamine derivatives: Application of genetically engineered *Salmonella* expressing Human CYP. Drug Metabolism Reviews 34: 667–676
14 Wießler M, Vogel B, Frei E (1990), Glucuronidation of N-nitroso compounds in vivo and vitro. In: Eisenbrand G, Bozler G, von Nicolai H (Eds.), The Significance of N-Nitrosation of Drugs. Gustav Fischer Verlag Stuttgart, pp 71–78
15 Hecht SS, Carmella SG, Foiles PG, Murphy SE, Peterson LA (1993), Tobacco-specific nitrosamine adducts: Studies in laboratory animals and humans. Environmental Health Perspectives 99:57–63
16 Druckrey H, Preussmann R, Ivankovic S (1967), Organotrope carcinogene Wirkungen bei 65 verschiedenen N-Nitroso-Verbindungen an BD-Ratten. Zeitschrift für Krebsforschung 69:103–201
17 Preussmann R (1990), Carcinogenicity and structure-activity relationships of N-nitroso compounds: a review. In: Eisenbrand G, Bozler G, von Nicolai H (Eds.), The Significance of N- Nitrosation of Drugs. Gustav Fischer Verlag Stuttgart, pp 3–17

7
Organische Halogenverbindungen I

Hans-Werner Vohr

Von besonderer Bedeutung für die Toxikologie allgemein, aber ebenso für die Immuntoxikologie sind die halogenierten Verbindungen der Kohlenwasserstoffe. Die toxikologischen Eigenschaften von Kohlenwasserstoffen werden durch Einführung von Halogenatomen (Fluor, Chlor, Brom, Jod) stark verändert. Insbesondere Chlorkohlenwasserstoffe und Fluorkohlenwasserstoffe spielen im industriellen Bereich eine große Rolle. Wie bereits in Kapitel 4 erläutert, kann man auch hier wieder aromatische und aliphatische Kohlenwasserstoffe unterscheiden.

Aufgrund der sehr vielfältigen und unterschiedlichen Eigenschaften dieser Gruppen werden die aromatischen KWs separat in Kapitel 8 behandelt.

Von besonderer wirtschaftlicher und toxikologischer Bedeutung sind eher die kurzkettigen halogenierten aliphatischen KWs.

7.1
Haloalkane (Halogenalkane)

Nach der deutschen Nomenklatur müssten Vertreter dieser Stoffklasse Halogenalkane genannt werden. Dem angelsächsischen Sprachgebrauch folgend wird aber oft der hier verwendete Begriff Haloalkane benutzt. Entsprechendes gilt natürlich für die ungesättigten Vertreter dieser Klasse. Einen Überblick bzw. eine Systematik der Haloalkane gibt die Tabelle 7.1. wieder. Einige bekannte Vertreter der Gruppen erleichtern die Einordnung.

Bei den in Tabelle 7.1 aufgeführten Chemikalienbeispielen sind Wasserstoff-Atome durch Halogenatome ersetzt. Dadurch entstehen toxikologisch sehr relevante Produkte wie Trichlormethan (Chloroform), Tetrachlorethen (Per), aber auch ungesättigte halogenierte KWs wie Vinylchlorid und die Chlorfluorkohlenwasserstoffe (CFKWs). Die beiden letzten Gruppen werden in Kapitel 8 behandelt werden.

Ebenso sind wichtig die halogenierten monocyclischen und polycyclischen Aromate, die wie vorher schon erwähnt wegen ihrer Bedeutung in der Toxikologie und Immuntoxikologie ebenfalls in gesonderten Kapiteln behandelt werden.

Toxikologie Band 2: Toxikologie der Stoffe. Herausgegeben von Hans-Werner Vohr

ISBN: 978-3-527-32385-2

Tab. 7.1 Übersicht über die Haloalkane (Auswahl).

Haloalkan	Summenformel	Synonym	Verwendung	Toxizität (Zielorgan)
Chlormethan	CH_3Cl	Methylchlorid	Lösemittel, Treibgas	mutagen? kanzerogen?
Dichlormethan	CH_2Cl_2	Methylenchlorid	Vereisungsmittel (Medizin)	Nerven, ZNS, Lunge?
Trichlormethan	$CHCl_3$	Chloroform	Narkotikum (früher), Badewasserzusatz	Niere, Leber, ZNS
Tetrachlormethan [a]	CCl_4	Tetrachlor-kohlenstoff	Früher Lösemittel, Feuerlöschmittel	Leber, ZNS
1,2-Dichlorethan	$ClH_2C–CH_2Cl$	Ethylendichlorid	Lösungsmittel, Insektizid, „Bleifänger"	genotoxisch
1,1,1-Trichlorethan	$H_3C–Cl_3C$	Methylchloroform	Lösungsmittel	
1,1,2-Trichlorethan	$Cl_2HC–CH_2Cl$		Lösungsmittel	Leber, Niere
1,1,2,2-Tertrachlor-ethan [a]	$Cl_2HC–CHCl_2$		Lösungsmittel (Kunstseide)	Gewebe, Kanzerogenität?
1,2-Dibromethan	$BrH_2C–CH_2Br$	Ethylendibromid	„Bleifänger" im Kraftstoff	
2-Brom-2-Chlor-1,1,1-Trifluorethan	$F_3C–CHBrCl$	Halothan	Narkotikum	Leber

a) extrem toxische Substanz

7.1.1 Eigenschaften, Vorkommen und Exposition

7.1.1.1 Eigenschaften

Von besonderer Bedeutung sind die kurzkettigen halogenierten KWs. Allgemein gilt, dass die Siedepunkte der halogenierten Substanzen höher sind als die der entsprechenden Alkane. Außerdem erhöhen sich die Siedepunkte jeweils je nach Substitution von F über Cl und Br zum I. Somit sind Haloalkane meist flüchtige bis sehr flüchtige Stoffe, die überwiegend als Lösemittel und zur chemischen Synthese benutzt werden. Dabei zeichnen sich besonders die C1- und C2-halogenierten Verbindungen (s. a. Tabelle 7.1) durch hohe Flüchtigkeit, schwere Entflammbarkeit und eine relativ geringe chemische Reaktionsbereitschaft aus. Es sind Gase oder überwiegend farblose, leichtflüchtige Flüssigkeiten. Während Chlormethan noch ein Gas ist, führt eine weitere Halogenierung zur deutlichen Siedepunkterhöhung, sodass alle kurzkettigen, mehrfach halogenierten Alkane als leichtflüchtige Flüssigkeiten vorliegen.

Obwohl viele dieser Substanzen seit Jahrzehnten in Gebrauch sind, wurden ihre zum Teil sehr toxischen, insbesondere auch lebertoxischen Eigenschaften erst nach und nach aufgedeckt. Neben der Anwendung als Lösemittel in der Gummi- und Silikonharzproduktion oder als Ausgangssubstrat für die chemische Synthese werden viele Haloalkane noch in anderen Bereichen genutzt (s. a. Tab. 7.1). So werden Chlormethan und Dichlormethan auch als Treibmittel in Sprays eingesetzt, zur Extraktion von Fetten (insbesondere Dichlormethan, Trichlormethan, Brommethan und 1,2-Dichlorethan) genutzt, oder als Vereisungsmittel in der Medizin, wie beispielsweise Dichlormethan.

Daneben werden 1,2-Dichlorethan und 1,2-Dibromethan als Saatbeizmittel und als Bleifänger in bleihaltigen Motorkraftstoffen verwendet. Bis zum Beginn der 1960er Jahre wurden Chloroform (Trichlormethan) und Halothan (2-Brom-2-Chlor-1,1,1-Trifluorethan) neben Äther als Narkosemittel in der Medizin verwendet.

Narkotika

Bei den Narkotika unterscheidet man Hypnotika (Gase und Dämpfe sowie Injektionsnarkotika), Opioide, Muskelrelaxantien und reflexdämpfende Mittel.

Chloroform und Halothan sind verdampfbare (volatile) Narkosemittel, während Lachgas (N_2O) zu den Narkosegasen gehört. Neben Halothan und Chloroform gehörte auch Äther zu den Narkotika, die in der Vergangenheit recht häufig eingesetzt wurden, wobei jedoch mittlerweile nur noch Halothan bei Asthmatikern als nützlich angesehen wird, da es die Atemwege nicht reizt. Die Mittel sind allerdings nur bedingt steuerbar und weisen erhebliche Nebenwirkungen auf. Neben einer Leberschädigung besteht die Gefahr der Atemdepression und Herzmuskelschwäche.

Aufgrund der schlechten Steuerbarkeit konnte früher eine Narkoseeinleitung mit Äther sehr lange (bis zu einer halben Stunde) dauern, was sehr unangenehm für die Patienten war. Auf der anderen Seite stand Chloroform zur Verfügung, das besser steuerbar war, aber auch mehr Nebenwirkungen hatte. Deswegen wurde die Narkose bis in die 1960er Jahre hinein mit Chloroform begonnen und, um die Einwirkzeit so kurz wie möglich zu halten, dann mit Äther fortgeführt.

Heute benutzt man wesentlich verbesserte Narkotika, die gut verträglich sind, wie z. B. Sevofluran (siehe Abb. 7.1), das aber auch noch als halogenierter KW eingruppiert werden kann (Fluoromethoxy-2,2,2-Trifluoro-1-(Trifluoromethyl)Ethan).

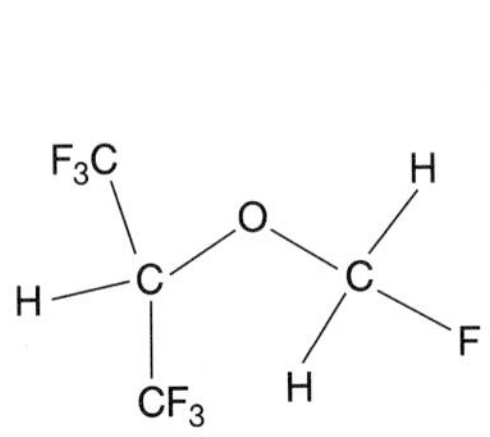

Abb. 7.1 Sevofluran (Ultan).

Aufgrund der starken toxischen Wirkung (s. a. weiter unten) wurden diese Haloalkane seit 1958 zunehmend weniger (Chloroform praktisch gar nicht mehr) verwendet. Nur selten wird heute noch neben Lachgas auch Halothan eingesetzt. Dafür spielen stattdessen die sogenannten Flurane, wie Isofluran, Desfluran und Sevofluran, in der klinischen Routine die entscheidende Rolle.

Trichlormethan hat allerdings noch eine weite Verbreitung durch die Chlorierung des Badewassers in Schwimmhallen und Freibädern. Dort entsteht durch die eingetragenen Verunreinigungen „gebundenes Chlor", was zu einem wesentlichen Anteil aus Chloroform besteht. Es kann so von den Badegästen über die Haut, besonders aber über die Atemluft aufgenommen werden. Obwohl auf Chlorung des Badewassers nicht gänzlich verzichtet werden kann, können in modernen Badelandschaften durch zusätzliche Reinigungsschritte mittels Aktivkohlefilter und eine anschließende Ozon-Oxidation die benötigten Chlormengen deutlich reduziert werden.

7.1.1.2 **Vorkommen**

Einige Haloalkane kommen natürlich vor, andere sind reine Syntheseprodukte. Infolge der großen Bedeutung als Lösemittel und in der chemischen Synthese sind sie allerdings inzwischen so weit verbreitet, dass man bei den meisten Substanzen von einem ubiquitären Vorkommen sprechen muss.

Wenighalogenierte KWs wie Chlormethan, Brommethan oder 1,2-Dibromethan kommen natürlich überwiegend im Meerwasser und in geringen Mengen im Wald vor. Der Beginn der Chlor-Chemie markierte den Startpunkt für den Eintrag einer unüberschaubaren Vielzahl an halogenierten KWs. So übersteigen die Produktionsmengen einiger Haloalkane allein in Deutschland die 100 t-Grenze pro Jahr deutlich, wobei vereinzelt sogar mehr als 1 Mio. t pro Jahr synthetisiert werden.

In der Umwelt angereicherte Haloalkane werden nur sehr langsam abgebaut. Die Halbwertszeiten der verschiedenen Haloalkane in der Atmosphäre können mehrere Wochen bis Monate betragen. Die Konzentrationen in der Umwelt können sehr unterschiedlich sein. So kommt Dichlormethan nicht natürlich vor, erreicht aber durch anthropogene Belastung auch in Reinluftgebieten manchmal Werte zwischen 1 $\mu g\ m^{-3}$ und 10 $\mu g\ m^{-3}$. Noch 1984 ergaben Messungen im Rheinwasser 1500 $\mu g\ l^{-1}$. Seit Anfang der 1990er Jahre konnten die Werte für alle halogenierten KWs im Rheinwasser aber deutlich (Gesamtbelastung $\leq 25\ \mu g\ l^{-1}$) reduziert werden (vgl. z. B. Jahresberichte der Rheinwasser-Untersuchungsstation Mainz-Wiesbaden). Durch Verwendung Dichlormethan haltiger Produkte wie Abbeizer können im Innenraum Konzentrationen von 1000 $mg\ m^{-3}$ und mehr erreicht werden. Die lipophilen Eigenschaften des Dichlormethans können in fetthaltigen Lebensmitteln zu Konzentrationen von bis zu 100 $\mu g\ kg^{-1}$ führen.

In den Technischen Regeln zur Gefahrstoffverordnung Ersatzstoffe, Ersatzverfahren und Verwendungsbeschränkungen für Dichlormethan haltige Abbeizmittel [1] werden Ersatzstoffe aufgelistet, die Dichlormethan haltige Abbeizmittel ganz oder teilweise ersetzen können. Die Hersteller werden aufgefordert, ihre Produkte entsprechend umzustellen.

7.1.1.3 Exposition

Der Mensch ist andauernd unterschiedlich gefährlichen halogenierten KWs freiwillig (z. B. Narkotika) oder unfreiwillig exponiert. Neben der Exposition in der Umwelt (Luft, Wasser, Lebensmittel) ist toxikologisch natürlich die Exposition am Arbeitsplatz, z. B. besonders bei der Synthese oder im Umgang mit Lösungsmitteln (Lacken, Farben, Extraktion, Reinigung usw.) von Bedeutung. Nachdem die zum Teil hohe Toxizität der Haloalkane aufgedeckt worden war, bemühte man sich zunehmend, Ersatzstoffe zu finden, die ein geringeres Gefährdungspotenzial für Mensch und Tier haben.

Die meist leicht flüchtigen Haloalkane werden überwiegend inhalativ aufgenommen und als lipophile Lösungsmittel über die Lunge gut resorbiert. Ebenso werden sie gut über den Gastrointestinaltrakt nach oraler Aufnahme resorbiert, aber in den meisten Fällen nicht so gut nach dermalem Kontakt.

7.1.2 Toxikokinetik

Einmal im Blut vorhanden, werden Haloalkane schnell ins Gewebe transportiert, unterschiedlich schnell metabolisiert und akkumulieren dann (außer Dichlormethan) in Leber, Niere, Lunge sowie im Fettgewebe. Viele überwinden problemlos die Blut-Hirn-Schranke. In vielen Fällen sind erst die Metaboliten direkt toxisch. Ein mehr oder weniger großer Anteil wird aber auch unmetabolisiert über die Lunge oder die Nieren ausgeschieden.

Durch den Umgang mit Lösungs-, Extraktions- und Reinigungsmitteln sowie mit Ausgangssubstraten in der Industrie kommen Menschen in vielfachen Kontakt mit Haloalkanen. Trotz der großen Anzahl an Substanzen dieser Klasse sind überwiegend nur zwei Abbauwege bedeutsam, die an dieser Stelle anhand zweier Beispiele näher besprochen werden sollen.

Einige Substanzen werden über Cytochrom-P450 abhängige Monooxygenasen in der Leber oder in den proximalen renalen Tubuluszellen der Niere verstoffwechselt. Andere werden auch extrarenal (in der Leber) über einen Glutathion (GSH) abhängigen Metabolismus konjugiert und entfalten dann ihre toxische Wirkung.

Ein Beispiel für den ersten Stoffwechselweg bildet Trichlormethan (Chloroform), das in der Leber, aber auch in der Niere, durch P450 abhängige Oxygenasen in Trichlormethanol umgesetzt und, nach anschließender Dehydrochlorierung zum reaktiven Phosgen, schließlich zu Kohlenstoffdioxid und HCl abgebaut wird (siehe Abb. 7.2).

Ein Beispiel für den zweiten Metabolismusweg ist Dichlormethan. Es kann wie im vorhergehenden Beispiel über Formylchlorid zu Kohlenstoffmonooxid oxidiert werden. Bei Sättigung dieses Cytochrom-P450-Abbauweges (CO und

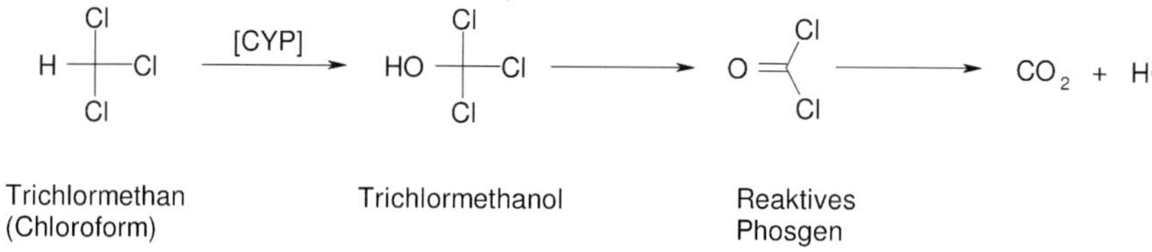

$$HCCl_3 \xrightarrow{[CYP]} HOCCl_3 \longrightarrow O{=}CCl_2 \longrightarrow CO_2 + H$$

Trichlormethan (Chloroform) — Trichlormethanol — Reaktives Phosgen

Abb. 7.2 Metabolismus von Chloroform über Monooxygenasen.

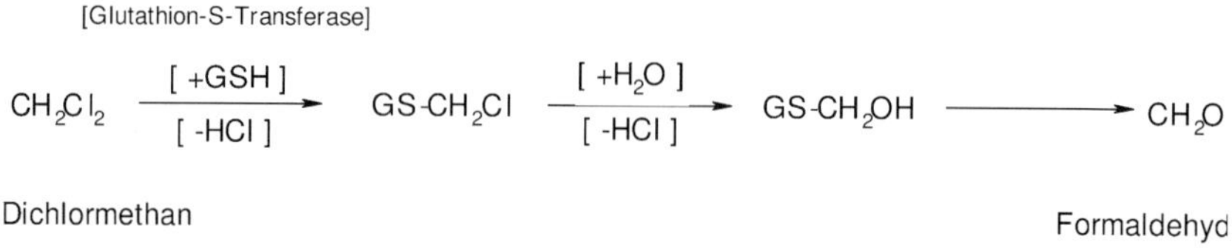

[Glutathion-S-Transferase]

$$CH_2Cl_2 \xrightarrow[{[-HCl]}]{[+GSH]} GS\text{-}CH_2Cl \xrightarrow[{[-HCl]}]{[+H_2O]} GS\text{-}CH_2OH \longrightarrow CH_2O$$

Dichlormethan — Formaldehyd

Abb. 7.3 Metabolismus von 1,2-Dichlormethan über den Glutathionweg.

HCl als Endprodukte) findet eine Metabolisierung über Konjugation mit GSH durch die Glutathion-S-Transferase statt. Über S-Chlormethylglutathion wird es weiter zu Formaldehyd und CO_2 metabolisiert (siehe Abb. 7.3).

S-Chlormethylglutathion hat stark alkylierende Eigenschaften und die intrazelluläre Bildung von Ameisensäure führt zu Zellschädigungen und ist möglicherweise genotoxisch.

Resorption und Umfang der Metabolisierung können bei den Haloalkanen sehr unterschiedlich verlaufen und sind sowohl vom Geschlecht als auch von der Spezies abhängig. Diese Unterschiede hängen mit den unterschiedlichen P450-Stoffwechselraten zusammen. In vielen Spezies haben die Männchen eine höhere renale P450-Konzentration als die Weibchen, wobei in den meisten Spezies insgesamt die Konzentrationen an Cytochrom-P450 in der Leber wesentlich höher sind als in der Niere. Je nachdem, welcher Abbauweg für die Haloalkane überwiegt und bei welchem stärker toxische Metaboliten der jeweiligen Substanz entstehen, ergeben sich somit sowohl diverse geschlechtsspezifische als auch speziesspezifische Unterschiede.

Wie kompliziert die toxikologischen Bewertungen sein können, zeigt das Beispiel von Dichlormethan und 1,2-Dichlorethan. Beide Substanzen werden gut über die Lunge (> 70%), praktisch vollständig über den Gastrointestinaltrakt und nur wenig über die Haut resorbiert. Während nun 1,2-Dichlorethan im Gewebe (Fett, Leber, Niere und Gehirn) akkumuliert, ist das für Dichlormethan nicht der Fall. Beide können über den Monooxygenase- und Glutathionweg metabolisiert werden (s. Abb. 7.2 und 7.3). Da Dichlormethan nicht akkumuliert, stehen nicht organtoxische Reaktionen wie bei 1,2-Dichlorethan (s.u.) im Vordergrund, sondern die akute Bildung von Kohlenstoffmonooxid und HCl im P450 abhängigen Abbau. Das gebildete CO wird abgeatmet, verdrängt aber im Hämprotein das Eisen(II). So kann sich der COHb-Anteil von normalerweise

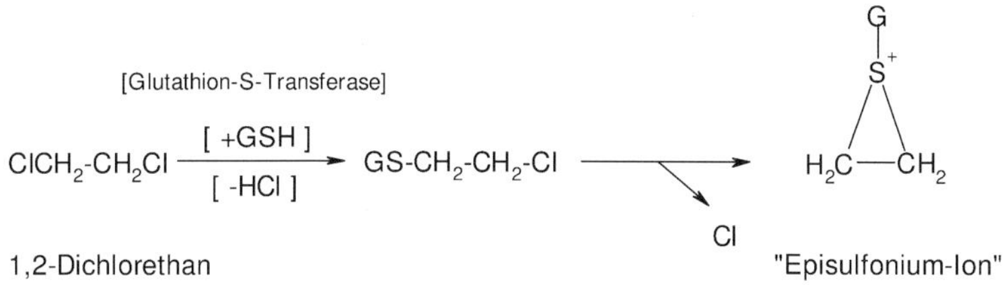

[Glutathion-S-Transferase]

$ClCH_2$-CH_2Cl —[+GSH] / [-HCl]→ GS-CH_2-CH_2-Cl ——→ (Cl) H_2C—CH_2 mit S^+-G

1,2-Dichlorethan "Episulfonium-Ion"

Abb. 7.4 Metabolismus von 1,2-Dichlorethan über den Glutathionweg.

0,5–2% auf 12–15% erhöhen. Die Halbwertszeit des aus Dichlormethan gebildeten COHb beträgt ca. 10 Stunden. Solche hohen COHb-Konzentrationen können dann zu kardiotoxischen Effekten führen. Durch die Akkumulation erfolgt nach Sättigung des oxidativen Abbaus beim 1,2-Dichlorethan dagegen sehr schnell die Glutathion-Reaktion, und damit die Induktion der alkylierenden Episulfonium-Ionen (siehe Abb. 7.4).

7.1.3 Toxizität

Über die oben beschriebenen Abbauwege werden die Haloalkane, aber auch die ungesättigten Verbindungen dieser Klasse, überwiegend abgebaut. Zumeist sind erst die bei diesem Metabolismus entstehenden Verbindungen entweder unmittelbar zellschädigend oder haben mutagene/genotoxische Wirkungen. Daraus lassen sich praktisch alle toxischen Effekte, die man bei Mensch und Tier beobachten kann, erklären.

7.1.3.1 Mensch

Haloalkane können als Lösungsmittel zu Zellmembranschäden führen, also direkt zytotoxisch bzw. irritativ wirken (Augenreizungen, Reizungen der Atemwege). Solche unmittelbar toxischen Nebenwirkungen sind allerdings eher selten in dieser Substanzklasse. Wie bereits erwähnt, sind von besonderer toxikologischer Bedeutung eher die Metaboliten dieser Chemikalien. Durch sie können schwere Organschäden und mutagene/kanzerogene Wirkungen verursacht werden. Da viele Haloalkane akkumulieren und auch die Plazentaschranke überwinden können, sind auch reprotoxische und teratogene Wirkungen (bei Chloroform und den chlorierten Biphenylen) nicht ausgeschlossen.

Dabei rückten in den letzten Jahren halogenierte Ethane in den Mittelpunkt des toxikologischen Interesses. Durch die zwei Kohlenstoffatome können bei dem Glutathion-Metabolismus sogenannte Episulfonium-Ionen entstehen (Abb. 7.4). Diese elektrophilen Ionen gelten aufgrund ihrer alkylierenden Wirkung als besonders zellschädigend/genotoxisch. Toxikologische Beachtung haben deswegen die beiden Substanzen 1,2-Dichlorethan (Ethylenchlorid) und 1,2-Dibromethan (Ethylenbromid) gefunden, da sie als Bleifänger in Kraftstoffen sowie als

Saatbeizmittel weite Verbreitung finden. Beide Substanzen beeinträchtigen (als Zielorgane) das Zentralnervensystem, Leber, Niere und Lunge. Bei Intoxikationen (ab ca. 1 mg m^{-3} bei 1,2-Dibromethan bzw. 20–50 mg m^{-3} bei 1,2-Dichlorethan) treten zunächst zentralnervöse Nebenwirkungen wie Kopfschmerzen, Schwindel, Übelkeit, Erbrechen bis hin zum Koma in den Vordergrund. Erst nach längerer Expositionsdauer treten dann auch die anderen Organschäden auf. Die lokale Reizung ist bei 1,2-Dibromethan deutlich stärker ausgeprägt. Außerdem sind für diese Substanz auch Hautsensibilisierungen beschrieben worden.

Trotzdem sind nicht alle halogenierten Ethane in gleichem Maße toxisch. Ein gutes Beispiel hierfür bilden 1,1,1-Trichlorethan und 1,1,2-Trichlorethan. Während 1,1,1-Trichlorethan nach Ende der Exposition zu ca. 95% unverändert abgeatmet wird, hat 1,1,2-Trichlorethan eine deutliche Organtoxizität. 1,1,2-Trichlorethan wird schnell metabolisiert, wobei ein Säurechlorid (Chloracetylchlorid) entsteht, das wahrscheinlich für die erhebliche Schädigung an Leber und Niere verantwortlich ist. Auch kanzerogene Wirkungen werden für diese Substanz diskutiert. Wegen dieser toxikologischen Unterschiede wird 1,1,2-Trichlorethan relativ selten im Vergleich zu 1,1,1-Trichlorethan in der Industrie verwendet. Das Gleiche gilt für 1,1,2,2-Tetrachlorethan, das zusammen mit Pentachlorethan die bei weitem größte akute Toxizität aller halogenierten Ethane aufweist.

Trotz der relativ guten Verträglichkeit treten allerdings bei höherer Exposition von 1,1,1-Trichlorethan pränarkotische Wirkungen auf, die dann für die Bestimmung der MAK-Konzentration wichtig werden.

Wie bereits erwähnt, findet man in dieser Substanzklasse auch Verbindungen, die lange Zeit als Narkotika eingesetzt wurden bzw. noch werden. Die bekanntesten sind sicherlich Chloroform (Trichlormethan) und Halothan (2-Brom-2-Chlor-1,1,1-Trifluorethan). Sie wirken depressorisch auf das Nervensystem und können neben lokalen Reizungen und Schwindel auch gastrointestinale Beschwerden und Rauschzustände bis zur Bewusstlosigkeit verursachen. Für eine Vollnarkose werden ca. 70 000 mg m^{-3} benötigt. Wegen der doch erheblichen Nebenwirkungen (s. o.) wurde Chloroform durch besser verträgliche Verbindungen ersetzt. Bei Hautkontakt wirkt es entfettend und reizend bis zur Blasenbildung. Arbeitsplatzkonzentrationen über 115 mg m^{-3} führen zu Bewegungsstörungen und Reizbarkeit sowie zu Leber- und Nierenstörungen. Trichlormethan kann die Plazentaschranke überwinden und akkumuliert dann im fetalen Gewebe.

Halothan (siehe Abb. 7.5) wird auch heute noch zur Einleitung der Narkose (um 2 Vol.-%) verwendet. Die Weiterführung der Narkose wird aber meist mit anderen Substanzen durchgeführt. Halothan muss über einen geeichten Verdampfer verabreicht werden. Um die Gewebetoxizität möglichst gering zu halten, wird meist eine Kombination aus Sauerstoff und Lachgas (Stickoxydul) verwendet.

Halothan ist im Zusammenhang mit der Geiselnahme im Moskauer Musical-Theater in das Bewusstsein der Öffentlichkeit gerückt worden (siehe Box Halothan).

```
      F     H
      |     |
F --- C --- C --- Br
      |     |
      F     Cl
```

Abb. 7.5 Halothan.

Halothan

Im Oktober 2002 besetzten schwerbewaffnete, tschetschenische Terroristen das Musical-Theater „Nord-Ost“ in Moskau und brachten mehr als 700 Geiseln in ihre Gewalt. Nach drei Tagen wurde das Theater erstürmt, 36 Terroristen und über 100 Geiseln starben bei der Aktion. Mehrere hundert Geiseln wurden verletzt. Es stellte sich heraus, dass die Geiselbefreiung nach Einleitung des Narkosegases Halothan gestartet wurde, was auch die relative hohe Zahl an Opfern und Geschädigten erklärt. Der Einsatz von Halothan wurde nie von offizieller Seite bestätigt, aber u. a. von Ärzten im Münchner Universitätsklinikum Rechts der Isar belegt, die die nach Deutschland gebrachten Patienten untersucht hatten. Sie wiesen Rückstände des Gases im Blutplasma und im Urin einer 18-jährigen Schülerin und im Blutzellenanteil eines 53-jährigen Geschäftsmannes nach, die zu den Moskauer Geiseln gehört hatten.

Inzwischen geht man allerdings davon aus, dass bei der Befreiung der Geiseln nicht nur Halothan benutzt wurde. Durch die Größe des Moskauer Theaters hätte der alleinige Einsatz von Halothan keine Massennarkose bewirken können. Eine Mischung mit einem Treibgas zur schnelleren Verbreitung des Narkosemittels sowie mit weiteren Substanzen wie z. B. Fentanyl (Fentanyldihydrogencitrat), einem bis dahin nur in der Medizin eingesetzten Opioid, ist wahrscheinlich.

7.1.3.2 **Tierexperimente**

Prinzipiell werden in Tieren ähnliche Befunde nach Haloalkan-Exposition erhoben wie beim Menschen. Diese variieren jedoch aufgrund der bereits erwähnten Speziesunterschiede beim Metabolismus. Allerdings kann man natürlich mögliche mutagene, teratogene und kanzerogene Eigenschaften im Tiermodell leichter aufklären bzw. belegen als im Humansystem, in dem die Datenlage oft nicht ausreichend ist, um eine statistisch abgesicherte Aussage zu ermöglichen.

Es können an dieser Stelle nur zwei Beispiele solche Befunde beleuchten. Ein relativ bekanntes Beispiel ist das 1,2-Dibrom-3-Chlorpropan (DBCP). DBCP wurde in den 1950er Jahren als Nematozid eingesetzt. Arbeiter, die berufsmäßigen Umgang mit der Substanz hatten, zeigten neben Gewebeschäden an Darmmukosa und Niere, die zunächst nicht mit der Exposition in Verbindung gebracht wurden, insbesondere verringerte Spermatogenese (Oligospermie) bzw.

Sterilität (Azoospermie). Damit ist diese Substanz eines der wenigen Beispiele für einen sogenannten, im humanen Bereich nachgewiesenen *„Endocrine Disruptor"*, verursacht durch eine Atrophie des Keimepithels im Hoden. Obwohl zu jener Zeit der Begriff der endokrinen Disruptoren noch nicht so verbreitet war wie heute, wurde für DBCP aufgrund dieser Befunde zunächst die MAK-Grenze auf unter 1 ppm gesetzt und 1979 dann die Produktion ganz eingestellt.

In Tierversuchen an Ratten und Mäusen konnte man sowohl die verringerte Spermatogenese als auch schädigende Wirkungen auf Lunge, Darmmukosa, Leber und Niere nachweisen. Dagegen war eine für den Menschen vermutete kanzerogene Wirkung von DBCP nie statistisch signifikant belegbar. In diversen epidemiologischen Untersuchungen wurde zwar in einigen Fällen eine Tendenz zur erhöhten Krebsrate (u. a. im Respirationstrakt) bei exponierten Personen gefunden, diese waren aber nicht statistisch abzusichern.

Dagegen zeigten Ratten nach Schlundsondenapplikation über 54 Wochen mit 5×15 mg kg^{-1} DBCP Woche^{-1} einen Anstieg der Tumorrate, insbesondere der Vormagenkarzinome, von 0% (Kontrolle) auf 28%. Auch in Inhalationsstudien wurden erhöhte Krebsraten (Nasenhöhlen, Zunge, Lunge) gefunden. Später wurden durch DBCP induzierte Punktmutationen und chromosomenschädigende Wirkungen im Tiermodell bestätigt [2]. Aufgrund dieser Befunde wurde 1,2-Dibrom-3-Chlorpropan in das Verzeichnis [3] der Krebs erzeugenden Gefahrstoffe (Massengehalt ≥ 1%: stark gefährdend; < 1–0,1%: gefährdend) aufgenommen.

Ein anderes Beispiel, das auch die Schwierigkeiten einer vernünftigen Einstufung zeigt, ist Monochlorethan (Ethylchlorid). Chlorethan ist eine leicht flüchtige, farblose, sehr reaktionsfreudige Flüssigkeit, die als Lösemittel für Fette und Harze verwendet wird. Auch als Schäumungsmittel in Polystyrol wird Chlorethan eingesetzt und in der Medizin als Lokalanästhetikum genutzt. In den Jahren vor 1930 wurde Chlorethan als Vollnarkotikum verwendet. Daher weiß man aus älteren arbeitsmedizinischen Arbeiten, dass eine längere (20–60 Minuten) inhalative Exposition relativ hoher Konzentrationen (bis 93 g m^{-3}) beim Menschen zu ausgeprägten toxischen Effekten und Krankheitssymptomen führen kann. Es kommt zu Reizungen der Atemwege, des Verdauungstrakts und der Augen. Schwindel, Kopfschmerzen, Übelkeit und Erbrechen sowie Atemlähmung und Herz-Kreislaufstillstand sind weitere Nebenwirkungen. Schädigungen von Leber und Niere sind möglich. Diese organtoxischen Nebenwirkungen wurden für den Menschen nicht zweifelsfrei belegt, aber im Tierexperiment nachgewiesen.

Positive Ames-Tests lassen mögliche mutagene/genotoxische und kanzerogene Wirkungen für den Menschen nur vermuten, aber nicht belegen. Ein Experiment an Mäusen und Ratten aus dem Jahr 1955 führte zwar nach inhalativer Exposition zu diversen Tumoren an der Haut, im Gehirn, in der Lunge und in der Leber [4], dabei muss aber die sehr hohe und lange Exposition von 40 215 mg m^{-3} über mehr als 100 Wochen berücksichtigt werden. Damit kann ein kanzerogenes Potenzial nicht ausgeschlossen werden. Arbeitsplatzmessungen liegen jedoch im Bereich um 25 mg m^{-3} mit einer Spanne zwischen 0 und gut 200 mg m^{-3}. Aus diesem Grund ist Chlorethan in der EU in die Klasse C3 (= Stoffe, die wegen möglicher Krebs erregender Wirkung beim Menschen Anlass zur Besorgnis geben) eingestuft worden.

7.2 Ungesättigte, halogenierte KWs (Haloalkene, Haloalkine)

7.2.1 Eigenschaften, Vorkommen und Exposition

Analog zu den Haloalkanen werden die Haloalkene und Haloalkine benannt, also z. B. Monochlor-, Dichlor- oder Trichlorethen. Sie finden wie die gesättigten Vertreter dieser Klasse in der Industrie eine breite Anwendung, wie Monochlorethen (Vinylchlorid), 1,1-Dichlorethen (Vinylidenchlorid), Trichlorethen (Trichlorethylen; Tri) und Tetrachlorethen (Per), oder sie sind Nebenprodukte bei der Synthese, wie Hexachlor-1,3-Butadien. Von den Haloalkinen ist praktisch nur Dichlorethin (Dichloracetylen) von Bedeutung, das aus Trichlorethen in Gegenwart von Alkali entstehen kann (z. B. Alkali-Absorber bei der Narkose).

7.2.1.1 Eigenschaften

Monochlorethen (Vinylchlorid; VC) ist bei RT gasförmig. Normalerweise farb- und geruchlos, riecht es in sehr hohen Konzentrationen süßlich. VC ist leicht entflammbar. Die weiteren Haloalkene sind bei RT leichtflüchtige Flüssigkeiten. 1,1-Dichlorethen ist eine farblose, nach Chloroform riechende Flüssigkeit, während Trichlor- und Tetrachlorethen Flüssigkeiten mit ätherähnlichem Geruch sind. 1,1-Dichlorethen zersetzt sich in Gegenwart von Luft u. a. zu Chlor, Phosgen und Formaldehyd. Tetrachlorethen ist nicht brennbar, zersetzt sich aber an heißen Oberflächen u. a. zu Phosgen und Chlor. Dagegen kann Tri bei Zufuhr großer Mengen Sauerstoffs und Hitze explosionsartig zu Chlorwasserstoff, Kohlenstoffmonoxid und Phosgen zerfallen. Wie viele Haloalkane sind auch die Haloalkene biologisch nicht leicht abbaubar, allerdings aufgrund der Doppelbindung reaktionsfreudiger als die gesättigten Verbindungen.

In der Industrie werden die Haloalkene als Lösungs- und Reinigungsmittel sowie als Ausgangssubstrate zur Synthese verwendet. Aufgrund ihrer chemischen und toxikologischen Eigenschaften ist ihr breiter Einsatz nicht unproblematisch.

7.2.1.2 Vorkommen

Die ungesättigten, halogenierten aliphatischen KWs kommen nicht natürlich vor. Die weltweite Verbreitung in der Umwelt resultiert aus den zahlreichen Anwendungen in der chemischen Industrie und in der Technik. Da die meisten nur langsam biologisch abbaubar sind, reichern sie sich in der Umwelt (Boden, Luft, Stratosphäre, aber auch im Wasser) an.

Monochlorethen bzw. Vinylchlorid wird als Monomer weltweit zu über 95% für die Herstellung von PVC verwendet. Hergestellt wird es durch Halogenierung von Ethylen und nachfolgendes Kracken. Der Herstellungsprozess führt zu zahlreichen Verunreinigungen wie Methanol, Quecksilber, Quecksilberchlorid, Methylether u. a. im Produkt. Die produktionsbedingten Emissionen betragen schätzungsweise zwischen 200 000 und 300 000 t $Jahr^{-1}$.

Di-, Tri- und Tetrachlorethen dienen u. a. zur Extraktion von natürlich vorkommenden Fetten, Harzen, Ölen und Wachsen. Dichlorethen findet sich außerdem besonders in Kontaktklebern, Parfüms und Polster- sowie Teppichreinigern. Tri und Per werden besonders in der chemischen Reinigung benutzt, auch in Fleckentfernern werden sie häufig eingesetzt.

In mit Tri- und Tetrachlorethen kontaminierten Böden bilden sich außerdem durch anaerobe Transformation die Isomere *cis*- und *trans*-1,2-Dichlorethen.

Mit einer jährlichen Emission von ca. 20 000–30 000 t ist Trichlorethen ebenfalls ubiquitär in der Umwelt vorhanden. Durch die Doppelbindung sind die Haloalkene in der Umwelt etwas reaktionsfreudiger als die gesättigten Haloalkane, wodurch ihre Halbwertszeiten in der Umwelt ebenfalls kürzer sind, aber immer noch mehrere Monate betragen können. Die relativ gute Wasserlöslichkeit der Haloalkene sorgt besonders in Ballungsgebieten für eine Anreicherung im Wasser, während der hohe Dampfdruck für die Verteilung in der Atmosphäre bis hinauf in die Stratosphäre verantwortlich ist. Besonders stabil dagegen sind die voll halogenierten Haloalkene, die Fluor und Chlor enthalten, die Chlorfluorkohlenwasserstoffe (CFKWs). Aufgrund dieser Eigenschaft und der damit verbundenen Problematik für die Atmosphäre werden sie im nächsten Abschnitt separat behandelt.

7.2.1.3 **Exposition**

Für die Exposition gilt prinzipiell das Gleiche, was für die gesättigten halogenierten KWs bereits gesagt wurde. Aufgrund des Dampfdrucks steht die Aufnahme über die Lunge im Vordergrund, während die Penetration durch die Haut etwas geringer, aber nicht vernachlässigbar ist. Bei dermaler Exposition kommt es je nach Substanz zu mittel bis stark entfettenden Wirkungen. Durch die weite Verbreitung der Haloalkene in der Umwelt ist praktisch jeder Mensch diesen Substanzen exponiert. Allerdings sind die Konzentrationen in der Umwelt wegen der höheren Reaktivität der ungesättigten Verbindungen insgesamt geringer als bei den Haloalkanen. So schwankt der Background-Level für Trichlorethen z. B. in der Atmosphäre zwischen 0,002 und 343 ng m^{-3} und erreicht nur in industriellen Ballungsgebieten Spitzen bis 80 µg m^{-3}. Kontaminationen im Oberflächenwasser können bis zu 10 µg l^{-1}, in Lebensmitteln (Getränken, Milchprodukten, Fetten, Ölen, Brot) zwischen 1 µg und 90 µg kg^{-1} ausmachen. Daneben sind für die toxikologische Betrachtung insbesondere die Expositionen am Arbeitsplatz bedeutsam. Hierbei ist das (Profi-) Personal der chemischen Industrie, von Reinigungsfirmen, Druckereien und Bodenverlegern ebenso im Fokus wie die Amateur-Handwerker aus dem Do-it-yourself-Bereich. So wurden in Innenräumen nach Verlegearbeiten schon Werte von über 1,2 mg m^{-3} Trichlorethen gemessen.

7.2.2
Toxikokinetik

Haloalkene und Haloalkine werden über die Lunge und über den Gastrointestinaltrakt relativ gut resorbiert. Nach längerer Exposition werden über die Lunge ca. 15% unmetabolisiert abgeatmet. Von den metabolisierten Verbindungen wird ein großer Prozentsatz (bis zu 50%) über die Nieren ausgeschieden. Bei längerer Exposition mit hohen Konzentrationen (einige hundert mg m^{-3}) akkumulieren die Substanzen im Fettgewebe, in den Nieren und der Lunge (z. B.

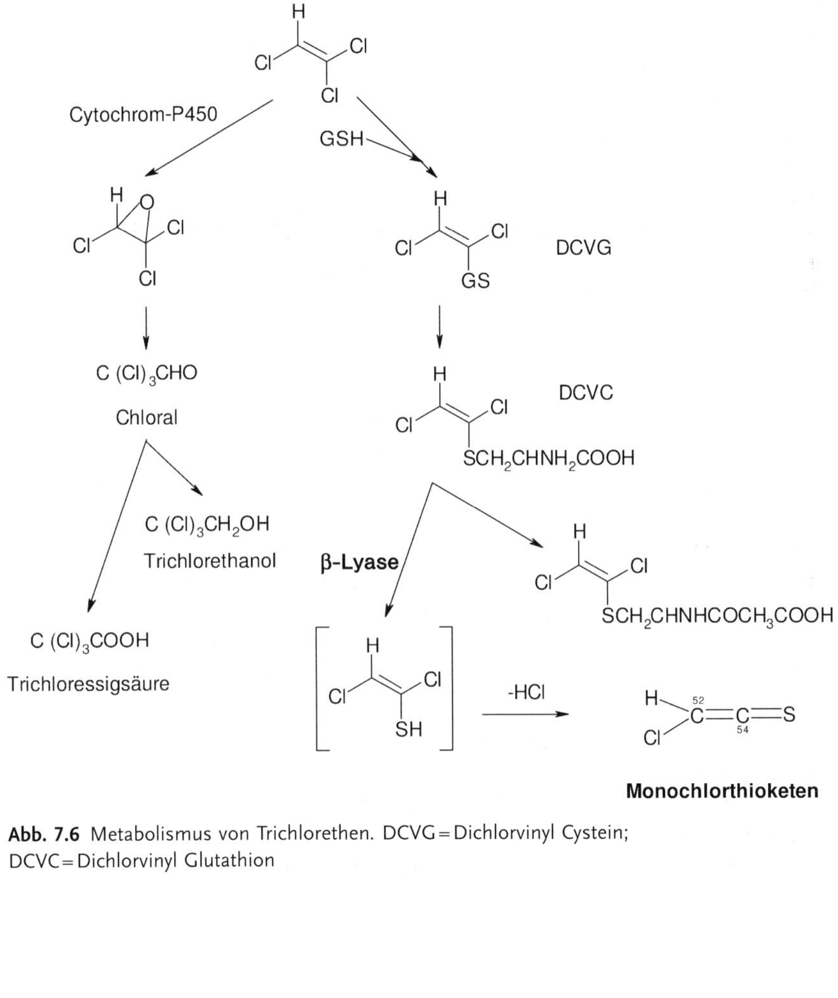

Cytochrom-P450
GSH
DCVG
$C(Cl)_3CHO$
Chloral
DCVC
SCH_2CHNH_2COOH
$C(Cl)_3CH_2OH$
Trichlorethanol
β-Lyase
$SCH_2CHNHCOCH_3COOH$
$C(Cl)_3COOH$
Trichloressigsäure
-HCl
Monochlorthioketen

Abb. 7.6 Metabolismus von Trichlorethen. DCVG = Dichlorvinyl Cystein; DCVC = Dichlorvinyl Glutathion

1,1-Dichlorethen) sowie im Gehirn und in der Leber (z. B. Trichlorethen, Monochlorethen (VC) und Tetrachlorethen).

Wie bei den Haloalkanen verläuft die Verstoffwechselung der Haloalkene überwiegend über Cytochrom-P450. Einen Nebenweg stellt auch hier der Glutathion-S-Transferase abhängige Metabolismus dar. Solche GSH-Konjugate können dann zur Niere transportiert werden, wo sie im Glomerulum filtriert werden. In den Bürstensaummembranen befinden sich Enzyme, die den Transport in die proximalen Tubuli durch Konjugation mit Aminosäuren ermöglichen, z. B. als N-Acetylcystein-Konjugat. Daraus kann in den Tubuli ein Cystein-Konjugat gebildet werden, welches dann wiederum das Substrat für die Cysteinkonjugat-β-Lyase darstellt. So entstehen letztlich elektrophile Chlorthioketen-Metaboliten (siehe Abb. 7.6).

7.2.3 Toxizität

Wie oben schon beschrieben, sind auch bei den Haloalkenen und Haloalkinen erst die bei diesem Metabolismus entstehenden Verbindungen entweder unmittelbar zellschädigend oder haben durch Interaktion mit der DNA mutagene/genotoxische Wirkungen. Durch die stark entfettende Eigenschaft der Haloalkene sind auch die haut- und schleimhautreizenden Wirkungen sehr ausgeprägt bei dieser Substanzklasse. Ansonsten ergeben sich die toxischen Effekte aus der Anreicherung der schädlichen Metaboliten in den verschiedenen Organen, die besonders nach längerer, chronischer Exposition auftreten. Insgesamt werden die Effekte, die in Tierexperimenten gefunden wurden, auch beim Menschen festgestellt. Allerdings sind diese beim Menschen meist nicht so deutlich ausgeprägt, da die Stoffwechselrate z. B. im Vergleich mit Nagern wesentlich niedriger ist. So lassen sich im Tierexperiment beobachtete kanzerogene Eigenschaften einzelner Substanzen beim Menschen vielfach nicht verifizieren.

Die wichtigsten Haloalkene und Haloalkine sind in der Tabelle 7.2 mit ihren toxikologisch interessanten Wirkungen aufgeführt und sollen im Folgenden kurz besprochen werden.

7.2.3.1 Tierexperimente

Vinylchlorid wird im endoplasmatischen Retikulum der Hepatozyten in sein reaktives Epoxid verwandelt, das mit Adenosin der DNA interagieren kann (vgl. Abb. 7.7). Dadurch werden die auch noch im erwachsenen Organismus sich oft teilenden Sinusoidalzellen der Leber geschädigt. Es kommt zu Tumoren dieser Zellen, den sogenannten „Hämangiosarkomen“, also Tumoren der Blutgefäße der Leber. Diese eher seltene Krebsart wurde bei Tierversuchen nach Vinylchlorid-Exposition gefunden. Da diese Sarkome ebenfalls bei Menschen auftraten, die intensiven Kontakt mit Monochlorethen hatten, konnte damit empidemiologisch der Zusammenhang mit der Substanz nachgewiesen werden. Bei Ratten und Mäusen ist bereits eine mehrwöchige Behandlung mit 50 ppm kanzerogen.

Tab. 7.2 Die wichtigsten Haloalkene und Haloalkine.

Haloalken, Haloalkin	Summenformel	Synonym	Verwendung	Toxizität (Zielorgan)
Monochlorethen	$H_2C{=}CHCl$	Vinylchlorid	Monomer des PVCs	schleimhautreizend, Herzrhythmusstörungen, Leber, Haut, ZNS, mutagen, kanzerogen
Dichlorethen	$ClHC{=}CHCl$	Vinylidenchlorid	Synthesestoff, Klebstoffe, Harze	Leber, kanzerogen?
Trichlorethen	$ClHC{=}CCl_2$	Tri	Entfettungsmittel, Reinigungsmittel	ZNS, Leber, reizend kanzerogen?, teratogen?
Tetrachlorethen	$Cl_2C{=}CCl_2$	Per	Entfettungsmittel, Reinigungsmittel	neurotoxisch, Leber, Niere, kanzerogen?
Hexachlor-1,3-Butadien	C_4Cl_6	HCBD, Tripen	„Abfallprodukt“	kanzerogen?
Dichlorethin	$ClC{\equiv}CCl$	Dichloracetylen	„Abfallprodukt“	neurotoxisch, kanzerogen

Früher wurde Vinylchlorid als harmlos angesehen und auch ein Einsatz als Narkotikum erwogen. Nur die Tatsache, dass nach Verabreichung an Hunde schwere Herzrhythmusstörungen festgestellt wurden, verhinderte den Einsatz von VC am Menschen.

Das Epoxid von Vinylidenchlorid (2,2-Dichloroxiran) ist im Gegensatz zum Epoxid von Vinylchlorid deutlich labiler. Daher ist die Interaktion mit der DNA geringer und der Metabolit sehr viel weniger „genotoxisch“. Der Ames-Test mit 1,1-Dichlorethen ist zwar positiv, aber Untersuchungen auf Kanzerogenität an Nagern brachten bisher widersprüchliche Ergebnisse. Aus diesem Grunde ist die Substanz nur als möglicherweise Krebs erzeugend gekennzeichnet. Ganz anders verhält es sich mit der Lebertoxizität. Diese ist bei 1,1-Dichlorethen sehr viel stärker ausgeprägt als bei Monochlorethen. Auch zwischen den Nagern gibt es bezüglich der Toxizität deutliche Unterschiede. So liegt der LD_{50}-Wert der Maus bei ca. 200 mg kg^{-1}, bei der Ratte aber bei 1500 mg kg^{-1}. Ebenso wurden klare geschlechtsabhängige Unterschiede gefunden (Männchen empfindlicher als Weibchen).

Neben der starken Hepatotoxizität wurden in Tierexperimenten bei hoher Dosierung (2000 mg m^{-3}) auch Wirkungen auf die Nieren gefunden, zum Teil auch Tumore in der Niere. In anderen Versuchen wurden solche Tumore nicht gefunden. Insgesamt scheint die Toxizität von 1,1-Dichlorethen vom Fütterungszustand der Tiere abzuhängen. Eine starke Wirkung wird bei nüchternen Tieren

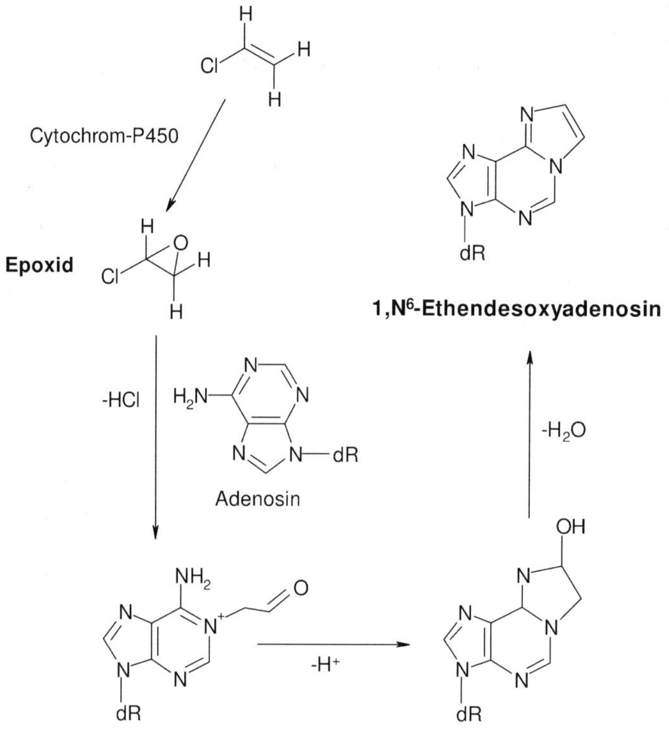

Abb. 7.7 Metabolismus von Vinylchlorid.

mit hohem Glutathiongehalt in der Leber beobachtet. Sie ist auch bei einer Induktion der oxidativen mikrosomalen Enzymsysteme ausgeprägter.

Die halogenierten Alkene Trichlorethen, Perchlorethen, Hexachlorbutadien und das Alkin Dichlorethin (Dichloracetylen) erzeugen nach längerer Gabe (≥30 Tage) und hohen Dosierungen an Ratten selektiv Tumoren der proximalen Tubuli der Niere. In der Leber werden nephrotoxische Haloalkene wie oben beschrieben durch Glutathion-S-Transferasen mit GSH konjugiert. In der Niere werden sie dann durch Enzyme der Merkaptursäurebiosynthese zu den entsprechenden Cystein-S-Konjugaten abgebaut, die durch N-Acetyltransferasen weiter zu Merkaptursäuren umgesetzt werden (vgl. auch Abb. 7.6). Sie können aber auch durch die Cysteinkonjugat-β-Lyase unter Bildung von Pyruvat, Ammonium-Ionen und einem DNA-reaktiven Intermediat gespalten werden. Cysteinkonjugat-β-Lyase und die Enzyme der Merkaptursäurebiosynthese sind in den proximalen Tubuli der Niere in hoher Konzentration vorhanden. Diese Tatsache kann den organspezifischen Effekt der o.a. ungesättigten, halogenierten KWs erklären. Sowohl *in vitro* als auch *in vivo* wurde die Konjugation mit Glutathion für Dichlorethin und Hexachlorbutadien und in geringem Maße auch für Trichlorethen und Tetrachlorethen nachgewiesen. Die Cystein-S-Konjugate S-(1,2-Dichlorvinyl)-L-Cystein (DCVC), S-(1,2,2-Trichlorvinyl)-L-Cystein (TCVC) und S-(1,2,3,4,4-Pentachlorbutadienyl)-L-Cystein (PCBC) sowie die davon abgeleiteten Merkaptursäuren erwiesen sich als mutagen in *Salmonella typhimurium* und gentoxisch in kultivierten Nierentubulusepithelzellen. Die durch die β-Lyase gebildeten Chlorthioketene wurden als mutagene Intermediate identifiziert. Der Nachweis wurde *in vivo* bzw. *in vitro* über eine DNA-Bindung radioaktiv markierter Metaboliten von Hexachlorbutadien und Pentachlorbutadienyl-L-Cystein geführt. In Mäusen werden diese radioaktiven Metaboliten bevorzugt an mitochondriale DNA gebunden [14].

Trichlorethen und Tetrachlorethen sind weit weniger toxisch als die weniger halogenierten Alkene und Alkine. So wurden z. B. Ratten und Kaninchen an 5 Tagen pro Woche über 6 Monate mit bis zu 10 080 mg m^{-3} Tri inhalativ behandelt, ohne dass nachweisbare toxische Effekte auftraten. Nach oraler Gabe liegen die LD_{50}-Werte bei Ratten etwa bei 5000 mg kg^{-1}, und bei Mäusen bei 2400 mg kg^{-1}. Für beide Substanzen werden aufgrund tierexperimenteller Befunde und des Metabolismuses (s. o.) kanzerogene Wirkungen für möglich gehalten, auch wenn die Befunde nicht immer eindeutig sind. Ähnlich verhält es sich mit der Nierentoxizität. Während Wirkungen auf das ZNS und die Leber auch im Tier gut belegt sind [5], wurden Nephrotoxizitäten nur nach relativ hoher Exposition und längerem Zeitraum (z. B. 500 ppm Tri über 6 Monate) gefunden [6].

7.2.3.2 **Mensch**

Monochlorethen bzw. Vinylchlorid galt lange Zeit als kaum giftig. Man ging davon aus, dass es nur leicht betäubend und schleimhautreizend sei. Erst Anfang der 1970er Jahre traten Mutagenität, Kanzerogenität sowie teratogene und embryotoxische Wirkungen, die tierexperimentell und zum Teil auch epidemiologisch nachgewiesen wurden, immer mehr ins Blickfeld. So betrug noch 1966 der MAK-Wert 500 ppm, 1971 nur noch 100 ppm und 1974 50 ppm. Wegen der dann erwiesenen kanzerogenen Wirkung wurde VC in die Liste der A1-Stoffe des Abschnitts III der MAK-Liste aufgenommen, womit die Festlegung eines MAK-Wertes entfiel. Stattdessen wurde eine Technische Richtkonzentration (TRK) von 2–3 ppm für Anlagen und nach der Gefahrstoffverordnung ein Alarmschwellenwert von 15 ppm festgelegt. Der Grenzwert bei PVC-Lebensmittelfolie liegt entsprechend niedrig bei 0,05 ppm. Das Problem für Exponierte ergibt sich durch den Geruchsschwellenwert des VCs bei ca. 4000 ppm, d. h. dass die Gefahr ohne Hilfsmittel von Menschen nicht wahrgenommen werden kann.

Die nach längerer Vinylchlorid-Exposition auftretenden Krankheitssymptome, wie die charakteristische Schädigung von Leber, Speiseröhre und Magen, die Milzvergrößerung (Splenomegalie), der Mangel an Blutplättchen (Thrombozytopenie) sowie Schädigungen der arteriellen Handdurchblutung, des Handskeletts (Raynaud-Syndrom) und der Haut, werden auch als „VC-Krankheit“ bezeichnet. Ein immuntoxischer Anteil wird für dieses Krankheitsbild diskutiert (siehe Box „Immuntoxikologie zum VC“).

Immuntoxikologie zum VC

Zu einigen Haloalkanen und Haloalkenen gibt es zwar immuntoxische Untersuchungen an Nagern, aber die spezifischen Effekte auf das Immunsystem sind meist nur mittel bis schwach ausgeprägt und ein Nachweis primär immuntoxischer Wirkungen wurde nie eindeutig geführt. Allein bei Monochlorethen gab es seit 1976 Hinweise darauf, dass beim Menschen ein Teil der Befunde der „VC-Krankheit“ auch auf die Bildung von Immunkomplexen zurückzuführen sein könnte [7]. Dies gilt natürlich für die Vergrößerung der Milz und die Thrombozytopenie, könnte aber auch für Schädigungen der Blutgefäße z. B. durch Komplement-Aktivierung verantwortlich sein. Bei den Befunden der zirkulierenden Immunkomplexe ist nicht klar, ob die Komplexe nach organschädigenden Vorgängen in Leber und Niere entstehen, also sekundär induziert werden, oder ob diese auch primär über Veränderung von Selbstproteinen entstehen können. Letzteres würde dann für eine primär immuntoxische Reaktion sprechen.

Obwohl auch das fertige Produkt (PVC) noch geringe Mengen an Vinylchlorid ausdünstet, werden dadurch in den meisten Fällen keine relevanten Konzentrationen erreicht. Dagegen sind Weichmacher wie Diethylhexylphthalat (DEHP) im PVC u. U. doch von toxikologischem Interesse, besonders wenn Weich-PVC in Baby-Hände gerät. Aus Amerika ist die Fachrichtung der „Developmental Immunotoxicology“ (DIT) nach Europa exportiert worden, die sich mit genau solchen Wirkungen von Substanzen auf das sich entwickelnde Immunsystem beschäftigt. Dieses Gebiet wird die Immuntoxikologen in den nächsten Jahren sicherlich intensiv beschäftigen. Erste Richtlinien zur Reprotoxikologie, die ein sogenanntes DIT-Modul beinhalten sollen, werden momentan bei der OECD diskutiert.

Beim Menschen ist Dichlorethen zwar haut- und schleimhautreizend sowie hepatotoxisch, kanzerogene Wirkungen konnten durch epidemiologische Untersuchungen bisher aber nicht nachgewiesen werden. Auch die hepatotoxische Wirkung konnte nur bei Arbeitern epidemiologisch abgesichert nachgewiesen werden, die über sehr lange Zeiträume ($\geq$20 Jahre) hinweg höheren Konzentrationen von Dichlorethen (bis zu 685 mg m^{-3}) ausgesetzt waren.

Trichlorethen führt bei chronischer Exposition zu Schäden an Leber, Niere und Herz. Es hat stark depressorische Wirkungen auf das ZNS. Als gutes Lösungsmittel führt es bei Hautkontakt zur Entfettung und Irritation (auch der Schleimhäute). Konzentrationen ab 1090 mg m^{-3} führen beim Menschen zu Schwindel, Übelkeit, Erbrechen und Bewusstseinsstörungen. Verschiedene internationale epidemiologische Langzeit-Untersuchungen sind zu dem Schluss gekommen, dass Arbeiter nach langer Exposition (Jahre) mit Trichlorethen ein erhöhtes Risiko haben, Leber-, Gallengang- und Non-Hodgkin-Tumore zu entwickeln. Neuere Untersuchungen gehen davon aus, dass nach mindestens 15jährigem Umgang mit Tri und einer Latenzzeit von 30 Jahren auch Schädigungen der Niere bzw. Nierentumore auftreten können. Die Daten werden von verschiedenen Kommissionen sehr unterschiedlich ausgelegt. Während die MAK-Kommission Trichlorethen als humanes Kanzerogen einstuft, wird es z. B. von der WHO nur als wahrscheinlich humankanzerogen angesehen. Zusätzlich wird von der MAK-Kommission eine teratogene Wirkung nicht ausgeschlossen. Die Diskussion über diese Befunde hat, besonders in Reinigungsbetrieben, zum weitgehenden Ersatz von Trichlorethen durch Tetrachlorethen geführt.

In erster Linie unterscheidet sich Per von Tri durch einen sehr viel langsameren Metabolismus in der Leber. Infolgedessen wird der größte Teil des aufgenommenen Pers nach Expositionsende unverändert wieder abgeatmet, und das hepatotoxische Potenzial ist deutlich geringer. Die ersten Effekte, die bei hoher Per-Exposition auftreten, sind neurotoxische. So vermindern sich Merkfähigkeit, Reaktions- und Wahrnehmungsgeschwindigkeit. Ebenso verringert sich die Konzentrationsfähigkeit. Unterschiedliche Schweregrade dieser Symptome wurden dosisabhängig bei Menschen gefunden, die Luftkonzentrationen zwischen 80 und 340 mg m^{-3} ausgesetzt waren. Trotz der geringeren Toxizität ist aber der Einsatz aus toxikologischer Sicht natürlich nicht unproblematisch. Relevant ist hier zum einen die Konzentration am Arbeitsplatz, zum anderen die weite Verbreitung in der Umwelt.

Von ganz anderem Kaliber können die „Abfallprodukte“ der Umsetzung und Synthese von Haloalkenen sein. Das gilt in besonderem Maße für Dichlorethin. Bereits geringe Mengen an Dichlorethin führen zu Degenerationen der Hirnnerven, wie z. B. des N. Trigeminus. Außerdem ist es ein starkes Kanzerogen. Da Dichlorethin als Arbeitsstoff nicht eingesetzt wird, liegen auch keine arbeitsmedizinischen Erfahrungen vor. Außerdem zersetzt sich die Substanz bei Zutritt von Luft sofort in eine Reihe meist perchlorierter Verbindungen. Von toxikologischem Interesse sind deswegen eher die stabileren Gemische mit z. B. Trichlorethen [6] oder Ethin (Acetylen).

7.3 Fluorchlorkohlenwasserstoffe (FCKWs)

Chemisch korrekt müssten die FCKWs eigentlich Chlorfluorkohlenwasserstoffe (CFKWs) bzw. sogar Chlorfluorkohlenstoffe (CFKs) genannt werden. Da sich aber der Begriff FCKWs im Laufe der Zeit so eingespielt hat, soll diese Substanzklasse hier auch durchgehend so genannt werden.

Im engeren Sinne gehören zu den „FCKWs“ solche gemischt-halogenierten KWs, die keinen Wasserstoff enthalten (daher CFKs). Durch das Fehlen von Wasserstoff sind die Verbindungen so stabil, dass sie bis in die Stratosphäre aufsteigen können und erst dort durch die UV-Strahlung abgebaut werden. Die dabei entstehenden Chlor-Radikale führen dann zu der bekannten Zerstörung der Ozonschicht.

7.3.1
Eigenschaften, Vorkommen und Exposition

7.3.1.1 Eigenschaften

Die FCKWs sind wie oben beschrieben sehr stabile Verbindungen. Außerdem sind sie überwiegend leichtflüchtig, erzeugen daher einen relativ hohen Dampfdruck. Zusätzlich zeichnet sie eine niedrige Wärmeleitfähigkeit aus. Sie sind nicht explosiv, unbrennbar und geruchs- und geschmacksneutral. Diese Eigenschaften haben sie als ideale Treib- und Kühlmittel erscheinen lassen. Für eine breite Anwendung sprach lange Zeit besonders auch die geringe akute und chronische Toxizität für Tiere und Menschen.

Nicht vollkommen halogenierte FCKWs, wie z. B. Chlorfluormethan (CH_2FCl), sind dagegen wesentlich reaktiver und können somit auch toxische Potenziale besitzen. So ist Chlorfluormethan kanzerogen. Da sie damit in die Gruppe der „normalen“ Haloalkane fallen, die weiter oben besprochen wurden, sollen sie hier nicht weiter behandelt werden.

Die wichtigsten vollhalogenierten FCKWs, für die die „FCKW-Halon-Verbotsverordnung“ aus dem Jahr 1991 [8] gilt, sind hier aufgeführt:

1. Trichlorfluormethan (R11)
2. Dichlordifluormethan (R12)
3. Chlortrifluormethan (R13)
4. Tetrachlordifluorethan (R112)
5. Trichlortrifluorethan (R113)
6. Dichlortetrafluorethan (R114)
7. Chlorpentafluorethan (R115)

Trichlorfluormethan (R11) dient als Referenz für den sogenannten ODP-Wert (*Ozone Depletion Potential*) eines Stoffes, der das relative Ozonabbaupotenzial angibt, d. h. der ODP-Wert von R11 ist 1. Die Ozonabbaupotenziale anderer Stoffe werden in Relation zum R11 angegeben. Der ODP-Wert ist kein feststehender Wert, sondern wird aufgrund neuerer wissenschaftlicher Erkenntnisse oder Messungen ständig angepasst.

7.3.1.2 Vorkommen

Auch wenn Produktion und Einsatz von FCKWs in den meisten westlichen Industriestaaten mittlerweile verboten sind, sind sie einerseits doch so stabil, und werden andererseits auch noch, besonders in Entwicklungsländern, weiter eingesetzt, dass ihr Vorkommen noch weltweit über Jahrzehnte messbar/nachweisbar sein wird. Seit den 1930er Jahren wurden FCKWs als Kältemittel in Kühlgeräten, Klimaanlagen und Wärmepumpen eingesetzt. Mehr und mehr fanden sie auch breite Anwendung als Treib- und Lösungsmittel, als Wärmeträger und Feuerlöschmittel, oder in Schäumen. Haupteinsatzfeld in Deutschland waren dabei die Kältemittel in Kühlgeräten und Klimaanlagen (ca. 80%) sowie die Produktion von Schaumstoffen (ca. 20%). Seit 1995 ist der Einsatz von FCKWs in

Deutschland verboten. Ersatzmittel sind hier chlorfreie H-FKWs (heute > 50%), Ammoniak, flüssiger Stickstoff oder Propan-Butan-Gemische. Da immer noch zahlreiche Altgeräte im Einsatz sind, geraten z. B. durch Leckagen immer noch FCKWs auch in Deutschland in die Umwelt, zusätzlich natürlich auch durch nicht fachgerechte Entsorgungen. Für Aufbereitungsbetriebe gibt es aus diesem Grund ein „Gütesiegel" [9] (RAL-GZ 728), das eine fachgerechte Entsorgung durch den Betrieb garantieren soll. Da FCKWs in Spraydosen bis Ende 2000 in Deutschland zugelassen waren, gelangen über Deponien auch heute noch diese Substanzen in die Umwelt. Bei einer durchschnittlichen Verweildauer der FCKWs von 45 bis 300 Jahren in der Atmosphäre und einem geplanten Produktionsstopp auch in Entwicklungsländern erst 2010 [10] werden die Substanzen noch lange ubiquitär erhalten bleiben.

Ozonkiller

FCKWs und Halone (FBKWs) benötigen ca. 5–10 Jahre, bis sie in der Stratosphäre ankommen. Bis zu 95% des in der Atmosphäre vorkommenden Ozons (O_3) befinden sich in der Stratosphäre in einer Höhe von 15–35 km (siehe. Abb. 7.8). Diese Schicht wird aus molekularem Sauerstoff durch Fotolyse (UV-C-Strahlung) gebildet. UV-C spaltet den Sauerstoff in zwei Sauerstoffradikale, die sich dann wiederum sofort mit O_2 zu Ozon-Molekülen verbinden. Durch die etwas energieärmere UV-B-Strahlung wird Ozon wieder in O_2 und $O^\bullet$ gespalten. Dadurch hat sich im Laufe der Zeit ein dynamisches Gleichgewicht eingestellt, das zunehmend durch anthropogene Emissionen in Richtung Abbau des Ozons verschoben wird. Besonders wichtig sind dabei Radikale des Chlors und des Broms. Diese Radikale entstehen ebenfalls durch Fotolyse, werden aber nicht verbraucht, sondern dienen als Katalysator bei der Umwandlung von Ozon in molekularen Sauerstoff, indem sie jeweils ein O-Atom des Ozons auf atomaren Sauerstoff übertragen, wodurch molekularer Sauerstoff entsteht. Ein Chlorradikal spaltet so bis zu 100 000 Ozonmoleküle. Durch den Abbau der Ozonschicht kann nun mehr UV-B bis in tiefere Schichten vordringen und die schädlichen Wirkungen („sonnenbrandwirksame Strahlung") hervorrufen.

Bereits 1985 wurde von den vereinten Nationen ein Übereinkommen zum Schutz der Ozonschicht unterzeichnet. Erste konkrete Maßnahmen wurden dann 1987 von einem Teil der Mitgliedsstaaten in Montreal vereinbart [10]. Aus dieser Initiative ergaben sich weitere Vereinbarungen zum Klimaschutz, die in London (1990), Kopenhagen (1992), Wien (1995), Kyoto (1997), Peking (1999) und Montreal (2005) [11] getroffen wurden. Viele dieser Vereinbarungen wurden bis heute sehr unterschiedlich in europäisches bzw. nationales Recht umgesetzt und aus wirtschaftlichen Gründen von einigen Staaten in vollem Umfang boykottiert.

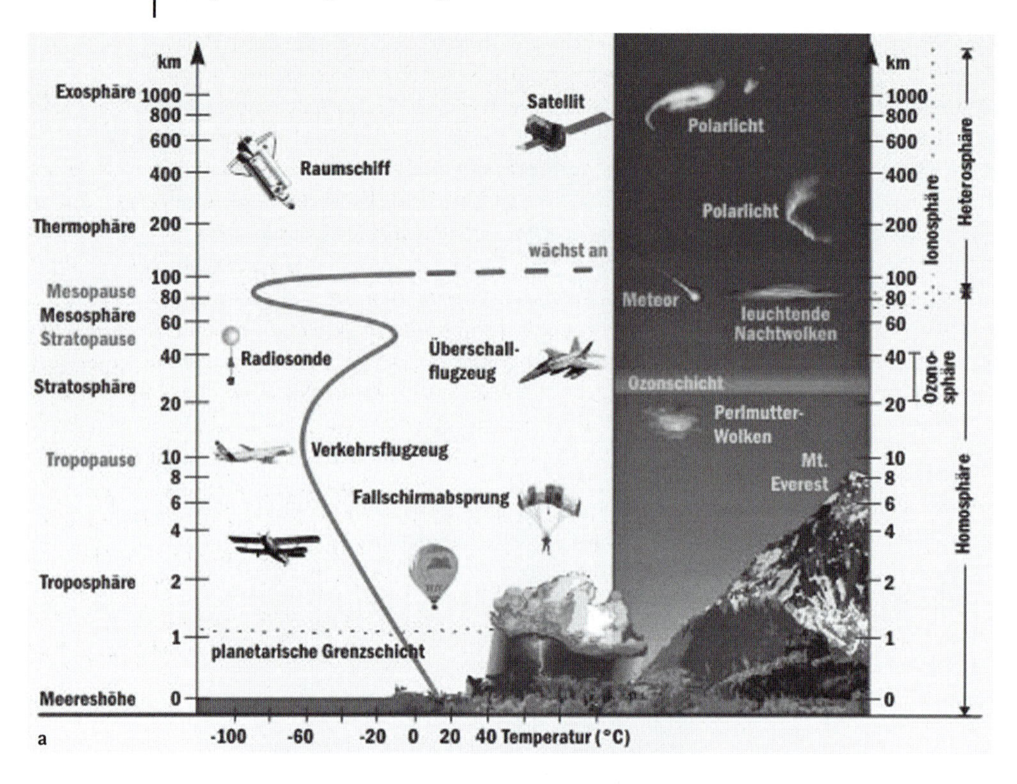

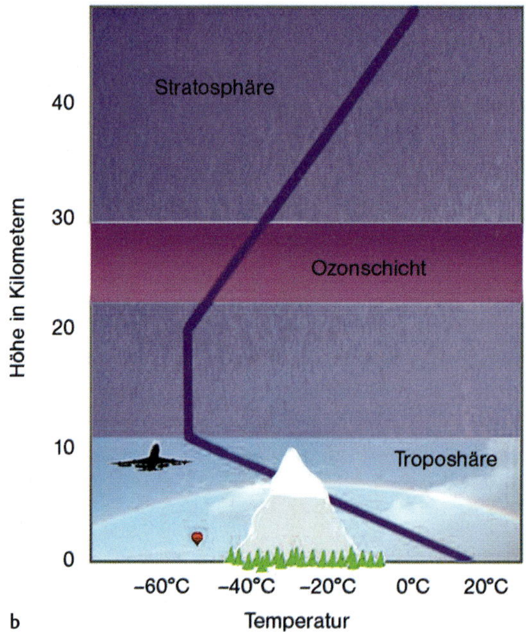

Abb. 7.8 **a** Atmosphäre (Fonds der Chemischen Industrie).
b Einteilung der Atmosphäre-Schichten (Christian P. Neuhaus; top-wetter.de).

Durch die weltweiten Maßnahmen zur Reduktion der Ozonkiller wie FCKWs und FBKWs wurde zwar die weitere Zunahme dieser Substanzen in der Atmosphäre seit der Jahrtausendwende eingeschränkt, aber die positiven Effekte werden noch lange auf sich warten lassen. Eine Studie der Vereinten Nationen (UNEP) [12] geht davon aus, dass erst Mitte des 21. Jahrhunderts das Niveau von 1980 wieder erreicht sein wird.

7.3.1.3 **Exposition**

Wie bereits oben erwähnt, sind alle Menschen ubiquitär FCKWs exponiert. Aus toxikologischer Sicht ist dies allerdings nicht von großer Bedeutung, da bei dieser Substanzklasse die Aktivität in der Stratosphäre bei weitem wichtiger ist. Im Gegensatz zu Ländern Osteuropas werden FCKWs in den westlichen Ländern nur noch für Spezialanwendungen mit Ausnahmegenehmigungen eingesetzt, wie z. B. zur Schädlingsbekämpfung. Trotzdem kann bei Wartung oder Entsorgung von Altanlagen bzw. Altgeräten eine Exposition höherer Konzentrationen auftreten.

7.3.2 **Toxikokinetik**

Die flüchtigen FCKWs werden inhalativ aufgenommen, besonders bei der Verdampfung komprimierter Gase. Dabei ist eher die Verdrängung der Atemluft von Bedeutung, die letal enden kann, als unmittelbar toxische Effekte. Eine Zufuhr von reinem Sauerstoff ist dann lebensnotwendig. FCKWs werden sehr gut resorbiert und schnell verteilt, auch der Übertritt in das ZNS erfolgt rasch, was dann zu zentralnervösen Effekten führen kann. In FCKW freier Atmosphäre werden die Substanzen fast unverändert wieder ausgeschieden. Nur ein geringer Teil wird in der Leber oxidativ über Cytochrom-P450 abgebaut.

7.3.3 **Toxizität**

Insgesamt spielen fast nur die flüssigen FCKWs (als komprimierte Gase) eine toxikologische Rolle. An heißen Oberflächen können sie sich zersetzen u. a. zu Chlor, Chlorwasserstoff, Fluorwasserstoff und Phosgen. Außerdem reizen sie Schleimhäute, was zu Rötungen, Jucken und Husten führen kann. Verdampfungen auf der Haut können Erfrierungen zur Folge haben. Bei wiederholter Hautexposition kann eine Dermatitis resultieren. Da die Gase geruchsneutral sind, werden Expositionen hoher Konzentrationen meist nicht sofort wahrgenommen. Nach Verdrängung des Sauerstoffs und Übertritt in das ZNS können sich Arrhythmien, Verwirrung, Schläfrigkeit und Bewusstseinsstörungen einstellen, die aber meist reversibel sind.

7.3.3.1 Tierexperimente

Die vollhalogenierten FCKWs sind auch im Tierversuch praktisch als toxikologisch inert anzusehen. Sowohl akute Studien als auch chronische Inhalationsstudien an Nagern brachten kaum toxikologisch relevante Befunde, abgesehen von zentralnervösen Effekten, die reversibel waren.

7.3.3.2 Mensch

Aufgrund der meist sehr unproblematischen toxikologischen Befunde sind die MAK-Werte der vollkommen halogenierten FCKWs relativ hoch. Sie liegen meist um 1000 ppm bzw. einige Tausend mg m^{-3}. Allerdings muss unter gewissen Umständen mit Augen- und Hautschutz sowie manchmal mit Atemgerät gearbeitet werden. Das gilt besonders dann, wenn mit komprimierten FCKW-Gasen bei der Wartung oder Entsorgung von Altanlagen umgegangen wird. Mögliche Erfrierungen und Erstickungen stehen hier im Vordergrund der Schutzmaßnahmen. RAL-GZ 728 zertifizierte Entsorgungsbetriebe müssen praktisch geschlossene Vorrichtungen nachweisen, in denen FCKWs automatisch entsorgt werden können, ohne dass Menschen mit ihnen in Berührung kommen. Außerdem müssen sie sehr restriktive Kontaminations- und Emissionsgrenzwerte bei der Entsorgung der Altgeräte nachweisen.

7.4 Perfluorierte Kohlenwasserstoffe (PFC)

Vollständig fluorierte (perfluorierte) Kohlenwasserstoffe sind von großer industrieller Bedeutung. Am bekanntesten aus dieser Gruppe ist der Kunststoff Polytetrafluorethylen (PTFE), Handelsname Teflon®. Bereits 1938 entdeckt (DuPont), wird PFTE durch Polymerisation von Tetrafluorethylen (TFE) hergestellt und in unzähligen Produkten angewendet. PFC galten jahrelang als sehr inert und wurden, obwohl sie ubiquitär in der Umwelt vorkommen, deswegen kaum toxikologisch untersucht. Aus dem gleichen Grund wurden bisher auch keine Grenzwerte z. B. für Konzentrationen im Trinkwasser festgelegt. Das Umweltbundesamt (UBA) [13] legt für solche Fälle nur sogenannte lebenslang duldbare Vorsorgewerte (gesundheitlicher Orientierungswert; GOW) fest, die für zwei wichtige Zwischenprodukte bzw. Hilfsstoffe, der Perfluoroctansäure (perfluorooctanoic acid; PFOA) sowie der Perfluoroctansulfonsäure (PFOS) bei 0,1 µg l^{-1} Trinkwasser liegen.

2006 sorgte dann eine Pressemeldung des Bonner Hygieneinstituts für Schlagzeilen und erhebliche Aufregung. In dieser Meldung stand, dass in Gewässern des Sauerlandes PFOA-Werte von bis zu 0,56 µg l^{-1} gemessen worden waren. Die polyfluorierten Tenside (PFT) wurden über Nacht zum „Umweltgift“, und wie in solchen Fällen üblich, führte das auch zu politisch motivierten Reaktionen und Konsequenzen. Die Schlagzeilen lauteten etwa: Giftstoffe – PFT – Im Trinkwasser!

Aufgrund einzelner Befunde mit PFOA an Ratten (chronische Studie) und Affen (3 und 6 Monate), die auf LOAEL von 15 mg kg^{-1} bzw. 3 mg kg^{-1} hinausliefen, wurde ein NOAEL von 0,1 < 1 mg kg^{-1} pro Tag in Tieren angenommen. Aus diesen Daten wurde dann die duldbare tägliche Aufnahmemenge (DTA) bzw. ein *Tolerable Daily Intake* (TDI) von 0,1 µg kg^{-1} pro Tag für alle Risikogruppen berechnet. Unter Zugrundelegung einer Aufnahme von 2 Litern Trinkwasser pro Tag und einem Körpergewicht von 70 kg ergibt sich dann ein lebenslang gesundheitlich duldbarer Leitwert (LW) in Höhe von etwa LW = 0,3 µg l^{-1}. Aus diesem sehr konservativ berechneten LW ergibt sich, dass selbst bei kurzzeitiger (einige Jahre) Überschreitung dieses Wertes nicht mit gesundheitlichen Folgen zu rechnen sein wird. Trotzdem wurde ein Handlungswert (vorsorgliche Maßnahmen) von 5 µg l^{-1} vom UBA vorgeschlagen.

Wegen der spärlichen Datenlage und mit Rücksicht auf den Umfang dieses Buches soll an dieser Stelle auf weitere Informationen zu den PFC verzichtet werden.

7.5 Zusammenfassung

Halogenierte Kohlenwasserstoffe treten meist ubiquitär in der Umwelt auf. Sie kommen mit wenigen Ausnahmen nicht natürlich vor, sondern werden in großen Mengen kommerziell synthetisiert, extrahiert und aufkonzentriert. Einige entstehen besonders als „Abfallprodukt" bei Synthesen oder bei der Reaktion in Stoffgemischen. Durch Einführung der Halogene ändern sich die Stoffeigenschaften zum Teil erheblich. Es sind meist Gase oder sehr flüchtige Flüssigkeiten. Von besonderer Bedeutung für die Industrie sind die kurzkettigen teilhalogenierten, aber auch die vollkommen halogenierten Verbindungen. Es sind Ausgangsstoffe für die chemische Synthese, Lösungs- und Extraktionsmittel, Treibgase, Bausteine der Kunststoff- und Schaumstoff-Produktion.

Toxikologisch interessant sind eher kurzkettige und nicht vollkommen halogenierte Substanzen, oder auch ungesättigte, unvollkommen halogenierte Verbindungen. Im Wesentlichen kommen zwei Abbauwege vor, der oxidative Angriff über Cytochrom-P450 sowie eine Glutathionisierung durch die Glutathion-S-Transferase.

Viele Substanzen aus dieser Gruppe sind leber- und nierentoxisch, mutagen, kanzerogen oder teratogen. Einige haben ausgeprägte zentralnervöse, narkotische Wirkungen. Es finden sich in dieser Substanzklasse extrem toxische (z. B. 1,1,2,2-Tetrachlorethan) wie auch praktisch nicht toxische Chemikalien (FCKWs). Sehr viele unerwünschte Wirkungen, wie Kanzerogenität oder Zerstörung der Ozonschicht, wurden zum Teil erst nach jahrelanger breiter Anwendung entdeckt. So kommen sie in der Umwelt noch in erheblichen Konzentrationen vor, auch wenn ihre Produktion deutlich eingeschränkt wurde, oder die Handhabung heute unter hohen Sicherheitsvorkehrungen durchgeführt wird.

7.6 Fragen zur Selbstkontrolle

1. ***Wie unterscheiden sich Haloalkane, Haloalkene und Haloalkine voneinander?***
2. ***Warum werden Halothan und Chloroform heute praktisch nicht mehr als Narkotika eingesetzt?***
3. ***In welcher Hinsicht ändert sich die Toxizität mit Einführung von Mehrfachbindungen?***
4. ***Welches sind die beiden wichtigsten Metabolisierungswege für diese Gruppe?***
5. ***Wie ändert sich die Toxizität nach vollständiger Halogenierung der Moleküle?***
6. ***Welche toxikologischen Endpunkte sind für die Haloalkene und -alkine entscheidend für die Bewertung?***
7. ***Warum ist die Produktion von FCKWs praktisch verboten?***
8. ***Was sagt Ihnen der Bergriff „VC-Krankheit"?***
9. ***Was versteht man unter DIT?***
10. ***Wie kommt es zu der Zerstörung der Ozonschicht durch FCKWs?***
11. ***Was sind PFC bzw. PFT? Und warum sind sie ins Gerede gekommen?***

7.7 Literatur

1 TRGS 612 Ersatzstoffe, Ersatzverfahren und Verwendungsbeschränkungen für Dichlormethan haltige Abbeizmittel (Ausgabe 1998, BArbBl, 3/98, S. 54)

2 Teramoto S, Shirasu Y (1989), Genetic toxicology of 1,2-dibromo-3-chloropropane (DBCP). Mutat Res 221:1–9

3 TRGS 910 (2008), Risikowerte und Exposition-Risiko-Beziehungen für Tätigkeiten mit krebserzeugenden Gefahrstoffen, GMBl Nr. 43/44, 883–935; 19:1,2-Dibrom-3-Chlorpropan

4 Goldblatt MW (1955), Research in industrial health in the chemical industry. Brit J Ind Med 12:1–20

5 Seeber A, Kempe H (1986), Psychologische Wirkungen bei langzeitiger Exposition von Tetrachlorethylen. Z gesamte Hyg 32:142–145

6 Mensing T, Welge P, Voss B, Fels LM, Fricke HH, Brüning T, Wilhelm M (2002), Renal Toxicity after chronic inhalation exposure of rats to trichloroethylene. Toxicol. Let. 128:243–247

7 Ward AM, Udnoon S, Watkins J, Walker AE, Darke CS (1976) Immunological mechanisms in the pathogenesis of vinyl chloride disease. Brit J Med 1:963

8 Die „FCKW-Halon-Verbotsverordnung" aus dem Jahr 1991 wurde 2006 durch die „Verordnung über Stoffe, die die Ozonschicht schädigen (Chemikalien-Ozonschichtverordnung)", kurz ChemOzon-SchichtV (BGBl. I, S. 2638) abgelöst

9 RAL-Gütesicherung GZ 728, Rückproduktion von Kühlgeräten-Gütesicherung, Ausgabe 2007–2009

10 Internationale Konferenz zum Schutz der Ozonschicht am 14.–16. 9. 1987 in Montreal. Protokoll der Konferenz „The Montreal Protocol on Substances that

Deplete the Ozone Layer". UNEP Ozone Secretariat United Nations Environment Programme, *www.umweltbundesamt.de*

11 London (1990), Kopenhagen (1992), Wien (1995) Kyoto (1997) Peking (1999) Montreal (2005) u. a.: Protokolle zu den „Vertragsstaatenkonferenzen im Rahmen der Klimarahmenkonvention", *www.bundesanzeiger.de, www.bmu.de/klimaschutz/*

12 United Nations Environment Programme (UNEP). IPCC/TEAP Special report Safeguarding the Ozone Layer and the Global Climate System: Issues Related to Hydrofluorocarbons and Perfluorocarbons. Der Bericht kann auf der UNEP Homepage heruntergeladen werden (http://ozone.unep.org/Meeting_Documents/)

13 Umweltbundesamt (Hrsg.) (2005), Daten zur Umwelt – Der Zustand der Umwelt in Deutschland 2005. Erich Schmidt Verlag, Berlin

14 Forschungsbericht, SFB 172, Universität Würzburg (1993), Molekulare Mechanismen kanzerogener Primärveränderungen

7.8 Weiterführende Literatur

1 DFG 1964–1996. Deutsche Forschungsgemeinschaft. Senatskommission zur Prüfung gesundheitsschädlicher Arbeitsstoffe. Maximale Arbeitsplatzkonzentrationen und Biologische Arbeitsstofftoleranzwerte. VCH-Verlag, Weinheim

2 Umweltberatung Bayern. Bayerisches Landesamt für Umweltschutz. Fachinformationen Umweltschutz. http://www.bayern.de/lfu/umwberat

3 Descotes J (1988), Immunotoxicology of Drugs and Chemicals. Second edition. Elsevier-Verlag, Amsterdam

4 Winneke G, Böttiger A, Ewers U, Wiegand H (1989), Neuropsychologische und neurophysiologische Auffälligkeiten nach Belastung mit leichtflüchtigen Organohalogenverbindungen. VDI-Berichte Nr. 745, Bd. 2: 771–786

7.9 Substanzen

Haloalkane, Haloalkene, Haloalkine
Monochlormethan
Dichlormethan
Trichlormethan
Tetrachlormethan
1,2-Dichlorethan
1,1,1-Trichlorethan
1,1,2-Trichlorethan
1,1,2,2-Tertrachlorethan
1,2-Dibromethan
2-Brom-2-Chlor-1,1,1-Trifluorethan
Monochlorethen
Dichlorethen
Trichlorethen
Tetrachlorethen
Hexachlor-1,3-Butadien
Dichlorethin
FCKW
CFKW
CFK
PFC
PFT

8
Organische Halogenverbindungen II

Dieter Schrenk und Martin Chopra

Von besonderer Bedeutung für die Toxikologie allgemein, ebenso für die Reproduktions- und Immuntoxikologie, sind die halogenierten aromatischen Verbindungen mit zwei oder mehr Ringen. Sie zeichnen sich, neben hoher chemischer Stabilität und Persistenz in der Umwelt und in Organismen, durch ihre ausgeprägte Lipophilie und ihre meist geringe Flüchtigkeit bei Raumtemperatur aus. Ihre Toxizität beim Menschen hat z. B. durch Exposition am Arbeitsplatz bzw. durch Vergiftungskatastrophen einen hohen Bekanntheitsgrad erlangt. Die Familie der „Dioxine" steht dabei synonym für „Ultragifte" schlechthin. In diesem Kapitel soll der Stand der wissenschaftlichen Erkenntnisse zum Vorkommen und zur Toxizität solcher Stoffe und, soweit sie bekannt sind, zu den Wirkmechanismen dargestellt werden.

8.1
Polychlorierte Dibenzo-*para*-dioxine und Dibenzofurane (PCDD/Fs)

Die polychlorierten Dibenzo-*para*-dioxine (PCDDs) sowie die strukturell verwandten polychlorierten Dibenzofurane (PCDFs) (siehe Abb. 8.1) zählen zu den halogenierten aromatischen Kohlenwasserstoffen und werden umgangssprachlich als „Dioxine" zusammengefasst. Strukturell bestehen sie aus einem Dibenzo-*p*-dioxin- bzw. einem Dibenzofuran-Gerüst, das jeweils mit bis zu acht Chloratomen

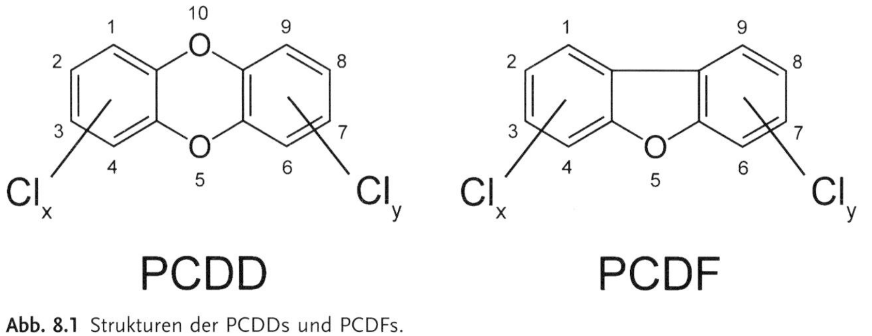

Abb. 8.1 Strukturen der PCDDs und PCDFs.

Toxikologie Band 2: Toxikologie der Stoffe. Herausgegeben von Hans-Werner Vohr

ISBN: 978-3-527-32385-2

an den Benzolringen substituiert sein kann. Je nach Substituierungsmuster der Verbindungen spricht man von unterschiedlichen Kongeneren der PCDD/Fs. Für die PCDDs sind 75, für die PCDFs 135 Kongenere möglich. Die Anzahl und Position der Chlorsubstituenten bedingt sowohl die Abbaubarkeit in der Umwelt als auch die Toxizität dieser Substanzen. Am bedenklichsten sind jeweils die 2,3,7,8-Tetrachlorkongenere. Insgesamt gibt es 17 PCDD/Fs, die Chlorsubstituenten mindestens an diesen vier lateralen Ringpositionen aufweisen.

8.1.1 Eigenschaften und Vorkommen

8.1.1.1 Eigenschaften

Bei den PCDD/Fs handelt es sich um planare, hochgradig lipophile Moleküle. Diese Substanzen liegen als farblose, kristalline Feststoffe mit sehr niedrigem Dampfdruck vor. Sie zeichnen sich durch ihre hohe chemische und thermische Stabilität aus, sind so gut wie unlöslich in Wasser, in den meisten organischen Lösungsmitteln jedoch gut löslich. Aufgrund ihrer Lipophilie reichern sie sich sowohl in der terrestrischen als auch der aquatischen Nahrungskette an.

PCDD/Fs stellen hochgradig persistente und weit verbreitete Umweltkontaminanten dar und werden zu den geächteten POPs (*persistent organic pollutants*) der WHO gezählt. Die PCDD/Fs werden in der Umwelt kaum abgebaut, die einzigen dort bekannten abiotischen Reaktionen stellen Fotolyse und Fotooxidation dar. Durch Bakterien werden diese Substanzen so gut wie nicht, durch einige Pilze sehr langsam abgebaut.

Durch ihre hohe Persistenz werden sie, etwa an atmosphärische Staubpartikel gebunden, überall hin verbracht und können weltweit in menschlichen oder tierischen Proben sowie in Umweltproben detektiert werden.

8.1.1.2 Vorkommen

PCDD/Fs wurden nicht industriell hergestellt und es gibt keinerlei kommerzielle Verwendung für sie. Sie werden allein zu Forschungs- und Analysezwecken synthetisiert. Allerdings können sie als Nebenprodukte im Zuge der Synthese von Chlorophenolen oder Chlorophenoxy-Herbiziden gebildet werden. Bei der Synthese polychlorierter Phenole können sie z. B. unter Hitzeeinwirkung als Kondensationsprodukte aus polychlorierten Natriumphenolaten entstehen.

Außerdem werden PCDD/Fs bei der Papierbleiche mit freiem Chlor, sowie bei der Verbrennung organischer Substanzen in Anwesenheit von Chlorverbindungen, etwa bei der Müllverbrennung, gebildet.

Da PCDDs und PCDFs auch bei der Verbrennung fossiler Brennstoffe gebildet werden, sieht sich der Mensch spätestens seit der Industrialisierung dieser Substanzgruppe vermehrt ausgesetzt. Seit den 1940er Jahren stieg die Exposition aufgrund der Produktion und Verwendung von Chlorophenolen und Chlorophenoxy-Herbiziden weiter an. Noch höhere Belastungen resultierten aus Unfällen in diesen Industriezweigen.

Die toxischste und am besten untersuchte Substanz dieser Gruppe ist das 2,3,7,8-Tetrachlordibenzo-*para*-dioxin (TCDD). Diese Verbindung hat insbesondere durch zwei Vorfälle internationale Aufmerksamkeit erregt:

Fallbeispiel Sevesounglück:
Im Juli 1976 kam es in der Chemiefabrik Icmesa in der Nähe der italienischen Stadt Seveso zu einem Unglücksfall in einer Produktionsanlage für Trichlorphenol. Ein Reaktionskessel überhitzte und der Reaktorinhalt gelangte durch ein Überdruckventil in die Umwelt. Hierbei wurden zwischen einem und drei Kilogramm reines TCDD in die Umgebung entlassen. Im Zuge dieses Unfalls starben in den nachfolgenden Tagen in der Nähe der Fabrik Tausende von Vögeln und Kleintieren. Etwa 200 Menschen mussten wegen schwerer Chlorakne behandelt werden. Aufgrund dieses Vorfalls ist TCDD auch als „Seveso-Dioxin" oder „Sevesogift" bekannt. Heute, über 30 Jahre nach dem Sevesounglück, hat man für hochgradige exponierte Personen rund um die Fabrik ein signifikant erhöhtes Krebsrisiko für ausgewählte Krebsarten sowie für das gesamte Risiko, an Krebs zu erkranken, festgestellt.

Giftanschlag auf Wiktor Juschtschenko:
Im September 2004, im Zuge des Präsidentschaftswahlkampfes in der Ukraine, wurde der Oppositionskandidat Wiktor Juschtschenko mit vielfältigen Beschwerden ins Krankenhaus eingeliefert. Er litt unter Unterleibs- und Rückenschmerzen, multiplen Organentzündungen und einer Lähmung des Gesichtsnerves. Sein Gesicht war von schwerer Chlorakne gezeichnet. Erst drei Monate später wurde bekannt gegeben, dass Wiktor Juschtschenko mit TCDD vergiftet worden war.

8.1.2 PCDD/Fs und der Arylhydrocarbonrezeptor

8.1.2.1 Wirkungsweise

PCDD/Fs sind selbst keine chemisch reaktiven Verbindungen. Auch werden sie im Stoffwechsel nicht metabolisch aktiviert. Vielmehr entfalten diese Substanzen die meisten, wenn nicht sogar alle ihrer Wirkungen über ein bestimmtes Rezeptorprotein, den Arylhydrocarbonrezeptor (AhR), an den sie in der Zelle binden (siehe Abb. 8.2).

Der AhR ist in den meisten Geweben des Körpers nachweisbar. Er ist ein Mitglied der *Basic helix-loop-helix* (bHLH)-Proteinfamilie, und liegt als Komplex mit verschiedenen Chaperonen im Zytoplasma der Zelle vor.

PCDD/Fs, dioxinartige PCBs sowie verschiedene Naturstoffe binden an den Rezeptor, was eine Ablösung der Chaperone bewirkt. Der AhR-Ligandenkomplex gelangt in den Zellkern, wo er mit einem weiteren Mitglied der bHLH-Fa-

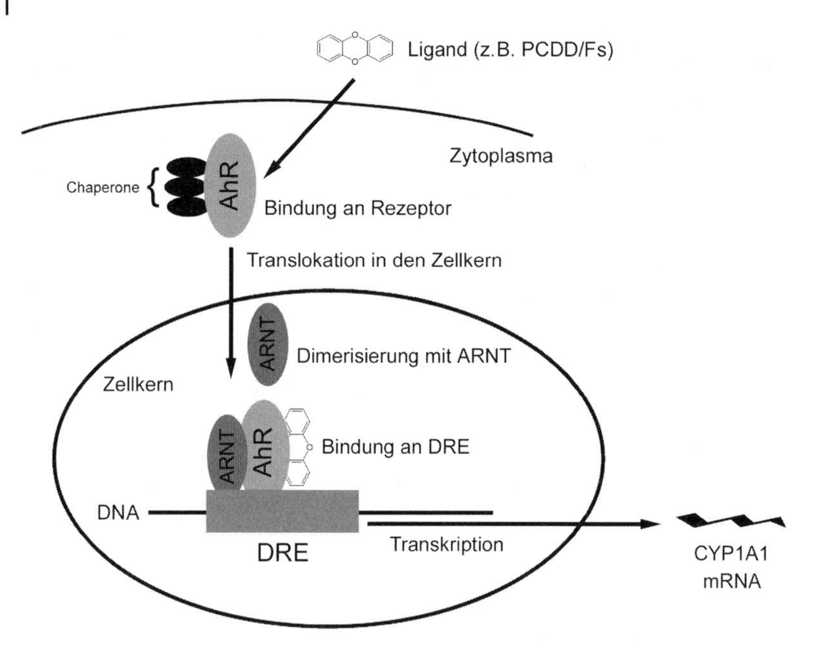

Abb. 8.2 Schematische Darstellung der AhR-vermittelten Geninduktion.

milie, dem *arylhydrocarbon receptor nuclear translocator* (ARNT) dimerisiert. Dieses Dimer bindet an spezielle Erkennungssequenzen in der DNA, sogenannte *dioxin responsive elements* (DRE) (auch *AhR*-(AHRE) oder *xenobiotic responsive elements* (XRE) genannt). Diese Sequenzen befinden sich in Promotorregionen vor Zielgenen des AhR. Die Bindung dieses Rezeptors führt häufig zur vermehrten Expression der Zielgene.

Das am besten untersuchte Zielgen des AhR ist CYP1A1. In der Leber wird dieses Gen konstitutiv kaum exprimiert, nach Aktivierung des AhR, zum Beispiel durch TCDD, kommt es zur massiven Induktion, d.h. Expressionssteigerung. Die Induktion von CYP1A1 wird als Markerereignis für eine Aktivierung des AhR, mitunter auch als ein Hinweis auf das Vorhandensein von PCDD/Fs oder verwandten Verbindungen in Probenmaterialien verwendet. In der Ratte reicht schon eine einzelne Dosis von 3 ng TCDD kg^{-1} Körpergewicht, um eine detektierbare Induktion der CYP1A1-Aktivität zu erreichen.

Bis heute sind eine ganze Reihe von Genen bekannt, deren Expression durch den AhR gesteuert werden. Hierunter befinden sich, neben zahlreichen Genen, die am Fremdstoffmetabolismus beteiligt sind (CYPs, UGTs, GSTs), auch verschiedene weitere Gene. Dennoch lassen sich die toxischen Wirkungen der PCDD/Fs nur unzureichend auf die Induktion bestimmter Gene zurückführen. Obwohl die Toxizität dieser Stoffe zumeist von einer Aktivierung des AhR abhängt, können die weit reichenden toxischen Effekte dieser Substanzgruppe nicht alleine mit der Expression einzelner Zielgene erklärt werden.

Heute ist bekannt, dass der AhR nicht nur über den klassischen, genomischen Weg wirkt, d. h. über die Dimerisierung mit ARNT und die nachfolgende Expression seiner Zielgene. Vielmehr beeinflusst der AhR eine Vielzahl anderer Signalwege, wie etwa die Kalziumhomöostase, verschiedene Proteinkinasen sowie andere intra- und extrazelluläre Rezeptoren. Daher scheint das Bild der toxischen Wirkungsweise der PCDD/Fs weitaus komplizierter zu sein, als ursprünglich angenommen.

Der AhR hat sich in der Evolution lange vor der Einführung der PCDD/Fs durch den Menschen in die Umwelt gebildet. Daher liegt die Vermutung nahe, dass dieses Rezeptorprotein noch andere Aufgaben wahrnehmen muss, als die zelluläre Antwort auf anthropogene Umweltgifte. Studien an AhR-*knock out* Mäusen haben gezeigt, dass der Rezeptor an der normalen Entwicklung der Leber und des Immunsystems, sowie an der Reproduktion beteiligt sein könnte. Es wird noch immer nach einem endogenen Liganden des AhR sowie nach alternativen Aktivierungswegen gesucht. Ein Weg der Liganden unabhängigen Aktivierung des AhR scheint über das cyclische AMP zu verlaufen.

8.1.3 Relative Toxizität – Das TEF-Konzept

Die PCDD/Fs sowie andere Substanzen, die auf ähnliche Weise wirken (z. B. dioxinartige PCBs, siehe Abschnitt 8.2) liegen in der Umwelt nicht solitär, sondern als komplexe Gemische vor. Diese Gemische unterscheiden sich je nach Vorkommen bzw. Expositionsweg. Für die toxikologische Risikobewertung stellt dieser Form der Mischexposition eine besondere Herausforderung dar.

Daher wurde unter Führung der WHO das System der *toxic equivalency factors* (TEFs) entwickelt, mit denen die *toxic equivalents* (TEQs) der aufgenommenen, „dioxinartigen" Substanzen berechnet werden können [1]. Hiermit lässt sich die Wirksamkeit von Substanzgemischen im Vergleich zu den Einzelsubstanzen darstellen. TCDD mit Halogensubstituenten an den lateralen 2,3,7,8-Positionen ist die bekannteste und gleichzeitig die potenteste Verbindung dieser Substanzklasse und erhielt einen TEF von 1,0 zugewiesen. Alle anderen Verbindungen erhielten, abhängig von ihrem toxischen Potenzial, einen entsprechenden Wert. Tabelle 8.1 zeigt die aktuellen WHO-TEFs für PCDDs, PCDFs, sowie PCBs. Die relative Toxizität ist beim 2,3,7,8-TCDD mit am höchsten. Mit steigender Substituierung der Benzolringe bis hin zum Octachlordibenzo-*p*-dioxin nimmt die Toxizität ab.

Folgende Voraussetzungen müssen vorliegen, damit Substanzen in das TEF-Konzept aufgenommen werden:

a) strukturelle Ähnlichkeit mit TCDD;
b) Bindung an den AhR;
c) AhR-vermittelte biochemische und toxische Wirkungen, ähnlich denen von TCDD;
d) Persistenz und Anreicherung in der Nahrungskette.

Tab. 8.1 TEF-Werte für ausgewählte PCDDs, PCDFs und PCBs.

PCDDs	**TEF [1]**	**PCDFs**	**TEF [1]**
2,3,7,8-TCDD	1,0	2,3,7,8-TCDF	0,1
1,2,3,7,8-PeCDD	1,0	2,3,4,7,8-PeCDF	0,3
1,2,3,4,7,8-HxCDD	0,1	1,2,3,7,8-PeCDF	0,03
1,2,3,6,7,8-HxCDD	0,1	1,2,3,4,7,8-HxCDF	0,1
1,2,3,4,6,7,8-HpCDD	0,01	1,2,3,4,6,7,8-HpCDF	0,01
OCDD	0,0003	OCDF	0,0003
Non-*ortho* PCBs		**Mono-*ortho* PCBs**	
PCB 126	0,1	PCB 105	0,00003
PCB 169	0,03	PCB 156	0,00003
PCB 81	0,0003	PCB 167	0,00003
PCB 77	0,0001	PCB 189	0,00003

Um das TEF-Konzept anzuwenden, wird der TEF eines jeden in der Mischung vorliegenden Kongeners mit dessen Menge (z. B. in ng) multipliziert. Die Produkte werden aufsummiert und in (ng) TEQ (z. B. pro g Probe) angegeben.

8.1.3.1 **Exposition**

PCDDs und PCDFs werden auf vielfältige Wege gebildet und finden sich aufgrund ihrer hohen Persistenz ubiquitär in der Umwelt, im Boden, in Sedimenten und der Luft (an Partikel gebunden). Wegen ihrer hohen Lipophilie reichern sie sich in der Nahrungskette und letztendlich im Fettgewebe des Menschen an. Sie können zwar auch über die Haut oder Lunge aufgenommen werden, den Hauptbelastungspfad für diese Verbindungen stellt jedoch der Verzehr fettreicher tierischer Lebensmittel wie Fisch, Fleisch und Milchprodukte dar (etwa 90–95% der Gesamtexposition).

Der Gehalt an bestimmten PCDD/Fs im Körper nimmt im Laufe des Lebens stetig zu, da sich diese Verbindungen anreichern. Die mittlere Belastung des Menschen nimmt allerdings in vielen Ländern über die letzten Jahrzehnte stetig ab und liegt heute z. B. in Deutschland bei etwa 20–30 ng TEQ kg^{-1} Fett für die Summe der PCDD/Fs.

Eine Ernährung, die reich an tierischen Produkten ist, spiegelt sich in einer höheren täglichen Aufnahme wider. Die durchschnittliche tägliche Aufnahmemenge liegt mit 1–2 pg TEQ kg^{-1} Körpergewicht beim Erwachsenen im Bereich des 1998 von der WHO festgesetzten *tolerable daily intake* (TDI) von 1–4 pg TEQ kg^{-1} Körpergewicht Tag^{-1} [2].

Neugeborene erhalten über die Muttermilch eine deutlich höhere tägliche Zufuhr pro kg Körpergewicht als Erwachsene, da die PCDD/Fs sich auch im Milchfett anreichern. Allerdings sind viele Experten der Ansicht, dass die Vorteile des Stillens für das Kind eventuelle Nachteile durch eine erhöhte Belastung über die Muttermilch überwiegen.

8.1.4
Toxikokinetik

PCDD/Fs werden schnell über die Haut, die Lunge und den Gastrointestinaltrakt resorbiert. Über den Gastrointestinaltrakt und die Lunge ist die Bioverfügbarkeit höher als über die Haut. An Lipoproteine gebunden werden PCDD/Fs im Körper verteilt und reichern sich vor allem im Fettgewebe an.

Generell werden niedrig chlorierte Kongenere in stärkerem Maße metabolisiert als höher substituierte. Die hauptsächlichen Metabolisierungswege sind die reduktive Dehalogenierung, die Hydroxylierung durch CYP-Enzyme sowie die anschließende Konjugation durch Phase II-Enzyme. Der Stoffwechsel der PCDD/Fs stellt eine Entgiftung dar, es wird nicht davon ausgegangen, dass Metaboliten dieser Substanzen ein relevantes toxisches Prinzip darstellen. Während ein entgiftender Metabolismus von TCDD für verschiedene Versuchstierspezies (Ratte, Hund) diskutiert wird, ist dieser für den Menschen so gut wie nicht existent. Humane CYP-Enzyme sind vermutlich nicht in der Lage, TCDD effektiv oxidativ abzubauen.

Die PCDD/Fs selber werden aufgrund ihrer ausgesprochen hohen Lipophilie in der Regel nur schlecht eliminiert. Ihre Metaboliten werden schnell über die Faeces, in geringerem Ausmaße auch mit dem Urin ausgeschieden. Ob PCDD/Fs als unmetabolisierte Substanzen, oder als Metaboliten ausgeschieden werden, ist hochgradig speziesabhängig.

Die Eliminationshalbwertzeit für TCDD bei Ratte und Maus liegt zwischen 10 und 30 Tagen, beim Menschen jedoch in einem Bereich von 7 bis 10 Jahren. Auch für andere Kongenere beträgt die Halbwertzeit beim Menschen mehrere Jahre, während sie sich bei Ratte und Maus im Bereich von Tagen bis wenigen Wochen bewegt. Eine Erklärung für die extrem lange Verweilzeit von PCDD/Fs im menschlichen Organismus mag der mangelnde Metabolismus darstellen.

8.1.5
Toxische Effekte

Das Spektrum der toxischen Wirkungen der PCDD/Fs ist sehr breit, die Effekte selbst, sowie deren Ausprägungen unterscheiden sich zwischen verschiedenen Spezies, verschiedenen Stämmen innerhalb einer Spezies, unterschiedlichen Organen und Geweben, Tieren unterschiedlichen Alters und Geschlecht. Die sich stark unterscheidenden relativen Toxizitäten der Substanzen in verschiedenen Spezies (s. u. akute Toxizität) resultieren u. a. aus einer unterschiedlich hohen Affinität des AhR der jeweiligen Spezies zu diesen Substanzen. So bindet etwa TCDD an den AhR der meisten Rattenstämme mit deutlich höherer Affinität als an den AhR des Menschen. Es wurde auch aus diesem Grund vermutet, dass alle toxischen Wirkungen der PCDD/Fs in allen höheren Spezies auftreten, falls bei sehr sensitiven Spezies die eintretende letale Wirkung das Auftreten nicht verhindern würde.

Die toxische Wirksamkeit der einzelnen Kongenere der PCDD/Fs korreliert mit ihrer Fähigkeit zur Aktivierung des AhR (siehe auch 8.1.2), und auch die relative Toxizität in unterschiedlichen Spezies korreliert in vielen Fällen mit der Affinität der Verbindung zum AhR der jeweiligen Spezies. Dennoch lassen sich die toxischen Effekte der PCDD/Fs bis heute nur unzureichend durch ihre molekulare Wirkung auf den AhR und die daraus resultierende Induktion von AhR-Zielgenen erklären.

Eine Gemeinsamkeit in den untersuchten Wirkungen besteht darin, dass die Toxizität der PCDD/Fs nach Exposition erst eine gewisse Zeit (Wochen bis Monate) später zu beobachten ist.

8.1.5.1 Akute Toxizität

TCDD ist der giftigste Vertreter der PCDD/Fs. In den meisten Tierstudien wird es als Modellsubstanz gewählt, um die toxischen Wirkungen und Mechanismen dieser Substanzgruppe zu untersuchen. Die oralen LD_{50}-Werte und damit die akute Toxizität für TCDD in verschiedenen Spezies verhalten sich jedoch sehr unterschiedlich: für das Meerschweinchen beträgt dieser Wert etwa 0,5, für viele Rattenstämme im Bereich von 20, für die Maus etwa 200 und für den Hamster über 1000 $\mu g\ kg^{-1}$ Körpergewicht. Bemerkenswert ist die Tatsache, dass die oralen LD_{50}-Werte sich innerhalb einer Versuchstierspezies zwischen verschiedenen Stämmen um bis zu einen Faktor 100 unterscheiden können.

Für den Menschen kann kein LD_{50}-Wert angegeben werden, er wird jedoch auf 4–6 $mg\ kg^{-1}$ Körpergewicht geschätzt und läge damit um nahezu einen Faktor 1000 höher als der Wert einiger Versuchstierspezies.

8.1.5.1.1 **Tierexperimente.** Eine letale Dosis führt bei Versuchstieren erst verzögert, nach mehreren Wochen zum Tode. Ein charakteristischer toxischer Effekt nach einmaliger Gabe einer hohen TCDD-Dosis bei Versuchstieren stellt die signifikante Gewichtsreduktion dar, das sogenannte „*Wasting Syndrom*". Dieses ist durch eine verminderte Futteraufnahme, einer Abnahme des Fettgewebes und einem starken Gewichtsverlust gekennzeichnet, und ist die Hauptursache für den Tod der Labortiere nach oraler Exposition gegenüber TCDD. Trotz zahlreicher Erklärungsversuche lässt sich bis heute nicht genau sagen, auf welche Art und Weise TCDD das „*Wasting Syndrom*" verursacht. Da auch andere PCDD/Fs das „*Wasting Syndrom*" verursachen, liegt die Vermutung nahe, dass diese toxische Wirkung durch den AhR vermittelt wird.

In subletalen Dosen wirkt TCDD in den meisten Versuchstierspezies akut hepatotoxisch und führt zu Schädigungen der Leberzellen, was sich auch in einer Erhöhung der Aktivitäten der Leberenzyme im Serum widerspiegelt. TCDD bewirkt darüber hinaus Hepatomegalie, eine abnorme Vergrößerung der Leber, die aus Hypertrophie und Hyperplasie parenchymaler Zellen resultiert. Außerdem bewirkt TCDD eine Abnahme der Vitamin A-Gehalte in der Leber. In der

Ratte bewirkt schon eine einmalige Gabe von TCDD eine über Wochen anhaltende Verringerung der Vitamin A-Gehalte auf etwa ein Drittel der Kontrolltiere. Diese Abnahme stellt einen spezifischen Effekt dar, der nicht durch eine verringerte Futteraufnahme verursacht wird.

In allen Spezies führt TCDD zu einer Atrophie lymphatischer Organe, wie der Thymusdrüse, der Milz und der Lymphknoten.

In Rhesusaffen und Nacktmäusen erzeugt TCDD dermale Symptome, die der Chlorakne beim Menschen ähneln (s. u.).

Toxische Wirkungen auf das Reproduktionssystem sowie auf hormonproduzierende Organe (Hoden, Prostata, Uterus, Schilddrüse) wurden ebenfalls in verschiedenen Spezies beobachtet.

8.1.5.1.2 **Erfahrungen beim Menschen.** Die hauptsächliche, akut toxische Wirkung von PCDD/Fs auf den Menschen ist die sogenannte Chlorakne, ein Subtyp der *Acne venenata*, der Kontaktakne. Bei dieser Hautkrankheit kommt es vor allem auf den Wangen und hinter den Ohren zu follikulären Hyperkeratosen, einer Verdickung der Hornschicht, zu Knoten, Zysten und Abszessen. Der Zeitpunkt des Auftretens der Chlorakne nach Exposition gegenüber PCDD/Fs hängt stark von der Dosis ab, es kann sich bei extrem hohen Dosen um Tage, in anderen Fällen um Wochen oder Monate handeln.

Behandelt werden kann diese Krankheit nur symptomatisch mit Antibiotika und Retinoiden. Dennoch verhält sich die Chlorakne sehr resistent gegenüber jeglichen Behandlungen und kann zum Teil über Jahre hinweg bestehen. Ein Ansatz, um die PCDD/F-Menge im Körper zu senken, ist die Gabe von Olestra®, einem nicht resorbierbaren Fettersatzstoff. Dieses soll die hochgradig lipophilen PCDD/Fs aus dem Körper schwemmen.

Die genauen Mechanismen, die zur Chlorakne führen, sind bis heute unbekannt. Diskutiert werden ein Einfluss auf Wachstumsfaktoren und damit eine Wirkung auf die Proliferation und Differenzierung von Epidermiszellen. Auch wird ein generelles inflammatorisches Geschehen in der Haut diskutiert.

Neben der Chlorakne werden vereinzelt noch weitere akut toxische Wirkungen von TCDD beim Menschen beschrieben, die den Wirkungen bei Versuchstieren ähneln. So kommt es zu hepato- und immuntoxischen Effekten. In hohen Dosen führt TCDD darüber hinaus offenbar zu anhaltender Übelkeit, gastroinestinalen Symptomen und einem damit einhergehenden Gewichtsverlust.

8.1.5.2 Subchronische und chronische Toxizität

8.1.5.2.1 **Tierexperimente.** PCDD/Fs wirken subchronisch und chronisch ähnlich wie akut. Es kommt nach hohen Dosen zu einem starken Gewichtsverlust der Versuchstiere. Weiterhin besitzen diese Substanzen hepatotoxische Eigenschaften und es kommt zu Wirkungen auf die Haut. Geschätzte NOAELs für die subchronische Toxizität von TCDD betragen für das Meerschweinchen 0,6, für die Ratte 10, und für die Maus 100 ng kg^{-1} Körpergewicht Tag^{-1}.

Die chronische Gabe von TCDD an Versuchstiere resultiert in einer signifikant verringerten Gewichtszunahme. Außerdem kommt es in allen untersuchten Spezies, wie auch nach akuter Gabe, zu Hepatomegalie.

Es gibt eine ganze Reihe von Tierstudien über die chronische Wirkung von TCDD. Am aussagekräftigsten ist eine 2-Jahres Studie an Ratten mit Dosen zwischen 1 und 100 ng TCDD kg^{-1} Körpergewicht Tag^{-1} [3]. Hierbei zeigte sich, dass bei dieser Spezies weibliche Tiere für die meisten Endpunkte empfindlicher auf TCDD reagieren als männliche Tiere.

Die beständigsten toxischen Effekte zeigten sich in der Leber. Es kam in den Tieren zu Porphyrie sowie einer Erhöhung der Leberwerte im Serum. Histopathologisch wurden in der Leber multiple, degenerative, inflammatorische und nekrotische Veränderungen beobachtet. Darüber hinaus kam es zu Hyperplasien des parenchymalen Gewebes und der Gallenkanälchen. Der NOAEL in dieser Studie wurde mit 1 ng TCDD kg^{-1} Körpergewicht Tag^{-1} angegeben.

In weiteren chronischen Studien mit TCDD wurden vor allem solche toxischen Effekte beobachtet, die auch in kürzeren Studien auftraten.

8.1.5.2.2 **Erfahrungen beim Menschen.** Toxische Wirkungen von PCDD/Fs beim Menschen sind vor allem Chlorakne und hepatotoxische Effekte. Jedoch wird eine ganze Reihe an weiteren toxischen Effekten diskutiert, die durch eine anhaltende Exposition gegenüber PCDD/Fs verursacht werden könnten. Hierzu zählen insbesondere reproduktionstoxische, immuntoxische und kanzerogene Effekte, welche detaillierter in den nächsten Abschnitten diskutiert werden.

8.1.6 Endokrine Effekte und Reproduktionstoxizität

8.1.6.1 Tierexperimente

TCDD führt im Tierversuch zu verminderter Reproduktion. Zum einen wirkt es direkt toxisch auf Organe des Reproduktionssystems, sowohl bei Weibchen als auch bei Männchen, zum anderen kommt es zu Wechselwirkungen zwischen dieser Substanz und Steroidhormonen. Insbesondere beeinflusst TCDD bei der Ratte die Wirkungen des Steroidhormons Estradiol. Die durch TCDD induzierten CYP1 Isoenzyme hydroxylieren Estradiol. Dieser Umstand wird herangezogen, um die antiestrogene Wirkung der PCDD/Fs zu erklären. Auch wirkt der AhR auf die Estrogenrezeptoren-α und -β und beschleunigt deren Beseitigung durch das Proteasom.

TCDD besitzt ferner entwicklungstoxische und teratogene Wirkung. Bei praktisch allen Labortierspezies bewirkt die pränatale Exposition gegenüber TCDD eine verringerte Lebensfähigkeit der Nachkommen, sowohl im Uterus als auch nach der Geburt. Diese Effekte rühren zum einen von der Toxizität von TCDD gegenüber den Muttertieren her, scheinen aber bei manchen Spezies auch ohne eine ausgeprägte Toxizität auf die Muttertiere zu bestehen.

Es kommt bei den Nachkommen exponierter Labortiere außerdem zu einer verzögerten und gestörten Reproduktion sowie zu strukturellen Abnormalitäten.

In Mäusen führt die pränatale Exposition gegenüber TCDD zur Häufung von Gaumenspalten, Hydronephrosen und Thymusatrophie. In der Ratte kommt es bei den Nachkommen unter anderem zu intestinalen Blutungen.

8.1.6.2 Erfahrungen beim Menschen

Auch beim Menschen scheinen PCDD/Fs und PCBs entwicklungs- und reproduktionstoxische Wirkungen zu besitzen, worauf vor allem zwei Unglücksfälle im asiatischen Raum, Yusho in Japan, und Yu-Cheng in Taiwan hindeuten (siehe auch Abschnitt 8.2, und 8.2.3.2 Fallbeispiel: Yusho/Yu-Cheng). Es kam zur Geburt hyperpigmentierter Kinder mit erhöhter perinataler Sterblichkeit, außerdem bewirkte die pränatale Exposition gegenüber den Substanzen eine verzögerte Entwicklung, sowohl prä- als auch postnatal. Darüber hinaus wurden Störungen des zentralen Nervensystems beobachtet.

Diese Effekte zeigten sich zwar auch, ohne dass die Mütter ausgeprägte Vergiftungserscheinungen aufwiesen, trotzdem waren die meisten von ihnen selbst an Chlorakne erkrankt.

Beim Mann wird eine lang anhaltende Exposition gegenüber TCDD mit einem erhöhten Risiko für abnorm verringerte Testosteronspiegel in Verbindung gebracht.

8.1.7 Immuntoxizität

8.1.7.1 Tierexperimente

Dass das Immunsystem durch PCDD/Fs beeinflusst wird, geht aus einer Vielzahl von Tierstudien hervor. Diese Substanzen führen zum einen zur Atrophie lymphatischer Organe. Zum anderen kommt es zu einer Hemmung sowohl der zellulären als auch der humoralen Immunantwort. Aufgrund der vielfältigen immuntoxischen Wirkungen ist es wahrscheinlich, dass mehr als nur ein Zelltyp durch diese Substanzgruppe angegriffen wird. Auch scheinen toxische Wirkungen in nicht-lymphatischen Organen eine zusätzliche Rolle in der Immuntoxizität der PCDD/Fs zu spielen.

Es werden verschiedene Mechanismen der Immuntoxizität durch PCDD/Fs diskutiert. Eventuell könnte der Eingriff dieser Substanzen in den Hormonhaushalt eine indirekte Rolle spielen. Auch wurde gezeigt, dass TCDD Apoptose in Lymphozyten induziert, was die Atrophie lymphatischer Organe sowie die verringerte Immunantwort erklären könnte.

Dass der AhR eine vermittelnde Rolle in der Immunsuppression der PCDD/Fs zu spielen scheint, wird dadurch bekräftigt, dass die immunsuppressive Wirkung der einzelnen Kongenere mit ihrer relativen Toxizität (TEF-Werte) korreliert, jedoch wurden auch AhR-unabhängige Mechanismen diskutiert. Die relativ hohe Expression des AhR in regulatorischen T-Zellen (T_{reg}) gibt ebenfalls Hinweise auf mögliche Mechanismen der Immunmodulation durch PCDD/Fs.

8.1.7.2 **Erfahrungen beim Menschen**

Auch beim Menschen scheinen die PCDD/Fs immunologische Parameter zu beeinflussen, obwohl hierzu nur wenige Daten vorliegen. Ein gemeinsamer Effekt scheint zu sein, dass es durch die Exposition gegenüber diesen Stoffen zu einem Abfall an $CD4^+$ T-Helferzellen kommt.

8.1.8 **Kanzerogenität**

PCDD/Fs, und unter ihnen vor allem TCDD, sind sogenannte *„multiple-site, multiple-species“* Kanzerogene. Das bedeutet, dass sie in unterschiedlichen Versuchstierspezies (Ratte, Maus, Hamster, Fische) Krebs auslösen, und das in verschiedenen Zielgeweben. Trotz ihrer unbestrittenen Kanzerogenität ist bis heute nicht ausreichend geklärt, über welche Mechanismen polyhalogenierte aromatische Kohlenwasserstoffe Krebs auslösen.

Die Substanzen sind nicht direkt reaktiv gegenüber DNA, sie bilden keine DNA-Addukte, weshalb andere Mechanismen in Frage kommen.

So wurde diskutiert, dass TCDD indirekt DNA-Schäden induzieren könnte, z. B. über eine Zunahme an oxidativem Stress sowie die metabolische Aktivierung von Estrogenen durch induzierte CYP1A Isoenzyme und der Folge einer DNA-Modifikation durch die Aktivierungsprodukte.

Darüber hinaus werden zahlreiche Signalwege, die die Proliferation, Differenzierung und Kommunikation von Zellen steuern, durch PCDD/Fs beeinflusst, was das Wachstumsgeschehen in Geweben in Richtung der Kanzerogenese verschieben könnte. Auch scheint TCDD die Apoptose in Leberzellen zu unterdrücken, was die Krebsentstehung begünstigen würde.

8.1.8.1 **Tierexperimente**

In der weiblichen Ratte führte die lebenslange Gabe von TCDD zu einer signifikanten Erhöhung der Inzidenz hepatozellulärer Karzinome. Dagegen konnte in männlichen Ratten keine deutliche Erhöhung der Inzidenz beobachtet werden. In beiden Geschlechtern kam es ferner zu einer Erhöhung der Rate von Krebserkrankungen zahlreicher Organe, wie etwa Zunge, Nase, Gaumen und Lunge. In männlichen, nicht aber in weiblichen Tieren, kam es vermehrt zu Schilddrüsentumoren. Bei der Ratte kam es gleichzeitig auch zu einer Verringerung der Rate Estrogen abhängiger Tumoren, etwa im Uterus und der Brustdrüse. Bei Mäusen bewirkte die chronische Gabe von TCDD ebenfalls Lebertumoren, allerdings ohne wesentlichen Geschlechtsunterschied. Außerdem kam es in der Maus, ähnlich wie in der Ratte, zur Ausbildung von Tumoren in zahlreichen anderen Geweben. In Initiations-Promotions-Studien in der Leber weiblicher Ratten wirkt TCDD alleine nicht Tumor-initiierend, aber nach Initiation mit genotoxischen Agentien stark Tumor-promovierend.

Estrogene spielen eine wichtige Rolle in der Toxikologie von TCDD. Nur in weiblichen Ratten wirkt TCDD lebertumor-promovierend, in männlichen Ratten nicht. Werden den weiblichen Tieren die Ovarien entfernt, so verliert TCDD seine promovierende Wirkung; die Gabe von Estradiol macht sie wieder responsiv. In Initiations-Promotionsstudien an der Mäusehaut wirkt TCDD ebenfalls Tumor promovierend.

Es gibt nur eine sehr eingeschränkte Anzahl an Studien, die sich mit anderen PCDD/Fs befassen. Jedoch geht auch aus diesen Studien hervor, dass andere Kongenere ebenfalls kanzerogen, bzw. Tumor-promovierend wirken. Die relative Potenz der Kongenere spiegelt deren TEFs wider und legt den Schluss nahe, dass die kanzerogene Wirkung der PCDD/Fs ebenfalls AhR-vermittelt ist.

8.1.8.2 **Erfahrungen beim Menschen**

Die *International Agency for Research on Cancer* (IARC) hat TCDD 1997 als ein Gruppe 1 Kanzerogen, und damit als krebserregend beim Menschen, eingestuft [4]. Diese Einstufung basierte auf folgenden Schlussfolgerungen:

- Ausreichende Anhaltspunkte für die Kanzerogenität aus Tierstudien.
- Eingeschränkte Anhaltspunkte für die Kanzerogenität beim Menschen aus verschiedenen epidemiologischen Studien mit Personengruppen, die gegenüber TCDD aus ihrem Berufsumfeld oder aus Unglücksfällen exponiert waren.
- Mechanistische Beobachtungen, die besagen, dass die Wirkungen von TCDD im Wesentlichen über den AhR vermittelt werden, der sowohl in Versuchstierspezies, als auch im Menschen exprimiert wird.

Die übrigen PCDD/Fs wurden von der IARC in die Gruppe 3 eingeordnet, was bedeutet, dass sie aufgrund mangelnder Daten nicht als kanzerogen für den Menschen klassifiziert werden können.

Bei der Bewertung 1997 war für TCDD aus epidemiologischen Studien beim Menschen kein erhöhtes Risiko, an einer bestimmten Krebsart zu erkranken, belegbar. Dagegen war das relative Gesamtrisiko, an Krebs irgendeiner Art zu erkranken, durch hohe Exposition gegenüber TCDD leicht (Faktor 1,4), aber statistisch signifikant erhöht. Neuere Daten, die aus den dann längeren Beobachtungszeiträumen exponierter Personengruppen resultieren, zeigen, dass das relative Risiko, an Krebs zu erkranken, für stark exponierte Gruppen um einen Faktor zwischen 1,4 und 2,0 erhöht ist.

Betroffene des Seveso-Unglücks zeigen neben einer erhöhten *all-cancer mortality* auch signifikant erhöhte Inzidenzen für eine Reihe von einzelnen Krebserkrankungen (Lungenkrebs, Rektumkrebs, Leukämie). Das relative Risiko für eine Erkrankung in der Seveso-Kohorte beträgt je nach Krebsart zwischen 1,3 und 2,4 im Vergleich zu nicht exponierten Personen.

8.2
Zusammenfassung

Die Gruppe der PCDD/Fs besitzt ein breites Spektrum an toxischen Wirkungen. Obwohl diese Substanzen niemals großtechnisch hergestellt worden sind, finden sie sich ubiquitär in der Umwelt. Durch ihre Bioakkumulation in der Nahrungskette sieht sich der Mensch über die Nahrung ständig diesen Chemikalien ausgesetzt.

Die PCDD/Fs, und darunter vor allem der toxischste Vertreter, das TCDD, sind akut toxisch, immuntoxisch, teratogen und kanzerogen.

Die meisten, wenn nicht sogar alle der toxischen Wirkungen dieser Substanzen werden über ein Rezeptorprotein, den AhR, vermittelt. Die Bindung der Substanzen an dieses Protein führt nachfolgend zur veränderten Expression der Zielgene des AhR.

Da der AhR des Menschen deutlich weniger sensitiv gegenüber PCDD/Fs ist, als der AhR der meisten Versuchstierspezies, wurde postuliert, dass der Mensch weniger empfindlich auf diese Substanzen reagiere. Unbestritten ist, dass sehr hohe Expositionen gegenüber toxischen PCDD/Fs auch beim Menschen zu akut toxischen Effekten sowie einer Erhöhung des Krebsrisikos führen. Welche Rolle die chronische Exposition in geringen Dosen über die Nahrung spielt, lässt sich bis heute nicht abschließend bewerten, es scheint aber eher unwahrscheinlich, dass die durchschnittliche gegenwärtige Belastung im Bereich von wenigen pg TEQ kg^{-1} Körpergewicht Tag^{-1} zu adversen Effekten im Menschen führt.

8.3
Polychlorierte Biphenyle (PCBs)

Die als geruchlose, thermisch und chemisch sehr stabile, ölige Flüssigkeiten vorliegenden technischen PCBs wurden in vielen Anwendungen, z. B. als Hydraulik- und Flammschutzflüssigkeiten, in Druckfarben, Dichtungsmassen usw. eingesetzt, wobei die verwendeten, technischen Gemische (Aroclor, Kaneclor usw.) seit ca. 1920 in einem geschätzten Gesamtumfang von etwa 1 Million t weltweit hergestellt wurden. Trotz ihres weltweiten Verbotes ab 1990 ist, aufgrund ihrer hohen Persistenz, noch lange mit dem Auftreten von PCBs in Nahrung und Umwelt zu rechnen.

Die PCBs umfassen 209 verschiedene Substitutionsisomere, sogenannte Kongenere, die nach der Position der Chlorsubstituenten eingeteilt werden. Die Zählweise der Substituenten gibt Abbildung 8.1 wider.

Die Nomenklatur nach Ballschmiter weist den Kongeneren mit steigendem Chlorierungsgrad systematisch zunehmende Ziffern zu. So trägt z. B. 2,2′,3,4,4′,5,5′-Heptachlorbiphenyl die Bezeichnung PCB 180.

Aufgrund ihrer biochemischen Wirkungen lassen sich die PCBs in zwei Gruppen, die dioxinartigen („*dioxinlike*“, DL) und die nicht dioxinartigen („*non-dioxinlike*“, NDL) PCBs einteilen.

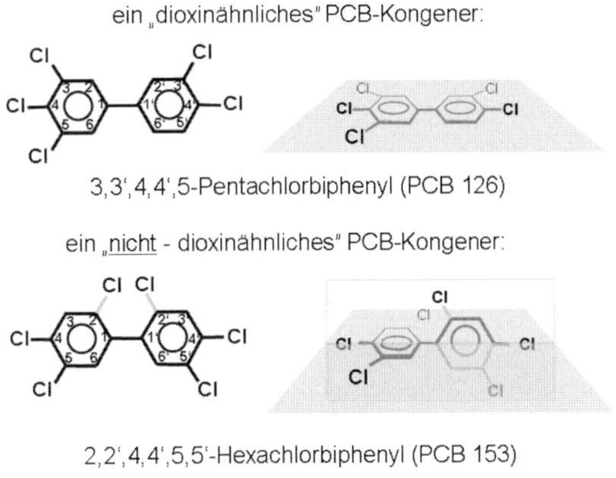

ein „dioxinähnliches" PCB-Kongener:

3,3',4,4',5-Pentachlorbiphenyl (PCB 126)

ein „nicht - dioxinähnliches" PCB-Kongener:

2,2',4,4',5,5'-Hexachlorbiphenyl (PCB 153)

Abb. 8.3 Struktur der polychlorierten Biphenyle.

Die DL-PCBs ähneln in ihrer Konformation den hochtoxischen PCDD/Fs, d. h. sie können relativ leicht Planarität annehmen und damit an den Ah-Rezeptor binden und ihn aktivieren (siehe Abb. 8.3). Wesentliche Voraussetzung hierfür ist das Fehlen von Chlorsubstituenten an den vier *ortho*-Positionen, d. h. eine ausschließlich laterale Chlorierung. Im Gegensatz dazu zeigen die einfach *ortho*-substituierten Kongenere nur noch geringe, die mehrfach *ortho*-substituierten praktisch keine dioxinartigen Eigenschaften mehr. Die *ortho*-Substituenten verhindern, dass die beiden Ringe Koplanarität annehmen, trotz der an sich freien Drehbarkeit der C–C-Brücke zwischen beiden aromatischen Ringen.

8.3.1 Eigenschaften, Vorkommen und Exposition

8.3.1.1 Eigenschaften

Die reinen PCBs liegen als Feststoffe, die technischen Gemische bei Raumtemperatur als ölige, geruchlose Flüssigkeiten vor. Sie sind ausgesprochen lipophil und finden sich daher vor allem in der Lipidphase in Organismen, Lebensmitteln usw., während sie in wässrigem Milieu vor allem partikulär gebunden (Fluss-Sedimente) vorkommen. Ihre Flüchtigkeit unter Standardbedingungen ist eher gering; dabei liegen PCBs in Luftproben sowohl gasförmig als auch an Partikel gebunden vor. In der Atmosphäre werden PCBs über weite Strecken in alle Regionen der Erde, insbesondere in Polargebiete, verfrachtet und v. a. bei den niedrig chlorierten Kongeneren ist die Flüchtigkeit auch für die menschliche Exposition über die Atemluft (Raumluft) von Bedeutung. Thermisch und chemisch sind PCBs sehr stabil, was u. a. ihre breite technische Anwendung begründet hat. Diese Eigenschaften, zusammen mit ihrer Resistenz gegen metabolischen Abbau, führen aber zu einer hohen Persistenz in der Umwelt und in Organismen. Die PCBs werden daher zu den weltweit geächteten *„Persistent Organic Pollutants"* (POPs) gerechnet.

8.3.1.2 **Vorkommen**

Aufgrund ihrer lipophilen Eigenschaften finden sich PCBs vorwiegend in apolarem Milieu, d.h. im Körperfett von Organismen bzw. an Partikel gebunden. Wegen ihrer hohen Persistenz akkumulieren sie in der Nahrungskette und sind somit in Organismen, die hoch in der Nahrungskette stehen in relativ hohen Konzentrationen zu finden, dagegen sehr viel weniger in z. B. Pflanzen. Die höchsten PCB-Gehalte finden sich in Böden und Sedimenten in der Umgebung umschriebener Kontaminationsquellen, wie z. B. ehemaliger Produktionsstandorte technischer PCB-Gemische. Ansonsten sind allgemein Gewässersedimente und Überschwemmungsgebiete in hoch industrialisierten Regionen mit sogenannten „Altlasten“ besonders betroffen. Die dort lebenden Fische zeigen besonders hohe PCB-Gehalte, wobei generell in Fischen, vor allem in solchen mit hoher Stellung in der Nahrungskette sowie in Meeressäugern, höhere Werte auftreten als z. B. in Landtieren mit pflanzlicher Ernährungsweise.

Im Vietnamkrieg wurden chlororganische Gemische unter dem Namen „Agent Orange“ als Entlaubungsmittel über weiten Landstrichen Vietnams versprüht. Wesentliche Bestandteile waren PCBs und PCDD/Fs. Die erhöhte Belastung der dortigen Bevölkerung mit diesen Stoffen ist noch heute nachweisbar. Systematische epidemiologische Studien liegen ganz überwiegend nur für das Boden- und Flugpersonal der amerikanischen Streitkräfte vor.

Als Summenparameter für den Gehalt an PCBs in Umweltproben, Blutproben, Lebensmitteln usw. ist die Summe aus sechs Indikatorkongeneren, die meist die höchsten Gehalte aufweisen, weit verbreitet. Es handelt sich um die Kongenere PCB 28, 52, 101, 138, 153 und 180, die oft ca. die Hälfte der Gesamt-PCBs in Umwelt- oder Lebensmittelproben ausmachen.

8.3.1.3 **Exposition**

Für die Hintergrundbelastung des Menschen stellt die Nahrung die wichtigste Expositionsquelle dar. Die durchschnittliche tägliche Gesamtaufnahme an NDL-PCBs in Europa wurde auf 10–45 ng kg^{-1} KG geschätzt. Für Kinder unter sechs Jahren liegen die Werte bei 27–50 ng kg^{-1} KG und Tag. Eine wesentlich höhere Exposition weisen gestillte Säuglinge auf, die wegen des PCB-Gehaltes der Muttermilch durchschnittlich 1600 ng kg^{-1} KG und Tag aufnehmen. Bei besonderer Expositionslage, z. B. bei häufigem Verzehr von Fisch aus belasteten Regionen z. B. der Ostsee, wurden für den Erwachsenen Expositionswerte von bis zu 80 ng kg^{-1} KG und Tag abgeschätzt. Die Aufnahme von DL-PCBs liegt auf der Basis von Massengehalten bei nur wenigen Prozent der gesamten PCB-Aufnahme. Ihrer toxikologischen Bedeutung versucht man durch ihre Einbeziehung in das TEF-Konzept (siehe Abschnitt 8.1.3) und die Berechnung einer Gesamtexposition an TEQ kg^{-1} KG Rechnung zu tragen. Dabei tragen die DL-PCBs häufig etwa in gleichem Maße wie die PCDD/Fs zur Gesamtbelastung mit TEQ bei.

Die PCB-Belastung rührt meist nur zu wenigen Prozent von einer Exposition über die Atemwege oder die Haut (Raumluft, Staub, Boden). In manchen Fällen konnten, bei entsprechender Belastung der Raumluft, leicht erhöhte Gehalte an flüchtigeren, niedrig-chlorierten Kongeneren im Blut nachgewiesen werden.

Obwohl stark kontaminierte Proben meist deutlich erhöhte Gehalte sowohl an NDL-PCBs als auch an DL-PCBs aufweisen, kann nicht von einem definierten Verhältnis der Gehalte beider PCB-Gruppen ausgegangen werden. Allenfalls bei hoher Exposition aufgrund bestimmter Punktquellen kann sich ein charakteristisches Kongenerenmuster mit einem typischen Verhältnis zwischen NDL- und DL-PCBs, z. B. im Blut der belasteten Personen, ergeben.

8.3.2 Toxikokinetik

PCBs werden sehr gut durch passive Diffusion aus dem Magen-Darm-Trakt oder über die Atemwege aufgenommen. Die niedrig chlorierten Kongenere sind noch besser oral bioverfügbar als die höher chlorierten. Die Verteilung erfolgt in das Fettgewebe und den Lipidanteil von Organen, Geweben und Muttermilch. Insbesondere die DL-PCBs können nach höherer Dosierung wahrscheinlich auch in der Leber angereichert werden. PCBs werden nur langsam metabolisch abgebaut, wobei die niedrig chlorierten Kongenere mit zwei benachbarten, nicht chlorierten Kohlenstoffzentren an den aromatischen Ringen allgemein als leichter metabolisierbar angesehen werden. Die entstehenden Phenole werden leichter ausgeschieden, können aber auch an Plasmaproteine binden. Aus einigen PCBs werden Methylsulfonyl-Metaboliten gebildet, die aufgrund ihrer höheren Lipophilie länger im Körper, z. B. in Leber und Lunge, verweilen als die phenolischen Metaboliten. Die geringe Eliminationsrate der PCBs führt zu sehr langen Verweil-Halbwertszeiten im menschlichen Körper, für die allerdings, je nach Studie, sehr variable Schätzungen vorliegen, die z. B. für ein bestimmtes Kongener zwischen etlichen Monaten und mehr als 30 Jahren schwanken können.

8.3.3 Toxizität

8.3.3.1 Tierexperiment

Die meisten Toxizitätsstudien sind mit technischen PCB-Gemischen durchgeführt worden. Eine der gegenüber NDL-PCBs empfindlichsten Spezies, der Nerz, zeigt deutlich reproduktionstoxische Effekte bei chronischer Gabe von 100 ng Aroclor 1254 kg^{-1} KG und Tag. Ferner zeigen sich im Tierexperiment, z. B. an Nagern, mit einzelnen NDL-PCBs toxische Effekte an der Leber (Leberhypertrophie, Fettleber usw.) und der Schilddrüse (Abfall an peripherem Schilddrüsenhormon T4, Zunahme von TSH) sowie estrogene und reproduktionstoxische Wirkungen. Vor allem bei Mäusen zeigt sich eine immuntoxische (immunsuppressive) Wirkung. DL-PCBs weisen eine grundsätzlich ähnliche Toxizität auf wie die 2,3,7,8-substituierten PCDD/Fs (siehe 8.1.5), wobei ihre relativen TEF-Werte (Tab. 8.1) bei den Dosis-Wirkungs-Verläufen zum Tragen kommen. Die Risikobewertung erfolgt hier auf der Basis von Gesamt-TEQ.

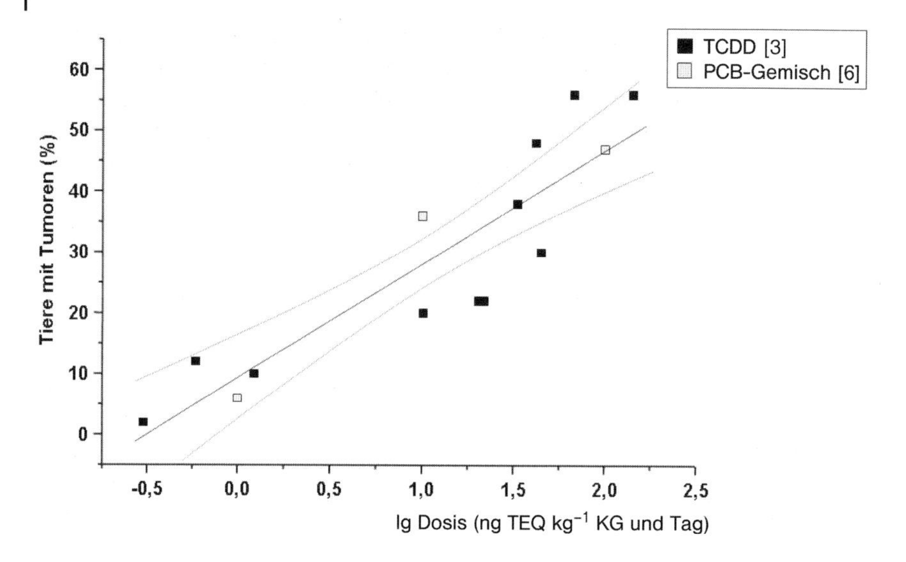

Abb. 8.4 Zusammenhang zwischen dem Anteil an Tieren (Ratten) mit Lebertumoren und der Dosis an TCDD [5] bzw. technischen PCB-Gemischen [6], letztere nicht als Gesamt-PCBs sondern als Gesamt-TEQ ausgedrückt.

Bei der Bewertung der NDL-PCBs stellt sich stets die Frage nach dem Einfluss in Spuren auftretender, dioxinartiger Kontaminanten (DL-PCBs, PCDD/Fs), welche prinzipiell auch die beobachteten Veränderungen der Leber und der Schilddrüsenfunktion auslösen können. Dieses Problem hat bisher eine wissenschaftlich fundierte, quantitative Risikobewertung der NDL-PCBs erschwert.

In Standard-Assays sind PCBs nicht gentoxisch, obwohl für einige, niedrig chlorierte Kongenere die nennenswerte Bildung elektrophiler Epoxid-Metaboliten beschrieben ist. Dennoch sind technische PCB-Gemische im Tierversuch kanzerogen, vor allem in der Nagerleber, wobei dem DL-PCB-Anteil eine wesentliche Rolle zukommt (siehe Abb. 8.4). Ob die NDL-PCBs für sich genommen ebenfalls kanzerogen sind, ist nicht bekannt. Immerhin sind einige von ihnen als Tumorpromotoren in der Rattenleber wirksam.

8.3.3.2 **Mensch**

Die Unterscheidung zwischen den Wirkungen von DL- und NDL-PCBs ist beim Menschen noch viel schwieriger als im Tierexperiment. Dies liegt daran, dass die menschliche Exposition, sowohl am Arbeitsplatz als auch nach Umweltbelastungen und Vergiftungskatastrophen, stets eine Mischexposition durch DL- und NDL-PCBs, meist auch mit nennenswerter Zusatzbelastung durch PCDD/Fs, darstellt. Dennoch lassen sich Unterschiede zwischen „reinen" PCDD/F-Expositionen und PCB-Vergiftungen feststellen.

Epidemiologische Studien an Arbeitern der Elektroindustrie lassen nur sehr eingeschränkte Schlussfolgerungen über eine mögliche kanzerogene Wirkung von technischen PCB-Gemischen auf Leber, Gallenwege und -blase und den Magen-Darm-Trakt insgesamt zu. Noch weniger abgesichert sind Befunde aus einzelnen Studien über eine eventuelle Zunahme der Inzidenz an Mammakarzinomen oder Non-Hodgkin-Lymphomen.

In Folge der Yusho- und Yu-Cheng-Vergiftungen kam es zu einer Reihe von Gesundheitsstörungen wie z. B. Menstruationsstörungen, Fehlgeburten und erhöhter fötaler Sterblichkeit, sowie erhöhter Kropfneigung. Bei den Nachkommen der Betroffenen wurden verminderte Intelligenz, Verhaltens- und Aktivitätsstörungen festgestellt. Ein ähnlicher Einfluss auf die Schilddrüsenfunktion und auf Intelligenz- und Verhaltensleistung von Nachkommen wurde auch in Populationen mit erhöhtem Verzehr PCB-belasteter Fische z. B. aus den Großen Seen berichtet. Allerdings ist in letzterem Fall der Einfluss weiterer Kontaminanten bzw. Umweltschadstoffe sowie sozio-ökonomischer Faktoren wiederholt diskutiert worden. Ein abschließendes Urteil kann derzeit nicht gefällt werden.

Fallbeispiel: Yusho/Yu-Cheng

Im Februar 1968 kam es zu einer Massenvergiftung (mehr als 2000 Betroffene) mit einem technischen, PCDF-haltigen PCB-Gemisch in Japan. Dabei wurde das PCB-Gemisch als Wämetauscher-Flüssigkeit im Verlauf der Raffination von Reisöl verwendet. Wegen der Farb-, Geruch- und Geschmacklosigkeit der PCBs waren die Reisölkonsumenten nicht gewarnt. Es kam zu Chlorakne, Haut- („Black Babys") und Schleimhautveränderungen, Gewichtsverlust, Leber- und Nierenschäden sowie Störungen des Immunsystems und endokrinen Störungen (z. B. des Menstruationszyklus). Daneben zeigten sich Knochenschäden mit arthritis-ähnlichen Beschwerden (Yusho (jap.) = „Aua").

Im Jahre 1979 kam es zu einem ganz ähnlichen Fall, der Yu-Cheng-Katastrophe, in Taiwan. Hier traten verbreitet Chlorakne, Nagelveränderungen, Hyperpigmentierung der Haut und Schleimhäute (z. B. bei Neugeborenen), Hautverdickungen, Schilddrüsenvergrößerung sowie Anämie und schmerzhafte Knochen- und Bindegewebsschäden (Yu-Cheng = „Aua") auf. Viele der Beschwerden dauerten, ähnlich wie in Japan, über Jahre an.

In beiden Fällen muss von einer Mischexposition gegenüber DL-PCBs, NDL-PCBs und PCDFs ausgegangen werden.

8.4
Bromierte Flammschutzmittel

8.4.1
Eigenschaften, Vorkommen und Exposition

Unter den polybromierten organischen Flammschutzmitteln sind aus toxikologischer Sicht vor allem die polybromierten Diphenylether (PBDEs), Tetrabrombisphenol A (TBBPA) und seine Derivate sowie Hexabromcyclododecan (HBCDI) einschließlich seiner drei Isomeren zu erwähnen. Sie werden in einer Vielzahl von Materialien, insbesondere Kunststoffen, z. B. in Textilien, Geräteteilen, Fahrzeugen, Baumaterialien, Möbeln usw. verwendet und dabei in „additive“ (wie z. B. PBDEs, HBCD) und „reaktive“ (wie z. B. TBBPA) Stoffe unterteilt, wobei letztere mit dem Polymer reagieren, während die „additiven“ beigemischt werden.

Das verbreitete Vorkommen einiger PBDEs in der Umwelt, in Lebensmitteln, in Blut und Mutermilch hat zu weitgehenden Verboten dieser Stoffe geführt, die jedoch noch lange als Umweltkontaminanten auftreten werden. Die toxikologische Bewertung der „Ersatzstoffe“ wie HBCD ist weniger weit entwickelt, hat aber zum Teil auch ein Potenzial zu unerwünschter Persistenz in der Umwelt aufgezeigt. Insbesondere in den USA hat die ausgedehnte Verwendung leicht entflammbarer Materialien (z. B. im Baugewerbe) zu einer erheblich höheren Belastung der Verbraucher mit PBDEs geführt als in Europa. Dabei werden neben der Nahrung, auch andere Expositionspfade wie z. B. über Hausstaub diskutiert.

Die PBDEs der technischen Anwendung waren stets Gemische aus mehreren Haupt- und zahlreichen Neben-Kongeneren. So bestand ein typisches penta-

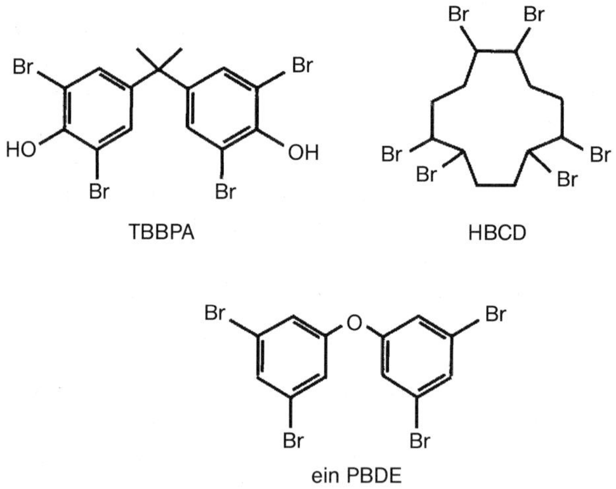

TBBPA

HBCD

ein PBDE

Abb. 8.5 Strukturen einiger bromierter organischer Flammschutzmittel.

BDE-Gemisch zu 80% aus den Kongeneren BDE-47 (2,4,2′,4′-TetraBDE), BDE-99 (2,4,5,2′,4′-PentaBDE) und BDE-100 (2,4,6,2′,4′-PentaBDE).

8.4.2 Toxizität

Für einige bromierte Flammschutzmittel sind vor allem endokrine und entwicklungstoxische Wirkungen aus dem Tierversuch bekannt. Bei der Maus wirkt TBBPA estrogenartig und beeinträchtigt die Nierenentwicklung, einige PBDEs sind bei der männlichen Ratte anti-androgen wirksam und stören die Geschlechtsreife. PBDEs und HBCD sind Induktoren des Fremdstoffmetabolismus und führen zu Lebervergrößerung und hepatozellulärer Hypertrophie. Wahrscheinlich als Folge der erhöhten metabolischen Umsetzung in der Leber kommt es zu einem Abfall an peripherem Schilddrüsenhormon mit der Folge eines entsprechenden Wachstumsstimulus auf die Schilddrüse. Ein ähnlicher Mechanismus könnte der beobachten Veränderung im hepatischen Retinoidmuster zugrunde liegen. Ferner werden veränderte motorische und kognitive Leistungen bei den Tieren beobachtet. Die hierzu notwendigen Dosen überschreiten die durchschnittliche Aufnahme in Europa deutlich, diejenige in Nordamerika weniger deutlich. Dabei wird vor allem der Belastung des Säuglings über die Muttermilch als möglicherweise kritisch angesehen.

8.5 Zusammenfassung

Polychlorierte Biphenyle (PCBs) wurden in großem Stil als technische Gemische hergestellt und eingesetzt und treten noch heute ubiquitär in der Umwelt auf. Sie fanden Anwendung als Hydraulikflüssigkeiten, Feuchthaltemittel in Dichtungsmassen, in Druckfarben usw. und wurden auch in Entlaubungsmitteln im Vietnamkrieg eingesetzt. Wegen ihrer Lipophilie und Persistenz finden sie sich im Lipidanteil des Körpers, z. B. in Fettgewebe und in der Muttermilch. Sie lassen sich aufgrund ihrer Struktur in „planare“, dioxinähnliche (DL-PCBs) und in mehrfach *ortho*-chlorierte, nicht dioxinähnliche Kongenere (NDL-PCBs) unterscheiden. Die Toxizität der DL-PCBs ähnelt der der PCDD/Fs. Sie werden im Rahmen des TEF-Konzeptes bewertet. Die NDL-PCBs besitzen eine deutlich geringere Toxizität, die sich vermutlich in immuntoxischen, endokrin wirksamen und tumorpromovierenden Eigenschaften äußert. Wegen der fast immer vorhandenen Verunreinigung der NDL-PCBs mit teils hochtoxischen DL-Verbindungen ist eine isolierte Risikobewertung der NDL-PCBs derzeit schwierig. Bei den Vergiftungskatastrophen mit technischen PCB-Gemischen, die sich in im wesentlichen in Haut- und Knochenveränderungen, Leber- und Nierenschäden und endokrinen Störungen äußerten, ist von einer Mischexposition gegenüber DL-PCBs, NDL-PCBs und PCDFs auszugehen.

Unter den bromierten Flammschutzmitteln sind vor allem polybromierte Diphenylether (PBDEs), Tetrabrombisphenol A (TBBPA) und Hexabromcyclododecan (HBCD) zu erwähnen. Für eine Reihe dieser Stoffe ist Persistenz in der Umwelt, das Potenzial zur Bioakkumulation (z. B. in der Muttermilch) und das Auftreten endokriner, entwicklungstoxischer und hepatischer Störungen aus dem Tierversuch belegt.

8.6 Fragen zur Selbstkontrolle

1. ***Welche chemischen Grundstrukturen weisen PCDD/Fs und PCBs auf?***
2. ***Welche toxikokinetischen Eigenschaften sind für die PCDD/Fs und PCBs typisch? Mit welchen Eliminationshalbwertszeiten rechnen Sie bei Menschen?***
3. ***Was ist der Arylhydrocarbon-Rezeptor (AhR) und wie wird er aktiviert?***
4. ***Welche Konsequenzen hat die Aktivierung des AhR? Welches ist seine physiologische Rolle?***
5. ***Wie äußert sich die Toxizität von TCDD an Versuchstieren beim Menschen?***
6. ***Was besagt das TEF-Konzept? Was sind TEQ?***
7. ***Wie unterscheiden sich DL-PCBs von NDL-PCBs?***
8. ***Was ereignete sich bei der Yusho- bzw. Yu-Cheng-Katastrophe?***
9. ***Welche technischen Anwendungen fanden PCBs?***
10. ***Wieso ist die toxikologische Risikobewertung der NDL-PCBs besonders schwierig?***
11. ***Welches sind die toxikologisch relevantesten bromierten Flammschutzmittel? Wie wirken sie im Versuchstier?***

8.7 Literatur

1 van den Berg M, Birnbaum L, Denison M, De Vito M, Farland W, Feeley M, Fiedler H, Hakansson H, Hanberg H, Haws L, Rose M, Safe S, Schrenk D, Tohyama C, Tritscher A, Tuomisto J, Tysklind M, Walker N, Peterson RE (2006), The 2005 World Health Organization re-evaluation of human and mammalian Toxic Equivalency Factors for dioxins and dioxin-like compounds. Tox Sci 93:223–241

2 van den Berg M, van Birgelen A, Birnbaum L, Brouwer B, Carrier G, Conolly R, Dragan Y, Farland W, Feeley M, Fürst P, Galli C, de Gerlache J, Grieg J, Hayashi Y, Herrman J, Kogevinas M, Kurokawa, Larsen JCY, Liem D, Luijckx L, Matsumura F, McGregor D, Mocarelli P, Moore M, Moy G, Newhook R, Ouane F, Peterson R, Poellinger L, Portier C, Rappe C, Rogan W, Schrenk D, Shkolenok G, Sweeney M, Tohyama C,

Tuomisto J, Ueda H, Waters J, van de Wiel J, van Leeuwen FXR, Younes M, Zeilmaker M (2000), Revison of the tolerable daily intake of dioxin by WHO. Food Add Contam 17:223–240
3 Kociba RJ, Keyes DG, Beyer JE, Carreon RM, Wade CE Dittenber DA, Kalnins RP, Frauson LE, Park CN, Barnard SD, Hummel RA, Humiston CG (1978), Results of a two-year chronic toxicity and oncogenicity study of 2,3,7,8-tetrachlorodibenzo-p-dioxin in rats. Toxicol Appl Pharmacol 46:279–303
4 International Agency for Research on Cancer (IARC) (1997), ARC Working Group on the Evaluation of Carcinogenic Risks to Humans: Polychlorinated Dibenzo-para-Dioxins and Polychlorinated Dibenzofurans. IARC Monogr Eval Carcinog Risks Hum 69:1–631
5 Mayes BA, McConnell EE, Neal BH, Brunner MJ, Hamilton SB, Sullivan TM, Peters AC, Ryan MJ, Toft JD, Singer AW, Brown JF, Menton RG, Moore JA (1998), Comparative carcinogenicity in Sprague-Dawley rats of the polychlorinated biphenyl mixtures Aroclors 1016, 1242, 1254, and 1260. Toxicol Sci 41:62–76

8.8 Weiterführende Literatur

1 Beischlag TV, Luis Morales J, Hollingshead BD, Perdew GH (2008), The aryl hydrocarbon receptor complex and the control of gene expression. Crit Rev Eukaryot Gene Expr 18:207–250
2 Knerr S, Schrenk D (2006), Carcinogenicity of non-dioxinlike polychlorinated biphenyls. Crit Rev Toxicol 36:663–694
3 Knerr S, Schrenk D (2006), Carcinogenicity of 2,3,7,8-tetrachlorodibenzo-*p*-dioxin in experimental models. Molec Nutr Food Res 50:897–907
4 Legler J, Brouwer A (2003), Are brominated flame retardants endocrine disruptors? Environ Int 29:879–885
5 Safe S (2001), Molecular biology of the Ah receptor and its role in carcinogenesis. Toxicol Lett 120:1–7
6 van der Ven L, van de Kuil T, Verhoef A, Leonards PEG, Slob W, Canton RF, Germer, S, Hamers M, Visser TJ, Litens S, Hakansson H, Fery Y, Schrenk D, van den Berg M, Piersma AH, Vos, JG (2008), A 28-day oral dose toxicity study enhanced to detect endocrine effects of a purified technical pentabromodiphenyl ether (pentaBDE). Toxicology 245: 109–122

8.9 Substanzen

PCDD
PCDF
PBDE
PCB
HBCD
TBBPA

9
Chemische Kampfstoffe

*Horst Thiermann, Sascha Gonder, Harald John, Kai Kehe,
Marianne Koller, Dirk Steinritz und Franz Worek*

9.1
Einleitung

9.1.1
Eigenschaften, Vorkommen und Exposition

Chemische Kampfstoffe sind synthetische chemische Verbindungen, die für den Einsatz in kriegerischen Auseinandersetzungen entwickelt und produziert werden, mit dem Ziel gegnerische Kräfte zu schädigen, deren Tod herbeizuführen oder deren Einsatzfähigkeit zu beeinträchtigen. Chemische Waffen sind chemische Kampfstoffe mit ihren Ausbringungssystemen, wie Munition, Bomben, Raketen, Sprühtanks und -vorrichtungen (z. B. für Flugzeuge).

Gifte wurden bereits in prähistorischen Zeiten zur Jagd oder bei Auseinandersetzungen verwendet. Die Anwendung chemischer Kampfstoffe als Massenvernichtungswaffen wurde erst durch die stürmische Zunahme des Wissens in der Chemie im 19. und 20. Jahrhundert und Entwicklung großtechnischer Herstellung von Chemikalien möglich. Als „Geburtstag" der „modernen" chemischen Kriegsführung bzw. von deren Anwendung als Massenvernichtungswaffe gilt der 22. April 1915. An diesem Tag wurden in Flandern durch deutsche Streitkräfte aus Stahlzylindern große Mengen Chlorgas gegen die alliierten Truppen freigesetzt. Eine massive Zunahme der Entwicklung chemischer Kampfstoffe und deren Einsatz durch verschiedene kriegsteilnehmende Staaten während des Ersten Weltkrieges war die Folge. Die Weiterentwicklung setzte sich auch danach noch fort, mit zuletzt dem Einsatz von Haut- (Schwefellost) und Nervenkampfstoffen (Tabun, Sarin) durch den Irak im Krieg gegen den Iran (1980–1988) und gegen die kurdische Bevölkerung (1988). Die Proliferation chemischer Kampfstoffe in den nicht staatlichen (terroristischen) Bereich geht auf die japanische Aum Shinrikyo Sekte zurück, die Sarin, einen Nervenkampfstoff, in der Tokioter U-Bahn, mit 12 Toten, 980 Vergifteten und mehr als 5000 Betroffenen, freigesetzt hat.

Toxikologie Band 2: Toxikologie der Stoffe. Herausgegeben von Hans-Werner Vohr

ISBN: 978-3-527-32385-2

9.1.2
Einteilung

Chemische Kampfstoffe werden aus medizinisch-toxikologischer Sicht nach den augenscheinlich primär betroffenen Organen und Geweben eingeteilt (Tab. 9.1). Diese Einteilung ist nicht konsistent, da z. B. die tödliche Wirkung bei Hautkampfstoffen meist die Lunge betrifft. Auch zählt Blausäure zu Blutkampfstoffen obwohl die Blutbestandteile durch das Gift nicht beeinträchtigt werden.

Allein im Ersten Weltkrieg wurden mehrere tausend chemische Verbindungen als Kampfstoffe eingesetzt. Durch die Entwicklung wirksamerer Verbindungen sind die meisten obsolet geworden. In der Tabelle ist nur eine Auswahl in

Tab. 9.1 Einteilung chemischer Kampfstoffe nach Art und Ort der Wirkung.

Substanz	Kurzname	Symbol [a)]	Zuordnung
Dimethylphosphoramido-cyansäureethylester	Tabun	GA	Nervenkampfstoff
Methylfluorophosphon-säureisopropylester	Sarin	GB	Nervenkampfstoff
Methylfluorophosphonsäure 1,2,2-trimethylpropylester	Soman	GD	Nervenkampfstoff
o-Ethyl-S-(2-(diiso-propylamino)-ethyl)-methylthiophosphonat	VX	VX	Nervenkampfstoff
Bis(2-chlorethyl)sulfid	Lost, Yperit, S-Lost, Senfgas	HD	Hautkampfstoff
Tris(2-chlorethyl)amin	Stickstofflost	HN-3	Hautkampfstoff
2-Chlorvinyldichlorarsin	Lewisit	L	Hautkampfstoff
Cyanwasserstoff	Blausäure	AC	Blutkampfstoff
Chlorcyan	–	CK	Blutkampfstoff
Arsenwasserstoff	Arsin	SA	Blutkampfstoff
Trichlornitromethan	Chlorpikrin	PS	Lungenkampfstoff
Carbonylchlorid	Phosgen	CG	Lungenkampfstoff
Chlorameisensäuretrichlor-methylester	Diphosgen	DP	Lungenkampfstoff
Quinuclidinylbenzilat	BZ	BZ	Psychokampfstoff
Bromaceton	–	BA	Augenreizstoff
Chloracetophenon	–	CN	Augenreizstoff
o-Chlorbenzilidenmalodinitril	–	CS	Augenreizstoff
Diphenylarsinchlorid	Clark I	DA	Nasen/Rachenreizstoff
Diphenylarsincyanid	Clark II	DC	Nasen/Rachenreizstoff
Phenarsazinchlorid	Adamsit	DM	Nasen/Rachenreizstoff

Angaben nach [1]

a) Symbole sind Bezeichnungen der U.S. Armee

heutiger Literatur meist genannter Stoffe aufgeführt. Die größte Bedeutung haben wegen hoher Warmblütlertoxizität und des Vermögens inhalativ und perkutan in den Körper einzudringen die Nervenkampfstoffe, gefolgt von Hautkampfstoffen der Lost-Reihe (Alkylanzien). Letztere sind zwar weniger toxisch in Bezug auf die Letalität als Nervenkampfstoffe, können aber in niedrigen Dosen lokale Schäden (Lunge, Augen, Haut) verursachen und sind einfacher zu synthetisieren. Lewisit, Blutkampfstoffen und Lungenkampfstoffen wird wegen geringerer Toxizität im Vergleich zu Nervenkampfstoffen eine geringere Bedeutung zugemessen. Stoffe der beiden letzteren Gruppen (z. B. Blausäure und Phosgen) gehören auch zu hoch toxischen weltweit in großen Mengen hergestellten Industriechemikalien. Durch die breite Verfügbarkeit und, vor allem in geschlossenen Räumen, großes Gefahrenpotenzial wird diesen Verbindungen, im Sinne asymmetrischer Bedrohung (Terrorismus), eine große Bedeutung zugeordnet. Sie werden in anderen Kapiteln dieses Buches abgehandelt.

Psychokampfstoffe (BZ) wurden kurz nach dem Zweiten Weltkrieg in den USA intensiv untersucht und wegen nicht kalkulierbarer Wirkung als nicht relevant eingestuft.

Reizstoffe zählen nicht zu den chemischen Kampfstoffen. Sie spielen aber bei der Bekämpfung von Unruhen eine Rolle und wurden daher in dieses Kapitel aufgenommen.

Der biomedizinischen Analytik und Verifikation von Kampfstoffvergiftungen wurde wegen seiner Komplexität ein besonderes Kapitel gewidmet.

9.2 Nervenkampfstoffe

9.2.1 Geschichte, Vorkommen, Eigenschaften

9.2.1.1 Historischer Hintergrund

Erst in den 1930er Jahren des zwanzigsten Jahrhunderts erkannte man die hohe Toxizität der bereits im 19. Jahrhundert synthetisierten phosphororganischen Verbindungen (z. B. Tetraethylpyrophosphat). Der deutsche Chemiker Gerhard Schrader beschrieb erstmalig die Grundstruktur aller phosphororganischen Anticholinesterasen [2]. Im Jahr 1937 wurde während der Entwicklung neuer Pestizide durch Schrader Tabun als der erste aus der G-Reihe stammende Nervenkampfstoff synthetisiert. In weiterer Folge wurden im selben Jahr Sarin und 1943 Soman entwickelt. Im Verlauf der 1950er Jahre des 20. Jahrhunderts folgten die V-Stoffe in Großbritannien und den USA. In der Sowjetunion und der Volksrepublik China wurden weitere Varianten von VX entwickelt, welche als VR und CVX bezeichnet werden.

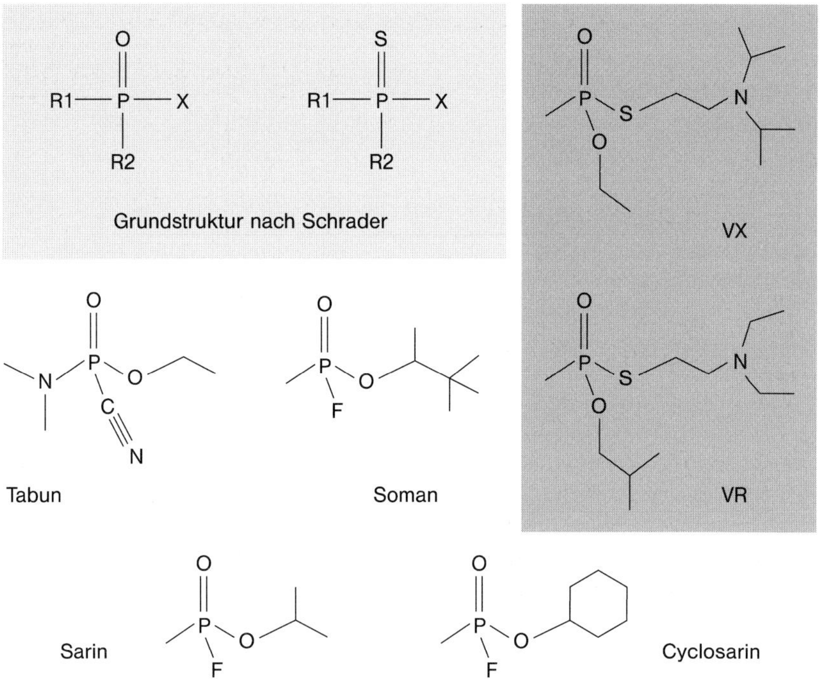

Abb. 9.1 Chemische Strukturformeln einiger Organophosphate. Hellgrauer Hintergrund: Grundstruktur phosphororganischer Cholinesteraseinhibitoren (nach [2]). Bei R1 und R2 handelt es sich um Alkyl-, Alkoxy-, Alkylthio- oder Aminogruppen. X bezeichnet die Abgangsgruppe (leicht abspaltbare Halogen-, Cyano-, Phenoxy- bzw. Thiol-Gruppe). Weißer Hintergrund: G-Stoffe. Dunkelgrauer Hintergrund: V-Stoffe.

9.2.1.2 **Vorkommen**

Chemisch gesehen gehören Nervenkampfstoffe (NKS) zur Gruppe der phosphororganischen Verbindungen, allgemein als Organophosphate (OP) bezeichnet. Dazu gehören auch zahlreiche phosphororganische Insektizide (z. B. Parathion, Malathion). Von aktueller Bedeutung sind die NKS Tabun, Sarin, Cyclosarin, Soman und VX (siehe Abb. 9.1). Mit Ausnahme von Tabun, einem Phosphoramidat werden die Nervenkampfstoffe zur Gruppe der Phosphonsäureester gezählt. Expositionsmöglichkeiten können sich im Rahmen militärischer Konflikte, terroristischer Anschläge, Kontrollen durch die Organisation zum Verbot Chemischer Waffen (OVCW) oder der Vernichtung von Altlasten ergeben.

9.2.1.3 **Eigenschaften**

Nervenkampfstoffe liegen als Reinsubstanzen bei Raumtemperatur in klarer, flüssiger Form vor, mit kaum wahrnehmbarem, gelegentlich als fruchtartig be-

Tab. 9.2 Übersicht physikochemischer Eigenschaften ausgewählter Nervenkampfstoffe [a].

	VX	Sarin (GB)	Tabun (GA)	Soman (GD)
Molekulargewicht	267,4	140,1	162,3	182,2
Dampfdruck (mm Hg, 25 °C)	0,0007	2,9	0,073	0,3
Flüchtigkeit (mg l^{-1}, 20 °C)	0,01	11,3	0,6	3–10
Hydrolyse ($t_{1/2}$, 20 °C, Angabe in h)	428 (pH 7,5)	46 (pH 7,5)	8,5 (pH 7)	langsamer als Sarin

a) nach [3]

schriebenem Geruch. Die höchste Toxizität wird nach Inhalation von Dämpfen oder Aerosolen erreicht. NKS sind amphiphil bis lipophil. Durch die teils hohe Lipophilie ist zudem eine Intoxikation über Haut und Schleimhäute möglich. Die Hydrophilität sinkt von Sarin über Tabun, zu VX, Cyclosarin und schließlich Soman. Der Gefrier- und Schmelzpunkt liegt unter 0 °C, der Siedepunkt über 150 °C.

Die Persistenz in der Umgebung variiert in Abhängigkeit von den physikochemischen Eigenschaften der einzelnen Verbindung und den klimatischen Bedingungen. Bedeutendste Parameter sind Dampfdruck und Hydrolysegeschwindigkeit (siehe Tab. 9.2). Die Volatilität nimmt in folgender Reihenfolge ab: Sarin, Soman, Tabun, Cyclosarin, VX. Wenn zum Beispiel bei sonniger Wetterlage, leichtem Wind und 15 °C Außentemperatur Sarin ausgebracht wird, ist zu erwarten, dass bereits nach kurzer Zeit (Minuten bis wenige Stunden) kaum mehr Bodenkontamination vorhanden ist. Hingegen können nach Ausbringung von VX bei –10 °C auf schneebedecktem Boden noch nach mehreren Monaten potenziell toxische Mengen vorliegen.

Unterschiede zwischen Nervenkampfstoffen und phosphororganischen Insektiziden:
NKS weisen im Allgemeinen eine höhere Toxizität auf als phosphororganische Insektizide. Die Persistenz der NKS, insbesondere der G-Reihe (Tabun, Sarin, Cyclosarin, Soman) im Körper ist kürzer und ihre Elimination erfolgt schneller als bei den Insektiziden. Nach Vergiftung mit Substanzen der V-Reihe muss jedoch mit längerer Persistenz von wirksamem Gift im Organismus gerechnet werden. Während die Inkorporationswege von NKS in den menschlichen Körper weitestgehend über perkutane oder inhalative Wege geschieht, werden Vergiftungen mit phosphororganischen Insektiziden zumeist im Rahmen von Suizidversuchen beobachtet, bei denen oft sehr hohe Dosen („*Mega-Dose-Poisoning*“) oral aufgenommen werden.

9.2.2
Toxikokinetik

Eine Aufnahme in den Organismus kann durch Inhalation, Ingestion oder perkutane Resorption erfolgen. Nach der systemischen Aufnahme erfolgt eine schnelle Verteilung im Organismus über die Blutbahn, bei der es auch zur Penetration der Blut-Hirn-Schranke kommt. Im Plasma und anderen wässrigen Lösungen des Körpers erfolgt eine Spontanhydrolyse. Die Hydrolyse wird enzymatisch über A-Esterasen und Phosphoryl-Phosphatasen (z. B. Paraoxonase) beschleunigt. Ebenfalls trägt eine Bindung an B-Esterasen (Carboxylesterasen und Cholinesterasen) zur Elimination bei. Zu den genannten Cholinesterasen gehört auch die Acetylcholinesterase (AChE) als wesentliches Zielmolekül der akuten Toxizität. NKS sind chirale Verbindungen mit einem Chiralitätszentrum am zentralen Phosphoratom. Bei Soman findet sich ein weiteres Chiralitätszentrum in der Pinacolylgruppe. Diese Isomere besitzen unterschiedliche Affinitäten zu Cholinesterasen und weisen Unterschiede in Metabolisierungs-, Abbaugeschwindigkeiten, und biologischer Aktivität auf. So werden P(+)Sarin- und Somanisomere im Organismus zügig durch enzymatische Hydrolyse abgebaut. Im Gegenzug weisen die deutlich toxischeren P(–)Isomere beider Verbindungen in biologischen Systemen eine weitaus höhere Stabilität auf. P(–)Isomere werden primär mittels kovalenter Bindung an B-Esterasen eliminiert.

9.2.3
Wirkungsweise

9.2.3.1 Wirkmechanismus und Symptome der Vergiftung

Im Bereich cholinerger Synapsen wird nach Depolarisation des terminalen Axons Acetylcholin (ACh) in den synaptischen Spalt freigesetzt. Seine Bindung führt an postsynaptischen muskarinischen Rezeptoren zur Aktivierung von G-Proteinen, an nikotinischen Rezeptoren zur Aktivierung von Ionenkanälen.

Zur Beendigung der Erregung wird das ACh durch die AChE äußerst rasch hydrolysiert. Das entstehende Cholin wird wieder in das präsynaptische Neuron aufgenommen und der Resynthese zugeführt.

Nervenkampfstoffe hemmen mittels kovalenter Bindung an eine Serin-OH-Gruppe im esteratischen Zentrum die Acetyl- (AChE) und Butyryl- (Plasma) Cholinesterase. Im Bereich cholinerger Synapsen kommt es durch verminderten Abbau zu einer Akkumulation des Neurotransmitters mit konsekutiv unkontrollierter Steigerung der Aktivität cholinerg innervierter Organe und Gewebe bis hin zum Funktionsausfall. Dies kann zum Tod führen. AChE kommt in parasympathischen und sympathischen Ganglien, der neuromuskulären Endplatte, den peripheren parasympathischen und zentralen Nervenendigungen vor.

Die Symptomatik der Vergiftung (siehe Tab. 9.3) wird dominiert von der Übererregung zentraler und peripherer muskarinischer und nikotinischer Rezeptoren. Die Länge des Intervalls zwischen Exposition und Symptombeginn

Tab. 9.3 Symptomatik bei Vergiftungen mit Nervenkampfstoffen.

Organ/Gewebe	Wirkung/Symptom	Symptomhäufigkeit in Patientenkollektiv bei Sarin-Anschlag (Japan) in % [a]	Rezeptortyp
Auge	Miosis, Akkommodationsstörungen, frontale Kopfschmerzen, Sehschwäche bei Dämmerung, Tränenfluss	99 40 75 38 9,0	m
Nasen-Rachenraum	Nasenlaufen, Speichelfluss	25 n/a	m
Atemwege	Bronchokonstriktion, Bronchorrhoe, Angina-Pectoris-Symptomatik, pathologische Atemgeräusche (Pfeifen, verlängertes Exspirium), Dyspnoe	n/a n/a n/a 6 63	m
Gastrointestinaltrakt	Nausea, Emesis, Diarrhoe, abdominale Krämpfe, epigastrisches Druckempfinden, unwillkürliche Entleerung	60 37 5 n/a n/a n/a	m
Haut	Schweißausbruch	n/a	m
Harnblase	Harndrang, unwillkürliche Entleerung	n/a	m
Herz	Bradykardie, ggf. initiale Tachykardie	n/a	m
Skelettmuskel	Muskelschwäche, leichte Ermüdbarkeit, Faszikulationen, Krämpfe, periphere Atemlähmung	n/a n/a 23 3 n/a	n
Sympathische Ganglien	transiente Hypertonie und Tachykardie, Blässe	n/a	n

schwankt je nach Substanz, Aufnahmeweg und aufgenommener Dosis. Sie kann zwischen wenigen Minuten nach inhalativer Aufnahme und mehreren Stunden nach perkutaner Resorption betragen. Nach Exposition gegenüber dampfförmigen NKS, wie bei Terrorangriffen zu erwarten, sind ophthalmologische Symptome sehr häufig und treten sehr schnell auf. Nach Inhalation folgen rasch respiratorische und dann systemische Symptome. Nach erfolgter perkutaner Aufnahme dominieren zunächst Muskelfaszikulationen und lokales Schwitzen. Im Fall einer oralen Aufnahme stehen zu Beginn gastrointestinale Sympto-

Tab. 9.3 (Fortsetzung)

Organ/Gewebe	Wirkung/Symptom	Symptomhäufigkeit in Patientenkollektiv bei Sarin-Anschlag (Japan) in % [a]	Rezeptortyp
ZNS:			
– Atmung	Dyspnoe,	63	m
	Zyanose,	n/a	
	Abnahme von Atemfrequenz und -tiefe, zentrale Atemlähmung	n/a	
– Aktivität	Unruhe,	33	m + n
	Schwäche,	37	
	Tremor,	n/a	
	Ataxie,	n/a	
	epileptiforme Krämpfe	3	
– Verhalten	Albträume,	n/a	m + n
	Insomnie,	n/a	
	emotionale Labilität,	n/a	
	Unruhe,	33	
	Phobien,	n/a	
	Konzentrationsschwäche,	n/a	
	Verwirrung	n/a	

Zuordnung: m = Muskarinrezeptor vermittelt, n = Nikotinrezeptor vermittelt, n/a = keine Daten vorliegend
a) nach [4]

me im Vordergrund. Im Zentralnervensystem bewirken Nervenkampfstoffe ebenfalls eine cholinerge Übererregung, die dann zu Störungen im GABAergen und Glutamatergen System führt. Es treten epileptiforme Krämpfe auf. Sauerstoffmangel im Gewebe trägt zur lokalen Schädigungen bei.

Bronchorrhoe und Bronchospasmus, sowie zentrale und periphere Atemlähmung können tödlich sein. Als Komplikationen können Herz-Kreislaufversagen und disseminierte Muskelnekrosen auftreten.

9.2.3.2 Intermediäres Syndrom (IMS)

In der Literatur wird bei Intoxikationen mit phosphororganischen Pestiziden das sogenannte „intermediäre Syndrom" als ein nach der Akutsymptomatik verzögert auftretender Symptomenkomplex beschrieben. Nach der Inkorporation des Gifts kann es meist zwischen dem ersten bis vierten Tag zum Auftreten von Schwäche bzw. Lähmung der Nacken- und Atemmuskulatur kommen. Dies kann bis zum Atemstillstand fortschreiten. In Folge verbessert sich in den meisten Fällen die Symptomatik innerhalb von 4–18 Tagen deutlich. Die Ursache des Phänomens ist ungeklärt. Das Auftreten eines IMS im Zusammenhang mit einer Vergiftung durch Nervenkampfstoffe ist fraglich.

9.2.3.3 Verzögerte Neurotoxizität

Die sogenannte *„organophosphate-induced delayed neuropathy"* (OPIDN), ist ein neurologisches Syndrom mit langanhaltender Wirkungsdauer, das nach Exposition gegenüber einigen speziellen phosphororganischen Verbindungen (z. B. Trikresylphosphat, Mipafox) beschrieben worden ist. Die OPIDN bildet sich innerhalb von 1–2 Wochen nach erfolgter Exposition aus und beginnt mit einer Muskelschwäche, besonders der unteren Extremitäten mit schleppendem Gangbild. Eine muskuläre Spastik, abnorme Reflexe und eine extrapyramidale Symptomatik folgen einer Degeneration von Neuronen der Pyramidenbahn. Hier konnte ein Zusammenhang mit der Hemmung einer Esterase (NTE: *neuropathy target esterase*) gezeigt werden, welche man sowohl im spinalen Kortex, als auch im Gehirn und an den Axonen peripherer Nerven membrangebunden finden konnte. Die physiologische Aufgabe dieses Enzyms ist jedoch unklar. Aktuell werden mögliche Einflüsse der Organophosphate auf zytoskelettale Proteine im Axon diskutiert. Das Auftreten einer OPIDN im Zusammenhang mit akuter Exposition durch Nervenkampfstoffe ist als eher unwahrscheinlich anzusehen.

9.2.3.4 Langzeitwirkungen

Nach schweren Vergiftungen mit phosphororganischen Verbindungen sind persistierende neuropsychopathologische Veränderungen, wie Konzentrationsschwäche, Depression, Phobien, Reizbarkeit und Störung von Vigilanz, Informationsverarbeitung, Sprache, Aufmerksamkeit, Informationsverarbeitung und Merkvermögen in der Literatur beschrieben. Aufgrund von Fallbeobachtungen gibt es Hinweise, dass auch verzögerte oder anhaltende neuropsychopathologische Veränderungen nach Nervenkampfstoffvergiftungen auftreten können.

Therapeutische Maßnahmen

- **Eigenschutz beachten:** Schutzhandschuhe, Atemschutz, Rettung aus Gefahrenbereich, Räume/Fahrzeuge lüften, Kleidung entfernen (in Plastiksack packen), weitere Giftexposition vermeiden,
- **Überprüfung Vitalparameter** (Bewusstsein, Atmung, Puls),
- stabile Seitenlage,
- Behelfsmäßige Dekontamination (Wasser und Seife),
- evtl. **Absaugen** von Mund und Rachen,
- evtl. assistierte **Beatmung** oder **Intubation**,
- **Sauerstoffgabe** (100% O_2),
- **Basischeck** (Ausschluss Sekundärverletzungen/neurologischer Erkrankungen),
- **Monitoring** (EKG, Blutdruck, Puls, Blutglukosebestimmung),
- periphervenösen Zugang legen,
- Giftaufnahme oral und < 1 h: **Kohlegabe** über Magensonde ($1\ g\ kg^{-1}$ KG),
- die **medikamentösen Maßnahmen** beruhen auf *drei Säulen*:

Die erste Säule besteht aus der Gabe von **Atropin**. Als kompetitiver Antagonist des ACh an muskarinischen Rezeptoren hat es allerdings nur Einfluss auf die

Symptome, die durch diese Rezeptoren vermittelt werden (Tabelle 9.3). Wesentlich ist, dass Atropin in klinischer Dosierung nicht an nikotinischen Rezeptoren wirkt und somit Faszikulationen der Skelettmuskulatur und die lebensbedrohliche neuromuskuläre Blockade (z. B. Diaphragma) nicht beeinflusst werden.

Nach initialer Gabe von 2 mg Atropin i.v. sollte bei Persistenz bzw. Verschlechterung der Symptomatik in weiteren Schritten alle 5 Minuten eine stufenweise Verdopplung der Dosis erfolgen (2 mg, dann 4 mg, dann 8 mg, usw.). Dies sollte jedoch streng symptomorientiert unter ärztlicher Kontrolle erfolgen.

Die Kontrolle der Hypersekretion als klinischer Parameter, insbesondere der Bronchorrhoe hat sich bewährt. Eine Abwesenheit von Rasselgeräuschen über der Lunge sollte angestrebt werden. Als eher unsicher zu werten ist die weitverbreitet empfohlene Kontrolle der Schweißbildung in der Axilla.

Das Auftreten einer Mydriasis zeigt das Ausmaß einer systemischen muskarinischen Stimulation nicht zuverlässig an.

Längerdauernde effektive Atropinisierung kann mittels Perfusor erfolgen. Dabei sollten 1–3 mg h^{-1} ausreichend sein. Als ein Zielparameter können Herzfrequenz (80–100 min^{-1}), Sistieren der Bronchosekretion, trockene Lungen und Haut herangezogen werden.

Bei unzureichender antikonvulsiver Wirkung von Atropin kann die zusätzliche Gabe von GABA-Agonisten (z. B. Diazepam) erforderlich werden.

Die Gabe exzessiv hoher Atropindosen, wird selbst im präklinischen Bereich nicht mehr empfohlen.

Oxime bilden die *zweite Säule der Therapie*. Sie sind klinisch vor allem für die Behandlung von Symptomen wichtig, welche durch nikotinische Rezeptoren vermittelt werden. Oxime entfalten ihre Wirkung durch eine Reaktivierung der AChE. Sie binden in einem ersten Reaktionsschritt an den im aktiven Zentrum der AChE gebundenen Phosphylrest des OP (siehe Abb. 9.2).

In einem zweiten Reaktionsschritt kommt es zur Spaltung des Gesamtkomplexes, wobei freies Enzym und Phosphyloxim entsteht.

Die für eine effiziente Reaktivierung erforderliche Konzentration der Oxime im Plasma ist je nach Oxim, Gift und Spezies unterschiedlich. Für Obidoxim scheint im Menschen eine Plasmakonzentration von etwa 10–30 μM adäquat zu sein. Im Rahmen von i. m.-Gaben (250 mg) kann für ca. 1–2 h mit wirksamen Plasmaspiegeln gerechnet werden. Ist eine längerdauernde Oximgabe erforderlich (z. B. V-Stoffe, suizidale OP-Vergiftungen), kann nach einem Bolus (ggf. i.v. 250 mg) mit einer Infusion (750 mg 24 h^{-1}) die erforderliche Konzentration eingestellt werden. Limitierende Faktoren für die Wirksamkeit der eingesetzten Oxime stellen die Alterung der phosphylierten AChE, die erneute Hemmung durch persistierendes Gift und die Hemmung durch OPs dar, die nicht oder nur unzureichend durch das verwendete Oxim reaktiviert werden können. Eine mögliche Reinhibierung reaktivierter AChE durch Phosphyloxim scheint klinisch weniger bedeutsam zu sein. Je nach OP unterscheiden sich die Alterungshalbwertszeiten. Diese betragen bei VX ca. 40 Stunden, bei Sarin 3–4 Stunden und bei Soman nur 1–3 Minuten. Kurze Halbwertszeiten (z. B. Soman und Sarin) erfordern eine frühzeitige Oximgabe. Hierzu wurden Autoinjektoren ent-

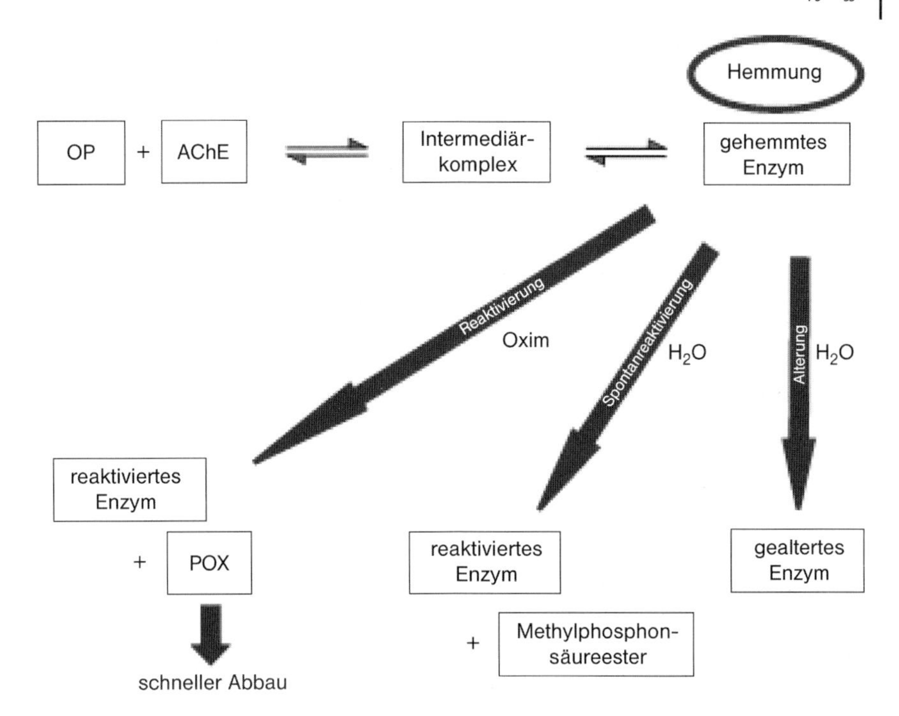

Abb. 9.2 Vereinfachtes Schema von AChE-Hemmung durch ein OP, Reaktivierung mittels Oxim, Spontanreaktivierung und Alterung des Enzym-Gift-Komplexes. Die Bindung des OP erfolgt an der OH-Gruppe des Serins im aktiven Zentrum des Enzyms. Die Alterungsgeschwindigkeit ist abhängig vom gebundenen Gift. Dabei geht die Abgangsgruppe (Alkyl-, Alkoxy- oder Dialkylamidgruppe) verloren. Nach Abspaltung der Abgangsgruppe ist die Hemmung irreversibel und kann auch nicht mehr durch Oxime rückgängig gemacht werden. Bei nicht gealtertem Komplex reagiert das Oxim mit dem am Enzym gebundenem Gift und bildet ein Phosphonyloxim (im Fall von Tabun ein Phosphoryloxim) unter Abspaltung und Reaktivierung der AChE. Im Rahmen einer Spontanreaktivierung kommt es zu einer spontanen Hydrolyse des Phosphyl-AChE-Komplexes.

wickelt, die im militärischen Bereich für die Selbst- und Kameradenhilfe eingeführt sind.

Bei G-Stoffen ist mit keiner klinisch relevanten Spontanreaktivierung zu rechnen. Die Halbwertszeit der Spontanreaktivierung einiger Pestizide (z. B. Malaoxon) von etwa 3,5 Stunden und bei V-Stoffen (VR, VX) von 8 bzw. 33 Stunden spielen für die Akuttherapie eine untergeordnete Rolle. Im Fall einer größeren Menge von aufgenommenem Gift, können diese hohen Giftkonzentrationen längere Zeit im Körper persistieren und eine kontinuierliche Freisetzung aus dem Gewebe erfolgen. So kann die reaktivierte AChE durch das freie Gift erneut inhibiert werden (sog. Reinhibition). Folgeinjektionen von Oximen können anschließend an die Initialtherapie erforderlich werden. Solange man eine Reaktivierung der AChE erwarten kann, wird eine kontinuierliche Gabe mittels

Perfusor (750 mg d^{-1}) empfohlen. Hierbei sollte jedoch eine Tagesmaximaldosis von 1000 mg d^{-1} nicht überschritten werden.

Eine dritte Säule in der Therapie bilden **Benzodiazepine**. Zur Verhinderung bzw. Therapie OP verursachter generalisierter Krampfanfälle werden Benzodiazepine empfohlen (z. B. Midazolam 2,5–10 mg langsam i.v. oder Diazepam 10–30 mg i.v.).

Je nach Schwere der Vergiftung können repetitive, teils hohe Gaben bisweilen über Tage notwendig sein.

9.2.3.5 Weitere Maßnahmen

- **intensivmedizinische Maßnahmen** und Beobachtung nach Zustand des Patienten,
- ggf. Absprache **Giftnotrufzentrale**,
- **Giftasservierung** sofern möglich (zusätzlich evtl. 1x EDTA-Blut),
- **Transport** in nächstgelegenes Krankenhaus (internistische Intensivstation).

9.2.3.6 Vorbehandlung

Wegen der schnellen Alterung (Soman) bzw. der unzureichenden Wirksamkeit von Oximen bei Tabun ist die medikamentöse Behandlung unbefriedigend. Wird mit einem Einsatz von Soman oder Tabun gerechnet, kann der Schutz von Personen, die möglicherweise exponiert werden durch eine Vorbehandlung verbessert werden. In diesen Fällen wird noch vor einer Exposition die Gabe des in der Therapie der Myasthenia gravis eingesetzten Carbamats Pyridostigmin (3×30 mg d^{-1}) empfohlen. Der Wirkmechanismus beruht auf einer reversiblen Hemmung der AChE mittels Carbamoylierung. Dies wird bis zu einem Carbamoylierungsgrad der AChE von ungefähr 20–40% vom Körper relativ gut toleriert. Das reversibel gehemmte Enzym kann nicht durch NKS gehemmt werden. Somit werden Reserven freigehalten, die nach erfolgter Vergiftung und raschem Abfall toxischer Kampfstoffkonzentrationen durch schnelle Decarbamoylierung der AChE wieder zum ACh-Abbau zur Verfügung stehen. Tatsächlich belegen experimentelle Daten bei Soman- und Tabunvergiftungen eine deutliche Verbesserung der Antidottherapie (Atropin und Oxim) nach Vorbehandlung.

9.2.3.7 Klinisch-chemische Parameter zur Diagnostik und Therapieüberwachung

Ein Ansprechen der Antidottherapie kann mittels Bestimmung des Cholinesterase-Status beurteilt werden. Dieser umfasst neben der unspezifischen Bestimmung relevanter Restgiftmengen im Patientenplasma eine Beurteilung der AChE-Aktivität und -Reaktivierbarkeit im Vollblut. Bei suffizient durchgeführter Therapie kann bei Intoxikationen mit Sarin, Cyclosarin, Tabun und VX mit einem deutlichen Anstieg der Enzymaktivität gerechnet werden. Ein Anstieg der Ery-AChE-Aktivität um ungefähr 20%-Punkte bezogen auf einen Normalwert von ca. 600 mU µmol Hb^{-1} dient als Kriterium für eine effektive Reaktivierung. Die erythrozytäre AChE gilt als geeigneter Surrogatparameter für die synaptische AChE. Die Bestimmung des Cholinesterasestatus zeigt das Ausmaß der Reaktivierung und Wirksamkeit einer Oximtherapie auf. Entscheidende Hinweise, ob und wie lange eine Applikation von Oximen durchgeführt werden sollte, können dabei rasch gewonnen werden.

Hinweis zur Cholinesterasebestimmung

Erythrozyten-AChE (Ery-AChE): geeigneter Surrogatparameter für die synaptische (muskuläre) AChE, geringe intra- und interindividuelle Variation, insbesondere bei Bezug auf den Hämoglobingehalt der Probe.

Plasma-Cholinesterase (Pl-ChE): in Notfalllabors vieler Krankenhäuser vorhanden, bedingte Eignung, erhebliche funktionelle Unterschiede zur synaptischen AChE.

9.2.4 Toxizität

Die Toxizität ist, abhängig von der aufgenommenen Substanz und dem Aufnahmeweg, sehr unterschiedlich (siehe Tab. 9.4).

Tab. 9.4 Toxizitätsdaten relevanter Nervenkampfstoffe [a].

	VX	Sarin (GB)	Cyclosarin (GF)	Tabun (GA)	Soman (GD)
LD_{50} p.o. (mg kg^{-1}) Mensch (geschätzt)	0,07	0,14	n/a	5	0,14
LD_{50} perkutan (mg kg^{-1}) Mensch (geschätzt)	0,04	24	5	14–21	15
LCt_{50} inhalativ (mg×min^{-1} m^{-3}) Mensch (geschätzt) [b]	36	100	35	200–400	70
Minimal effektive Dosis (Miosis), Dampf, Mensch (mg×min^{-1} m^{-3})	0,09	0,5	0,2	0,5	0,2
Minimal effektive Dosis (Tremor), Dampf, Mensch (mg×min^{-1} m^{-3})	1,6	4	n/a	n/a	n/a
No effect dose, Mensch (mg×min^{-1} m^{-3})	0,02	0,5	n/a	n/a	0,3

a) nach [3]

b) LCt_{50} = letales Konzentrations-Zeit-Produkt, bei welchem 50% der Betroffenen versterben.

9.2.5 Spezielle Toxikologie

Eine schwache Mutagenität ist für Tabun beschrieben. Derzeitige Erkenntnisse weisen weder *in vitro* noch *in vivo* auf ein mutagenes Potenzial der NKS Soman, Sarin und VX hin. Gemäß aktuellen wissenschaftlichen Ergebnissen besitzt keiner der Nervenkampfstoffe vom Typ phosphororganischer Verbindungen kanzerogene bzw. teratogene Eigenschaften.

9.3 Zusammenfassung

Nervenkampfstoffe (NKS) gehören chemisch zur Gruppe der phosphororganischen Verbindungen. Alle NKS weisen eine gemeinsame chemische Grundstruktur auf. NKS und auch phosphororganische Insektizide wie z. B. Parathion und Malathion wirken mittels Hemmung der synaptischen Acetylcholinesterase (AChE). Diese Hemmung bewirkt eine Kumulation des Neurotransmitters Acetylcholin in parasympathischen und sympathischen Ganglien, der neuromuskulären Endplatte, dem peripheren Parasympathikus und im zentralen Nervensystem. Letztlich kommt es zur Übererregung und Störung cholinerger muskarinischer und nikotinischer Funktionen mit konsekutiv unkontrollierter Steigerung der Aktivität cholinerg innervierter Organe und Gewebe, bis hin zu deren Funktionsausfall mit lebensbedrohlichen Konsequenzen. Das klinische Bild wird dominiert von Miosis, Skelettmuskelfaszikulationen, Bradykardie, Blutdruckabfall, Bronchokonstriktion, Bronchorrhoe, zentraler und peripherer Atemlähmung, generalisierten Krampfanfällen und Bewusstseinsverlust bis hin zum Tod. Die therapeutische Vorgehensweise beruht auf drei Säulen: 1. Gabe des kompetitiven Muskarinantagonisten Atropin, 2. eines AChE-Reaktivators (z. B. Obidoxim) und 3. von Benzodiazepinen. Bei erwarteter Exposition mit Tabun oder Soman im Rahmen militärischer Konflikte oder Terroranschläge wird eine medikamentöse Vorbehandlung mit dem Carbamat Pyridostigmin empfohlen. Zur Überwachung des Therapieerfolgs eignet sich die Bestimmung des Cholinesterasestatus.

9.4 Hautkampfstoffe – Schwefellost

9.4.1 Geschichte

Schwefellost wurde erstmals 1822 von *Despretz* synthetisiert. Der deutsche Chemiker *Meyer* publizierte 1886 eine neue Methode, um S-Lost im industriellen Maßstab zu synthetisieren. Die spätere Bezeichnung *Lost* geht auf die Anfangsbuchstaben der deutschen Chemiker *Lo*mmel und *St*einkopf zurück, welche S-Lost als mögliche chemische Waffe im Ersten. Weltkrieg untersuchten. 1917 wurde S-Lost nahe dem belgischen Ypern eingesetzt. Aufgrund seines charakteristischen Geruches wurde es unter dem Namen „Senfgas" bekannt und berüchtigt. Neben der militärischen Verwendung wurden durch Gilman und Goodman während und nach dem Zweiten Weltkrieg die zytostatischen Eigenschaften von Lost-Verbindungen untersucht und Stickstoff-Lost erstmalig in die onkologische Therapie eingeführt. Die Substanz wird bei dieser Indikation weiterhin eingesetzt. Heute werden u. a. die Stickstofflost-Derivate Cyclophosphamid, Trofosfamid, Ifosfamid, Melphalan und Chlorambucil therapeutisch als Zytostatika angewendet. Zur topischen Therapie der Mycosis fungoides und bei primären T-Zell-Lymphomen der Haut ist N-Methyl-2,2′-dichlordiethylamin (HN-2) im Gebrauch. S-Lost-Vaseline (0,005%) wurde experimentell mit gutem Erfolg zur Behandlung der Psoriasis vulgaris angewendet. Aufgrund des möglichen Karzinogenese-Risikos wurde die ambulante Anwendung des Präparates in Frage gestellt.

9.4.2
Physikalische und chemische Eigenschaften

Loste sind ölige, lipophile Flüssigkeiten, die aufgrund technischer Verunreinigungen nach Senf, Knoblauch (S-Lost) oder fischig (N-Lost) riechen können. Die Reinsubstanzen sind farb- und geruchlose, ölige Flüssigkeiten mit hoher Beständigkeit.

Chemisch wird S-Lost der Gruppe der halogenierten Alkylsulfide zugeordnet. Der Schmelzpunkt liegt bei 14,5 °C und der Siedepunkt bei 217,8 °C. Aufgrund seines relativ geringen Dampfdruckes bei Raumtemperatur zeichnet sich S-Lost durch eine hohe Sesshaftigkeit aus. S-Lost ist spezifisch schwerer als Wasser und lagert sich am Grund ab. Die Hydrolyse verläuft daher nur an der Phasengrenze, sodass S-Lost trotz seiner hohen Hydrolysegeschwindigkeit als ölige Kugel relativ stabil in Wasser ist. Die Hydrolyse erfolgt in zwei Stufen unter Bildung von Thiodiglykol und hängt u. a. vom Chlorgehalt des Wassers ab. Dagegen ist S-Lost in absolutem Ethanol bei Temperaturen oberhalb 16 °C gut löslich. S-Lost ist sehr lipophil und vermag rasch in verschiedenste Materialien einzudringen. Die physikalischen und chemischen Eigenschaften von S-Lost sind in Tabelle 9.5 zusammengefasst.

9.4.3
Toxikodynamik

S-Lost dringt innerhalb weniger Minuten in die Haut ein und reagiert sofort mit zellulären Strukturen. S-Lost schädigt vor allem den hoch proliferativen Pool der Keratinozyten in der Basalschicht. Bei höheren Dosen gelangt es in den Blutkreislauf und kann zu einer systemischen Vergiftung führen, die auch proliferative Gewebe wie das hämatopoetische System betreffen.

Tab. 9.5 Physikalisch-chemische Eigenschaften von S-Lost.

Verbindung	**S-Lost**
Erscheinung	gelb, ölig
Geruch	
Reinsubstanz	fast geruchslos
technisch	knoblauch- oder senfartig
Löslichkeit	sehr hydrophob
Siedepunkt	227,8 °C
Flüchtigkeit (mg m^{-3} bei 20 °C)	610
Toxizität	
• inhalativ (mg·min m^{-3})	1500
• perkutan	
– letal (mg kg^{-1})	60
– Blasenbildung (mg cm^{-2})	0,25
– Erythem (mg cm^{-2})	0,05

S-Lost besitzt zwei reaktionsfähige Chlorethyl-Gruppen mit alkylierenden Eigenschaften. Über die Bildung von Ethylensulfonium-Ionen kann S-Lost mit diversen Makromolekülen der Zelle reagieren. Das können sowohl Proteine, Lipidbestandteile, als auch die Desoxyribonukleinsäure (DNS) sowie Ribonukleinsäuren (RNS) sein. Für den Zelltod scheint allerdings die Alkylierung der DNS entscheidend zu sein. Die Reaktion mit der DNS findet am häufigsten (61%) mit dem Stickstoff-Atom in Position 7 des Guanins statt. Seltener wird die Base Guanin auch in Position O6 alkyliert (0,01%). Diesem O6-Addukt schreibt man Basenfehlbildungen und eine besondere Rolle bei der Mutagenese zu. Bei der Reaktion mit der DNA werden vorwiegend monofunktionelle Addukte gebildet (die zweite Chlorethyl-Gruppe wird dann in eine Hydroxyethyl-Gruppe umgewandelt). Allerdings treten auch bifunktionelle Alkylierungen auf, die zur Bildung von Quervernetzungen (*cross-links*) führen. Die DNS-Schäden führen zur Aktivierung der Poly-(ADP-Ribose)-Polymerase (PARP-1), die ihrerseits NAD^+ als Substrat verbraucht. In der Folge wird die Glykolyse gehemmt und die ATP-Produktion sinkt. Es konnte gezeigt werden, dass die Reduktion des NAD^+-Pools in der Epidermis mit der Schwere der epidermalen Läsion korreliert. PARP-Inhibitoren können die NAD^+-Depletion vermindern. Eine nennenswerte Verbesserung der Zellvitalität konnte durch diese Verbindungen *in vitro* und *in vivo* allerdings nicht gezeigt werden. S-Lost wird durch die Reaktion mit Glutathion detoxifiziert. In der Zelle kommt es so zu einer Glutathion-Depletion und infolge dessen können Sauerstoffradikale und andere Oxidantien nicht mehr abgefangen werden. Membranphospholipide werden in der Folge oxidiert, sodass die Zellmembran durchlässig wird. Der Verlust der Membranintegrität führt schließlich zum Zelltod. Da die Reaktion mit Glutathion rasch verläuft, kann dies allerdings nicht die Latenz der biologischen Wirkung von S-Lost erklären.

9.4.4
Metabolismus

S-Lost zerfällt mit einer Halbwertszeit von weniger als 20 min in reinem Wasser. Der Anteil der Chloridionen in wässrigen Lösungen hat entscheidenden Einfluss auf die Hydrolysegeschwindigkeit, sodass z. B. Meerwasser die Reaktion verlangsamt. Auch im Blutplasma ist S-Lost instabil. Überdies wird die Substanz schnell aus dem Organismus eliminiert. Allerdings kann sich S-Lost im Fettgewebe anreichern und dort persistieren. Im Urin wurden Glutathionkonjugate des Dichlordiethylsulfids und des Sulfons sowie Thiodiglykol gefunden.

9.4.5
Wirkung auf die Haut

Eine Exposition mit S-Lost wird, abgesehen von dem oben beschriebenen senfartigen Geruch, zunächst nicht wahrgenommen. Bei ungeschützten Personen schließt sich ein symptomfreies Intervall von meist mehreren Stunden an. Die Latenzzeit verhält sich umgekehrt proportional zur aufgenommenen Dosis. S-Lostdampf kann zusätzlich auch die Kleidung penetrieren. Vor allem dünne und feuchte Hautareale weisen eine erhöhte Resorption von S-Lost auf. Bei Lostverwundeten aus dem Ersten Weltkrieg zeigte sich, dass einige Hautareale wie z. B. das Gesicht, die Hände, Arme und Beine besonders stark betroffen waren. Feuchte und drüsenreiche Körperregionen mit besonders empfindlicher Haut, wie Skrotum und Achselhöhlen waren bei 42% bzw. 12% der Schwefellost-Exponierten geschädigt. Gesteigert wird die Resorption durch körperliche Anstrengung mit Schweißbildung und durch mechanische Belastung, z. B. durch einen Rucksack.

Zusammenfassend zeigten Soldaten, die mit S-Lostdampf exponiert wurden, gehäuft Läsionen im Gesicht, in der vorderen und hinteren Schweißrinne, in den Axillen, im Analbereich und am Skrotum. Im Gegensatz dazu kommt es nach Exposition mit flüssigem S-Lost vor allem zu lokalen Schäden an den Stellen, die mit der Substanz in Kontakt kamen.

Das Maximum der Ausprägung akuter Schäden findet man meist erst 3–4 Tage nach der Exposition.

Klinisch kommt es zunächst zu einem Erythem. Dosisabhängig entwickeln sich später auf den erythematösen Hautstellen kleine Bläschen, die später zu größeren Blasen konfluieren. Die typischen S-Lostblasen sind dünnwandig, enthalten eine klare oder gelbliche Flüssigkeit und sind von einem Erythem umgeben. Diese Erytheme verfärben sich nach einigen Tagen und gehen allmählich in eine livide und später bräunliche Färbung über. Lostblasen stellen für den behandelnden Arzt jedoch keine Gefahr dar, da S-Lost bereits vollständig im Gewebe abreagiert ist. Bei Kontakt mit großen Mengen S-Lost kann sich der Schaden auf die nicht proliferierenden Fibroblasten der Dermis ausdehnen. Es entstehen große und tiefe nekrotische Areale mit persistierenden Gewebedefekten nach Heilung.

Die Wundheilung ist verzögert und es können Sekundärinfektionen auftreten. Im Bereich der Läsionen kann es zu Hyper- und Hypopigmentierungen („Landkartenmuster“, Poikilodermie) kommen, die dann für mehrere Jahre bestehen bleiben. Histologisch überwiegt im akuten Stadium eine Entzündungsreaktion mit Serum-Exsudation, Leukozyteninfiltration, Blasenbildung und Zeichen des Zelluntergangs (Nekrosen, Apoptosen).

9.4.6
Auge

Da muköse Membranen aufgrund ihres Aufbaus keine mit der Haut vergleichbare Barriere darstellen, sind insbesondere die Augen sehr empfindlich gegenüber S-Lost. Die Latenzperiode ist hier kürzer und Symptome entwickeln sich rasch. Aus einer amerikanischen Statistik über den Ersten Weltkrieg geht hervor, dass von 7000 Verletzten 86% Augenschädigungen und 75% Atemwegsschädigungen erlitten haben. Ungeschützte Augen sind immer betroffen und weisen dann typische Symptome wie Fremdkörpergefühl, Konjunktivitis und Korneatrübung auf. Ein Visusverlust ist dagegen sehr selten. Der extrem ausgeprägte Blepharospasmus und die Trübung der Kornea führen zwar zu einem Sehverlust, der aber in der Regel reversibel ist. Eine aktive Öffnung des Auges ist häufig nicht mehr möglich. In solchen Fällen ist eine psychologische Betreuung unbedingt erforderlich, um betroffenen Personen zu helfen, die temporäre Erblindung psychisch zu verkraften. In selteneren Fällen kann auch eine chronische Konjunktivitis zur Erblindung führen.

9.4.7
Gastrointestinaltrakt

Nach oraler Aufnahme entwickeln sich die Symptome etwa nach 30–60 min mit Übelkeit und Erbrechen und später Durchfall mit hohem Elektrolyt- und Wasserverlust. Systemisch können Leukopenie, Abwehrschwäche und im Extremfall eine Agranulozytose auftreten.

9.4.8
Lungen

Atemwegsschäden werden meist erst Stunden nach inhalativer Aufnahme festgestellt und äußern sich als Tracheitis, Bronchitis, Bronchialnekrosen, Pseudomembranbildung und Pneumonie. Durch eine Ablösung der Pseudomembranen kann die Gefahr einer Atemwegsverlegung mit reflektorischem Atemstillstand und plötzlicher vitaler Bedrohung entstehen. Deshalb müssen die betroffenen Patienten konsequent überwacht werden.

9.4.9 Systemische Wirkungen

Als systemische Wirkungen einer S-Lost-Exposition wurden Übelkeit, Erbrechen, Fieber und Abgeschlagenheit beschrieben. Ferner können bei S-Lostverwundeten auch Blutbildveränderungen infolge einer Knochenmarksdepression (Thrombopenie bzw. veränderter Leukozytenstatus) auftreten. Hierbei ist am ersten Tag häufig eine Leukozytose zu beobachten, die in etwa mit dem Ausmaß der Gewebsschädigung korreliert. Nach Aufnahme von sehr großen Giftmengen kann es aber ab Tag 3 auch zur Ausprägung einer Leukopenie kommen.

Die zentralnervösen Wirkungen von Lost sind erst teilweise erforscht. Einzelne Fallberichte deuten jedoch auf eine konvulsive Wirkung, vor allem von Stickstofflost, hin. Ferner wurden auch schon psychische Symptome im Sinne einer Antriebs- und Affektverarmung beschrieben, die über Jahre anhalten können.

9.4.10 Diagnostik

Spezifische klinisch-chemische Parameter zum Nachweis einer Lostexposition gibt es nicht. In Speziallaboratorien ist der Nachweis von S-Lost-DNA-Addukten sowie bestimmter Metabolite möglich. Die Diagnose ergibt sich daher aus der Anamnese und dem typischen Krankheitsbild. Bei der klinisch-chemischen Laboruntersuchung ist am ersten Tag häufig eine Leukozytose zu beobachten, die in etwa mit dem Ausmaß der Gewebsschädigung korreliert. Nach Aufnahme sehr großer Giftmengen fällt die Leukozytenzahl dagegen aufgrund der zytostatischen Wirkung auf das Knochenmark zwischen dem dritten und fünften Tag deutlich ab. Hierbei deutet ein Absinken der Leukozytenzahl auf einen Wert unter 500 μl^{-1} auf eine schlechte Prognose hin.

9.4.11 Therapie

Es gelten die allgemeinen Grundsätze der Versorgung C-Kampfstoffverletzter, d. h. dass zuerst der persönliche ABC-Schutz hergestellt werden muss. Der verwundete Soldat ist aus dem kontaminierten Bereich zu bergen und rasch einer Dekontamination zuzuführen, um eine weitere Giftresorption zu verhindern. Die Dekontamination sollte möglichst trocken erfolgen, da Wasser ohne weitere Zusätze die Resorption von S-Lost beschleunigt.

Es gibt keine spezifische Behandlung für die durch Lost verursachten Schäden. Die Therapie zielt darauf ab, die Symptome zu mildern, Infektionen zu verhindern und die Heilung zu fördern. Es ist wichtig, dass Patienten nach Schädigung durch Hautkampfstoffe interdisziplinär in spezialisierten Zentren betreut werden. Diese Betreuung sollte eine lebenslange Nachsorge umfassen, um ein Fortschreiten der Symptome oder die Entstehung von Tumoren (Lunge, Haut) rechtzeitig zu erkennen.

Bei Augenverletzungen lassen sich die Verklebungen der Lider durch sterile Vaseline verhindern. Schwere Verletzungen der Iris und Cornea sind durch Applikation von Atropin-Augentropfen zu vermeiden. Antibiotika haltige Augentropfen sind bei Infektionen angezeigt. Generell sollte eine analgetische Therapie ausschließlich systemisch und nur im Notfall lokal erfolgen.

Bei Atemwegsschäden ist Codein, intensive Bronchialtoilette (Spülen) und bei Infektionen gezielte Antibiotikatherapie erforderlich. Mukolytika können unterstützend eingesetzt werden. Eine prophylaktische Gabe von Antibiotika ist nicht angezeigt.

Die Gabe von Antiemetika, Elektrolyt- und Flüssigkeitssubstitution bei Magen-Darm-Schädigung bzw. eine antibiotische Therapie bei Agranulozytose können erforderlich sein.

9.4.12 Langzeiteffekte

Als Langzeitschäden sind u.a. chronisch-obstruktive Bronchitis (ggf. mit spastischer Komponente), chronische Konjunktivitis (ggf. mit späterer Erblindung), stenosierende Narbenbildung in der Trachea und den Bronchien sowie chronische Gastritis, bzw. Pigmentierungsstörungen und Narbenbildung der Haut zu nennen. Aufgrund der DNA-Schädigung kann S-Lost auch verschiedene Tumore induzieren. In diesem Zusammenhang wurde ein gehäuftes Auftreten von malignen Lungentumoren beschrieben. Diese können auch schon bei einmaliger Exposition auftreten. Bei ehemaligen S-Lost-exponierten Arbeitern wurden ferner auch Tumoren der Haut wie Plattenepithelkarzinome, bowenoide Präkanzerosen und Bowen-Karzinome diagnostiziert.

9.5 Zusammenfassung

Die Bezeichnung „Hautkampfstoffe“ ist wissenschaftlich unpräzise, da auch systemische Vergiftungen hervorgerufen und Organsysteme, wie Augen, Lungen, oder Knochenmark geschädigt werden können. Zu den Hautkampfstoffen zählen die Verbindungen vom Lost-Typ (S-Lost, N-Lost), Lewisit und Phosgenoxim. Schwefel-Lost (S-Lost, HD) ist der wichtigste Vertreter dieser Gruppe und wird hier ausführlich dargestellt. Bei besonders schweren Expositionen ist der Verlauf der Vergiftungen tödlich. Insgesamt ist die Letalität von Hautkampfstoffen jedoch niedrig. In der Regel werden vorwiegend und in hohem Maße medizinische Ressourcen gebunden, da die betroffenen Soldaten nur langsam genesen. Spätschäden sind häufig. Erschwerend kommt hinzu, dass keine spezifische Therapie für S-Lostschäden existiert.

9.6
Reizstoffe

9.6.1
Geschichtlicher Hintergrund

Im Allgemeinen kann der erste Einsatz von chemischen Substanzen im Rahmen von militärischen Auseinandersetzungen nicht genau datiert werden. In früheren Epochen erfolgte der militärische Einsatz von chemischen Stoffen nicht aufgrund der genauen Kenntnis über die chemischen Eigenschaften der Substanzen, sondern vielmehr wurden Substanzen am Erfolg der Maßnahme bewertet und, wenn als nützlich erkannt, in der Folge weiter angewandt. Erst durch die naturwissenschaftliche Erforschung der Chemie, wurden Substanzen gezielt aufgrund ihrer chemischen Eigenschaften eingesetzt. Der neuzeitige Einsatz von Reizstoffen findet sich erstmalig zu Beginn des 20. Jahrhunderts. Auf Anraten des französischen Chemikers Kling wurden durch die französische Polizei chemische Reizstoffe (Bromessigester-Granaten) zur Bekämpfung von Verbrecherbanden eingesetzt. Aufgrund der durchweg positiven Erfahrungen mit diesen neuartigen Granaten erfolgte 1914 zu Beginn des Ersten Weltkrieges die Einführung chemischer Reizstoffe in die französische Armee und auch deren effektiver Gebrauch im klassischen Schützengrabenkampf. Es folgte der Einsatz von Chlor durch die deutschen Truppen am 22. April 1915 in Ypern, welcher als Beginn der chemischen Kriegsführung gilt. Während des Vietnamkrieges wurden von den US-Truppen Reizstoffe eingesetzt, um gegnerische Truppen aus den verzweigten Höhlensystemen zu treiben. In der heutigen Zeit werden Reizstoffe vor allem bei der Wahrnehmung polizeilicher Aufgaben eingesetzt.

9.6.1.1 CN

Die USA setzten CN erstmalig als chemischen Reizstoff ein. Jedoch kannten deutsche Chemiker den Wirkstoff bereits seit 1871, aber da der Schwerpunkt der deutschen Forschung auf anderen Substanzen lag, wurde auf eine genauere Untersuchung der Substanz verzichtet. Zu Beginn des Jahres 1918 wurde CN durch die USA intensiv untersucht, sodass gegen Ende des Jahres erste Feldversuche stattfinden konnten, mit dem Ziel, den Reizstoff noch während des Ersten Weltkrieges einzusetzen. Eine Weiterentwicklung bis zum einsatzfähigen Kriegsmittel war aufgrund der fortgeschrittenen Zeit aber nicht mehr möglich. Erst um 1920 verfügten die Amerikaner über einen einsatzfähigen Wirkstoff. Zum Einsatz kam CN durch amerikanische Truppen während des Vietnamkrieges. In der heutigen Zeit wird CN immer mehr durch CS und OC verdrängt, da beide, bei geringerer Giftigkeit der Substanzen, effektiver zu wirken scheinen.

9.6.1.2 **CS**

1928 synthetisierten die amerikanischen Wissenschaftler B. B. Corson und R. W. Stoughton (daher stammt die Abkürzung CS) verschiedene Malononitrile, unter anderem auch das *ortho*-Chlorobenzyliden-Malononitril. Da zunächst der Substanz CN größere Bedeutung zugemessen wurde als CS, wurde erst Mitte der 1950er Jahre aufgrund britischer Bestrebungen CN durch CS ersetzt. Von den verschieden synthetisierten Malononitrilen stellte sich CS als die chemisch stabilste Verbindung heraus, sodass der militärische Fokus vor allem auf diesem Reizstoff lag. 1960 wurde die amerikanische Armee mit CS ausgestattet. Der umfassende Einsatz von CS erfolgte in Vietnam, mit dem Ziel, durch Reizstoffe den Gegner aus versteckten Tunnelsystemen zu treiben.

9.6.1.3 **OC**

In den USA begann man ab 1921 beim Edgewood Arsenal die physiologischen Wirkungen von Capsaicin, dem in OC enthaltenen Wirkstoff, mit Versuchen am Menschen zu testen. Später schätzte auch das britische Verteidigungsministerium OC als eine wirkungsvolle Substanz ein, entschied sich aber zunächst für CS. Intensiv setze man sich seit den 1960er Jahren in Porten Down, ehemals Regierungseinrichtung für die Chemische Verteidigung (*Government Chemical Defence Establishment*) des Vereinigten Königreichs, mit OC auseinander, da man einen Ersatz für das durchaus toxische CN zu finden hoffte. In den 1970er Jahren erfolgte in den USA die Markteinführung von Pfefferspray. Gegen Mitte des Jahres 1989 entschied das FBI, alle Agenten mit OC-Spray auszustatten. In der heutigen Zeit ist Pfefferspray wohl die am weitesten verbreitete nicht letale Waffentechnologie.

9.6.2
Allgemeines, physikalisch-chemische Eigenschaften

Unter dem Begriff Reizstoffe werden chemische Substanzen zusammengefasst, die durch einen Reiz an den Schleimhäuten des Auges und der oberen Atemwege eine vorübergehende Einschränkung der Einsatzbereitschaft der Betroffenen zur Folge haben. In der heutigen Zeit kommt dem Chloracetophenon (CN), *ortho*-Chlorobenzalmalonitril (CS) und Capsaicin (Pfeffer Spray; OC) die wohl größte Bedeutung zu (siehe Tab. 9.6).

9.6.2.1 **CN**

CN bildet bei Raumtemperatur farblose Kristalle. Es ist in Wasser unlöslich, gut löslich hingegen in organischen Lösungsmitteln. Die Substanz ist persistent in der Umgebung. Erst ab 20 °C aufwärts verdampft CN und es können wirksame Konzentrationen in der Luft erreicht werden.

Tab. 9.6 Physikalisch-chemische Eigenschaften von CS, CN und OC.

Eigenschaft	CS	CN	OC
Wirkstoffname	*ortho*-Chlorbenzalmalonitril	Chloracetophenon	Capsaicin
CAS-Nummer	2698-41-1	532-27-4	404-86-4
Molekulargewicht	188,61	154,6	305,42
Summenformel	$C_{10}H_5Cl_1N_2$	$C_8H_7Cl_1O_1$	$C_{18}H_{27}N_1O_3$
Siedepunkt (°C, 760 mm Hg)	310–315	244–245	~305 (variabel)
Schmelzpunkt (°C)	95–96	58–59	~64 (variabel)
Dampfdruck (mm Hg, 25 °C)	$3{,}4 \times 10^{-5}$	$5{,}4 \times 10^{-3}$	–
Wasserlöslichkeit (mg l^{-1}, 20 °C)	80	unlöslich	–

Zusammenfassend nach [5, 6, 7, 8]

9.6.2.2 CS

CS ist eine weiße kristalline Substanz mit geringem Dampfdruck. Es ist ebenfalls kaum wasserlöslich, wenig löslich in höheren Alkoholen, Tetrachlorkohlenstoff und Äther, aber gut löslich u. a. in Aceton. Durch den Kontakt mit Wasser tritt rasch Hydrolyse ein.

9.6.2.3 OC

Capsaicinoide lösen sich sehr gut in Alkohol und Fett, sind aber nahezu unlöslich in Wasser. Capsaicin ist farblos und prinzipiell geschmacklos, sieht man von der extremen Schärfe ab. Produziert werden Capsaicine in der Plazentawand, sowie in den Scheidewänden von Paprika- und Chilifrüchten. Der menschliche Organismus ist in der Lage, OC noch in einer extremen Verdünnung von 1 zu 1 Millionen wahrzunehmen.

9.6.3 Toxikokinetik

9.6.3.1 CN

Die Toxikokinetik von CN ist kaum untersucht. Man nimmt an, dass nach Resorption CN zu einer alkylierenden Substanz umgewandelt wird. Diese wiederum kann im Organismus mit SH-Gruppen und nukleophilen Reaktionspartnern reagieren.

9.6.3.2 CS

Nach Aufnahme über das Bronchialsystem wird CS schnell über das Gefäßsystem im gesamten Körper verteilt, wobei es aber auch zu einem schnellen Abbau zu kommen scheint (Halbwertszeit unter 30 Sekunden). CS ist in der Lage, kovalent mit Plasmaproteinen zu reagieren. Die Hydrolyseprodukte sind *ortho*-Chlorbenzaldehyd (*o*-CB) und Malonitril.

o-CB wird weiter zu 2-Chlorbenzylalkohol oder 2-Chlorobenzoesäure umgesetzt und über die Nieren ausgeschieden. Interessanterweise wird Malonitril zu Thiocyanat metabolisiert unter Bildung von Cyanid als Zwischenprodukt. Die toxikologische Bedeutung scheint aber eher gering zu sein, da eine Exposition gegenüber einer intolerablen CS-Dosis zu einer geringeren Cyanid-Freisetzung führen würde, als zwei tiefe Zigarettenzüge. Analytisch konnte im Plasma nach CS-Exposition keine signifikante erhöhte Menge freien Cyanids nachgewiesen werden.

9.6.3.3 **OC**

Trotz kurzer Halbwertszeit kann OC nach Exposition sehr schnell nach Resorption im tierischen Nervensystem nachgewiesen werden. Die Metabolisierung erfolgt vor allem in der Leber. Nach Glucuronidierung erfolgt die Ausscheidung über die Galle. Die Metaboliten werden teilweise im Rahmen einer intestinalen Reabsorption aufgenommen und dann über die Nieren ausgeschieden. Die Metabolisierung in der Leber führt zum Teil zur Bildung von reaktiven Metaboliten (u. a. Epoxide, Chinone und Phenyloxidradikale), die zu einem weiteren Zellschaden beitragen können.

9.6.4 Wirkmechanismus und Symptome der Vergiftung

9.6.4.1 **CN**

Klinische Symptome sind ab Konzentrationen von ca. 10 mg m^{-3} zu erwarten, die vor allem das Auge als sensibelstes Organ und die Haut betreffen. Im Vordergrund stehen Brennen und Schmerzen der Augen sowie des Nasen-Rachen-Raums. Die Augen reagieren mit starkem Tränenfluss. Augenschäden durch die Substanz sind eher selten, allerdings können mechanische Verletzungen entstehen, vor allem beim Sprühen aus kurzer Entfernung oder Schuss aus einer Gaspistole. Im Extremfall können feinste CN-Kristalle in die Hornhaut gepresst werden. Dadurch kann es zu Ödembildung, Erosionen und Ulzerationen der Hornhaut mit Trübung und Narbenbildung kommen. Bei Kontakt von CN mit der Haut kommt es zu Schmerzen und Brennen. Durch CN kann es zu einer Sensibilisierung des Organismus kommen, so dass bei Zweitkontakt allergische Reaktionen ausgelöst werden können.

9.6.4.2 **CS**

Das Auge reagiert am empfindlichsten auf CS. Beginnend ab Konzentrationen von 4 mg m^{-3} ruft CS eine Reizung der Augen hervor mit Brennen, Tränenfluss, Lidkrampf, vermehrter Sekretion der Schleimhäute von Nase und den oberen Atemwegen. Kommt CS in Kontakt mit den oberen Atemwegen, wird ein starker Hustenreiz hervorgerufen. Bleibende Schäden scheinen nach CS-Exposition aber nicht aufzutreten. Tierexperimentell konnte nachgewiesen werden, dass CS ein deutlich geringeres Gefährdungspotenzial für Augenschäden aufweist als CN. Dabei scheint das menschliche Auge sensibler auf CS-Aerosole, als auf CS-Lösungen zu reagieren. Mit einer Latenz von wenigen Minuten (im Unterschied zu den Augensymptomen, die bereits Sekunden nach Kontakt auftreten können) beginnen die Hautsymptome. Diese imponieren durch Rötung, Brennen und einen Schmerzreiz. Schwere Hautsymptome wie z. B. Blasenbildungen konnten bei hohen Umgebungstemperaturen und hoher Luftfeuchtigkeit beobachtet werden. Nach oraler Aufnahme von CS wurde vereinzelt über Gastrointestinale Symptome (Übelkeit und Erbrechen) berichtet. Die Wirkungsweise von CS ist assoziiert mit den alkylierenden und cyanogenen Eigenschaften. Dabei sind SH-Gruppen verschiedener Enzyme die bevorzugten Reaktionspartner. Weiterhin setzt CS über einen bis heute unbekannten Mechanismus Bradykinin frei, jedoch erst bei theoretischen Dosen, die um Potenzen höher liegen als eine CS-Dosis die bereits intolerabel ist.

9.6.4.3 OC

Annähernd gleiche Symptome wie unter CS können auch durch OC hervorgerufen werden. Auch hier ist das Auge das mit Abstand sensibelste Organ und reagiert mit Tränenfluss, Brennen, Schmerzen, Ödem und Lidkrampf (siehe Tab. 9.7). Eine Exposition der Haut gegenüber OC zeigt eine analoge Symptomatik wie die übrigen Reizstoffe (Erythem, Brennen, Schmerzen), eine Blasenbildung ist aber sehr selten anzutreffen. Experimentell konnte eine lokale Freisetzung von Neurotransmittern (Substance P, Somatostatin, Prostaglandin, Acetylcholin) nachgewiesen werden.

Als der wirksame Bestandteil von OC (Oleoresin Capsicum) konnte Capsaicin bestimmt werden. Die Wirkung wird über spezielle Capsaicin sensible Rezeptoren (Vanilloid-Rezeptoren) vermittelt, die sich in afferenten Neuronen befinden. Die Stimulation dieser Rezeptoren bewirkt eine Freisetzung von neuroaktiven Substanzen (z. B. Substanz P, Calcitonin, Neurokrin A).

Tab. 9.7 Zusammenfassende Wirkung von Reizstoffen.

Organ	Wirkung/Symptome
Auge	Tränenfluss, Schmerzen, Bindehautreizung/-entzündung, Lidkrampf
Atemwege	Reizung, Husten, Hypersekretion der Nasen- und Bronchialschleimhaut, Bronchospasmus
Magen-Darmtrakt	Übelkeit, Erbrechen, Durchfall, Bauchkrämpfe
Haut	Rötung, Blasenbildung, Schmerzen

Zusammenfassend nach [8]

9.6.5
Klinisch-chemische Parameter

Der klinische Nachweis einer Reizstoffexposition gestaltet sich schwierig, da keine spezifischen Laborparameter bekannt sind, die auf eine Exposition schließen lassen würden. So stützt sich die Annahme einer relevanten Exposition in der Regel auf den klinischen Lokalbefund und die Anamnese. Die Analyse des Reizstoffes kann erst durch chemische Spezialmethoden durchgeführt werden. Als analytische Methoden zur Identifikation sind Gaschromatographie mit Massendetektion (GC-MS), sowie Flüssigkeitschromatographie mit Massendetektion (LC-MS) geeignet. Die Probennahme für die Analyse sollte in zeitlicher Nähe zur Exposition durchgeführt werden. Besonderheiten und spezielle Anforderungen bei der Probennahme bestehen nicht.

9.6.6
Langzeitwirkungen

Bei Verwendung einsatzrelevanter, nicht zytotoxischer Dosen konnten bisher in Tierversuchen keine Hinweise auf Mutagenität oder Genotoxizität gefunden werden.

Einzelstudien konnten eine signifikante Häufung von Brustdrüsenadenomen bei Mäusen und Ratten zeigen, wobei in der Kontrollgruppe eine ungewöhnlich niedrige Inzidenz beobachtet wurde. In Mäusen konnte eine Begünstigung epidermaler Papillom-Bildung gezeigt werden. Inkubation von Hühnerembryos mit CN ergab Hinweise auf eine Störung der cerebralen Entwicklung. Bei Untersuchung von zytotoxischen Dosen von CS konnte eine mutagene Wirkung auf spezifische Zelllinien gezeigt werden. Eine Interaktion von CS mit dem Spindelapparat der sich teilenden Zellen wird diskutiert. CS scheint ein sensibilisierendes Potenzial zu besitzen, sodass bei Zweitkontakt die Gefahr einer allergischen Reaktion bestehen könnte. Capsaicin scheint in extrem hohen Dosen Krebs erregend zu sein.

9.6.7
Therapeutische Maßnahmen

Spezifische therapeutische Maßnahmen (im Sinne eines Antidots) existieren nicht. Die allgemeinen therapeutischen Maßnahmen beschränken sich auf präventive Schutzmaßnahmen wie eine intakte Schutzausrüstung (geeignete Schutzmaske, Schutzanzug). Bei Kontakt mit Reizstoffen sollte die Kontaktzeit mit der Substanz minimiert werden. Ein Kleiderwechsel sollte durchgeführt werden, um eine weitere Resorption bzw. ein weiteres Einwirken von Reizstoffresten, die in der Kleidung verblieben sind, zu vermeiden.

Bei Augenkontakt sollte eine ausgiebige Augenspülung mit Wasser oder physiologischen Lösungen (z. B. 0,9% NaCl-Lösung) vorgenommen werden.

Die Haut sollte im Falle von CS mit Wasser, bei CN und OC mit Öl haltigen Emulsionen gespült werden.

Tab. 9.8 Humantoxizität von CN, CS und OC.

Aufnahmeweg	CN	CS	OC
LD_{50} oral (mg kg^{-1})	35–41	28	47,2
LCt_{50} (mg · min m^{-3})	3700–23 330	26 000–88 480	> 800 000
ICt_{50} (mg · min m^{-3})	2–5	0,2–6,9	–
Sicherheitsbreite (letale Dosis/Wirkdosis)	27 000	60 000	–
MAK-Wert (mg m^{-3})	0,4	0,3	–

Zusammenfassend nach [5, 6, 7, 8]

9.6.8 Toxizität

Als Kenngrößen für die Wirksamkeit und Sicherheit eines Reizstoffes dienen das ICt (*incapacitating concentration time product*) und das LCt (*lethal concentration time product*). Dabei ist der ICt_{50}-Wert die Konzentration eines Reizstoffes, die nach einer Einwirkungszeit von einer Minute bei 50% aller ungeschützten Betroffenen eine Leistungsunfähigkeit bewirkt. Der LCt_{50}-Wert ist die Konzentration eines Reizstoffes, die nach einer Einwirkungszeit von einer Minute bei 50% aller Betroffenen (Versuchstiere) eine tödliche Wirkung verursacht. Generell gilt, dass alle Reizstoffe im Vergleich zu anderen Giften einen relativ großen Sicherheitsabstand zwischen dem ICt_{50} und dem LCt_{50} aufweisen (siehe Tab. 9.8). Im Freien ist es fast unmöglich das LCt_{50} zu erreichen. Anders stellt sich die Situation in geschlossenen und schlecht belüfteten Räumen dar. Hier können über längere Zeiträume erheblich höhere Konzentrationen erreicht werden, die in der Praxis aber kaum das LCt_{50} erreichen werden. Im Vergleich der drei Substanzen (CS, CN, OC) ist die Wirkung von OC bei geringster Dosierung am schnellsten. CN zeigt den geringsten Sicherheitsabstand (ICt_{50} zu LCt_{50}).

9.7 Zusammenfassung

Der neuzeitige Einsatz von Reizstoffen findet sich erstmalig zu Beginn des 20. Jahrhunderts. 1914 erfolgte der Einsatz chemischer Reizstoffe während des Ersten Weltkrieges, wobei der Einsatz von Chlor durch die deutschen Truppen am 22. April 1915 in Ypern den Beginn der chemischen Kriegsführung darstellt. Heute werden Reizstoffe vor allem bei der Wahrnehmung polizeilicher Aufgaben eingesetzt.

Unter dem Begriff Reizstoffe werden chemische Substanzen zusammengefasst, die durch einen Reiz an den Schleimhäuten des Auges und der oberen Atemwege eine vorübergehende Einschränkung der Einsatzbereitschaft der Betroffenen zur Folge haben.

In der heutigen Zeit kommt dem Chloracetophenon (CN), *ortho*-Chlorobenzalmalonitril (CS) und Capsaicin (OC) die wohl größte Bedeutung zu.

Die klinische Symptomatik ist bei den Reizstoffen ähnlich. Hauptsächlich betroffen ist das Auge (Tränenfluss, Schmerzen, Bindehautreizung/-entzündung, Lidkrampf), gefolgt von den Atemwegen (Reizung, Husten, Hypersekretion, Bronchospasmus), dem Magen-Darm-Trakt (Übelkeit, Erbrechen, Durchfall, Bauchkrämpfe) und der Haut (Rötung, Blasenbildung, Schmerzen).

Langzeitwirkungen sind bei Verwendung einsatzrelevanter Dosen nicht nachgewiesen.

Die therapeutischen Maßnahmen beschränken sich auf präventive Maßnahmen und eine symptomatische Therapie, da keine spezifischen Antidote gegen die Reizstoffe existieren.

Die Kontaktzeit mit der Substanz sollte minimiert werden, ggf. ist ein Kleiderwechsel zu empfehlen. Bei Augenkontakt sollte eine ausgiebige Augenspülung mit physiologischen Lösungen vorgenommen werden. Die Haut sollte im Falle von CS mit Wasser, bei CN und OC mit Öl haltigen Emulsionen gespült werden.

Im Vergleich zu anderen Giften weisen die Reizstoffe einen relativ großen Sicherheitsabstand auf (LCt_{50}/ICt_{50}). Im Freien ist es fast unmöglich das LCt_{50} zu erreichen.

9.8 Verifikation von Kampfstoffexpositionen

Die Verifikation des Einsatzes chemischer Kampfstoffe ist dann erforderlich, wenn es dringende Verdachtsgründe für die Ausbringung derartiger Noxen gibt. Zu den Verdachtsgründen können beispielsweise das Beobachten von Sprühflugzeugen, das Auffinden von zahlreichen Tierkadavern in einem begrenzten Areal, das Ansprechen von Warnsystemen oder die diagnostischen Hinweise aus Untersuchungen an betroffenen Personen zählen. Verifikation ist aber auch dann durchzuführen, wenn einzelne Personen beunruhigt sind („*the worried well*“) und eine Exposition ausgeschlossen wissen möchten. Die Ergebnisse können von hoher politischer Brisanz und/oder weitreichender rechtlicher Relevanz sein, indem sie Verstöße gegen das Chemiewaffenübereinkommen (CWÜ) aufdecken oder helfen müssen, Schadensersatzansprüche zu klären.

Der Nachweis chemischer Kampfstoffe in biomedizinischen Proben stellt eine große Herausforderung dar. Aufgrund der hohen Toxizität dieser Gifte treten sie nur in geringsten Konzentrationen im Körper auf und werden zudem schnell gebunden, metabolisiert und eliminiert. Somit sind zuverlässige und anspruchsvolle Nachweismethoden im Spurenbereich gefordert, die gerichtsfeste Resultate liefern.

Am Beispiel der Nervenkampfstoffe (phosphororganische Verbindungen) soll im folgenden Abschnitt skizziert werden, welche methodischen Möglichkeiten in der Verifikationsanalytik genutzt werden können.

9.8.1 Methoden der Verifikation von Nervenkampfstoffexpositionen

Nervenkampfstoffe gehören ebenso wie viele Pestizide, die zivil in Ackerbau und Viehzucht eingesetzt werden, zur chemischen Substanzklasse der phosphororganischen Verbindungen. Sie lösen nach Inkorporation die im Abschnitt „Nervenkampfstoffe" beschriebenen Vergiftungssymptome aus, welche sich im Wesentlichen aus der Hemmung der Acetylcholinesterase ableiten. In einem ersten Nachweisschritt der Verifikationsanalytik lässt sich diese Hemmung über die Bestimmung der noch verbliebenen Enzymaktivität bestätigen, was mithilfe des wenig aufwendigen und einfach durchzuführenden Ellman-Tests geschehen kann. Für diesen Test gibt es sowohl eine Hochdurchsatz-Variante für das Labor als auch ein feldtaugliches Gerät zur schnellen vor-Ort-Analytik. Da die Hemmung der Acetylcholinesterase nicht nur durch Nervenkampfstoffe, sondern auch durch phosphororganische Pestizide, Carbamate und einige weitere chemische Noxen, die nicht zu diesen Substanzklassen gehören (z. B. Huperzin), verursacht werden kann, ist die Bestätigung durch den Ellman-Test für eine Verifikation keinesfalls ausreichend. Vielmehr muss der Nachweis des eingesetzten Giftstoffes auf molekularer Ebene durch die direkte Detektion des Giftes geführt werden.

Viele der herkömmlichen Methoden zum Nachweis des originären Giftes und seiner Metaboliten stützen sich auf den Gebrauch von Gaschromatographie (GC) in Verbindung mit einem Massenspektrometer (MS) als universellen und sehr empfindlichen Detektor (GC-MS). Diese Technologie erfordert die Verdampfung der Analyten und setzt diesen dazu einer hohen thermischen Belastung aus. Diese Beanspruchung kann zur Zerstörung labiler Giftmoleküle durch Pyrolyse führen und somit den Nachweis nachhaltig erschweren. Die Anwendung von GC-Methoden ist zudem nur eingeschränkt oder gar nicht nutzbar für phosphororganische Verbindungen, die einen vergleichsweise hohen Siedepunkt besitzen und somit schwer verdampfbar sind (nicht volatil) wie z. B. das VX oder auch die Metaboliten der Nervenkampfstoffe, die aufgrund ihrer polaren Struktur erst derivatisiert werden müssten. Modernere Verfahren machen in zunehmendem Maße Gebrauch von flüssig-chromatographischen Trenntechniken (LC) in Kombination mit einem on-line gekoppelten Massenspektrometer. Das MS dient dabei als empfindlicher Detektor, welcher mit beispielloser Selektivität auch strukturähnliche Moleküle detektieren, unterscheiden und identifizieren kann.

Eindeutige und belastbare Prüfergebnisse zur Verifikation sind jedoch immer an die Übereinstimmung mit einer Vergleichsmessung von Referenzsubstanzen gebunden. Während im Bereich der toxischen Industriechemikalien oder zivil genutzter Pestizide solche analytischen Vergleichsstandards relativ leicht kommerziell zugänglich sind, gestaltet sich die Bereitstellung von Nervenkampfstoffen, deren Nutzung durch die Organisation zum Verbot chemischer Waffen (OVCW) kontrolliert und reglementiert wird, deutlich schwieriger. Nur wenige von der OVCW autorisierte Labore sind befugt, geringe für analytische Zwecke erforderliche Mengen des Kampfstoffes herzustellen und an andere autorisierte Institutionen weiterzugeben.

Während in der forensischen Analyse von Personen, die sich in suizidaler Absicht durch Verschlucken größerer Mengen von phosphororganischen Pestiziden vorsätzlich vergiftet haben, vergleichsweise hohe Konzentrationen in den unterschiedlichen Kompartimenten, Organen und im Blut nachzuweisen sind ($\mu g\ ml^{-1}$), lassen sich bei Vergiftungen durch die deutlich toxischeren Nervenkampfstoffe nur geringe Konzentrationen erwarten ($pg\ ml^{-1}$). Daraus resultiert die Notwenigkeit von sensitiven Nachweismethoden, die zur Spurenanalytik geeignet sind. Zudem bewirken die rasche *in vivo* Hydrolyse der Nervenkampfstoffe (Halbwertzeiten von Minuten bis zu wenigen Stunden) und deren hohe Reaktionsfähigkeit (Bindung an Enzyme und andere Proteine) eine schnelle Eliminierung und möglicherweise Exkretion des Giftes. Dieses nur wenige Stunden breite Zeitfenster erfordert daher eine unverzügliche Probennahme sowie sachgerechte Aufarbeitung und Lagerung, um eine Verifikation zu ermöglichen. Da die hieraus resultierende Reaktionszeit sehr knapp bemessen und in der Regel unpraktikabel ist, sind in jüngster Vergangenheit zusätzliche instrumentell analytische Verfahren in den Speziallabors etabliert worden, die mit breiterem Zeitfenster (Probennahme 10–16 Tage nach Exposition) erfolgreiche Verifikationsanalysen erlauben.

Die Fluorid induzierte Reaktivierung ist ein Verfahren, in dem durch Zusatz hoher Fluorid-Mengen zur Probe der an das Enzym gebundene phosphororganische Rest wieder freigesetzt wird und als extrahierbarer intakter Kampfstoff der anschließenden GC-Analytik zugeführt werden kann.

Über ein anderes Verfahren, welches jenen im Bereich der Proteomics-Forschung sehr ähnlich ist, wird mittels LC-MS auf molekularer Protein/Peptid-Ebene die chemische Anbindung des phosphororganischen Restes an das aktive Zentrum der Cholinesterase nachgewiesen (Gift/Enzymaddukt). Zu diesem Zweck wird eine Blutprobe affinitätschromatographisch gereinigt, um die potenziell inhibierte Butyrylcholinesterase zu isolieren ($3{,}5\ mg\ l^{-1}$ in hum. Plasma) und im Anschluss kontrolliert enzymatisch zu spalten. Dabei wird der Sequenzabschnitt des aktiven Zentrums als kurzkettiges Peptid freigesetzt, an welches im Falle einer Exposition gegenüber phosphororganischen Verbindungen das Gift kovalent gebunden ist. Die so entstandenen peptidischen Spaltprodukte in der Inkubationsmischung werden daraufhin über Umkehrphasen-Chromatographie (RP-LC) getrennt und mittels MS detektiert. Hierzu lassen sich bei konkreter Verdachtslage über die Identität des absorbierten Giftes (z. B. Sarin, Soman, VX) die MS-Geräteparameter so einstellen, dass ausschließlich nach den verdächtigten Giftaddukten gesucht wird. Dieses selektive Vorgehen ermöglicht zwar maximale Empfindlichkeit, verhindert jedoch die Erkennung von phosphororganischen Verbindungen, die nicht im Fokus des initialen Verdachtes standen. Validität und Sensitivität dieser Methode ließen sich dadurch belegen, dass retrospektiv (7 Jahre nach Probennahme) die Sarinvergiftung der Opfer des Tokioter U-Bahn Terroranschlags von 1995 verifiziert werden konnte. Die Selektivitätsnachteile diese Methode sind inzwischen durch Entwicklung einer generischen Methode, die ganz prinzipiell die Bindung unterschiedlicher phosphororganischer Verbindungen nachweisen lässt, überwunden. Weitere methodische Adaptionen erlauben den Nachweis zusätzlicher Proteinaddukte (z. B. an Albumin).

Analog obigen Ausführungen ist die Methodik bei der Verifikation von Expositionen gegenüber Hautkampfstoffen, bei denen neben Proteinaddukten auch DNA-Addukte für die Analytik genutzt werden, zu betrachten. Detaillierte technische Darstellungen sind der weiterführenden Literatur zu entnehmen.

9.9 Zusammenfassung

In der Regel wird man es nicht schaffen, mit einem einzigen analytischen Verfahren Daten für die Verifikation zu produzieren, die allen kritischen Fragen standhalten. Vor allem kann ein negatives Testergebnis für das Originalgift bzw. den Metaboliten nicht zwingend als Ausschluss einer Exposition gegenüber chemischen Kampfstoffen gewertet werden. So ist immer davon auszugehen, dass man nur bei Durchführung mehrerer Tests ein konsistentes und damit gerichtsfestes Ergebnis zu erhält.

9.10 Fragen zur Selbstkontrolle

1. ***Wie unterscheiden sich Nervenkampfstoffe und phosphororganische Insektizide?***
2. ***Beschreiben Sie Wirkmechanismus und Symptome einer Vergiftung durch phosphororganische Insektizide.***
3. ***Was unterscheidet IMS von OPIDN?***
4. ***Woraus bestehen die drei Säulen der Therapie einer Nervenkampfstoffvergiftung?***
5. ***Welche klinisch-chemischen Parameter eignen sich zur Therapieüberwachung der Nervenkampfstoffvergiftung?***
6. ***Erklären Sie die Unterschiede zwischen Pl-ChE und Ery-ChE.***
7. ***Welche chemisch ähnlichen Verbindungen zu S-Lost gibt es, die heutzutage als Medikamente in Gebrauch sind?***
8. ***Welche Organsysteme werden durch S-Lost hauptsächlich geschädigt?***
9. ***Welche Hautareale werden bei dampfförmiger Exposition besonders geschädigt?***
10. ***Welche diagnostischen Möglichkeiten gibt es, eine Exposition gegenüber S-Lost im Patienten nachzuweisen?***

11. ***Welche therapeutischen Optionen gibt es, um eine S-Lost-Vergiftung zu behandeln?***
12. ***Welche Organsysteme sind im Falle einer Exposition vorrangig betroffen?***
13. ***Welche therapeutischen Maßnahmen sollten nach einer Exposition gegenüber Reizstoffe ergriffen werden?***
14. ***Der Ellman-Test kann als erster Schritt der Verifikationsanalytik in Säugerorganismen dienen. Was weist dieser Test funktionell nach und welche Problematik resultiert daraus für die Eindeutigkeit des Nachweises etwaiger Kampfstoffe?***
15. ***Die Probennahme zum Nachweis von originären freien phosphororganischen Giften in der Säugerzirkulation muss wegen der vergleichsweise geringen Substanzstabilität innerhalb weniger Stunden bis wenigen Tagen erfolgen. Welche methodischen Ansätze, die für die Probengewinnung ein Zeitfenster von 10–16 Tagen ermöglichen, sind darüber hinaus für die retrospektive Verifikation etabliert?***

9.11 Literatur

1 Robinson JP (1973), Modern CB weapons and the defense against them. In: The problem of chemical and biological warfare, Volume 2, CB weapons today. Stockholm, Almquist Wicksell, pp. 27–115

2 Schrader G (1963), Die Entwicklung neuer insektizider Phosphorsäure-Ester. Weinheim: Verlag Chemie

3 Szinicz L, Baskin SI (1999), Chemische und biologische Kampfstoffe. In: Lehrbuch der Toxikologie. W. V. mbH. Stuttgart

4 Okumura T, Takasu N, Ishimatsu S, Miyanoki S, Mitsuhashi A, Kumada K, Tanaka K, Hinihara S (1996), Report on 640 victims of the Tokyo subway sarin attack. Ann Emerg Med, 28:129–135

5 Poisindex, Thomson Micromedex

6 Schneider G, Kilb W, Fleck A, Wilhelm A, Jäger W, Spörri R, Walther R, Graffunder HW, Bützer P, Silvestri I, Keudel K (2005) MEMPLEX – Die Gefahrstoff-Software für Feuerwehr und Rettungsdienst. Keudel av-Technik GmbH

7 Toxnet – Toxicology Data Network U.S. National Library of Medicine, 8600 Rockville Pike, Bethesda

8 Olajos EJ, Stopford W (2004) Riot Control Agents: Issues in Toxicology, Safety, and Health. CRC Press, London

9.12 Weiterführende Literatur

Balali-Mood M, Hefazi M (2005), The pharmacology, toxicology, and medical treatment of sulphur mustard poisoning. Fundam. Clin Pharmacol 19:297–315

Black RM, Noort D (2005), Methods for retrospective detection of exposure to toxic scheduled chemicals. Part B: Mass spectrometric and immunological analysis of covalent adducts to proteins and DNA. In: (Mesilaakso M, ed) Chemical weapons convention chemicals analysis. Wiley-VCH, Weinheim

Blain PG (2003), Tear gases and irritant incapacitants. 1-chloroacetophenone, 2-chlorobenzylidene malononitrile and dibenz[b,f]-1,4-oxazepine. Toxicol Rev 22(2):103–110

Dacre JC, Goldman M (1996), Toxicology and pharmacology of the chemical warfare agent sulfur mustard. Pharmacol Rev 48: 289–326

Goldman M, Dacre JC (1989), Lewisite: its chemistry, toxicology, and biological effects. Rev Environ Contam Toxicol 110: 75–115

John H, Worek F, Thiermann H (2008), LC-MS based procedures for monitoring of toxic organophosphorus compounds and the verification of pesticide and nerve agent poisoning. Anal Bioanal Chem 39(1): 97–116

Kehe K, Emmler J, Schneider J, Steinritz D, Szinicz L (2005), Schwefel-Lost: klinisches Bild, Fortschritte im Verständnis der Pathophysiologie und Therapiemöglichkeiten. Wehrmedizinische Monatsschrift 49: 306–310

Kehe K, Szinicz L (2005 b) Medical aspects of sulphur mustard poisoning. Toxicology 214:198–209

Klimmek R, Szinicz L, Weger N (1983), Chemische Gifte und Kampfstoffe – Wirkung und Therapie. Hippokrates Verlag Stuttgart

Marquardt H, Schäfer SG, McClellan R, Welsch F (1999), Toxicology. Academic Press, San Diego, London, Boston, New York, Sydney, Tokyo, Toronto

Marrs TC, Maynard RL, Sidell F (2007), Chemical Warfare Agents, Wiley

Millqvist E, Johansson A, Bende M (2004), Relationship of airway symptoms from chemicals to capsaicin cough sensitivity in atopic subjects. Clin Exp Allergy 34(4): 619–623

Solomon I, Kochba I, Eizenkraft E, Maharshak N (2003), Report of accidental CS ingestion among seven patients in central Israel and review of the current literature. Arch Toxicol 77(10):601–604

Somani SM, Romano JA (2001), Chemical Warfare Agents – Toxicity at low levels. CRC Press, Boca Raton

Thiermann H, Szinicz L (1991), Therapie von Hautkampfstoffvergiftungen. Wehrmedizinische Monatsschrift 2:51–57

Watson K, Rycroft R(2005), Unintended cutaneous reactions to CS spray. Contact Dermatitis 53(1):9–13

Appendix: MAK- und BAT-Werte

Auszug aus der *MAK- und BAT-Werte-Liste 2009* der Senatskommission der Deutschen Forschungsgemeinschaft zur Prüfung gesundheitsschädlicher Arbeitsstoffe

Inhaltsübersicht

MAK-Werte
I. Bedeutung, Benutzung und Ableitung von MAK-Werten *235*
II. Krebserzeugende Arbeitsstoffe *243*
III. Sensibilisierende Arbeitsstoffe *246*
IV. Hautresorption *254*
V. MAK-Werte und Schwangerschaft *255*
VI. Keimzellmutagene *258*

BAT-Werte
VII. Bedeutung und Benutzung von BAT-Werten und Biologischen Leitwerten *259*
VIII. Krebserzeugende Arbeitsstoffe *265*
IX. Biologische Leitwerte *265*
X. Biologische Arbeitsstoff-Referenzwerte *266*

I
Bedeutung, Benutzung und Ableitung von MAK-Werten

Definition

Der MAK-Wert (**m**aximale **A**rbeitsplatz-**K**onzentration) ist die höchstzulässige Konzentration eines Arbeitsstoffes als Gas, Dampf oder Schwebstoff in der Luft am Arbeitsplatz, die nach dem gegenwärtigen Stand der Kenntnis auch bei wiederholter und langfristiger, in der Regel täglich 8stündiger Exposition, jedoch

Toxikologie Band 2: Toxikologie der Stoffe. Herausgegeben von Hans-Werner Vohr

ISBN: 978-3-527-32385-2

bei Einhaltung einer durchschnittlichen Wochenarbeitszeit von 40 Stunden im allgemeinen die Gesundheit der Beschäftigten nicht beeinträchtigt und diese nicht unangemessen belästigt (z. B. durch ekelerregenden Geruch). Bestimmte arbeitsplatzhygienische Aspekte in Zusammenhang mit flüssigen Arbeitsstoffen, z. B. Nebelbildung mit Sichtbehinderung, Durchfeuchtung der Kleidung oder Niederschlag auf den Boden können bei der MAK-Wert-Festsetzung nicht berücksichtigt werden. Solche Effekte weisen in Abhängigkeit vom Arbeitsprozess, der Arbeitsweise und den physikalischen Randbedingungen eine beträchtliche Variationsbreite auf. Weiterhin fehlt bisher ein geeignetes Instrumentarium zur Beurteilung.

Ungeachtet der Höhe des toxikologisch begründeten MAK-Werts sollte in diesen Fällen dafür gesorgt werden, dass am Arbeitsplatz die Arbeitssicherheit nicht gefährdet ist. Auf diesen Sachverhalt wird in den Begründungen zu den Stoffen nicht explizit hingewiesen, da es im Einzelfall nicht bekannt ist, ob der Stoff bei Exposition in Höhe des MAK-Werts als Aerosol vorliegt. In der Regel wird der MAK-Wert als Durchschnittswert über Zeiträume bis zu einem Arbeitstag oder einer Arbeitsschicht angegeben. Bei der Aufstellung von MAK-Werten sind in erster Linie die Wirkungscharakteristika der Stoffe berücksichtigt, daneben aber auch – soweit möglich – praktische Gegebenheiten der Arbeitsprozesse bzw. der durch diese bestimmten Expositionsmuster. Maßgebend sind dabei wissenschaftlich fundierte Kriterien des Gesundheitsschutzes, nicht die technischen und wirtschaftlichen Möglichkeiten der Realisation in der Praxis.

Darüber hinaus werden:

- **die Kanzerogenität** (siehe Abschnitt II)
- **die sensibilisierende Wirkung** (siehe Abschnitt III)
- **der Beitrag zur systemischen Toxizität nach Hautresorption** (siehe Abschnitt IV)
- **die Gefährdung der Schwangerschaft** (siehe Abschnitt V)
- **die Keimzellmutagenität** (siehe Abschnitt VI)

eines Stoffes bewertet und der Stoff wird entsprechend eingestuft bzw. markiert. Beschreibungen der Vorgehensweise der Kommission bei der Bewertung dieser Endpunkte finden sich in den entsprechenden Abschnitten der „MAK- und BAT-Werte-Liste“ [1], in den „Toxikologisch-arbeitsmedizinischen Begründungen von MAK-Werten“ [2] sowie in wissenschaftlichen Zeitschriften [3–7].

MAK-Werte werden in Anlehnung an den z. B. auch in der Europäischen Union verwendeten sogenannten „Preferred Value Approach“ bevorzugt als mit Zehnerpotenzen multiplizierte Zahlenwerte 1, 2 oder 5 ml/m^3, bzw. bei nicht flüchtigen Stoffen in mg/m^3, festgesetzt.

Bei der Anwendung von MAK-Werten kommt dem verwendeten Messverfahren (Probennahme, analytische Bestimmung, Messstrategie) eine große Bedeutung zu.

Zweck

MAK-Werte dienen dem Schutz der Gesundheit am Arbeitsplatz. Sie geben für die Beurteilung der Bedenklichkeit oder Unbedenklichkeit der am Arbeitsplatz vorhandenen Konzentrationen eine Urteilsgrundlage ab. Sie sind jedoch keine Konstanten, aus denen das Eintreten oder Ausbleiben von Wirkungen bei längeren oder kürzeren Einwirkungszeiten errechnet werden kann. Ebenso wenig lässt sich aus MAK-Werten oder der Einstufung als krebserzeugender Arbeitsstoff eine festgestellte oder angenommene Schädigung im Einzelfalle herleiten; hier entscheidet allein der ärztliche Befund unter Berücksichtigung aller äußeren Umstände des Fall-Herganges. Angaben in der MAK-Werte-Liste sind daher grundsätzlich nicht als vorgezogene Gutachten für Einzelfallentscheidungen zu betrachten. Die Einhaltung des MAK-Wertes entbindet nicht grundsätzlich von der ärztlichen Überwachung des Gesundheitszustandes exponierter Personen.

Der MAK-Wert ist nicht geeignet, mögliche Gesundheitsgefährdung durch langdauernde Einwirkung von Verunreinigungen der freien Atmosphäre, z. B. in der Nachbarschaft von Industrieunternehmen, anhand konstanter Umrechnungsfaktoren abzuleiten.

Voraussetzungen

Grundsätzlich werden die Stoffe nach der Dringlichkeit praktisch-arbeitsmedizinischer Bedürfnisse und dem Erfahrungsstand der Kommissionsmitglieder bearbeitet. Voraussetzungen für die Aufstellung eines MAK-Wertes sind ausreichende toxikologische und arbeitsmedizinische bzw. arbeitsplatzhygienische Erfahrungen beim Umgang mit dem Stoff. Nicht bei allen Stoffen sind ausreichende Unterlagen verfügbar. Für die jährliche Neubearbeitung sind Anregungen zur Aufnahme neuer und Erfahrungen mit bekannten Arbeitsstoffen erwünscht [8].

Ableitung von MAK-Werten

MAK-Werte werden von der „Senatskommission der Deutschen Forschungsgemeinschaft zur Prüfung gesundheitsschädlicher Arbeitsstoffe" ausschließlich unter Berücksichtigung wissenschaftlicher Argumente abgeleitet und in der jährlich erscheinenden MAK- und BAT-Werte-Liste veröffentlicht. Vor dem Hintergrund von allgemein akzeptiertem toxikologischen und arbeitsmedizinischen Basiswissen bei der Ableitung von MAK-Werten haben sich durch die Kommission gewisse Verfahrensregeln herausgebildet und zumindest häufig vorkommende Problemstellungen werden immer wieder in gleicher Weise behandelt. Nachfolgend werden daher die übliche Vorgehensweise und die allgemeinen Prinzipien für die Ableitung von MAK-Werten dargestellt. Diese stimmen im wesentlichen auch mit den von der europäischen Arbeitsstoffkommission, dem „Scientific Committee on Occupational Exposure Limits, SCOEL", veröffentlichten Prinzipien überein [9].

Zunächst sind aus den vorliegenden Daten die sensitivsten Endpunkte zu charakterisieren, d. h. diejenigen Effekte, die bei Exposition gegen den Stoff in steigenden Konzentrationen zuerst auftreten. Dabei sind sowohl die lokalen Effekte, also die Folgen der Einwirkung auf die Kontaktflächen des Organismus mit der Umwelt (z. B. Schleimhäute des Respirationstraktes und der Augen, Haut), als auch die systemischen Effekte, also die Folgen der Aufnahme der Substanz in den Organismus, zu berücksichtigen. Zumeist gelten für diese beiden Wirkeigenschaften unterschiedliche Konzentrations-Wirkungs-Beziehungen. Die Ableitung eines MAK-Wertes orientiert sich an dem NOAEL (No Observed Adverse Effect Level) für den empfindlichsten Endpunkt mit gesundheitlicher Relevanz. Ein NOAEL ist nicht mit einer Wirkungsschwelle gleichzusetzen, da diese wissenschaftlich nicht definierbar ist. Der NOAEL ist eine durch die Versuchsbedingungen erhaltene Konzentration, bei der die Wirkung durch die Substanz so gering ist, dass sie sich nicht von Kontrollwerten unterscheidet. Die Adversität der Effekte ist zu beurteilen. Zur Zeit existieren keine einheitlichen Definitionen für einen „adversen" Effekt, nicht zuletzt wegen der ebenfalls unklaren bzw. sich im Laufe der Zeit ändernden Definition für den Zustand „gesund" [10, 11], so dass diese Bewertung von Fall zu Fall zu treffen ist.

Grundsätzlich wird den Erfahrungen beim Menschen für die Ableitung eines Arbeitsplatzgrenzwertes der höchste Stellenwert beigemessen.

Bei der Bewertung eines Stoffes können auch Wirkungen von strukturanalogen Stoffen berücksichtigt werden.

Sollte sich aus den vorliegenden Daten kein „no observed adverse effect level" (NOAEL) ableiten lassen, kann kein wissenschaftlich begründeter MAK-Wert vorgeschlagen werden, und es erfolgt eine Einstufung in den Abschnitt II b der MAK- und BAT-Werte-Liste.

a) Stoffauswahl und Datensammlung

Für die zur Bearbeitung vorgesehenen Stoffe werden zunächst die im wissenschaftlichen Schrifttum veröffentlichten epidemiologischen Daten und arbeitsmedizinischen Erfahrungen, toxikologischen Eigenschaften und sonstige möglicherweise für die Bewertung nützlichen Informationen in entsprechenden Datenbanken recherchiert. Die im Ergebnis der Literaturrecherche aufgeführten Arbeiten werden hinsichtlich ihrer Relevanz für die Stoffbewertung ausgewertet, und die ausgewählten Zitate im Original geprüft.

Sofern erforderlich und als komplette Studienberichte verfügbar werden auch unveröffentlichte interne Firmenunterlagen berücksichtigt. Sie werden im Literaturverzeichnis der Begründung als solche kenntlich gemacht. Alle verfügbaren Informationen und Studien werden auf ihre Validität geprüft. Ob eine Studie bewertungsrelevant ist, wird von Fall zu Fall entschieden. Bei der Bewertung der Studien erfolgt soweit möglich eine Orientierung an den OECD-Guidelines oder vergleichbaren Richtlinien.

Die vollständigen Unterlagen werden der Kommission zur Verfügung gestellt und im wissenschaftlichen Sekretariat niedergelegt. Wird von Dritten aufgrund eines Literaturzitats in einer Begründung Auskunft zu den zitierten internen Unterlagen erbeten, so wird diese schriftlich vom Kommissionsvorsitzenden im von diesem erforderlich gehaltenen Umfang erteilt. Einsicht in die Firmenunterlagen wird Dritten nicht gewährt. Kopien, auch auszugsweise, werden nicht zur Verfügung gestellt.

b) Ableitung aus Erfahrungen beim Menschen

Für einen Großteil der Arbeitsstoffe stellen irritative oder zentralnervös dämpfende Wirkungen den kritischen Effekt dar. Wertvolle Informationen – zumindest zu diesen akuten Effekten einmaliger Expositionen – liefern Studien an Freiwilligen unter kontrollierten Bedingungen, da diese Aussagen über Konzentrations-Wirkungs-Beziehungen und auch über unwirksame Konzentrationen (NOAEC) zulassen. Eine ausführliche Übersicht zu den methodischen Anforderungen an solche Studien sowie zur Aussagekraft verschiedener Parameter für eine Grenzwertableitung findet sich an anderer Stelle [10]. Häufig werden in solchen Untersuchungen Empfindlichkeitsunterschiede gefunden zwischen Probanden, die noch nie, und Personen, die wiederholt z. B. am Arbeitsplatz gegen die getestete Substanz exponiert waren.

Arbeitsmedizinische Untersuchungen und epidemiologische Studien stellen eine weitere wichtige Informationsquelle für die Bewertung der gesundheitlichen Risiken beim Umgang mit den jeweiligen Stoffen dar. Hierbei sind jedoch die unterschiedlichen Studienansätze, die verwendete Analytik und Messstrategie ebenso zu berücksichtigen, wie die bei den Exponierten untersuchten Parameter. Verschiedene Störfaktoren, Mischexpositionen, Vorerkrankungen oder unzureichende Expositionserfassung können Konzentration-Effekt-Beziehungen beeinflussen oder fälschlicherweise suggerieren.

Querschnittsstudien mit nur einmaliger Bestimmung der Expositionshöhe und nur einmaliger Untersuchung der Exponierten gestatten es in der Regel nicht, die möglicherweise beobachteten Symptome auf die aktuelle Expositionssituation zurückzuführen. Hierfür sind Informationen über die Expositionskonzentrationen der Vergangenheit notwendig.

Daher kommt den Längsschnittsstudien mit wiederholten Bestimmungen der inneren und äußeren Belastung und wiederholten Untersuchungen der Exponierten eine entscheidende Rolle bei der Grenzwertfestsetzung zu. Aussagekräftige epidemiologische Studien an über längere Zeit Exponierten, die nicht mit adversen Effekten verbunden sind, stellen belastbare Ausgangspunkte für Arbeitsplatzgrenzwerte dar, insbesondere auch, wenn bei entsprechendem Untersuchungsumfang sowohl Aussagen zu lokalen als auch zu systemischen Effekten möglich sind.

Die unterschiedliche Empfindlichkeit des arbeitsfähigen Menschen, soweit sie durch Alter, Konstitution, Ernährungszustand, Klima und andere Faktoren bedingt ist, wird bei der Aufstellung von MAK-Werten berücksichtigt. Für die Beurteilung der Bedeutung geschlechtspezifischer Unterschiede bei der Toxikokinetik und Toxikodynamik im Hinblick auf die Festsetzung von MAK- und BAT-Werten fehlen derzeit ausreichende wissenschaftliche Grundlagen.

Wurde der NOAEL aus den Erfahrungen beim Menschen abgeleitet, so wird der MAK-Wert in der Regel auf die Höhe dieses NOAELs festgelegt.

c) Ableitung aus tierexperimentellen Untersuchungen

Da nicht für alle Stoffe entsprechende Erfahrungen am Menschen vorliegen, werden MAK-Werte häufig auch aus tierexperimentellen Ergebnissen abgeleitet. Dies erfolgt im Bewusstsein der Problematik der Speziesübertragung und der üblicherweise im Vergleich zu epidemiologischen Studien stark eingeschränkten Gruppengrößen. Andererseits bieten tierexperimentelle Untersuchungen, die nach modernen Richtlinien durchgeführt werden, einige Vorteile wie die genaue Expositionscharakterisierung, den ausgedehnten Untersuchungsumfang sowie die Möglichkeit, eine Dosis-Wirkungsbeziehung und NOAELs zu erfassen. Als minimal ausreichende Datenbasis für die Ableitung eines MAK-Wertes wird in der Regel ein NOAEL aus einer validen 90-Tage-Inhalationsstudie am Versuchstier angesehen. Die Ergebnisse tierexperimenteller Studien mit oraler oder dermaler Aufnahme sind im Hinblick auf die Expositionssituation am Arbeitsplatz meist nur bezüglich der systemischen Effekte vergleichbar. Daher müssen derartige Ergebnisse für die Begründung eines MAK-Wertes noch um Aussagen zur lokalen Wirksamkeit der Substanz v. a. auf den Atemtrakt ergänzt werden.

Basiert der NOAEL auf den tierexperimentellen Ergebnissen, so wird der MAK-Wert in der Regel auf die Hälfte des NOAELs beim Tier festgelegt. Allerdings müssen hierbei eventuelle Speziesunterschiede in der Empfindlichkeit gegenüber einer Substanz berücksichtigt werden. Zur Bewertung dieser Frage kommt den toxikokinetischen Daten eine besondere Bedeutung zu.

d) Besondere Arbeitsbedingungen

Bei Expositionen gegen gasförmige Stoffe, die schnell metabolisiert werden und deren Blut/Luft-Verteilungskoeffizient größer als 10 ist, muss berücksichtigt werden, dass die resultierenden Blut- und Gewebekonzentrationen mit der Intensität körperlicher Tätigkeiten positiv korrelieren.

Für das Arbeiten an Druckluftbaustellen lässt sich für Blut- und Gewebekonzentrationen inhalierter gasförmiger Stoffe ebenfalls eine positive Korrelation mit dem Druck ableiten.

Diese arbeitsbedingten Abhängigkeiten der inneren Belastung müssen bei der Anwendung von MAK- bzw. BAT-Werten berücksichtigt werden.

e) Geruch, Irritation und Belästigung

Expositionen gegenüber Arbeitsstoffen können beim Menschen Geruchsempfindungen (N. olfaktorius) oder sensorische Irritationen (N. trigeminus) verursachen. Die verschiedenen Wirkqualitäten sind im Hinblick auf ihre gesundheitliche Relevanz differenziert zu bewerten. Dabei können sich Schwierigkeiten ergeben, die dadurch begründet sind, dass die interessierenden Endpunkte bislang nur unzureichend objektiviert werden können. Geruchswahrnehmungen treten meist bei niedrigeren Konzentrationen auf als sensorische Irritationen. Generell können beide Wahrnehmungen bei entsprechender Qualität und Intensität Befindlichkeitsstörungen im Sinne erlebter Lästigkeit auslösen. Bei der Bewertung dieser Wahrnehmungen und Befindlichkeitsstörungen gilt es, den physiologischen Prozess der Gewöhnung (Adaption) angemessen zu berücksichtigen.

Vor allem Geruchswahrnehmungen weisen ausgeprägte Adaptationsprozesse auf, so dass auch konstant hohe Expositionen nach einiger Zeit olfaktorisch nicht mehr wahrgenommen werden. Unangemessene Belästigung der Arbeiter durch sensorische Irritationen oder persistierende intensive oder ekelerregende Geruchswahrnehmungen werden bei der Grenzwertfestsetzung berücksichtigt.

f) Gewöhnung

Bei sensorischen Reizeffekten, Befindlichkeitsstörungen oder Geruchswahrnehmungen kann es trotz gleichbleibender Exposition zu einer Gewöhnung und damit auch Beeinträchtigung der Warnwirkung kommen. Zur Zeit gibt es jedoch nur unzureichende Kenntnisse zum Mechanismus und zur Dosis-Wirkungsbeziehung. Andererseits beruht die Gewöhnung bei vielen Stoffen auf toxischen Wirkungen wie Inaktivierung von Enzymen oder Hemmung von Rezeptormolekülen. Insbesondere in diesen Fällen oder wenn die Warnwirkung sensorischer Reizeffekte von Befindlichkeitsstörungen oder Geruchswahrnehmungen vermindert oder aufgehoben wird, ist es erforderlich, Gewöhnung bei der Grenzwertfestsetzung mit zu berücksichtigen.

Begründung

Für jede Entscheidung wird eine ausführliche wissenschaftliche Begründung in der Reihe „Gesundheitsschädliche Arbeitsstoffe, toxikologisch-arbeitsmedizinische Begründungen von MAK-Werten" veröffentlicht [2]. Ergänzungen der Begründungssammlung sind in Jahresabständen vorgesehen. In diesen Texten sind die wissenschaftlichen Daten und die jeweiligen Gründe für die Festsetzung eines Wertes ausführlich und nachvollziehbar dargestellt. Aufgrund dieses Systemes genügt es, allgemein gehaltene Grundsätze für die Ableitung von MAK-Werten festzulegen. Die Einzelfallbetrachtung unter Einbeziehung aller verfügbaren toxikologischen und arbeitsmedizinischen Informationen zu einem Stoff erlaubt differenziertere und vielfältigere Möglichkeiten einer Bewertung als die Orientierung an stringent ausformulierten Regeln.

Die in der Literatur verfügbaren Angaben zur Toxizität und zur Wirkung eines Stoffes bei Mensch und Tier sowie weitere relevante Informationen werden – nach Endpunkten gegliedert – zusammengefasst dargestellt. Diese Zusammenstellung der toxikologischen und epidemiologischen Daten zu einem Stoff dient zunächst als Diskussionsgrundlage innerhalb der Kommission zur Ableitung eines MAK-Wertes und zur Bewertung der verschiedenen Aspekte wie physikalisch-chemische Eigenschaften, Hautresorption, sensibilisierende Wirkung, krebserzeugende Wirkung, fruchtschädigende Wirkung und keimzellmutagene Wirkung. Bei neuen Erkenntnissen erfolgt eine Reevaluierung des MAK-Wertes und falls notwendig der Einstufung und Markierung und dann eine entsprechende Änderung.

Veröffentlichung

Eine Ankündigung aller vorgesehenen Änderungen und Neuaufnahmen erfolgt jeweils mit der Herausgabe der jährlichen Liste [1] sowie in der Zeitschrift „Zentralblatt für Arbeitsmedizin" und im „Gemeinsamen Ministerialblatt". In der Zeitschrift „Arbeitsmedizin, Sozialmedizin, Umweltmedizin" erscheint hierzu eine ausführliche Besprechung mit Hinweisen auf Änderungen und Neuaufnahmen. Nach Verabschiedung der jährlichen Listen werden der Länderausschuss für Arbeitsschutz und Sicherheitstechnik (LASI), der Bundesverband der deutschen Industrie, die Deutsche Gesetzliche Unfallversicherung und der Deutsche Gewerkschaftsbund offiziell über die diskutierten Änderungen informiert. Zweck dieser Maßnahme ist es, von diesen Organisationen rechtzeitig wissenschaftlich verwertbare Unterlagen zu den von der Kommission diskutierten Änderungen und Ergänzungen zu erhalten.

Stoffgemische

Der MAK-Wert gilt in der Regel für die Exposition gegen den reinen Stoff, er ist nicht ohne weiteres für einen Bestandteil eines Gemisches in der Luft des Arbeitsplatzes oder für ein technisches Produkt, das Begleitstoffe von u. U. höherer Toxizität enthält, anwendbar. Die gleichzeitig oder nacheinander erfolgende Exposition gegenüber verschiedenen Stoffen kann die gesundheitsschädliche Wirkung erheblich verstärken, ggf. in Einzelfällen auch vermindern. MAK-Werte für Gemische mehrerer Arbeitsstoffe können wegen der in der Regel sehr unterschiedlichen Wirkungskriterien der einzelnen Komponenten mit einfachen Rechenansätzen nicht befriedigend ermittelt werden; sie können z. Z. nur durch spezielle, d. h. auf die betreffenden Stoffe abgestellte toxikologische Erwägungen oder Untersuchungen abgeschätzt bzw. angesetzt werden. Dem gegenwärtigen mangelhaften Stand der Kenntnis Rechnung tragend, lehnt die Kommission nachdrücklich Verfahren zur Errechnung von MAK-Werten, insbesondere für Lösungsmittelgemische als Flüssigkeiten, ab. Sie ist jedoch bestrebt, anhand geeigneter Untersuchungen auch Werte für definierte, praktisch wichtige Dampfgemische zu erarbeiten.

Analytische Überwachung

Die Einhaltung bzw. Unterschreitung der MAK-, BAT- und EKA-Werte dient dem Schutz der Gesundheit von Personen, die an ihren Arbeitsplätzen gesundheitsschädlichen Arbeitsstoffen ausgesetzt sind. Dieses Ziel ist nur durch die regelmäßige analytische Kontrolle der Konzentration der Schadstoffe in der Luft des Arbeitsplatzes bzw. der Schadstoffe, ihrer Metabolite oder anderer Parameter des Intermediärstoffwechsels in menschlichen Körperflüssigkeiten zu erreichen. Dafür werden analytische Methoden benötigt, die bezüglich ihrer Zuverlässigkeit und Nachvollziehbarkeit geprüft sind. Solche Methoden werden von der Arbeitsgruppe Analytische Chemie der Kommission erarbeitet und in den Methodensammlungen „Luftanalysen“ und „Analysen in biologischem Material“ publiziert [12]. Diese regelmäßig ergänzten Veröffentlichungen erscheinen in deutscher und englischer Sprache. Diese Methoden sind als sogenannte „standard operating procedures (SOP)“ konzipiert, die die Vergleichbarkeit der Ergebnisse von Labor zu Labor und mit den o.g. Grenzwerten gewährleisten sollen. Sie liefern damit einen Beitrag zur Qualitätssicherung der Ergebnisse. Auch bilden sie eine wichtige Grundlage für den mit den Grenzwerten angestrebten Gesundheitsschutz.

Bei der Erarbeitung bzw. Auswahl dieser analytischen Methoden wird der Richtigkeit und der Zuverlässigkeit der damit erzielbaren Ergebnisse Vorrang vor allen anderen Erwägungen eingeräumt. Diese Methoden bilden den augenblicklichen Stand der Technik ab. Sie werden deshalb immer wieder den neuesten Erkenntnissen angepasst.

Die „Analysen in biologischem Material“ werden, wo immer möglich, so ausgelegt, dass sie auch den umweltmedizinisch relevanten Konzentrationsbereich abdecken. Dies ermöglicht es auch, den arbeitsmedizinischen vom umweltmedizinischen Konzentrationsbereich unterscheiden und bewerten zu können.

II
Krebserzeugende Arbeitsstoffe

Krebserzeugende Substanzen können aufgrund fortgeschrittener Erkenntnisse zu Wirkungsmechanismen und Wirkungsstärke differenzierter als bisher bewertet werden. Auf dieser Grundlage wurde 1998 ein erweitertes Einstufungsschema eingeführt [13]. Die früheren Abschnitte IIIA1, IIIA2 und IIIB wurden in die Kategorien 1, 2 und 3 des Abschnittes III der MAK- und BAT-Werte-Liste umbenannt und um die Kategorien 4 und 5 ergänzt.

Arbeitsstoffe, die sich beim Menschen oder im Tierversuch als krebserzeugend erwiesen haben, werden in die Kategorien 1 oder 2 eingestuft und erhalten keinen MAK- oder BAT-Wert. Arbeitsstoffe mit Verdacht auf krebserzeugende Wirkung werden in Kategorie 3 aufgeführt und erhalten nur dann einen MAK- oder BAT-Wert, wenn der Stoff oder seine Metaboliten nicht genotoxisch wirken.

In die Kategorien 4 und 5 werden Stoffe mit krebserzeugenden Eigenschaften eingestuft, deren Wirkungsstärke aufgrund der verfügbaren Informationen bewertet werden kann. Dazu wird eine Exposition am Arbeitsplatz definiert (MAK- oder BAT-Wert), bei der kein nennenswerter Beitrag zum Krebsrisiko für den Menschen zu erwarten ist. In die Kategorie 4 werden Stoffe eingestuft, bei denen ein nicht-genotoxischer Wirkungsmechanismus im Vordergrund steht. In die Kategorie 5 werden genotoxische Kanzerogene mit geringer Wirkungsstärke eingestuft. Für eine Überwachung der Exposition gegenüber Stoffen der Kategorien 4 und 5 kommt der Aufstellung von BAT-Werten eine besondere Bedeutung zu.

1) Stoffe, die beim Menschen Krebs erzeugen und bei denen davon auszugehen ist, dass sie einen nennenswerten Beitrag zum Krebsrisiko leisten. Epidemiologische Untersuchungen geben hinreichende Anhaltspunkte für einen Zusammenhang zwischen einer Exposition beim Menschen und dem Auftreten von Krebs. Andernfalls können epidemiologische Daten durch Informationen zum Wirkungsmechanismus beim Menschen gestützt werden.
2) Stoffe, die als krebserzeugend für den Menschen anzusehen sind, weil durch hinreichende Ergebnisse aus Langzeit-Tierversuchen oder Hinweise aus Tierversuchen und epidemiologischen Untersuchungen davon auszugehen ist, dass sie einen nennenswerten Beitrag zum Krebsrisiko leisten. Andernfalls können Daten aus Tierversuchen durch Informationen zum Wirkungsmechanismus und aus In-vitro- und Kurzzeit-Tierversuchen gestützt werden.

Für Stoffe der Kategorien 1 und 2, deren Einwirkung nach dem gegenwärtigen Stand der Kenntnis eine eindeutige Krebsgefährdung für den Menschen bedeutet, enthält die MAK- und BAT-Werte-Liste nach Abschnitt IIa keine Konzentrationswerte, da keine noch als unbedenklich anzusehende Konzentration angegeben werden kann. Bei einigen dieser Stoffe bildet auch die Aufnahme durch die unverletzte Haut eine große Gefahr.

Wenn die Verwendung solcher Stoffe technisch notwendig ist, sind besondere Schutz und Überwachungsmaßnahmen erforderlich. Hierzu gehören 1. die regelmäßige Kontrolle der Luft am Arbeitsplatz unter Einsatz der für den jeweiligen Zweck geeigneten, d. h. genügend empfindlichen Analysenmethode; 2. die besondere ärztliche Überwachung exponierter Personen, bei denen routinemäßig z. B. zu prüfen ist, ob die Stoffe, ihre Metaboliten oder entsprechende Beanspruchungsparameter im Organismus nachweisbar bzw. verändert sind. Durch fortgesetzte technische Verbesserung sollte erreicht werden, dass diese Stoffe nicht in die Luft am Arbeitsplatz gelangen bzw. direkt auf die hier tätigen Personen einwirken. Ist dieses Ziel z. Z. nicht zu erreichen, sind zusätzliche Schutzmaßnahmen (z. B. individueller Atem- und Körperschutz, befristeter Einsatz im Gefährdungsbereich etc.) erforderlich, damit die Exposition so gering wie möglich gehalten wird. Der Umfang der notwendigen Maßnahmen richtet sich auch nach den speziellen physikalischen Eigenschaften des Stoffes und der Art und Stärke seiner krebserzeugenden Wirkung.

3) Stoffe, die wegen erwiesener oder möglicher krebserzeugender Wirkung Anlass zur Besorgnis geben, aber aufgrund unzureichender Informationen nicht endgültig beurteilt werden können. Die Einstufung ist vorläufig.
3A) Stoffe, bei denen die Voraussetzungen erfüllt wären, sie der Kategorie 4 oder 5 zuzuordnen. Für die Stoffe liegen jedoch keine hinreichenden Informationen vor, um einen MAK- oder BAT-Wert abzuleiten.
3B) Aus In-vitro- oder aus Tierversuchen liegen Anhaltspunkte für eine krebserzeugende Wirkung vor, die jedoch zur Einordnung in eine andere Kategorie nicht ausreichen. Zur endgültigen Entscheidung sind weitere Untersuchungen erforderlich. Sofern der Stoff oder seine Metaboliten keine genotoxischen Wirkungen aufweisen, kann ein MAK- oder BAT-Wert festgelegt werden [14].

Für Stoffe der Kategorie 3 sollte die gesundheitliche Überwachung der mit diesen Stoffen umgehenden Beschäftigten intensiviert werden. Zugleich sind die solche Stoffe produzierenden und verarbeitenden Industriezweige aufgerufen, sich – ebenso wie alle einschlägigen Forschungslaboratorien – an der Klärung der Zusammenhangsfrage zu beteiligen und ggf. nach unbedenklichen Alternativstoffen zu suchen.

Die Kategorie 3 wird in jährlichen Abständen daraufhin überprüft, ob Stoffe in die Kategorien 1 und 2 überführt werden müssen, ob die Datenlage eine Überführung in die Kategorien 4 oder 5 erlaubt oder ob Stoffe keiner Einstufung bedürfen und ganz aus der MAK- und BAT-Werte-Liste entlassen werden können.

4) Stoffe mit krebserzeugender Wirkung, bei denen ein nicht-genotoxischer Wirkungsmechanismus im Vordergrund steht und genotoxische Effekte bei Einhaltung des MAK- und BAT-Wertes keine oder nur eine untergeordnete Rolle spielen. Unter diesen Bedingungen ist kein nennenswerter Beitrag zum Krebsrisiko für den Menschen zu erwarten. Die Einstufung wird insbesondere durch Befunde zum Wirkungsmechanismus gestützt, die beispielsweise darauf hinweisen, dass eine Steigerung der Zellproliferation, Hemmung der Apoptose oder Störung der Differenzierung im Vordergrund stehen. Zur Charakterisierung eines Risikos werden die vielfältigen Mechanismen, die zur Kanzerogenese beitragen können, sowie ihre charakteristischen Dosis-Zeit-Wirkungsbeziehungen berücksichtigt.
5) Stoffe mit krebserzeugender und genotoxischer Wirkung, deren Wirkungsstärke jedoch als so gering erachtet wird, dass unter Einhaltung des MAK- und BAT-Wertes kein nennenswerter Beitrag zum Krebsrisiko für den Menschen zu erwarten ist. Die Einstufung wird gestützt durch Informationen zum Wirkungsmechanismus, zur Dosisabhängigkeit und durch toxikokinetische Daten zum Spezies-Vergleich.

Für Stoffe der Kategorien 4 und 5 sollte die gesundheitliche Überwachung der mit diesen Stoffen umgehenden Beschäftigten intensiviert werden, da bei Überschreitung des MAK- oder BAT-Wertes mit einer Erhöhung des Krebsrisikos zu rechnen ist.

III
Sensibilisierende Arbeitsstoffe

Durch Arbeitsstoffe hervorgerufene allergische Krankheitserscheinungen treten bevorzugt an der Haut (Kontaktekzem, Kontakturtikaria), den Atemwegen (Rhinitis, Asthma, Alveolitis) und an den Augenbindehäuten (Blepharokonjunktivitis) auf. Maßgebend für die Manifestationsart sind der Aufnahmeweg, die chemischen Eigenschaften und der Aggregatzustand der Stoffe.

Kontaktallergien manifestieren sich bevorzugt in der Form eines Kontaktekzems, dem pathogenetisch eine durch T-Lymphozyten vermittelte Immunreaktion vom verzögerten Typ zugrunde liegt. Ursache eines Kontaktekzems ist fast immer eine reaktive, niedermolekulare Substanz. Immunologisch sind diese niedermolekularen Substanzen als Haptene oder Prohaptene anzusehen. Sie werden im Organismus entweder als solche (Haptene) oder nach Metabolisierung (Prohaptene) durch Bindung an Peptide oder Proteine zu Antigenen komplettiert.

Die Entwicklung einer Kontaktallergie vom Spättyp wird von mehreren Faktoren bestimmt, und zwar vom Sensibilisierungsvermögen, das sich aus den chemischen Eigenschaften des Stoffes bzw. dessen im Organismus entstehenden Metaboliten ergibt, von Konzentration, Dauer und Art der Einwirkung, von der genetisch determinierten Disposition und nicht zuletzt vom Zustand der Gewebe, auf die der Stoff trifft. Für die Induktion einer Sensibilisierung ist die durch eine vorbestehende Entzündung der Haut oder eine Irritation durch Fremdstoffe ausgelöste Freisetzung von (pro-)inflammatorischen Cytokinen (z. B. TNF-α oder Interleukin-1β) erforderlich. Irritative Eigenschaften einer Substanz können somit das Sensibilisierungsvermögen des Stoffes steigern. Eine die Immunantwort stimulierende Cytokin-Induktion kann aber auch durch den zusätzlichen Kontakt mit anderen irritativen Stoffen, z. B. Detergenzien wie Natriumdodecylsulfat, ausgelöst werden, die dann den erforderlichen (pro-)inflammatorischen Stimulus liefern. Außerdem kann die irritative Wirkung derartiger Substanzen zu einer erhöhten Penetration sensibilisierender Stoffe führen. Eine die Penetration fördernde (oder auch senkende) Wirkung ist jedoch auch durch nicht-irritative Stoffe mit einer geeigneten Polarität (z. B. Dimethylsulfoxid) möglich. Derartige Kofaktoren und kombinatorische Effekte sowie besondere Einflüsse, welche unter Arbeitsplatzbedingungen relevant sind und auf die in den Begründungen ausdrücklich hingewiesen wird, werden daher bei der Bewertung, wie in Abschnitt III.c) dargestellt, berücksichtigt. Das **Sensibilisierungsvermögen** eines Stoffes ist nicht identisch mit der **Sensibilisierungshäufigkeit**, da die klinische Bedeutung eines Kontaktallergens nicht nur von dessen Sensibilisierungsvermögen bestimmt wird, sondern auch von der Verbreitung des Stoffes und der Häufigkeit der Expositionsmöglichkeiten. Eine Aussage über das Sensibilisierungsvermögen einer Substanz ist zur Zeit vor allem über Tierversuche möglich.

Andere allergische Hauterkrankungen, z. B. urtikarielle Reaktionen, beruhen auf einer durch spezifische Antikörper vermittelten Immunreaktion. Ähnliche

Symptome können aber auch auf nicht-immunologischen Mechanismen basieren (s. u.).

Bei den Atemwegsallergenen handelt es sich überwiegend um Makromoleküle, vorwiegend um Peptide oder Proteine. Aber auch niedermolekulare Stoffe sind in der Lage, spezifische immunologische Reaktionen an den Atemwegen hervorzurufen (siehe Liste der Allergene in der MAK- und BAT-Werte-Liste). Einige der niedermolekularen inhalativen Allergene wirken auch als Kontaktallergene.

Die an den Atemwegen und Augenbindehäuten als Asthma bronchiale oder Rhinokonjunktivitis auftretenden allergischen Reaktionen sind in der Mehrzahl auf eine Reaktion des Allergens mit spezifischen Antikörpern der IgE-Klasse zurückzuführen und zählen zu den Manifestationen vom Soforttyp, können an den unteren Atemwegen aber auch erst nach mehreren Stunden auftreten. Die exogen allergische Alveolitis wird im wesentlichen durch allergenspezifische Immunkomplexe vom IgG-Typ und durch zellvermittelte Reaktionen induziert. Allergische Reaktionen vom Soforttyp können auch systemische Reaktionen bis hin zum anaphylaktischen Schock hervorrufen.

Wie auch bei der Kontaktallergie ist die Entwicklung der inhalativen Allergie von verschiedenen Faktoren abhängig. Neben dem Substanz-spezifischen Sensibilisierungsvermögen sind Menge und Einwirkungsdauer des Allergens sowie die genetisch bedingte individuelle Disposition von maßgeblicher Bedeutung. Als prädisponierende Faktoren spielen genetisch determinierte oder erworbene Empfindlichkeitssteigerungen der Schleimhäute, z. B. durch Infekte oder Reizstoffe, eine Rolle. Besonderer Erwähnung bedarf die atopische Diathese, die durch eine erhöhte Bereitschaft für das atopische Ekzem (Neurodermitis) oder für die Ausbildung von allergischer Rhinitis und allergischem Asthma bronchiale gekennzeichnet ist und häufig mit einer gesteigerten IgE-Synthese einhergeht.

Darüber hinaus kommen auch andersartige, relativ selten zu beobachtende, immunologisch bedingte Erkrankungen vor, die dem allergischen Formenkreis zuzuordnen sind, wie mit Granulombildung einhergehende Erscheinungen (z. B. Berylliose) oder bestimmte exanthematische Hauterkrankungen.

Einige Stoffe führen erst dann zur Bildung von Antigenen und schließlich zu einer Kontaktsensibilisierung, wenn sie zuvor durch Lichtabsorption in einen energetisch angeregten Zustand übergegangen sind (Photokontaktsensibilisierung, „Photoallergisierung"). Viele andere Stoffe können ebenfalls zu einer durch Lichteinwirkung vermittelten Hautreaktion führen, ohne dass für diese jedoch ein immunologischer Mechanismus nachgewiesen ist (Phototoxizität). Die Unterscheidung zwischen einer phototoxischen Wirkung und einer immunologischen Photokontaktsensibilisierung kann Schwierigkeiten bereiten, da die klassischen Unterscheidungsmerkmale zwischen (photo)allergischer und (photo)toxischer Wirkung nicht immer anzutreffen sind. Im anglo-amerikanischen Sprachgebrauch wird für beide Mechanismen der Ausdruck „Photosensitization" verwendet. Obwohl die photokontaktsensibilisierende und die phototoxische Reaktion primär auf der physikalischen Aktivierung („Photosensibilisierung") eines Chromophors beruhen, sind beide Reaktionstypen klinisch und diagnostisch prinzipiell unterscheidbar.

Bis heute lassen sich weder für die Induktion einer Allergie (Sensibilisierung) noch für die Auslösung einer allergischen Reaktion beim Sensibilisierten allgemein gültige, wissenschaftlich begründbare Grenzwerte angeben. Eine Induktion ist umso eher zu befürchten, je höher die Konzentration eines Allergens bei der Exposition ist. Für die Auslösung einer akuten Symptomatik sind in der Regel niedrigere Konzentrationen ausreichend als für die Induktion einer Sensibilisierung. Auch bei Einhaltung der MAK-Werte sind Induktion oder Auslösung einer allergischen Reaktion nicht sicher zu vermeiden. Sensibilisierende Arbeitsstoffe werden in der MAK- und BAT-Werte-Liste in der besonderen Spalte „H;S“ mit „Sa“ oder „Sh“ markiert. Diese Markierung richtet sich ausschließlich nach dem Organ oder Organsystem, an dem sich die allergische Reaktion manifestiert. Der den Krankheitserscheinungen zugrunde liegende Pathomechanismus bleibt unberücksichtigt. Mit „Sh“ werden solche Stoffe markiert, die zu allergischen Reaktionen an der Haut und den hautnahen Schleimhäuten führen können (hautsensibilisierende Stoffe). Das Symbol „Sa“ (atemwegssensibilisierende Stoffe) weist darauf hin, dass eine Sensibilisierung mit Symptomen an den Atemwegen und auch den Konjunktiven auftreten kann, dass aber auch weitere Wirkungen im Rahmen einer Soforttypreaktion möglich sind. Hierzu gehören systemische Wirkungen (Anaphylaxie) oder auch lokale Wirkungen (Urtikaria) an der Haut. Letztere führen aber nur dann zu einer zusätzlichen Markierung mit „Sh“, wenn die Hauterscheinungen unter Arbeitsplatzbedingungen relevant sind. Stoffe, die die Lichtempfindlichkeit bei Exponierten auf nicht-immunologischem Wege erhöhen (z. B. Furocumarine), werden nicht gesondert markiert. Photokontaktsensibilisierende Stoffe (z. B. Bithionol) werden hingegen mit „SP“ markiert. Für ihre Bewertung sind keine eigenen Kriterien notwendig, da diese sich im wesentlichen an den Kriterien zur Bewertung von kontaktsensibilisierenden Substanzen orientieren kann.

Einige Substanzen können durch nicht spezifisch-immunologische Mechanismen, wie z. B. durch nicht-immunologische Freisetzung verschiedener Mediatoren, lokale oder systemische Reaktionen hervorrufen, deren Symptomatik vollständig oder weitgehend der Symptomatik der allergischen Reaktionen entspricht. Sie beruhen jedoch nicht auf einer Antigen-Antikörper-Reaktion und können deshalb auch bereits bei Erstkontakt eintreten. Derartige Reaktionen werden u. a. durch Sulfite, Benzoesäure, Acetylsalicylsäure und deren Derivate sowie verschiedene Farbstoffe, z. B. Tartrazin, ausgelöst. Solche Substanzen werden nicht mit „S“ markiert, auf die Möglichkeit nicht-immunologischer Reaktionen wird jedoch in den Bewertungen und gegebenenfalls auch in der MAK-und BAT-Werte-Liste ausdrücklich hingewiesen.

Im folgenden werden die Kriterien aufgeführt, die zur Bewertung von kontakt- und atemwegssensibilisierenden Stoffen herangezogen werden.

a) Kriterien zur Bewertung von Kontaktallergenen

Die allergologische Bewertung stützt sich auf unterschiedliche Informationen, die eine abgestufte Bewertung ihres Evidenzgrades erfordert:

1) Eine allergene Wirkung ist auf folgender valider Datengrundlage nach i) **oder** ii) **ausreichend begründbar**:
   i) Erfahrungen beim Menschen
      - Studien, in denen bei der Testung an größeren Patienten-Kollektiven in mindestens zwei unabhängigen Zentren mehrfach klinisch relevante Sensibilisierungen (Assoziation von Krankheitssymptomen und Exposition gegeben) beobachtet wurden, oder
      - epidemiologische Studien, die eine Beziehung zwischen Sensibilisierung und Exposition zeigen, oder
      - Fallberichte von mehr als einem Patienten aus mindestens zwei unabhängigen Zentren über eine klinisch relevante Sensibilisierung (Assoziation von Krankheitssymptomen und Exposition gegeben)

   oder

   ii) Ergebnisse aus tierexperimentellen Untersuchungen
      - Mindestens ein positiver Tierversuch nach geltenden Prüf-Richtlinien ohne Verwendung von Adjuvans, oder
      - mindestens zwei weniger gut dokumentierte positive Tierversuche nach Prüf-Richtlinien, davon einer ohne Adjuvans.

2) Eine allergene Wirkung kann auf folgender Datengrundlage nach i) **und** ii) als **wahrscheinlich** angesehen werden:
   i) Erfahrungen beim Menschen
      - Studien, in denen bei der Testung in nur einem Zentrum mehrfach klinisch relevante Sensibilisierungen (Assoziation von Krankheitssymptomen und Exposition gegeben) beobachtet wurden, oder
      - Studien, in denen bei der Testung an größeren Patienten-Kollektiven in mindestens zwei unabhängigen Zentren mehrfach Sensibilisierungen ohne Angaben zur klinischen Relevanz beobachtet wurden

   und

   ii) Ergebnisse aus tierexperimentellen Untersuchungen
      - ein positiver Tierversuch mit Adjuvans nach geltenden Prüf-Richtlinien, oder
      - positive Ergebnisse aus in-vitro-Untersuchungen, oder
      - Hinweise aus strukturellen Überlegungen anhand ausreichend valider Befunde für strukturell eng verwandte Verbindungen.

3) Eine allergene Wirkung ist **nicht ausreichend begründbar**, aber auch nicht auszuschließen, wenn lediglich folgende Daten vorliegen:
   - unzureichend dokumentierte Fallberichte, oder
   - lediglich ein positiver, nach geltenden Prüf-Richtlinien durchgeführter Tierversuch unter Verwendung von Adjuvans, oder
   - positive Tierversuche, die nicht nach geltenden Prüf-Richtlinien durchgeführt wurden, oder
   - Hinweise aus Untersuchungen zu Struktur-Wirkungs-Beziehungen oder aus in vitro-Untersuchungen.

Kommentar:

Beobachtungen beim Menschen:

Die an mehreren Kliniken und allergologischen Zentren laufend gewonnenen Daten über serienmäßig vorgenommene Epikutantests vermitteln ein gut brauchbares Bild über die Häufigkeit der Kontaktsensibilisierung und die praktische Bedeutung der einzelnen Kontaktallergene. Hingegen liegen nur für wenige Allergene Daten vor, die durch zuverlässige, aussagekräftige epidemiologische Untersuchungen gewonnen wurden.

Die besonders häufig beobachteten Allergene, z. B. Nickel weisen nicht immer das höchste Sensibilisierungsvermögen auf. Umgekehrt spielen Substanzen mit besonders ausgeprägtem Sensibilisierungspotenzial, z. B. 2,4-Dinitrochlorbenzol, zahlenmäßig nur eine geringe Rolle, weil nur eine kleine Zahl von Menschen mit diesen Substanzen in ausreichender Intensität in Kontakt kommt. Eine Reihe von hochwirksamen Kontaktallergenen ist aufgrund klinischer Beobachtungen an nur wenigen Erkrankten entdeckt worden, nicht selten nach erstmaliger und einmaliger Applikation (evtl. auch bei erstmaliger Epikutantestung). Als Beispiele seien genannt: Chlormethylimidazolin, Diphenylcyclopropenon, Quadratsäurediethylester, p-Nitrobenzoylbromid. Für derartige Ausnahmefälle und bei valider wissenschaftlicher Datenlage wäre eine Evidenz als „wahrscheinlich gegeben" (Kategorie a2) anzunehmen, auch wenn die Daten nur aus einem Zentrum stammen.

Gebrauchstests mit Arbeitsstoffen an Menschen – oft firmeninterne Untersuchungen des Herstellers – haben bei sachgemäßer Durchführung einen hohen Stellenwert. Experimentelle Sensibilisierungsprüfungen sind heute aus ethischen Gründen abzulehnen, historische Ergebnisse aber bei der Bewertung eines Stoffes durchaus von Bedeutung.

Beobachtungen im Tierexperiment:

Tierexperimente zur Ermittlung des Sensibilisierungsvermögens eines Stoffes werden bevorzugt am Meerschweinchen durchgeführt. Diese Untersuchungen können mit oder ohne Zuhilfenahme von Freundschem komplettem Adjuvans (FCA) vorgenommen werden. Am häufigsten werden der Maximierungstest nach Magnusson und Kligman (FCA-Methode) und der Buehler-Test (Nicht-FCA-Methode) sowie auch der offene Epikutantest (Nicht-FCA-Methode) eingesetzt. Die FCA-Methoden besitzen in der Regel die größere Empfindlichkeit und können deshalb gelegentlich Anlass für die Überbewertung eines Sensibilisierungsrisikos sein. Aus diesem Grunde wurde einem positiven Test ohne Adjuvans ein höherer Evidenzgrad zuerkannt als einem positiven Test mit Adjuvans.

Die Aussagefähigkeit der tierexperimentellen Verfahren ist im allgemeinen als gut zu bezeichnen, d. h. bei der Mehrzahl der untersuchten Stoffe hat sich eine gute Übereinstimmung mit den bei Menschen gewonnenen Daten ergeben. Ein Vorteil der tierexperimentellen Methoden besteht darin, dass Dosis-Wirkungsbeziehungen ermittelt werden können. Tierexperimentelle Sensibilisierungstests können auch an der Maus vorgenommen werden. Diese Verfahren, insbesondere der Local Lymph Node Assay (LLNA), gewinnen zunehmend an Bedeutung und werden als experimentelle Untersuchungen ohne Verwendung von Adjuvans bei der Bewertung berücksichtigt.

Bei Substanzen, für die bisher eine Expositionsmöglichkeit nicht gegeben bzw. bekannt ist (z. B. weil sie neu synthetisiert oder neu vermarktet wurden) und deshalb klinische Daten nicht vorliegen können (das Kriterium der klinischen Beobachtung also weder positiv noch negativ eingesetzt werden kann), können auch allein positive Ergebnisse aus tierexperimentellen Untersuchungen, die nach Prüf-Richtlinien unter Verwendung von Adjuvans durchgeführt wurden, auf eine wahrscheinliche allergene Wirkung hinweisen (Kategorie a2). Dies kann in Einzelfällen auch für positive Ergebnisse aus plausibel durchgeführten tierexperimentellen Untersuchungen gelten, die nicht den Anforderungen geltender Prüf-Richtlinien entsprechen, wenn theoretische Überlegungen über eine enge strukturchemische Verwandtschaft mit bekannten Allergenen auf analoge Eigenschaften eines Stoffes schließen lassen.

Theoretische Überlegungen bedürfen der praktischen Bestätigung; ihr Stellenwert im Rahmen der Gesamtbeurteilung ist daher geringer anzusetzen und sie können ohne weitere klinische oder experimentelle Daten kein alleiniges Kriterium bei der Beurteilung der möglichen sensibilisierenden Wirkung sein.

b) Kriterien zur Bewertung von inhalativ wirksamen Allergenen

Folgende Daten können zur Bewertung von inhalativ wirksamen Allergenen herangezogen werden, müssen aber ebenfalls hinsichtlich ihres Evidenzgrades unterschiedlich beurteilt werden:

1) Die allergene Wirkung einer Substanz an den Atemwegen oder der Lunge ist auf folgender valider Datengrundlage **ausreichend begründbar**:
   - Studien oder Fallberichte über eine spezifische Überempfindlichkeit der Atemwege oder der Lunge, die auf einen immunologischen Wirkungsmechanismus hinweisen, von mehr als einem Patienten aus mindestens zwei unabhängigen Zentren. Zusätzlich muss eine Assoziation von Exposition und (objektivierbaren) Symptomen oder Funktionseinschränkungen der oberen oder unteren Atemwege bzw. der Lunge nachgewiesen sein.

2) Eine allergene Wirkung kann auf folgender Datengrundlage als **wahrscheinlich** angesehen werden:
   - lediglich ein Fallbericht über eine spezifische Überempfindlichkeit der Atemwege oder der Lunge

     und
   - ergänzende Hinweise auf eine sensibilisierende Wirkung, z. B. anhand enger Struktur-Wirkungsbeziehungen mit bekannten Atemwegsallergenen.

3) Eine allergene Wirkung ist **nicht ausreichend begründbar**, aber auch nicht auszuschließen, wenn lediglich folgende Daten vorliegen:

- epidemiologische Studien, die eine Häufung von Symptomen oder Funktionseinschränkungen bei Exponierten nachweisen, oder
- Studien oder Fallberichte über eine spezifische Überempfindlichkeit der Atemwege oder der Lunge von nur einem Patienten, oder
- Studien oder Fallberichte über Sensibilisierungen (z. B. IgE-Nachweis) ohne das Vorliegen von Symptomen oder Funktionseinschränkungen mit Kausalbezug zur Exposition, oder
- positive Tierversuche, oder
- Struktur-Wirkungsbeziehungen mit bekannten Atemwegsallergenen.

Kommentar

Die Bewertung stützt sich in der Regel auf epidemiologische Studien. Fallbeschreibungen halten dagegen nicht immer der Kritik stand, nicht zuletzt wegen der Schwierigkeit bzw. Unmöglichkeit, ausreichende Kontrolluntersuchungen vornehmen zu können. Das gilt insbesondere für die inhalativen Provokationstests. Hinzu kommt, dass die Expositionsdaten nicht immer in ausreichendem Maße zu erstellen sind.

Symptome sind zumeist für eine Markierung als Atemwegsallergen nicht ausreichend; in aller Regel sind ein Sensibilisierungsnachweis und objektivierbare Symptome wie expositionsbezogene Verschlechterung der Lungenfunktion oder bronchiale Überempfindlichkeit auf spezifische Stimuli erforderlich. Ein immunologischer Wirkmechanismus kann durch In-vivo- (z. B. Pricktest) oder In-vitro-Befunde wahrscheinlich gemacht werden, im Idealfall durch Nachweis eines spezifischen Antikörpers bei nachgewiesener Exposition.

Für viele Substanzen ist ein immunologischer Mechanismus als direkter Hinweis bisher nicht nachgewiesen. Deshalb können auch indirekte Hinweise auf einen immunologischen Wirkmechanismus bei der Bewertung berücksichtigt werden. Hier sind zu nennen:

- Latenzzeit zwischen Expositionsbeginn und Auftreten erster Symptome (Sensibilisierungsperiode)
- Geringe Substanzkonzentrationen für die Symptomauslösung, die bei geeigneten Kontrollen nicht zu Symptomen führen
- Isolierte Spätreaktionen oder aufeinanderfolgende Sofort- und Spätreaktionen (duale Reaktionen) im inhalativen Provokationstest
- Begleitende kutane Symptome wie Urtikaria oder Quincke-Ödem.

Eine allergene Wirkung ist nicht ausreichend begründbar, aber auch nicht auszuschließen, wenn Hinweise auf eine atemwegssensibilisierende Wirkung vorliegen, die in den Kriterien genannten Bedingungen aber nicht erfüllt sind. Insbesondere liefern epidemiologische Studien, die eine Häufung von Symptomen oder Funktionseinschränkungen bei Exponierten nachweisen (ggf. auch mit Nachweis einer Dosis-Wirkungsbeziehung), ohne dass Hinweise auf einen spezifischen immunologischen Mechanismus vorliegen, keine ausreichende Evidenz für eine sensibilisierende Eigenschaft. Auch Studien oder Fallberichte, die ausschließlich eine arbeitsplatzbezogene Variation der Lungenfunktion oder der bronchialen Hyperreaktivität dokumentieren, sind nicht ausreichend.

Bis heute gibt es keine vollständig validierte Methode zur Induzierung und zum Nachweis von Atemwegsallergien im Tiermodell.

In Meerschweinchen-Modellen führen sensibilisierende Stoffe zu ähnlichen Reaktionen wie beim Menschen. Durch inhalative oder auch durch intradermale, subkutane Applikation lassen sich Antikörper-vermittelte Sensibilisierungen induzieren, wobei im Gegensatz zum Menschen IgG-Antikörper im Vordergrund stehen. In diesen Tests werden die respiratorische Hyperreagibilität (Atemfrequenz, Atemzugvolumen, Atemminutenvolumen, Inspirations- und Exspirationszeit, Ausatemgeschwindigkeit) und die Antikörper-Konzentrationen gemessen. Im Maus-IgE-Test wird das Sensibilisierungspotenzial an BALB/c-Mäusen als Funktion des Anstieges des Gesamt-IgE, bisher aber nicht des substanzspezifischen IgE bestimmt.

Mittels dieser Tiermodelle lässt sich ein NOEL (No-observed-effect level) aufstellen, dessen Übertragbarkeit auf den Menschen aber fraglich ist. Systematisch vergleichende Prüfungen wurden bisher nicht durchgeführt.

In-vitro-Standard-Methoden, die zugleich sensitiv und spezifisch sind, liegen für niedermolekulare Soforttyp-Allergene mit wenigen Ausnahmen bisher nicht vor.

c) Markierung eines Arbeitsstoffes als Allergen

Anhand der jeweiligen Evidenz einer allergenen Wirkung wird, soweit möglich, unter zusätzlicher Berücksichtigung des anzunehmenden Ausmaßes der Exposition gegen den betreffenden Stoff die Notwendigkeit zur Markierung in der MAK- und BAT-Werte-Liste überprüft:

- Die entsprechend den Kriterien in Abschnitt IIIa) oder IIIb) charakterisierten Stoffe der Kategorie 1) oder der Kategorie 2) werden in der Regel als Allergene mit „Sa“, „Sh“, „Sah“ bzw. „SP“ markiert.
  - Stoffe, bei denen diese Kriterien erfüllt sind, werden auch dann mit „S“ markiert, wenn die beobachteten Sensibilisierungen im überwiegenden Maße an Kofaktoren gebunden sind, die (nur) unter Arbeitsplatzbedingungen relevant sind (z. B. (Vor-)Schädigung der Hautbarriere durch chemische oder physikalische Beeinflussung).

- Eine Markierung mit „S“ erfolgt hingegen nicht, wenn
  - trotz vielfacher Verwendung nur sehr wenige (gut dokumentierte) Fälle beobachtet wurden, oder
  - die beobachteten Sensibilisierungen im wesentlichen an Kofaktoren gebunden sind, die unter Arbeitsplatzbedingungen nicht relevant sind (z. B. das Vorliegen eines Unterschenkelekzems), oder
  - der Stoff entsprechend den Kriterien in Abschnitt IIIa) oder IIIb) der Kategorie 3) zugeordnet wurde. Hierzu zählen auch Stoffe, bei denen zwar ein positiver Befund in einer tierexperimentellen Untersuchung

unter Verwendung von Adjuvans (Maximierungstest) vorliegt, gleichzeitig aber trotz maßgeblicher Exposition beim Menschen keine Fälle einer Kontaktsensibilisierung beobachtet wurden. Eine Markierung mit „Sa" erfolgt nicht, wenn die aufgetretenen Reaktionen auf irritativen oder pharmakologischen Effekten beruhen, da diese Effekte bei der Festlegung des MAK-Wertes berücksichtigt werden.

- In Einzelfällen ist daher ein von der Kennzeichnung nach der EU-Gefahrstoffverordnung abweichendes Vorgehen möglich.

Die Kriterien haben den Charakter von Leitlinien, an denen sich die Bewertung der Datenlage in nachvollziehbarer Weise orientieren soll, von deren strikter Anwendung in besonderen Fällen aber abgewichen werden kann.

IV
Hautresorption

Bei Arbeitsstoffen kann die Resorption durch die Haut entscheidend zur inneren Exposition der Arbeitnehmer beitragen oder sogar der bedeutsamste Aufnahmeweg sein.

Die einzig relevante Barriere gegen eine Arbeitsstoffresorption bildet die Hornschicht (Stratum corneum) der Haut. Die Fähigkeit eines Stoffes zur Penetration durch diese Barriere wird durch dessen physiko-chemische Eigenschaften bestimmt. Die dermale Penetrationsrate wird zusätzlich durch Arbeitsplatzbedingungen und individuelle Faktoren beeinflusst. Perkutan können feste, flüssige und gasförmige Stoffe aufgenommen werden. Die Haut bildet für viele Stoffe ein Depot, aus dem die Resorption auch noch nach der Exposition stattfindet. Die übliche Arbeitskleidung schützt nicht vor einer dermalen Resorption von Arbeitsstoffen. Eine Quantifizierung der dermal aufgenommenen Arbeitsstoffe ist nur durch ein Biologisches Monitoring möglich (siehe Abschnitt VII „Überwachung").

Eine Markierung mit „H" erfolgt dann, wenn durch den Beitrag der dermalen Exposition die Einhaltung des MAK-Werts alleine nicht mehr vor den für die Festlegung des Grenzwerts maßgeblichen gesundheitlichen Schäden schützt. Hierzu kann neben systemischen Wirkungen auch eine Atemwegssensibilisierung zählen, wenn nachgewiesen wurde, dass Hautkontakt diese induzieren kann. Eine Markierung mit „H" unterbleibt, wenn toxische Effekte unter Bedingungen des Arbeitsplatzes nicht zu erwarten sind, unabhängig von der Penetrationsfähigkeit der Substanz. Aus dem Fehlen einer Markierung mit „H" kann jedoch nicht geschlossen werden, dass das Tragen von Atemschutz genügt, um den Beschäftigten ausreichend vor dem Arbeitsstoff zu schützen, wenn der MAK-Wert nicht eingehalten werden kann. Unter diesen Bedingungen wurde insbesondere für amphiphile Stoffe eine erhebliche Resorption aus der Gasphase nachgewiesen. Stoffe des Abschnitts IIb werden analog wie Stoffe mit MAK-

Wert bearbeitet und mit „H“ markiert, wenn von einer toxikologisch relevanten Aufnahme auszugehen ist und eines der Markierungskriterien erfüllt ist. Bei krebserzeugenden Arbeitsstoffen der Kategorie 1 und 2 sowie bei Stoffen mit möglicher krebserzeugender Wirkung der Kategorie 3 ohne MAK-Wert erfolgt die Markierung mit „H“ dann, wenn davon auszugehen ist, dass durch die perkutane Resorption ein nennenswerter Beitrag zur inneren Belastung für den Menschen resultiert. Zur adäquaten Beurteilung der erforderlichen arbeitsplatzhygienischen Maßnahmen sind die jeweiligen Begründungen heranzuziehen.

Ein Stoff wird markiert, wenn eines der folgenden Kriterien erfüllt ist:

1. **Kennzeichnung aufgrund von Untersuchungen am Menschen**
   Feldstudien oder wissenschaftlich fundierte Kasuistiken belegen, dass der perkutanen Resorption beim Umgang mit dem zu beurteilenden Arbeitsstoff eine praktische Relevanz zukommt:
   Die perkutane Resorption ist sicher für einen Teil der inneren Exposition verantwortlich zu machen und diese Exposition kann zu toxischen Effekten beitragen.
2. **Kennzeichnung aufgrund von Untersuchungen am Tier**
   Tierexperimentell konnte eine perkutane Resorption nachgewiesen werden und diese Exposition kann zu toxischen Effekten beitragen.
3. **Kennzeichnung aufgrund von In-vitro-Untersuchungen**
   Mit anerkannten Methoden wurde eine relevante perkutane Resorption quantifiziert und diese Exposition kann zu toxischen Effekten beitragen. Der „Flux“ durch die Haut wurde bestimmt, und die Permeabilitätskonstante wurde berechnet bzw. ist zu berechnen, oder Angaben zur prozentualen Resorption der applizierten Dosis (% resorbiert pro Zeiteinheit und Fläche) liegen vor.
4. **Kennzeichnung aufgrund theoretischer Modelle**
   Aufgrund von Analogieschlüssen oder mathematischen Modellrechnungen ist eine relevante perkutane Resorption anzunehmen und diese Exposition kann zu toxischen Effekten beitragen.

Die Kriterien 1–4 sind hierarchisch geordnet, wobei Daten von Menschen die größte Bedeutung zukommt.

Markierte Stoffe sind in der MAK- und BAT-Werte-Liste in Abschnitt II.a in der besonderen Spalte „H;S“ durch ein „H“ gekennzeichnet. Das „H“ weist jedoch nicht auf eine Hautreizung hin.

V
MAK-Werte und Schwangerschaft

Die Einhaltung von MAK- und BAT-Werten gewährleistet nicht in jedem Falle den sicheren Schutz des ungeborenen Kindes, da zahlreiche Arbeitsstoffe nicht oder nur teilweise auf fruchtschädigende Wirkungen untersucht worden sind.

Definition

Der Begriff „fruchtschädigend“ bzw. entwicklungstoxisch wird von der Kommission im weitesten Sinne verstanden, und zwar im Sinne jeder Stoffeinwirkung, die eine gegenüber der physiologischen Norm veränderte Entwicklung des Organismus hervorruft, die prä- oder postnatal zum Tod oder zu einer permanenten morphologischen oder funktionellen Schädigung der Leibesfrucht führt.

Erfahrungen beim Menschen

Epidemiologische Studien, die Hinweise auf fruchtschädigende Wirkungen von Stoffen beim Menschen geben, sind für die Bewertung von besonderer Bedeutung. Aufgrund von Limitierungen solcher Studien wie methodischen Unzulänglichkeiten, geringer statistischer Aussagekraft, Mischexposition, persönlichen Einflussfaktoren und Lebensstil ist eine eindeutige Aussage über stoffspezifische Wirkungen und Effektschwellen meist jedoch nicht möglich.

Tierexperimentelle Untersuchungen

Die Beurteilung der entwicklungstoxischen Eigenschaften von Substanzen erfolgt überwiegend auf Grundlage von tierexperimentellen Studien. Von maßgeblicher Bedeutung sind hierbei Studien, die nach international anerkannten Prüfrichtlinien, wie den OECD- oder vergleichbaren Prüfrichtlinien (z. B. EU, Japan) durchgeführt wurden. Zur Ermittlung der pränatalen Toxizität ist vor allem die OECD-Prüfrichtlinie 414 relevant. Die Prüfung der peri- und postnatalen Toxizität, in eingeschränktem Maß auch der pränatalen Toxizität, erfolgt vor allem in Eingenerationsstudien nach OECD-Prüfrichtlinie 415, in Zweigenerationsstudien nach OECD-Prüfrichtlinie 416 oder in Screening-Tests nach den OECD-Prüfrichtlinien 421 und 422. Liegen Studien vor, die nicht nach diesen Richtlinien durchgeführt wurden, ist deren Aussagekraft im einzelnen zu bewerten. Die wichtigsten Kriterien hierfür sind eine ausreichend große Tierzahl, die Verwendung verschiedener Dosisgruppen mit der Ableitung eines NOAEL (no observed adverse effect level), ausreichende Untersuchungstiefe (äußere, skelettale und viszerale Untersuchungen der Feten bei den Entwicklungstoxizitätsstudien) und eine ausreichende Dokumentation der Befunde.

Zur Beurteilung der fruchtschädigenden Wirkungen von Stoffen am Arbeitsplatz sind Inhalationsstudien von besonderer Bedeutung. Jedoch können auch Studien mit oraler oder dermaler Verabreichung berücksichtigt werden, wenn die vorhandenen Daten nicht gegen eine Übertragung auf die inhalative Situation sprechen (z. B. bei einem ausgeprägten „first pass“ Effekt). Studien, die mit Applikationswegen durchgeführt wurden, die für den Menschen nicht relevant sind (z. B. i.p.) werden in der Regel für die Bewertung nicht herangezogen.

Bei Studien mit oraler Verabreichung werden meist höhere Dosierungen erreicht als mit inhalativer oder dermaler Verabreichung. Damit werden auch Effekte erfasst, die nur im hohen Dosisbereich auftreten. In den genannten Prüfrichtlinien gelten daher 1000 mg/kg KG als maximal zu testende Dosierung („Limit Dose"). Solche Hochdosiseffekte sind für die Beurteilung von fruchtschädigenden Wirkungen bei Konzentrationen im Bereich des MAK-Wertes meist ohne Relevanz. Von geringer Relevanz für die Situation am Arbeitsplatz sind Fruchtschädigungen, die in Gegenwart ausgeprägter maternaler Toxizität zu beobachten sind, da diese durch Einhaltung des MAK-Wertes verhindert werden. Von besonderer Relevanz sind Befunde in Dosierungen bzw. Konzentrationen, bei denen keine oder nur geringfügige maternale Toxizität zu beobachten ist.

Als bevorzugte Versuchstierspezies werden in der oben genannten Prüfrichtlinie zur pränatalen Entwicklungstoxizität (OECD 414) üblicherweise weibliche Ratten und Kaninchen empfohlen. Dagegen werden die Generationsstudien (z. B. OECD 415 und 416) einschließlich der Screening-Tests (z. B. OECD 421 und 422) normalerweise nur mit Ratten beiderlei Geschlechts durchgeführt.

Um Unsicherheiten in der Bewertung der Tierversuche zu berücksichtigen, ist ein ausreichender Abstand zwischen dem NOAEL für entwicklungstoxische Effekte im Tierexperiment und der resultierenden Belastung bei Einhaltung des MAK- bzw. BAT-Wertes erforderlich. Die erforderliche Größe des Abstandes hängt von einer Anzahl sehr unterschiedlicher Faktoren ab:

- Vergleichenden toxikokinetischen Daten bei Mensch und Tier.
- Kenntnis des toxikokinetischen Profils eines Stoffes bei Muttertier und Embryonen bzw. Feten, um Unterschiede in der Belastung zwischen maternalen und fetalen Organen/Geweben zu beurteilen.
- Liegen solche Daten nicht vor, spielt die Beurteilung spezifischer Stoffeigenschaften wie Molekülgröße, Lipidlöslichkeit und Proteinbindung eine wesentliche Rolle, weil diese für den transplazentaren Übergang des Stoffes vom Muttertier maßgeblich sind und die innere Belastung der Embryonen bzw. Feten bestimmen.
- Art und Schweregrad der beobachteten Befunde sind wichtige Faktoren. So sind gravierende Effekte, wie das vermehrte Vorkommen spezifischer Missbildungen in Dosierungen ohne gleichzeitige maternale Toxizität stärker zu berücksichtigen als eher unspezifische bzw. weniger schwerwiegende fetotoxische Effekte, wie geringfügig verringertes fetales Körpergewicht oder verzögerte Skelettreifung. Die Festlegung des erforderlichen Abstandes ist somit ein stoffspezifischer Prozess, der zu unterschiedlich begründeten Ergebnissen führt.

Schwangerschaftsgruppen

Auf Basis der genannten Voraussetzungen überprüft die Kommission alle gesundheitsschädlichen Arbeitsstoffe mit MAK- oder BAT-Wert daraufhin, ob eine fruchtschädigende Wirkung bei Einhaltung des MAK- oder BAT-Wertes nicht zu befürchten ist (Gruppe C), ob mit einer solchen nach den vorliegenden Informationen gerechnet werden muss (Gruppe B) oder sicher nachgewiesen ist (Gruppe A). Für eine Anzahl an Arbeitsstoffen ist es jedoch vorerst nicht möglich, eine Aussage zur fruchtschädigenden Wirkung zu machen (Gruppe D).

Folgende Schwangerschaftsgruppen werden daher definiert:

Gruppe A: Eine fruchtschädigende Wirkung ist beim Menschen sicher nachgewiesen und auch bei Einhaltung des MAK- und BAT-Wertes zu erwarten.

Gruppe B: Mit einer fruchtschädigenden Wirkung muss nach den vorliegenden Informationen auch bei Einhaltung des MAK- und BAT-Wertes gerechnet werden.

Gruppe C: Eine fruchtschädigende Wirkung braucht bei Einhaltung des MAK- und BAT-Wertes nicht befürchtet zu werden.

Gruppe D: Für die Beurteilung der fruchtschädigenden Wirkung liegen entweder keine Daten vor oder die vorliegenden Daten reichen für eine Einstufung in eine der Gruppen A, B oder C nicht aus.

VI
Keimzellmutagene

Keimzellmutagene erzeugen in Keimzellen Genmutationen sowie strukturelle oder numerische Chromosomenveränderungen, die vererbt werden. Die Auswirkungen der Keimzellmutationen in Folgegenerationen reichen von genetisch bedingten Variationen ohne Krankheitswert über Fertilitätsstörungen, embryonalen und perinatalen Tod, mehr oder weniger schwere Missbildungen bis zu Erbkrankheiten unterschiedlichsten Schweregrades. Der Begriff Keimzellmutagenität ist hier gegenüber der Mutagenität in somatischen Zellen abgegrenzt, die als Initiation zu der Krebsentstehung beitragen kann, und bezieht sich ausdrücklich auf männliche und weibliche Keimzellen.

Epidemiologische Studien haben bisher keinen Beweis dafür erbracht, dass eine Exposition gegen Chemikalien oder Strahlen zu Erbkrankheiten beim Menschen geführt hat. Zwar wurden in den Keimzellen strahlenexponierter Männer strukturelle Chromosomenveränderungen nachgewiesen, aber selbst aus dieser Beobachtung kann nur der Verdacht abgeleitet werden, dass die betreffende Exposition zu genetischen Schäden der Nachkommen führt. Der Nachweis eines expositionsbedingt erhöhten Auftretens von Erbkrankheiten ist mit großen methodischen Schwierigkeiten verbunden. In der menschlichen Bevölkerung existieren zahlreiche Erbkrankheiten unbekannter Ursache, die in verschiedenen Populationen mit unterschiedlichen Häufigkeiten auftreten. Auf Grund der weitgehenden Zufälligkeit der Verteilung von Mutationsereignissen im Genom ist nicht zu erwarten, dass ein Stoff eine bestimmte charakteristische Erbkrankheit auslöst. Es ist somit auch in absehbarer Zeit nicht damit zu rechnen, dass Beweise für einen ursächlichen Zusammenhang zwischen der Exposition gegenüber einem Stoff und dem Auftreten von Erbkrankheiten zu erbringen sein werden.

In dieser Situation müssen die Ergebnisse aus Tierversuchen bei der Identifizierung potentieller Keimzellmutagene Berücksichtigung finden. Die mutagene Wirkung von Arbeitsstoffen in Keimzellen kann anhand des Auftretens einer erhöhten Mutantenhäufigkeit unter den Nachkommen exponierter Versuchstiere gezeigt werden. Außerdem liefert der Nachweis genotoxischer Effekte in den Keimzellen oder in Somazellen Hinweise auf eine Gefährdung nachfolgender Generationen durch Arbeitsstoffe.

Die Keimzellmutagene werden in weitgehender Analogie zu den Kategorien für krebserzeugende Arbeitsstoffe in folgende Kategorien eingeteilt:

1. Keimzellmutagene, deren Wirkung anhand einer erhöhten Mutationsrate unter den Nachkommen exponierter Personen nachgewiesen wurde.
2. Keimzellmutagene, deren Wirkung anhand einer erhöhten Mutationsrate unter den Nachkommen exponierter Säugetiere nachgewiesen wurde.

3A. Stoffe, für die eine Schädigung des genetischen Materials der Keimzellen beim Menschen oder im Tierversuch nachgewiesen wurde oder für die gezeigt wurde, dass sie mutagene Effekte in somatischen Zellen von Säugetieren in vivo hervorrufen und dass sie in aktiver Form die Keimzellen erreichen.

3B. Stoffe, für die aufgrund ihrer genotoxischen Wirkungen in somatischen Zellen von Säugetieren in vivo ein Verdacht auf eine mutagene Wirkung in Keimzellen abgeleitet werden kann. In Ausnahmefällen Stoffe, für die keine In-vivo-Daten vorliegen, die aber in vitro eindeutig mutagen sind und die eine strukturelle Ähnlichkeit zu In-vivo-Mutagenen haben.

4. Entfällt [1)]
5. Keimzellmutagene oder Verdachtsstoffe (gemäß der Definition in Kategorien 3A und 3B), deren Wirkungsstärke als so gering erachtet wird, dass unter Einhaltung des MAK-Wertes kein nennenswerter Beitrag zum genetischen Risiko für den Menschen zu erwarten ist.

VII
Bedeutung und Benutzung von BAT-Werten und Biologischen Leitwerten

Definition

Die Kommission legt BAT-Werte (**B**iologische **A**rbeitsstoff-**T**oleranz-Werte) und BLW (**B**iologische **L**eit-**W**erte) fest, um das aus einer Exposition gegenüber einem Arbeitsstoff resultierende individuelle gesundheitliche Risiko bewerten zu können.

Der BAT-Wert beschreibt die arbeitsmedizinisch-toxikologisch abgeleitete Konzentration eines Arbeitsstoffes, seiner Metaboliten oder eines Beanspruchungsindikators im entsprechenden biologischen Material, bei dem im Allgemeinen die Gesundheit eines Beschäftigten auch bei wiederholter und langfristiger Ex-

1) Die Kategorie 4 für krebserzeugende Arbeitsstoffe berücksichtigt nicht-genotoxische Wirkungsmechanismen. Da einer Keimzellmutation per definitionem eine genotoxische Wirkung zugrunde liegt, entfällt eine solche Kategorie 4 für Keimzellmutagene. Falls neue Forschungsergebnisse es sinnvoll erscheinen lassen, könnte zu einem späteren Zeitpunkt eine Kategorie 4 für genotoxische Stoffe gebildet werden, deren primäres Target nicht die DNA ist (z. B. reine Aneugene).

position nicht beeinträchtigt wird. BAT-Werte beruhen auf einer Beziehung zwischen der äußeren und inneren Exposition oder zwischen der inneren Exposition und der dadurch verursachten Wirkung des Arbeitsstoffes. Dabei orientiert sich die Ableitung des BAT-Wertes an den mittleren inneren Expositionen.

Der BAT-Wert ist überschritten, wenn bei mehreren Untersuchungen einer Person die mittlere Konzentration des Parameters oberhalb des BAT-Wertes liegt; Messwerte oberhalb des BAT-Wertes müssen arbeitsmedizinisch-toxikologisch bewertet werden. Aus einer alleinigen Überschreitung des BAT-Wertes kann nicht notwendigerweise eine gesundheitliche Beeinträchtigung abgeleitet werden.

Bei kanzerogenen Arbeitsstoffen und bei Stoffen mit ungenügender Datenlage werden BLW abgeleitet, die ebenfalls als Mittelwerte festgelegt sind.

Voraussetzungen

BAT-Werte können definitionsgemäß nur für solche Arbeitsstoffe angegeben werden, die über die Lunge und/oder andere Körperoberflächen in nennenswertem Maße in den Organismus eintreten. Weitere Voraussetzungen für die Aufstellung eines BAT-Wertes sind ausreichende arbeitsmedizinische und toxikologische Erfahrungen mit dem Arbeitsstoff, wobei sich die Angaben auf Beobachtungen am Menschen stützen sollen. Die verwertbaren Erkenntnisse müssen mittels zuverlässiger Methoden erhalten worden sein. Für die Neuaufnahme und jährliche Überprüfung von BAT-Werten sind Anregungen und Mitteilungen über Erfahrungen am Menschen erwünscht.

Ableitung von BAT-Werten

Der Ableitung eines BAT-Wertes können verschiedene Konstellationen wissenschaftlicher Daten zugrunde liegen, die eine quantitative Beziehung zwischen äußerer und innerer Belastung ausweisen und daher eine Verknüpfung zwischen MAK- und BAT-Wert gestatten. Dies sind

- Studien, die eine direkte Beziehung zwischen Stoff-, Metabolit- oder Adduktkonzentrationen im biologischen Material (innere Belastungen) und adversen Effekten auf die Gesundheit aufzeigen,
- Studien, die eine Beziehung zwischen einem biologischen Indikator (Beanspruchungsparameter) und adversen Effekten auf die Gesundheit ausweisen.

Hinsichtlich geschlechtsspezifischer Faktoren bei der Festsetzung von BAT-Werten gilt:

1. Die Variationsbreite der die Toxikokinetik beeinflussenden anatomischen und physiologischen Unterschiede ist bereits innerhalb der Geschlechter sehr erheblich und überlappt sich zwischen den Geschlechtern.
2. Die dadurch bedingten geschlechtsspezifischen Unterschiede in der Toxikokinetik bewegen sich in einem Bereich, der gegenüber der Unsicherheit der Grenzwertfestsetzung zu vernachlässigen ist.

3. Im Zustand der Schwangerschaft können besondere Verschiebungen in der Toxikokinetik von Fremdstoffen eintreten. Die praktische Bedeutung dieser Unterschiede ist jedoch limitiert, so dass für den Gesundheitsschutz am Arbeitsplatz vor allem die Beeinflussung der Leibesfrucht von Bedeutung ist (s. Abschnitt V).

Begründung

Zur Erläuterung, welche Gründe für den Ansatz von BAT-Werten maßgeblich waren, gibt die Kommission zur Prüfung gesundheitsschädlicher Arbeitsstoffe eine Sammlung „Arbeitsmedizinisch-toxikologische Begründungen von BAT-Werten" heraus. Unter kritischer Wichtung des Wissensstandes werden darin die Werte für die Parameter kommentiert, die sich in der arbeitsmedizinischen Praxis als sinnvoll erwiesen haben [15].

Die Kommission stützt sich in aller Regel nur auf die im wissenschaftlichen Schrifttum veröffentlichten Arbeiten. Soweit erforderlich können auch andere Quellen zitiert werden, zum Beispiel unveröffentlichte interne Firmenunterlagen; sie werden im Literaturverzeichnis der Begründung als solche kenntlich gemacht. Die vollständigen Unterlagen werden der Kommission zur Verfügung gestellt und im wissenschaftlichen Sekretariat niedergelegt. Wird von Dritten aufgrund des Literaturzitats in der Begründung Auskunft zu den zitierten internen Unterlagen erbeten, so wird diese schriftlich vom Kommissionsvorsitzenden im von diesem erforderlich gehaltenen Umfang erteilt. Einsicht in die Firmenunterlagen wird Dritten nicht gewährt. Kopien, auch auszugsweise, werden nicht zur Verfügung gestellt.

Zweck

BAT-Werte dienen im Rahmen spezieller ärztlicher Vorsorgeuntersuchungen dem Schutz der Gesundheit am Arbeitsplatz. Sie geben eine Grundlage für die Beurteilung der Bedenklichkeit oder Unbedenklichkeit vom Organismus aufgenommener Arbeitsstoffmengen ab. Beim Umgang mit hautresorbierbaren Arbeitsstoffen erlaubt nur das Biologische Monitoring eine Erfassung der individuellen Belastung. Bei der Anwendung der BAT-Werte sind die ärztlichen Ausschlusskriterien nach den Berufsgenossenschaftlichen Grundsätzen für arbeitsmedizinische Vorsorgeuntersuchungen zu berücksichtigen. Der BAT-Wert ist nicht geeignet, biologische Grenzwerte für langdauernde Belastungen aus der allgemeinen Umwelt, etwa durch Verunreinigungen der freien Atmosphäre oder von Nahrungsmitteln, anhand konstanter Umrechnungsfaktoren abzuleiten.

Zusammenhänge zwischen BAT- und MAK-Werten

Unter laborexperimentellen Bedingungen bestehen bei inhalativer Aufnahme im Fließgleichgewicht eines Arbeitsstoffes mit Funktionen der Pharmakokinetik formulierbare Beziehungen zwischen BAT- und MAK-Werten. Aufgrund der am

Arbeitsplatz bestehenden Randbedingungen sind jedoch im konkreten Fall aus dem arbeitsstoffspezifischen biologischen Wert nicht ohne weiteres Rückschlüsse auf die bestehende Arbeitsstoffkonzentration in der Arbeitsplatzluft zulässig. Neben der Aufnahme über die Atemwege können nämlich noch eine Reihe anderer Faktoren das Ausmaß der Arbeitsstoffbelastung des Organismus bestimmen; solche Faktoren sind z.B. Schwere der körperlichen Arbeit (Atemminutenvolumen), Hautresorption oder Abweichungen des Stoffwechsel- und Ausscheidungsverhaltens eines Arbeitsstoffes.

Bei der Evaluierung von Feldstudien, die die Beziehung zwischen äußerer und innerer Belastung beschreiben, bestehen daher besondere Probleme bei hautresorbierbaren Arbeitsstoffen. Erfahrungsgemäß treten bei solchen Stoffen häufig Diskrepanzen zwischen den einzelnen Studien auf. Diese Diskrepanzen werden auf unterschiedlich starke Hautbelastungen bei den Studien zurückgeführt. Bei der Bewertung solcher Studien im Hinblick auf den Zusammenhang zwischen MAK- und BAT-Werten soll den Studien Vorzug eingeräumt werden, in denen die Hautresorption nach Lage der Daten die geringere Rolle spielt.

Bei gut hautresorbierbaren Arbeitsstoffen mit niedrigem Dampfdruck besteht in der Regel keine Korrelation zwischen äußeren und inneren Belastungen. Für diese Stoffe (siehe auch TRGS 150) kann ein BAT-Wert oft nur anhand einer Beziehung zwischen innerer Belastung und Beanspruchung (Effekt) abgeleitet werden.

Zudem zeigen die Arbeitsstoffe in der Arbeitsplatzluft oft zeitliche Schwankungen, denen die biologischen Werte mehr oder minder stark gedämpft folgen können. Dementsprechend entbindet die Einhaltung von BAT-Werten nicht von einer Überwachung der Arbeitsstoffkonzentrationen in der Luft. Dies gilt insbesondere für lokal reizende und ätzende Arbeitsstoffe. Bei der Bewertung von makromolekularen Fremdstoffaddukten ist ferner die Persistenz dieser Addukte zu berücksichtigen, so dass sich zwangsläufig Diskrepanzen zwischen den äußeren Expositionsprofilen und dem Verhalten der biologischen Parameter ergeben. Ähnliche Überlegungen gelten für alle stark kumulierenden Stoffe wie Schwermetalle und polyhalogenierte Kohlenwasserstoffe.

Unabhängig von den aufgezeigten Störeinflüssen und der dadurch bedingten unterschiedlichen Definition sind bei der Aufstellung von BAT- und MAK-Werten die im allgemeinen gleichen Wirkungsäquivalente zugrunde gelegt. Bei Stoffen, bei denen jedoch der MAK-Wert nicht aufgrund systemischer Wirkungen, sondern aufgrund von Reizerscheinungen an Haut und Schleimhäuten festgelegt ist, kann sich der BAT-Wert an einer „kritischen Toxizität" orientieren, die aus einer systemischen inneren Belastung resultiert. In solchen Ausnahmefällen können die Begründungen der MAK- und BAT-Werte auf unterschiedlichen Endpunkten beruhen. In diesem Fall ist eine Parallelität von MAK- und BAT-Wert nicht notwendigerweise gegeben.

Überwachung

Der durch die Aufstellung von BAT-Werten erstrebte individuelle Gesundheitsschutz kann durch die periodische quantitative Bestimmung der Arbeitsstoffe bzw. ihrer Stoffwechselprodukte in biologischem Material oder biologischer Parameter überwacht werden. Die dabei verwendeten Untersuchungsmethoden sollten für die Beantwortung der anstehenden Frage diagnostisch hinreichend spezifisch und empfindlich, für den Beschäftigten zumutbar und für den Arzt praktikabel sein. Der Zeitpunkt der Probengewinnung ist so zu planen, dass diese den Expositionsverhältnissen am Arbeitsplatz sowie dem pharmakokinetischen Verhalten des jeweiligen Arbeitsstoffes gerecht wird („Messstrategie"). In der Regel wird insbesondere bei kumulierenden Stoffen eine Probengewinnung am Ende eines Arbeitstages nach einer längeren Arbeitsperiode (Arbeitswoche) dieser Forderung Rechnung tragen.

Bei Expositionen gegenüber gasförmigen Stoffen, die schnell metabolisiert werden und deren Blut/Luft-Verteilungskoeffizient größer als 10 ist, muss berücksichtigt werden, dass die resultierenden Blut- und Gewebekonzentrationen mit der Intensität der körperlichen Tätigkeiten positiv korrelieren.

Für das Arbeiten auf Druckluftbaustellen lässt sich für Blut- und Gewebekonzentrationen inhalierter gasförmiger Stoffe eine positive Korrelation zu den Überdruckbedingungen ableiten. In solchen Fällen ist die Einhaltung des BAT-Wertes häufiger zu überprüfen, da der BAT-Wert im Vergleich zu Arbeiten unter Normaldruck bereits bei niedrigeren externen Belastungen erreicht wird (vgl. Abschnitt Id, Ableitung von MAK-Werten, Besondere Arbeitsbedingungen).

Als Untersuchungsmaterialien kommen Vollblut-, Serum- oder Urinproben zum Einsatz, in Einzelfällen unter bestimmten Voraussetzungen Alveolarluftproben. Speichel- und Haaranalysen sind für ein arbeitsmedizinisches Biomonitoring nicht geeignet.

Die verwendeten Analysenmethoden sollten präzise und richtige Ergebnisse liefern sowie unter den Bedingungen der statistischen Qualitätssicherung durchgeführt werden. Die Arbeitsgruppe „Analytische Chemie" der Kommission hat mit der Sammlung „Analysen in biologischem Material" Methoden zusammengestellt, die in diesem Zusammenhang als erprobt gelten können.

Bei unmittelbarem Hautkontakt zu Arbeitsstoffen, die mit „H" gekennzeichnet sind, ist die Einhaltung der BAT-Werte zu überprüfen oder im Falle krebserzeugender Stoffe die innere Belastung anhand der EKA zu beurteilen (TRGS 150).

Beurteilung von Untersuchungsdaten

Wie jedes Laboratoriumsergebnis können auch toxikologisch-analytische Daten nur aus der Gesamtsituation heraus bewertet werden. Neben den sonstigen ärztlichen Befunden sind dabei insbesondere

- die Dynamik pathophysiologischer Vorgänge
- kurzfristig der Einfluss von Erholungszeiten

- langfristig der Einfluss von Alterungsvorgängen
- die speziellen Arbeitsplatzverhältnisse
- intensive körperliche Aktivität und ungewöhnliche atmosphärische Druckbedingungen sowie Hintergrundbelastungen in Einzelfällen zu berücksichtigen.

Urinuntersuchungen zum Biomonitoring erfolgen in der arbeitsmedizinischen Praxis aus Spontanurinproben. Diese sind dann für eine Untersuchung nicht geeignet, wenn sie diuresebedingt stark konzentriert oder stark verdünnt sind. Hierzu orientiert man sich in der Praxis am Kreatiningehalt der Urinproben, während ein Bezug auf das spezifische Gewicht oder die Osmolalität keine wesentliche Bedeutung erlangt hat. Ausschlusskriterien für eine repräsentative Verwendbarkeit der Spontanurinprobe sind Kreatininkonzentrationen <0,3 g/l bzw. >3,0 g/l (s. Spezielle Vorbemerkungen, Band 1, Seite 21–31 und Addendum der „Arbeitsmedizinisch-toxikologischen Begründungen von BAT-Werten, EKA, BLW und BAR“ [15]). Darüber hinaus sieht es die Kommission als sinnvoll an, zur weiteren Verbesserung der Aussagekraft von Analysenergebnissen mit und ohne expliziten Kreatininbezug und von Studien zur Korrelation zwischen innerer und äußerer Belastung einen engeren Zielbereich von 0,5–2,5 g Kreatinin/l für Urinproben zu wählen. Dieser Aspekt sollte bereits in der präanalytischen Phase eines biologischen Monitoring berücksichtigt werden.

Ergebnisse von Analysen in biologischem Material unterliegen der ärztlichen Schweigepflicht. Ihre Beurteilung muss generell dem Arzt vorbehalten bleiben, der hierfür auch die Verantwortung trägt.

BAT-Werte werden aufgrund wissenschaftlicher Erkenntnisse und praktischer ärztlicherErfahrung erstellt.

Allergisierende Arbeitsstoffe

Allergische Wirkungen können nach Sensibilisierung, z. B. der Haut oder der Atemwege, je nach persönlicher Disposition unterschiedlich schnell und stark durch Stoffe verschiedener Art ausgelöst werden. Die Einhaltung des BAT-Wertes gibt keine Sicherheit gegen das Auftreten derartiger Reaktionen.

Krebserzeugende Arbeitsstoffe

Vgl. Abschnitt VIII.

Stoffgemische

BAT-Werte gelten in der Regel für eine Belastung mit reinen Stoffen. Sie sind nicht ohne weiteres beim Umgang mit Zubereitungen (Gemenge, Gemische, Lösungen), die aus zwei oder mehreren toxisch wirkenden Arbeitsstoffen bestehen, anwendbar. Dies gilt insbesondere für BAT-Werte, die auf den Arbeitsstoff selbst oder dessen Stoffwechselprodukte ausgerichtet sind. Bei Zubereitungen, deren Komponenten gleichartige Wirkungseigenschaften zugrunde liegen, kann ein an einem biologischen Parameter orientierter BAT-Wert für die Abschätzung eines Gesundheitsrisikos hilfreich sein. Voraussetzung hierzu ist, dass der betreffende Parameter in klinisch-funktioneller Hinsicht eine kritische Größe für die in Betracht kommenden Stoffkomponenten darstellt. Die Kommission ist bestrebt, solche biologischen Wirkungskriterien für interferierende Arbeitsstoffe zu definieren und bekanntzugeben.

VIII
Krebserzeugende Arbeitsstoffe

Arbeitsstoffe, die als solche, in Form ihrer reaktiven Zwischenprodukte oder ihrer Metaboliten beim Menschen Krebs erzeugen oder als krebserzeugend für den Menschen anzusehen sind (Kategorie 1 und 2 für krebserzeugende Arbeitsstoffe) oder die wegen erwiesener oder möglicher krebserzeugender Wirkung Anlass zur Besorgnis geben (Kategorie 3A und 3B für krebserzeugende Arbeitsstoffe), und für die kein MAK-Wert abgeleitet werden kann, werden nicht mit BAT-Werten belegt, da gegenwärtig kein als unbedenklich anzusehender biologischer Wert angegeben werden kann. Die Verwendung dieser Arbeitsstoffe hat daher unter den in Abschnitt II dargestellten Bedingungen zu erfolgen. Krebserzeugende Arbeitsstoffe werden bei der Untersuchung biologischer Proben nicht unter der strengen Definition von BAT-Werten, sondern unter dem Blickwinkel arbeitsmedizinischer Erfahrungen zum Nachweis und zur Quantifizierung der individuellen Arbeitsstoffbelastung berücksichtigt. Stoff- bzw. Metabolitenkonzentrationen im biologischen Material, die höher liegen als es der Stoffkonzentration in der Arbeitsplatzluft entspricht, weisen auf zusätzliche, in der Regel perkutane Aufnahmen hin.

Vor diesem Hintergrund werden von der Kommission für krebserzeugende Arbeitsstoffe der Kategorien 1 bis 3 Beziehungen zwischen der Stoffkonzentration in der Luft am Arbeitsplatz und der Stoff- bzw. Metabolitenkonzentration im biologischen Material (**E**xpositionsäquivalente für **k**rebserzeugende **A**rbeitsstoffe, EKA) aufgestellt. Aus ihnen kann entnommen werden, welche innere Belastung sich bei ausschließlich inhalativer Stoffaufnahme ergeben würde.

Bei Stoffen mit perkutaner Aufnahme („H“ nach dem Stoffnamen = Gefahr der Hautresorption) gelten sinngemäß die in Abschnitt VII unter „Zusammenhänge zwischen BAT- und MAK-Werten“ gemachten Aussagen.

IX
Biologische Leitwerte

Der BLW (**B**iologischer **L**eit-**W**ert) ist die Quantität eines Arbeitsstoffes bzw. Arbeitsstoffmetaboliten oder die dadurch ausgelöste Abweichung eines biologischen Indikators von seiner Norm beim Menschen, die als Anhalt für die zu treffenden Schutzmaßnahmen heranzuziehen ist. Biologische Leitwerte werden nur für solche gefährlichen Stoffe benannt, für die keine arbeitsmedizinisch-toxikologisch begründeten Biologischen Arbeitsstofftoleranzwerte (BAT-Werte) aufgestellt werden können (z. B. für krebserzeugende bzw. krebsverdächtige Stoffe der Kategorien 1 bis 3 und für nicht krebserzeugende Stoffe, bei denen die vorliegenden Daten für die Ableitung eines BAT-Wertes nicht ausreichen).

Für den Biologischen Leitwert wird in der Regel eine Arbeitsstoffbelastung von maximal 8 Stunden täglich und 40 Stunden wöchentlich über die Lebensarbeitszeit zugrunde gelegt.

Der Biologische Leitwert orientiert sich an den arbeitsmedizinischen und arbeitshygienischen Erfahrungen im Umgang mit dem gefährlichen Stoff unter Heranziehung toxikologischer Erkenntnisse. Da bei Einhaltung des Biologischen Leitwertes das Risiko einer Beeinträchtigung der Gesundheit nicht auszuschließen ist, ist anzustreben, die Kenntnisse der Grundlagen über die Zusammenhänge zwischen der äußeren Belastung, der inneren Belastung und den resultierenden Gesundheitsrisiken zu verbreitern, um auf diese Weise u. U. BAT-Werte herleiten zu können. Hierbei stellen Biologische Leitwerte insofern eine Hilfe dar, als sie eine wichtige Grundlage dafür bieten, dass der Arzt ein Biomonitoring überhaupt einsetzen kann. Durch fortgesetzte Verbesserung der technischen Gegebenheiten und der technischen, arbeitshygienischen und arbeitsorganisatorischen Schutzmaßnahmen sind Konzentrationen anzustreben, die möglichst weit unterhalb des Biologischen Leitwertes liegen.

X
Biologische Arbeitsstoff-Referenzwerte

Biologische **A**rbeitsstoff-**R**eferenzwerte (BAR) beschreiben die zu einem bestimmten Zeitpunkt in einer Referenzpopulation aus nicht beruflich gegenüber dem Arbeitsstoff exponierten Personen im erwerbsfähigen Alter bestehende Hintergrundbelastung mit in der Umwelt vorkommenden Arbeitsstoffen. Sie orientieren sich am 95. Perzentil, ohne Bezug zu nehmen auf gesundheitliche Effekte. Zu berücksichtigen ist, dass der Referenzwert der Hintergrundbelastung u. a. von Alter, Geschlecht, Sozialstatus, Wohnumfeld und Lebensstilfaktoren beeinflusst sein kann.

Der Referenzwert für einen Arbeitsstoff oder dessen Metaboliten im biologischen Material wird mit Hilfe der Messwerte einer Stichprobe aus einer definierten Bevölkerungsgruppe abgeleitet.

Durch den Vergleich von Biomonitoring-Messwerten bei beruflich Exponierten mit den Biologischen Arbeitsstoff-Referenzwerten kann das Ausmaß einer beruflichen Exposition erfasst werden.

Literatur

1 „MAK- und BAT-Werte-Liste", zu beziehen von WILEY-VCH, Weinheim

2 „Gesundheitsschädliche Arbeitsstoffe. Arbeitsmedizinisch-toxikologische Begründungen für MAK-Werte und Einstufungen", zu beziehen von WILEY-VCH, Weinheim

3 Adler ID, Andrae U, Kreis P, Neumann HG, Thier R, Wild D (1999) Vorschläge zur Einstufung von Keimzellmutagenen. Arbeitsmed Sozialmed Umweltmed 34: 400–403

4 Drexler H (1998) Assignment of skin notation for MAK values and its legal consequences in Germany. Int Arch Occup Environ Health 71:503–505

5 Hofmann A (1995) Fundamentals and possibilities of classification of occupational substances as developmental toxicants. Int Arch Occup Environ Health 67:139–145

6 Neumann HG, Thielmann HW, Filser JG, Gelbke HP, Greim H, Kappus H, Norpoth KH, Reuter U, Vamvakas S, Wardenbach P, Wichmann HE (1998) Changes in the classification of carcinogenic chemicals in the work area. (Section III of the German List of MAK and BAT Values). J Cancer Res Clin Oncol 124:661–669

7 Neumann HG, Vamvakas S, Thielmann HW, Gelbke HP, Filser JG, Reuter U, Greim H, Kappus H, Norpoth KH, Wardenbach P, Wichmann HE (1998) Changes in the classification of carcinogenic chemicals in the work area.
Section III of the German List of MAK and BAT Values. Int Arch Occup Environ Health 71:566–574

8 Zu richten an die Geschäftsstelle der Deutschen Forschungsgemeinschaft, Bonn, oder an das Sekretariat der Kommission: Technische Universität Berlin, Berlin

9 Europäische Kommission (Hrsg) (1999) Verfahren für die Ableitung von Grenzwerten für die berufsbedingte Exposition. Grundsatzdokument EUR 19253 DE. Wissenschaftlicher Ausschuß für Grenzwerte berufsbedingter Exposition. Generaldirektion Arbeit und Soziales, Luxemburg

10 DFG (Deutsche Forschungsgemeinschaft) (Hrsg) (1997) Verhaltenstoxikologie und MAK-Grenzwertfestlegungen. Wissenschaftliche Arbeitspapiere. Wiley-VCH, Weinheim

11 Henschler D (1992) Evaluation of adverse effects in the standard-setting process. Toxicology Letters 64/65:53–57

12 „Analytische Methoden zur Prüfung gesundheitsschädlicher Arbeitsstoffe", bearbeitet von der Arbeitsgruppe „Analytische Chemie". Band 1: „Luftanalysen". Band 2: „Analysen in biologischem Material". Zu beziehen von WILEY-VCH, Weinheim. Ergänzende Nachlieferungen sind in Jahresabständen vorgesehen. Die Kommission nimmt Anregungen zur Aufnahme neuer Stoffe bzw. Bestimmungsmethoden gerne entgegen. Mit der Arbeitsgruppe „Analytik" des Fachausschusses Chemie der Deutschen Gesetzlichen Unfallversicherung besteht eine Zusammenarbeit bei der Herausgabe von Analysenverfahren für krebserzeugende Arbeitsstoffe („Von den Berufsgenossenschaften anerkannte Analysenverfahren zur Feststellung der Konzentrationen krebserzeugender Arbeitsstoffe in der Luft in Arbeitsbereichen", Carl Heymanns Verl. KG, Köln)

13 Ausführliche Begründung siehe „Toxikologisch-arbeitsmedizinische Begründung von MAK-Werten" (26. Lieferung 1998). Vgl. auch Referenz [2]

14 Bei den bisherigen Einstufungen in die Kategorie 3 wurden Stoffe mit einem MAK-Wert versehen, sofern sie keine genotoxischen Effekte erkennen ließen. Nach Überprüfung aller entsprechenden Stoffe bzgl. der Einstufung in Kategorie 4 kann dieser Satz entfallen

15 „Biologische Arbeitsstoff-Toleranz-Werte (BAT-Werte), Expositionsäquivalente für krebserzeugende Arbeitsstoffe (EKA) und Biologische Leitwerte (BLW). Arbeitsmedizinisch-toxikologische Begründungen", zu beziehen von WILEY-VCH, Weinheim.

Sachregister

a

A-Esterase I 58, II 206
Aberration
– numerische I 264
Absorption I 17
Absorption, Distribution, Metabolismus und Ausscheidung (absorption, distribution, metabolism and excretion, ADME) I 21, I 36 ff.
Abwasserauffanggrube II 44
ACE-Inhibitor I 164
Acetaminofluoren I 67
Aceton (2-Propanon) II 116
– Eigenschaften II 116
– Exposition II 116
– Mensch II 116
– Stoffwechsel II 117
– Tierexperimente II 117
– Toxikokinetik II 116
– Toxizität II 116
– Verwendung II 116
– Vorkommen II 116
N-Acetyl-*para*-benzochinonimin (NABQI) I 63, I 98
Acetyl-Coenzym-A (Acetyl-CoA) I 70
N-Acetyl-*β*-glucosaminidase (NAG) I 104
N-Acetyl-N′-hydroxybenzidin II 133
Acetylcholin (ACh) I 121 f., II 206
Acetylcholinesterase (AChE) I 302, I 366, II 206
– Hemmung II 211
Acetylcholinrezeptor (AChR) I 80, I 121, I 305 ff.
– muskarinerger (mAChR) I 80, I 305
– nikotinerger (nAChR) I 80, I 306
N-Acetylcystein (NAC) I 63, I 99
N-Acetylcystein-Konjugat II 162
Acetylierung 59 f.
N-Acetylierung II 128
Acetylsalicylsäure I 117 f.
N-Acetyltransferase (NAT) I 60 f., II 128
– NAT1 I 70
– NAT2 I 70, I 372
O-Acetyltransferase (O-AT) II 136
Aciclovir I 105, I 174 ff.
Acinus-Struktur I 95
Aconitin I 121
Acrolein I 365
Acrylamid I 90, I 111, I 140, I 367, I 386 ff.
acute class toxicity I 30
AcylCoA-Aminosäure-Acyltransferase I 60 ff.
Adenokarzinome I 111
S-Adenosylmethionin (SAM) I 71
ADI (acceptable daily intake) I 217
– Wert I 382
Adjuvanzeffekt II 63
Aerosol I 110
Aflatoxin B_1 I 50, I 101
Agammaglobulinämie I 127
Agent Orange I 312, II 192
Agonist I 80
Agranulozytose I 114
– angeborene I 127
AIDS (acquired immunodeficiency syndrom) I 128
Akarizide I 297
Aktinolith II 52
Aktionspotenzial I 119 ff.
Aktionspotenzialdauer I 416
Aktivkohle I 227
akute Referenzdosis (acute reference dose, ARfD) I 384
akute Toxizität
– Prüfung I 417
akutes potenzielles Risiko I 384
Alachlor I 314

Toxikologie Band 2: Toxikologie der Stoffe. Herausgegeben von Hans-Werner Vohr

ISBN: 978-3-527-32385-2

Alanin-Aminotransferase (ALT) I 96
ALARA (as low as reasonable achievable)-Prinzip I 384
Aldehyde I 332, II 118
– Eigenschaften II 118
– Exposition II 118
– Toxikokinetik II 118
– Toxizität II 119
– Verwendung II 118
– Vorkommen II 118
Aldehyddehydrogenase (ALDH) I 57
Algentoxin I 379
Algizide I 297
aliphatische, azyklische Kohlenwasserstoffe II 74 ff.
– Eigenschaften II 74
– Exposition II 77
– Mensch II 78
– Tierexperimente II 79
– Toxikokinetik II 77
– Toxizität II 78
– Vorkommen II 76
aliphatische, zyklische Kohlenwasserstoffe
– Eigenschaften II 81
– Exposition II 82
– Mensch II 83
– Tierexperimente II 83
– Toxikokinetik II 82
– Toxizität II 82
– Vorkommen II 81
Alitretinoin I 160
Alizyklen II 80
Alkalische Phosphatase (ALP) I 96 ff.
Alkaloid I 82 ff.
Alkalose I 96 f.
Alkane I 330
Alkene I 330, II 75
Alkenole II 97
Alkine II 75
Alkinole II 97
Alkohole I 333, II 97 ff.
– Eigenschaften II 98
– Exposition II 98
– MAK-Werte II99
– Toxikokinetik II 99
– Toxizität II 99
– Vorkommen II 98
Alkoholdehydrogenase (ADH) I 57, II 99
Alkylanzien I 84 ff.
Alkylbenzole II 90
Alkylen-bis-dithiocarbamate I 316
Alkylphosphat-Insektizide I 122
Alkylverbindungen
– Schwermetalle I 367
Allergen I 379, I 401
Allergie I 129
allergische Reaktion I 129, I 400
Allgemeine Verwaltungsvorschrift (AVV) I 78
Aluminium II 7
– Exposition II 7
– Grenzwerte und Einstufungen II 8
– toxische Wirkungen II 7
– Vorkommen II 7
Alveolargängigkeit II 54
Alveolarmakrophage I 108, I 125, II 63
Alveolarödem I 365
Alveole I 106 ff.
Alveolitis
– exogen allergische I 110
Amanita muscaria I 122
α-Amanitin I 99
Amaranth (E 123) I 400, II 134
Ames-Test I 149, I 232, I 264, I 421
Amine
– aromatische, *siehe* aromatische Amine
2-Amino-a-carbolin (AaC) I 391
2-Amino-3,8-dimethyl-3*H*-imidazo[4,5-f]chinoxalin (MeIQx) I 391, II 134
3-Amino-1,4-dimethyl-5*H*-pyrido[4,3-b]indol (Trp-P-1) II 134
2-Amino-6-methyl-dipyrido[1, 2-a:3′,2′-d] imidazol (Glu-P-1) II 134
2-Amino-3-methyl-imidazo(4,5-f)chinolin (IQ) I 391, II 127 ff.
2-Amino-1-methyl-6-phenylimidazo(4,5-b) pyridin (PhIP) I 140, I 391, II 134
2-Amino-3-methyl-1*H*-pyrido[2,3-b]indol (MeAαC) II 134
p-Aminobenzoesäure I 70
2-Aminobiphenyl I 111
γ-Aminobuttersäure (GABA) I 122
6-Aminochrysen I 50
4-Aminodiphenyl I 139, I 392, II 131
2-Aminofluoren I 70
Aminoglutethimid I 70
Aminoglykosidantibiotikum I 176
Aminoglykoside I 105
δ-Aminolävulinsäure (δ-ALA) I 116
– Konzentration I 374
δ-Aminolävulinsäuredehydratase I 116
2-Aminonaphthalin I 392
Aminopeptidase M I 105
Aminosäurekonjugation I 60
Amiodaron I 110

Ammoniak I 365
Amosit II 52 f.
Amphibole II 51
Amygdalin I 85, II 38
Amylnitrit II 40
analytische Methode I 29
Androgen-bindendes Protein (AbP) I 166
Anenzephalie I 160
Aneugen I 267
Aneuploidie I 111
Anilin II 128
– Metabolismus II 129
Anilinherbizide I 314
Anilintumor I 368
Anmeldung, Prüfung und Zulassung von Chemikalien (REACH) I 78, I 212
anorganische Gase II 33 ff.
– im Innenraum I 329
– toxikologische Wirkungen II 33
anorganische kanzerogene Stoffe I 141
anorganische Schadstoffe I 328 ff.
Antabus-Effekt I 316
Antagonist I 82
Anthophyllit II 52
anticholinerge Verbindungen
– Biotranformation, Verteilung und Speicherung I 307
– Symptome einer Vergiftung I 302
– Therapie I 304
– Wirkungsmechanismus I 305
Antidot I 2, II 41
Antidottherapie II 212
Antigen I 128, I 401
antigenpräsentierende Zelle (APC) I 125
Antikoagulantien I 322
– Therapie I 322
Antikrebsmittel I 232
Antikrebstherapie I 36
Antimon II 8
– Exposition II 8
– Grenzwerte und Einstufungen II 9
– toxische Wirkungen II 9
– Vorkommen II 8
Antioxidantien I 90
Anurie I 103
AOEL (acceptable operator exposure level) I 217
Arachidonsäure (AA) I 56
Arachiolochiaceae I 142
Arbeitsmedizin I 2
arbeitsmedizinische Toxikologie I 359
Arbeitsplatz I 359 ff.
– Aufgaben und Ziele I 359
– Erkrankungen I 370
– interferierende Variable I 364
– Prinzipien der Arbeitsplatz-Toxikologie I 361
Arbeitsplatzgrenzwert I 360
Arbeitsraum
– stationäres Monitoring I 374
Arbeitsstoffe
– Festlegung von Grenzwerten I 360
– lokal reizende und ätzende Wirkung I 365
– Schädigung parenchymatöser Organe I 367
Aristolochiasäure I 142, II 139
ARNT (arylhydrocarbon receptor nuclear translocator) I 48, II 180
Aromate I 331, II 84
– Eigenschaften II 84
– Exposition II 87
– Grenzwerte II 93
– Mensch II 92
– Tierexperimente II 90
– Toxikokinetik II 88
– Toxizität II 90
– Vorkommen II 85
aromatische Amine I 137, I 372 f., I 390 ff., II 127 ff.
– Eigenschaften II 127
– Exposition II 128
– heterozyklische (HAA) I 390 f.
– Kanzerogenität II 137
– Mensch II 131
– metabolische Aktivierung II 130 ff.
– Tierexperimente II 137
– Toxikokinetik II 128 ff.
– Toxizität II 131
– Vorkommen II 127
aromatische Nitroverbindungen II 138
– Eigenschaften II 139
– Exposition II 139
– Kanzerogenität II 141
– Mensch II 140
– Tierexperimente II 140
– Toxikokinetik II 140
– Toxizität II 140
– Vorkommen II 139
Arsen I 111, I 368, I 389, II 2 ff.
– Exposition II 9
– Grenzwerte und Einstufungen II 11
– toxische Wirkungen II 10
– Verbindung II 2

– Vorkommen II 9
Arsenoxid I 320
arterieller CO_2-Partialdruck I 108
arterieller O_2-Partialdruck I 108
Arthusreaktion I 129
3-Aryl-1,1-dimethylharnstoffe I 315
3-Aryl-1-methoxyl-1-methylharnstoffe I 315
Arylamine I 70, I 139
Arylhydrocarbon-Rezeptor (AhR) I 47, II 179
– dioxin responsive element (DRE, XRE, AHRE) II 180
– Geninduktion II 180
arylhydrocarbon receptor nuclear translocator (ARNT) I 48, II 180
Arzneimittel I 221, I 238, I 407 ff.
– gesetzliche Regelung I 408
Arzneimittelgesetz (AMG) I 408
Arzneimitteltoxikologie I 407
Asbest I 141, I 368, II 51 ff.
– Eigenschaften II 51
– Exposition II 53
– Faser I 111, II 51
– Grenzwerte II 56
– Sanierung II 54
– Toxikokinetik II 54
– Toxizität II 55
– Vorkommen II 512
Asbestose (Asbeststaublunge) II 55
Aspartat-Aminotransferase (AST) I 96
Aspergillus
– flavus I 142
– *ochraceus* I 142
Asthma
– bronchiale I 110
– chronisches I 129
Astrozyten I 120
AT_1-Rezeptorantagonist I 164
Ataxie I 120
Atemwegsreizende Stoffe I 109
Atmosphäre I 281
Atmungskette II 39
Atrazin I 314 f.
Atropa belladonna I 82
Atropin I 82, I 121 f., II 209
AUC (area under the curve) I 14 ff., I 41
Aufmerksamkeitsdefizit-Hyperaktivitäts-Syndrom (ADHS) I 400
Augen-Irritationstest I 253
– Ersatzmethoden I 253
Augenreizung I 254
Auswahlfehler I 201
Autoimmunerkrankung I 81
Autoimmunität I 129
autokrines Immunsystem I 125
Avermectine I 309
Azofarbstoff II 134
Azole I 318
Axon I 118 ff.
Axonopathie I 123
– distale retrograde I 123
Azidose I 97 ff., II 36 ff.
Azofarbstoff I 372 f.
Azoospermie II 158
Azoxystrobilurin I 319
Azoxystrobin I 319

b

B-Esterase I 58
B-Lymphozyt I 114 ff.
Bäckerasthma I 110
bakterielle Toxine I 379
Bakteriotoxine I 8
Bakterizide I 297
Basenexzisionsreparatur I 145
Basenpaarsubstitution I 264
– Mutation I 265
basic helix-loop-helix (bHLH)-Proteinfamilie II 179
Batrachotoxin I 121
Beanspruchung I 360
Beanspruchungsparameter I 360
Befruchtung I 162
Belastung I 360
– äußere I 360
– innere I 360
benchmark dose lower limit (BMDL) I 385
Benomyl I 317
Benuron® I 104
Benzin I 227, II 90
Benzidin I 70, I 139, I 392, II 127 ff.
– metabolische Aktivierung II 133
Benzimidazole I 317
Benzo[*a*]anthracen I 394
Benzo[*b*]fluoranthen I 394
Benzo[*a*]pyren (BaP) I 111, I 394, II 85 ff.
o-Benzochinon II 89
Benzodiazepine II 212
Benzoesäure I 70
Benzol (Benzen) I 111 ff., I 227, I 368, II 84 ff.
– Grenzwerte II 92
– Stoffwechselweg II 89
Benzolepoxid II 89

Beobachtungsstudie
- analytische I 196
- epidemiologische I 192
Berichterstattung I 29
Berufskrankheit I 371
Berufskrankheitenverordnung (BKV) I 359 ff.
Berylliose
- chronische I 372
Beständigkeit I 349
BETX (Benzol, Ethylbenzol, Toluol und Xylol) II 84 ff.
Bicucullin I 122
bicyclische Terpene I 348
Bilirubin
- direktes I 96
Bilirubinglucuronide I 96
Bioakkumulation I 282, I 294, II 198
Bioakkumulierung I 349
Bioindikator II 37
Biokonzentration I 282, I 294
biological limit values (BLV) I 361
biologisch wirksame Dosis I 290 ff.
biologischer Arbeitsplatztoleranzwert (BAT)-Wert) I 215, I 360, I 361
biologische Überwachung (biological monitoring) I 361
biologische Verfügbarkeit chemischer Verbindungen I 283
biologischer Grenzwert I 360
Biomagnifikation I 283, I 294
Biomarker I 290, I 419
Biomonitoring I 374
biotechnologisch produzierte Arzneimittel (Biotechnology-derived products, biologics) I 35, I 271
Bioverfügbarkeit I 294, II 6
- absolute I 15
- speziesabhängige Wirkungen II 6
Biozide I 215, I 297 ff., I 379
- Gruppen I 297
Biozidgesetz I 336
Biphenylderivate II 127
Bipyridyliumderivate I 312
Blackfoot Disease II 10
Blauasbest II 53
Blausäure II 38
Blei I 106, I 386 ff., II 2 ff.
- Exposition II 11
- Grenzwerte und Einstufungen II 12
- toxische Wirkungen II 11
- Vorkommen II 11
Bleialkyle I 367
Bleivergiftung I 116
Bleomycin I 112
Blut I 112
- toxische Schädigung von Zellen im zirkulierenden Blut I 116
- Zusammensetzung I 112
Blut-Hirn-Schranke I 118
Blut-Hodenschranke I 230
Blutentnahme
- Zeitpunkt I 24
Blutgasanalyse I 108
Blutkörperchen
- rote I 112
- weiße I 112
Blutplättchen I 112
Boden (Lithosphäre) I 281
Bradford-Hill Kriterien I 198 ff.
Braunasbest II 53
Brenzcatechin II 106
Brom I 365
bromierte Flammschutzmittel II 196
- Toxizität II 197
Bromophos I 366
Bronchialkarzinom I 111, I 368
Bronchiole I 110
Bronchiolitis obliterans I 365
Bronchitis
- chronische II 64
Bronchospasmus I 108
Bühler-Test I 235, I 254
cis-2-Buten-1,4-dial I 392
Buttergelb II 135 f.

c

$Ca^{2+}Mg^{2+}$-ATPase I 301
CACO-2 Zellen I 17
Cadmium I 106 ff., I 166 ff., I 378 ff., II 2 ff.
- Exposition II 12
- Grenzwerte und Einstufungen II 14
- nephrotoxische Wirkung I 387
- toxische Wirkungen II 13
- Verbindung II 2
- Vorkommen II 12
Calabarbohne I 84
CAM (Chorioallantois-Membran) I 253
Camphen II 83
Capsaicin (Pfeffer Spray, OC) II 222 ff.
Carbachol I 80
Carbamate I 299 ff.
Carbendazim I 317
Carbolin-Derivate I 391
Carbonyle II 114 ff.

Carboxy-Hämoglobin (HbCO) II 36
Caren I 332
β-Carotin I 91, I 383, II 75
Carry-over I 378
Carry-over-Faktor I 378
Catechine I 91
Catechol II 89
Catechol-*O*-Methyltransferase (COMT) I 71
$CD4^+$ T-Helferzellen II 188
Cephalosporine I 105 ff.
challenge I 254
Chancenverhältnis I 191
Chemikalien I 212
– die in der Umwelt vorhanden sind I 238
– Reproduktionstoxizität I 173
Chemikaliengesetz I 222
chemische Kampfstoffe II 201 ff.
– Einteilung II 202
chemische Verbindungen
– Abbauverhalten in der Umwelt I 281
– Anreicherungsverhalten I 282
– biologische Verfügbarkeit I 282
– Verteilung und Verbleib in der Umwelt I 279
– Verteilungsverhalten in der Umwelt I 281
Chemokin I 128
Chinidin I 117
Chinin I 117
Chinolone I 91
Chinone I 365 ff.
Chinonimin I 63, I 368
Chinonmetabolismus I 57
Chlor I 365
1-Chlor-2,4-dinitrobenzol (CDNB) I 63
5-Chlor-2-methyl-4-isothiazolin-3-on (CIT) I 335
4-Chlor-*o*-toluidin II 131
Chloracetanilid-Verbindungen I 314
Chloracetophenon (CN) II 222 ff.
Chlorambucil II 215
Chloramphenicol I 116
Chlorate II 40
ortho-Chlorbenzaldehyd (*o*-CB) II 223 f.
Chlorbenzol II 86
Chlordecone I 300
Chlorfluorkohlenstoffe (CFK) II 167
Chlorfluorkohlenwasserstoffe (CFKW, FCKW) II 73, II 149, II 160 ff.
Chloridkanal
– GABA-abhängiger I 311
ortho-Chlorobenzalmalonitril (CS) II 222 ff.
ortho-Chlorobenzyliden-Malononitril II 222
Chloroform (Trichlormethan) I 89, II 73, II 149 ff.
– Metabolismus II 154
Chloronikotinyle I 311
Chlorophenoxyverbindungen I 312
Chlorpentafluorethan II 168
Chlorpromazin I 100
Chlorpropanole I 390 ff.
Chlorpyrifos I 58, I 123 f.
Chlortoluron I 315
Chlortrifluormethan II 168
Cholestase
– intrahepatische I 100
Cholinesterase I 58, II 206
– Bestimmung II 213
– Erythrozyten-AChE (Ery-AChE) II 213
– Plasma-Cholinesterase (Pl-ChE) II 213
Chorioallantoismembran (CAM) des bebrüteten Hühnereis I 234
Chrom II 14
– Chrom(III)-Ascorbat-DNA-Addukte II 15
– essenzielle und toxische Wirkungen II 14
– Exposition II 14
– Grenzwerte und Einstufungen II 15
– Vorkommen II 14
Chrom-III-Verbindungen II 6 ff.
Chrom-VI-Verbindungen I 367, II 6 ff.
Chromate II 2 ff.
Chromosomenaberrationen I 232, I 264 ff.
Chromosomenverteilung I 111
Chromsalze I 110
chronic obstructive pulmonary disease (COPD) I 110
Chrysen I 394
Chrysotil II 51 ff.
Cilien I 108
Ciprofloxacin I 175
Cisplatin I 106
Clearance Cl I 16
Clinafloxacin I 175
Clophen A 30 und 40 I 337
Clophen A 50 und 60 I 337
CN (Chloracetophenon) II 221 ff.
Cobalt, *siehe* Kobalt
Cocain (Kokain) I 88
Cochenille-Extrakt I 400
Codein II 220
Codex Alimentarius I 381
Colchicin I 85, I 124
Colchicum autumnale I 85
combined immunodeficiency (CID) I 127

Comet-Assay I 152
common technical document I 24 ff.
confounder I 194
confounding I 199 ff.
Connexin 43 I 166
Contergan I 169, I 419
Core battery I 415
Crigler-Najjar-Syndrom I 66
Crotolaris I 102
CS (*ortho*-Chlorobenzalmalonitril) II 222 ff.
CS-Syndrom (Choreoathetosis/Salivation) I 308
Cumarin
– 7-Hydroxylierung I 50
Cumol II 86
Cumolhydroperoxid I 63
Curare I 82, I 121
CVX II 203
Cyanid-Gas I 320
Cyanide I 123, II 38
– Vergiftung II 42
Cyanokit® II 41
Cyanosil II 38
Cyanvergiftung I 85
Cyanwasserstoff II 38
Cycasin I 142
Cycloalkane II 80 ff.
Cyclohexanon II 116
Cyclohexanonperoxidgemische I 365
Cyclooxygenase (COX) I 45, I 56
– COX-1 I 56
– COX-2 I 56
Cyclopentadecanon II 81
Cyclophosphamid II 215
Cyclosarin II 204 f.
Cyclosporin A I 106
Cyfluthrin I 299
Cymol II 83
Cysteinkonjugat-β-Lyase I 105
Cytochrom-P450 (CYP)-Monooxygenase I 45 ff.
– CYP1-Familie I 48
– CYP1A I 46, II 180 ff.
– CYP1A2 I 98, II 128
– CYP2-Familie I 50 f.
– CYP2A6 II 143
– CYP2D6 I 51
– CYP2E1 I 98, II 89, II 103 f., II 118, II 143
– CYP3-Familie I 52
– CYP3A-Familie I 52
– CYP3A4 I 52 f.
– Polymorphismen I 51
– Proteinexpression I 47
Cytochromoxidase I 123

d

Daphnia magna I 286
Dapson I 70
DDT (Dichlordiphenyltrichlorethan) I 121, I 166, I 298 f., I 320
Dehydrogenase I 45, I 57
Demeton I 366
dermale Toxizität I 249
Desmetryn I 314
Desoxynivalenol I 383
Desoxyribonukleinsäure (DNS), *siehe* DNA
developmental immunotoxicity (DIT) I 174, I 272, II 166
developmental neuro toxicity (DNT) I 174
Di(2-ethylhexyl)phthalat (DEHP) I 337, I 353
– DEHP-Metabolite I 353
Di-isocyanate II 47
Diabetes I 130
N,N'-Diacetyl-*N*-hydroxybenzidin II 133
Diacetylperoxid I 365
1,2-Dibrom-3-chlor-propan (DBCP) I 370, II 157 f.
1,2-Dibromethan II 150 ff.
Dicarboximide I 319
Dichloracetylen I 64, I 367, II 159 ff.
b,b'-Dichlordiethylsulfid I 63
Dichlordifluormethan II 168
1,2-Dichlorethan (Ethylenchlorid) II 154 f.
– Metabolismus II 155
Dichlorethen II 166
1,1-Dichlorethen (Vinylidenchlorid) II 159
Dichlorethin (Dichloracetylen) I 64, I 367, II 159 ff.
Dichlormethan I 364
– Metabolismus II 154
2,2-Dichloroxiran II 163
2,4-Dichlorphenoxyessigsäure (2,4-D) I 298
Dichlortetrafluorethan II 168
S-(1,2-Dichlorvinyl)-L-Cystein (DCVC) I 105, II 164
Dichlorvos I 305, I 366
Dicyclohexylperoxid I 365
Dieldrin I 166
Diesel-Pkw
– Euro-Norm II 69
Dieselpartikel II 65
Dieselruß I 111
Diethylhexylphthalat (DEHP) II 166
Digitalis purpurea I 87

Digitoxin I 87
7,8-Dihydro-8-oxoguanin (8-oxoG) I 143
Dihydroxybenzole
– 1,2-Dihydroxybenzol II 106
– 1,3-Dihydroxybenzol II 106
– 1,4-Dihydroxybenzol II 106
Diiso-nonyl-phthalat (DINP) I 337
Diisocyanate I 365
Diisodecylphthalat (DIDP) I 337
Dimethoat I 303, I 366
3,3′-Dimethoxybenzidin II 131
3,8-Dimethyl-3*H*-imidazol[4,5-f]-chinoxalin-2-amin (MeIQx) I 391, II 134
Dimethylaminoazobenzol II 135
4-Dimethylaminoazobenzol II 136
4-Dimethylaminophenol (4-DMAP) I 85, II 40 ff.
dimethylarsinige Säure (DMA(III)) II 10
Dimethylarsinsäure (DMA(V)) II 10
3,3′-Dimethylbenzidin II 131
Dimethylbenzylhydroperoxid I 365
Dimethylnitrosamin (DMNA) I 89, II 143
– metabolische Aktivierung II 143
Dimethylsulfat I 365
Dinitrobenzol I 166, II 140
Dinitrocresol I 298
1,4-Dioxan II 83
Dioxin I 48, I 227, I 377 ff., II 177
– dioxin responsive element (DRE, XRE, AHRE) II 180
Dioxin-/Ah-Rezeptor (DR/AhR) I 137
Diphenyl(thio)etherverbindungen II 127
Diphenylamin II 127
Diphenylmethanderivate II 127 ff.
dippers flu I 303
Diquat I 312 ff.
disseminant intravasal coagulation (DIC) I 118
Dissoziationsverhalten I 228
Distickstoffmonoxid (Lachgas) II 45
Distribution I 19
Disulfiram I 317
Dithiocarbamate I 316
Diuron I 315
DNA I 235
– Cr-DNA II 4
– Quervernetzungen (crosslinks) II 216
DNA-Addukte I 116, I 141 ff., I 268, I 390, II 91, II 231
– Chrom(III)-Ascorbat II 15
– Glycidamid I 390
– S-Lost II 216 ff.
DNA-Interkalation I 112, I 144
DNA-Methylierungsmuster II 5 ff., II 23
DNA-Protein-Crosslinks (DPX) II 121 f.
DNA-Reparatur I 141 ff., II 5 ff.
– System I 145
DNA-Schäden I 143 f., I 268, II 5
– induzierte I 144
DNA-Veränderungen I 143
Docosahexaensäure (DHA)-reiches Öl I 403
Dominant-letal-Test I 232
L-DOPA I 55
Doppelstrangbruch-Reparatur I 145
Dosis I 257
– biologisch wirksame I 290 ff.
– Wahl I 414
Dosis-Wirkungsbeziehung I 75, I 199, I 209, I 287, I 380 ff.
Dosis-Wirkungskurven I 245
Dosisfindungsstudie I 32
drug holidays I 24
duldbare tägliche Aufnahmemenge (DTA) II 173
Dying-back-Syndrom I 123

e

E 120 I 400
E 123 I 400, II 134
E 605 I 58, I 122, I 366
EAC I 286
EC_{50} I 286 f.
ED_{50} I 287
EG-Altstoffverordnung I 78
Eibe I 124
EINECS (European Inventory of Existing Commercial Substances) I 212
Einsekundenkapazität FEV_1 I 108
Einstufung I 221 f.
– Stoff I 221 f.
Eisen II 16
– essenzielle und toxische Wirkungen II 17
– Exposition II 16
– Grenzwerte und Einstufungen II 18
– Vorkommen II 16
Eisen-(III)-hexacyanoferrat-(II) (Berliner Blau) I 227
ELINCS (European List of New Chemical Substances) I 212
Embryo I 172
– Kultur I 177
– Kultur isolierter Extremitätenknospen von Mäuseembryonen I 177

embryoid bodies (EB) I 177
embryonaler Stammzelltest (EST) I 176 f.
embryotoxische Wirkung I 180
embryotoxisches Potenzial I 176
Embryotoxizitätsassay I 177
Encephalopathie I 120
endocrine disruption I 83
endokrine Effekte II 186
endokrine Toxikologie I 237
endokrine Toxizität I 236
endokriner Disruptor (endocrine disruptor) I 83, II 158
Endophlebitis obliterans I 102
Energiekreisläufe I 275
enterohepatischer Kreislauf I 38
Entwicklungsimmuntoxizität (developmental immunotoxicity) I 231
Entwicklungsneurotoxizität I 231
Entwicklungstoxikologie I 230
Entwicklungstoxizität I 260
- Auswertung der Prüfung I 263
Enzephalozele I 160
Enzyme I 84
EPA-PAK II 86 ff.
- Grenzwerte II 93
Epidemiologie I 4, I 185 ff.
- alternative Erklärung (confounding) I 199
- Beobachtungsstudie I 192
- biologische Plausibilität I 199
- Dosis-Wirkungs-Beziehung I 199
- experimentelle Hinweise I 199
- Fehlertyp I 201
- Kausalität I 198
- Kohärenz mit sonstigen Erkenntnissen I 200
- molekulare I 204 f.
- Quellen für Unsicherheit und Verzerrungen I 200
- Spezifität der Assoziation I 200
- Stärke der Assoziation I 198
- Studientyp I 192
- Wiederholbarkeit und Konsistenz der Ergebnisse I 199
- zeitliche Beziehung I 198
Epigenetik I 146 f.
epigenetische Änderungen I 141
epigenetische Mechanismen I 176
Episulfonium-Ionen I 63
EPN I 303
Epoxide I 63
Epoxidhydrolasen (EH) I 45, I 58
Epoxypropanamid I 390
erbgutverändernde (mutagene) Eigenschaft I 421
Erdölgas II 77
Erinnerungsbias I 202
Erythrozyt I 112, I 125
- Mikrokern I 268
Erythrozyten-AChE (Ery-AChE) II 213
Eserin I 84
Ester I 333
Esterase I 58
Estradiol I 100
Ethanol II 103
- Eigenschaften II 103
- Exposition II 103
- Mensch II 104
- Tierexperimente II 105
- Toxikokinetik II 103
- Toxizität II 104
- Verwendung II 103
- Vorkommen II 103
Ethernit® II 53
Ethinylestradiol I 100
Ethoxyresorufin *O*-Deethylierung I 48
Ethylacetat I 364
Ethylbenzol (Ethylbenzen) I 331, II 84 ff.
Ethylenglykoldinitrat I 362
Ethylenimin I 365
Ethylenoxid I 89
Ethylenthioharnstoff (ETU) I 316
Ethylnitrit I 116
Europäischen Union (EU) I 212
- EU Zulassungsverfahren I 220
Exkretion I 38
Experimente mit juvenilen Tieren I 36
Exposition (exposure) I 21, I 203, I 209 f., I 243, I 256, I 385
- Gemische I 364
- nose-only II 61
Expositionsabschätzung (exposure assessment) I 380
Expositionsdaten
- Interpretation I 26
Expositionsmonitoring I 374
Expositionsprofile I 364
Expositionsweg I 244
Extrapolation auf den Menschen I 424
Exzisionsreparatur I 153
Exzitotoxizität I 122

f

Fall-Kontroll-Studie I 194
Farmerlunge I 110

Faulgas II 77
feeder layer I 177
Fehler
– zufällige (random error) I 201
– systematische Fehler (systematic error) I 201
– systematische Verzerrungen I 201
Feinstaub I 110, II 51 ff., II 63 ff.
Fentanyl (Fentanyldihydrogencitrat) II 157
Fenthion I 303
Fenton-Reaktion II 17
Ferrochelatase I 116
Fertilität
– männliche I 164
– Störung I 164
– weibliche I 167
Fetalperiode I 163
Fettleber I 100
trans-Fettsäuren (*trans* fatty acid, TFA) I 390 ff.
Fettspeicherung im Hepatozyten (Steatose) I 100
Fingerhut (*Digitalis purpurea*) I 87
Fipronil I 311
First-pass-Effekt I 39
Fische I 286
Fischtoxin I 379
Fishodor-Syndrom I 54
fixed dose procedure I 247
Fläche unter der Kurve (AUC) I 14 ff., I 41
Flammschutzmittel I 336, I 351
– bromierte II 196 f.
Flavin haltige Monooxygenasen (FMO) I 45 ff.
– Reaktion I 54
– SNP (single nucleotide polymorphism) I 55
Flavonoid I 91
Fliegenpilz I 122
flüchtige organische Verbindungen (VOC) I 329 f.
– Einsatzbereiche I 334
– Einzelstoffbewertung I 340
– Summe der flüchtigen organischen Verbindungen (total organic volatile compounds, TVOC) I 348
Fluconazol I 67
Fluor I 365
Fluoracetat I 321
Fluorchlorkohlenwasserstoffe, Chlorfluorkohlenwasserstoffe (FCKW, CFKW) II 73, II 160 ff.
– Eigenschaften II 168
– Exposition II 171
– Mensch II 172
– Tierexperimente II 172
– Toxikokinetik II 171
– Toxizität II 171
– Vorkommen II 168
Fluoressigsäure und ihre Derivate I 321
– Therapie I 321
Fluoromethoxy-2,2,2-trifluoro-1-(trifluoromethyl)ethan II 151
Fluoroquinolone I 232
Fluortelomeralkohole I 395
Flurane II 152
Flusilazol I 315 ff.
FOB (functional observational battery) I 272
Follikel stimulierendes Hormon (FSH) I 165
Follow-up-Studie I 415
Fomepizol I 228
force of morbidity I 188
forensische Toxikologie I 2
Formaldehyd (Methanal) I 110 f., I 335 ff., I 365 ff., II 47, II 119
– Eigenschaften II 119
– Exposition II 119
– krebserzeugende Wirkung I 345
– Mensch II 121
– Metabolismuswege II 120
– Tierexperimente II 121
– Toxikokinetik II 120
– Toxizität II 121
– Verwendung II 119
– Vorkommen II 119
Formaldehyd-Abspalter I 335
Forscarnet I 105
Fortpflanzung
– Prüfung auf Störungen I 419
Fortpflanzungskreislauf bei Säugern I 419
Fotoallergie I 235
Fotoirritation I 235
Fotokanzerogenität I 235
Fotomutagenität I 235
fototoxische Wirkung I 235
Fotozytotoxizität I 235
Fötus I 172
Frameshift-Mutation I 143, I 232, I 264 f.
Fremdstoff I 43, I 128
Fremdstoff metabolisierendes Enzymsystem (FME) I 43
Fremdstoffmetabolismus (FM) I 43 ff.
fruchtschädigende Wirkung I 369
Frühindikator I 419

Fumonisine I 142
Fungizide I 297 ff., I 315 ff.
funktionelle Lebensmittel I 403
Furan I 390 ff.
Furchung I 163

g
G-Stoffe II 211
$GABA_A$-Rezeptor I 301
Gallenexkretion I 38
Gametogenese I 162
Gamma-Aminobuttersäure (GABA) I 122
Ganzkörperautoradiographie I 19
gap junctions I 166
Gas
– lokale Wirkung II 33
– sofortige Wirkung II 33
– systemische Wirkung II 33
– verzögerte Wirkung II 33
Gaschromatographie (GC) I 18
Gastrulation I 163
Gefahr (hazard) I 379
Gefährdung (hazard) I 379
Gefährdungspotenzial
– ökotoxikologisches I 276
Gefahrenbeschreibung (hazard characterization) I 379 f.
Gefahrenidentifizierung (hazard identification) I 243, I 379 f.
Gefahrenschwelle I 347 ff.
Gefahrensymbole I 222
Gefährlichkeitsmerkmale I 222
Gefahrstoffverordnung (GefStoffV) I 359 f.
Gelborange I 400
2-Generationsstudie I 262
Geninduktion
– AhR-vermittelte II 180
Genmutationstest I 264
– Auswertung I 268
genomisches Imprinting I 162
Genotoxizität I 232
Genotoxizitätsstudie I 31
Gentamicin I 176
gentechnisch veränderter Organismus (GVO) I 402
Gentoxizität I 133
– indirekte Mechanismen I 145
– Test I 148
Gerinnung
– disseminierte intravasale (DIC) I 118
Gewässer (Hydrosphäre) I 281
Gewebsmakrophage I 125
Giemen I 108
Gift I 2
– biogenes I 8
– geogenes I 8
Giftung I 96
Giftungsreaktion I 46
Glia I 120
glomeruläre Filtrationsrate (GFR) I 102 f.
Glomerulonephritis I 106, I 129
Glomerulum I 102
Glottisödem I 108
Glucuronide I 65
Glucuronidierung I 59 ff.
Glukokortikoid I 176, II 44
Glukose-6-phosphatdehydrogenase II 41
Glutamat I 120
Glutamat-Oxalacetat-Transaminase (GOT) I 96
Glutamat-Pyruvat-Transaminase (GPT) I 96
γ-Glutamyltransferase (GGT) I 96
γ-Glutamyltranspeptidase I 61, I 105
Glutaraldehyd I 335
Glutathion (GSH, γ-Glutamylcysteinylglycin) I 59, II 153 ff.
– Konjugat I 59
Glutathion-S-Transferase (GST) I 59 f., II 164
– Fremdstoffmetabolismus I 62
Glutathionkonjugation I 60 f.
Glutathionperoxidase I 90
Glyceryltrinitrat I 362
Glycidamid I 89, I 141, I 390 f.
Glycidamid-DNA-Addukte I 390
Glycin I 70, I 122
Glykolether I 333
Gold I 106
Goldsalze I 110
Gonan II 81
Granulozyt I 112 ff.
– basophiler, neutrophiler und eosinophiler I 125
Grenzwerte I 239
– toxikologische I 381
Grünalge I 286
gute Labor Praxis (Good Laboratory Practice, GLP) I 23, I 211, I 257, I 409
Gyrase
– bakterielle I 232

h
Haber-Weiß-Reaktion II 17
Haloalkene II 159 ff.

– Eigenschaften II 159
– Exposition II 160
– Mensch II 165
– Tierexperimente II 162
– Toxikokinetik II 161
– Toxizität II 162
– Vorkommen II 159
Haloalkine II 159 ff.
– Eigenschaften II 159
– Exposition II 160
– Mensch II 165
– Tierexperimente II 162
– Toxikokinetik II 161
– Toxizität II 162
– Vorkommen II 159
Halogenalkane (Haloalkane) II 149
– Eigenschaften II 150
– Exposition II 153
– Mensch II 155
– Tierexperimente II 157
– Toxikokinetik II 153
– Toxizität II 155
– Vorkommen II 152
Halogene I 365
halogenierte Kohlenwasserstoffe
– hepato- und nephrotoxische Wirkung I 367
halogenierte monozyklische Aromate II 73
halogenierte organische Verbindungen I 333
halogenierte polyzyklische Aromate II 73
Halone (FBKW) II 169
Halothan (2-Brom-2-chlor-1,1,1-trifluorethan) I 89, I 99, II 151 ff.
Halothanhepatitis I 99
Hämangioendotheliom I 368
Hämangiosarkom I 101, I 368, II 162
Hämatokrit I 112
Hämatologie I 259
Hämatopoese I 112
– Störung I 114
Hämatotoxizität I 114
Hämoglobin (Hb) II 17, II 35 f.
– Carboxy-Hämoglobin (HbCO) II 36
– Methämoglobin (MetHb) II 40 ff., II 131
Hämoglobinsynthese I 116
Hämolyse
– intravasale I 114
Hämolysegift I 117
Hämostase
– Störungen I 117
Hapten-Carrier I 100
Harnblasenkarzinom I 372
Harnstoffderivate I 315
Hauptallergene I 401
Haushaltsmittel I 239
Hausstaub I 349
Haut I 374
Haut-Augenirritationsstudie I 245
Haut-Irritationstest *in vivo* I 252
Hautkampfstoffe II 214
– Auge II 218
– Diagnostik II 219
– Gastrointestinaltrakt II 218
– Langzeiteffekte II 220
– Lungen II 218
– Metabolismus II 217
– physikalische und chemische Eigenschaften II 215
– systemische Wirkungen II 219
– Therapie II 219
– Toxikodynamik II 215
– Verifikation der Exposition II 231
– Wirkung auf die Haut II 217
Hautreizung I 252
Hautresorption I 361
– Gefahr I 362
Hautsensibilisierung I 367
hazard I 225, I 379
hazard characterization I 379 f.
hazard identification I 243, I 379 f.
Hecogenin I 67
Heliotropium I 102
hepatische Enzephalopathie I 96
hepatotoxische Wirkung
– halogenierte Kohlenwasserstoffe I 367
Hepatotoxizität I 236 f.
– chronische I 100
Hepatozyte I 97
2,2′,3,4,4′,5,5′-Heptachlorbiphenyl (PCB 180) II 190
Herbizide I 297, I 311 ff.
Herbstzeitlose I 85, I 124
HERG (human ether-a-go-go-related gene) I 416
HET (Hühnerei-Test) I 253
heterozyklische aromatische Amine (HAA) I 390 f.
Hexabromcyclododecan (HBCDI) II 196
Hexachlorbenzol (Hexachlorbenzen, HCB) II 73
Hexachlorbutadien I 64, II 164
γ-Hexachlorcyclohexan I 338
n-Hexan I 124, I 367, II 78 ff.
– Metabolismus II 79
n-Hexan-Polyneuropathie II 79

2,5-Hexandion I 124, I 367, II 78
nicht homologe Endenvereinigung (non-homologous end joining, NHEJ) I 145
Hippursäure I 70
Histamin-*N*-Methyltransferase I 71
Histopathologie I 259, I 272
Hochleistungsflüssigchromatographie (HPLC) I 18
Holzschutzmittel I 337, I 353
Homeobox-Gene I 161
homologe Rekombination (HR) I 145
Hormone I 379
Hornblende II 51
hox-Gene I 161
HPLC (high performance liquid chromatography) I 18
HPRT (Hypoxanthin-Guanin-Phosphoribosyltransferase)-Test I 266
Human-Biomonitoring (HBM) I 349 f.
– Befundbeurteilung I 350
– Referenzwert I 350
– HBM-I-Wert I 350
– HBM-II-Wert I 350
Hydrochinon II 106
Hydrolase I 58
Hydrosphäre I 281
N-Hydroxy-2-acetylaminofluoren I 89 f.
1-Hydroxy-2-naphthylamin II 132
Hydroxylamine II 128
Hyper-IgM-Syndrom I 127
Hyperbilirubinämie I 66
Hypnotika II 151
Hypoglykämie I 96
Hypoxämie II 37
Hypoxanthin-Phosphoribosyl-Transferase (HPRT)-Gen I 150

i

IARC (International Agency for Research on Cancer) I 211
ICH (International Conference on Harmonization) I 408
ICH/VICH (Veterinary International Conference on Harmonization) I 211
ICt (incapacitating concentration time product) II 227
ICt_{50}-Wert II 227
Ifosfamid I 106, II 215
Imidacloprid I 311
2-Imino-1-naphthochinon II 132
β,β-Iminodipropionitril (IDPN) I 123
Immundefekte
– erworbene I 128
– induzierte I 128
– kombinierte (combined immunodeficiency, CID) I 127
immunologische Reaktionen I 399
Immunscreening (additional immunotoxicity testing) I 34
Immunsystem
– angeborene Störungen I 127
– Erkrankungen I 127
– Komponenten I 125
– Zellen I 125
Immuntoxikologie I 128
immuntoxikologische Studie I 33
Immuntoxizität I 236, I 271, II 187
Impaktion II 60
Implantation I 163
In-vitro-Chromosomenaberrationstest I 150
In-vitro-Haut-Irritationstest I 252
In-vitro-Haut-Korrosionstest I 234, I 251 f.
In-vitro-Methoden I 176
In-vitro-Prüfung I 409 ff.
In-vitro-Säugerzell-Mutationstest I 150
In-vitro-Test am Rinderauge I 234
In-vitro Toxikologie I 10
In-vitro-Transformationstest I 153
In-vitro-Zytotoxversuche II 83
In-vivo-Tiermodelle I 156
IND (investigational new drug) I 24, I 38
Indikatorkongenere II 192
Indikatortest I 152
individuelle Empfindlichkeit I 372
Industriechemikalien I 238
inflammatorische Reaktion I 129
Informationsbias I 201 f.
Inhalation I 362
– akute Toxizitätsprüfung I 249
inhalatorische Aufnahme I 362, I 375
Inhibin I 165
Innenraum I 325 ff.
– anorganische Gase I 329
– Beurteilung der Luftqualität mit Hilfe der Summe der flüchtigen organischen Verbindungen (TVOC-Wert) I 348
– gesundheitliche Bewertung von Schadstoffen I 338
– Normativwerte I 326
– raumklimatische Anforderungen I 326
– relevante Schadstoffe und Schadstoffgruppen I 328 ff.
– Schadstoffquelle I 327
Innenraumrichtwert I 331, I 347

Innenraumschadstoffe
– Nachweis I 355
Insektizide I 297 ff.
– moderne I 311
– phosphororganische II 205
intermediäres Syndrom (IMS) I 303, II 208
Internodium I 118
Intervallprävalenz I 186
Inzidenz I 188 ff.
– kumulative I 186 ff.
Inzidenzdichte I 188
Inzidenzrate I 188 ff.
Inzidenzratio
– standardisierte (SIR) I 189
Ionenkanal II6
IPCS (international programme on chemical safety) I 211
Iprodion I 319
Irritation I 245
– Prüfung I 251
IRPTC (international register of potentially toxic chemicals) I 211
Isochinolin-Verbindungen (IQ-Verbindungen) I 391
Isocyanat-Asthma II 47
Isoniazid I 70
Isothiazolinone I 335
Isozyanate (Isocyanate) I 110, II 46
Itai-Itai-Krankheit II 2 ff.

k

Kalzium-Benzoat I 400
Kampfstoffe I 122
– chemische II 201 ff.
– Einteilung II 202
– Hautkampfstoffe II 214, II 231
– Nervenkampfstoffe II 203 ff., II 229
– Verifikation der Exposition II 228 ff.
Kanzerogen
– chemisches I 137
– epigenetisches I 234
– multiple-site, multiple-species II 188
Kanzerogenese I 133 ff., I 269
– chemische I 13
– Langzeit-Kanzerogenese-Studie I 147
– Mehrstufenmodell I 134
– Metall-induzierte I 141
– Metallverbindungs-induzierte I 141
Kanzerogenesestudie I 422
Kanzerogenität I 233
– Einsetzbarkeit transgener Mausmodelle I 423
Karminsäure I 400
Karzinogen I 368
Karzinogenitätshauptstudie I 32
Karzinogenitätsstudie I 32
– Auswertung I 270
– Kurzzeitkanzerogenitätstest I 233
Katalase I 90, II 39
Kathon I 335
Kausalität
– Epidemiologie I 198
Kausalitätsbeurteilung I 198
Kehlkopf I 106
Kelocyanor® II 41
Kennzeichnung I 221 f.
– Stoff I 221 f.
Kennzeichnungspflicht I 213
Kepone I 300
Kepone shakes I 300
Keratinozyt I 125
Ketone I 333, II 115
– Eigenschaften II 115
– Exposition II 115
– Toxikokinetik II 115
– Toxizität II 115
– Verwendung II 115
– Vorkommen II 115
Kinetikdaten I 37
– Kontrolltier I 25
– statistische Bewertung I 29
Klassifizierung von Substanzen
– chemische I 30
klastogene Substanz I 150 ff., I 268
klinische Chemie I 259
klinische Phase I 408
klinische Symptomatik I 259
Knochenmarkstammzelle I 114
Knollenblätterpilz I 99
Kobalt I 367, II 15
– essenzielle und toxische Wirkungen II 16
– Exposition II 15
– Grenzwerte und Einstufungen II 16
– Vorkommen II 15
Kohlendioxid I 338
Kohlendioxidgehalt I 329
Kohlenmonoxid I 329 ff., I 366 ff., II 34 ff.
Kohlenwasserstoffe (KW) II 73 ff.
– aliphatische, azyklische II 74 ff.
– aliphatische, zyklische II 80 ff.
– halogenierte I 367
– monozyklische aromatische II 65
– perfluorierte (PFC) II 74, II 172
– polyzyklische aromatische (PAK) I 48, I 139, I 390 ff., II 65, II 85

– ungesättigte, halogenierte II 159 ff.
Kohortenstudie I 195
Kokain (Cocain) I 88
Konjugationsreaktion I 59
cis konjugierte Linolsäuren I 403
konstitutiver Androstan-Rezeptor (CAR) I 47
Kontaktallergie I 129
Kontaminante I 377 f.
– Lebensmittel I 377
kontrazeptive Therapie
– Tuberkulosepatientin I 53
Konzentrations-Wirkungs-Beziehungen I 349
Konzentrationsgift I 84
Koproporphyrinogendecarboxylase I 116
Kosmetika I 239
Krampfgift I 122
krebsauslösende (kanzerogene) Eigenschaften I 422
Kresole
– Eigenschaften II 111
– Exposition II 111
– Genotoxizität II 114
– Tierexperimente II 112
– Toxikokinetik II 112
– Toxizität II 112
– Verwendung II 111
– Vorkommen II 111
Krokyldolith II 52
kumulative Inzidenz I 186 ff.
Kupfer II 19
– essenzielle und toxische Wirkungen II 19
– Exposition II 19
– Grenzwerte und Einstufungen II 20
– Vorkommen II 19
Kupfferzellen I 125
Kurzzeitwert (RW II K) I 346

l

Lachgas II 45, II 151
Laktatazidose II 36 ff.
Langerhanszellen I 125
Langzeit-Kanzerogenese-Studie I 147
Langzeitwert (RW II L) I 346
Larynx I 106
Latenz I 75
LC_{50} (letale Konzentration (50%)) I 229
LCt (lethal concentration time product) II 227
LCt_{50}-Wert II 227
LD_{50} (letale Dosis (50%)) I 229, I 417
– Wert I 76, I 246
Lebensdosis I 84
Lebensmittel I 377 ff.
– erhitzungsbedingte Kontaminante I 390
– Kontaminanten, Rückstände und Toxine I 377
– Monitoring I 378
Lebensmittelallergene I 400
Lebensmittelzusatzstoff I 397 ff.
– Prüfanforderung I 399
– toxikologisch relevante Nebenwirkungen I 399
Leber I 95
– erste Leberpassage (first pass) I 96
Leberadenom I 101
Leberparenchymzelle I 97
Leberschaden
– akuter zytotoxischer I 97
– klinische Zeichen I 96
– vaskuläre I 102
Lebertumor I 101
Leberzirrhose I 100
leichtflüchtige organische Verbindungen (VVOC, very volatile organic compounds) I 329
Leitsubstanz II 86 ff.
Leitwert (LW) II 173
Leptophos I 303
Leseraster-Mutation I 143
Letalität I 229
leukemia inhibitory factor (LIF) I 177
Leukopenie I 114
Leukozytose II 219
Lewisit II 202 f.
limb bud culture I 177
limit dose I 25
Limonen I 332, II 83
Lindan I 137, I 300, I 338
Linolsäuren
– konjugierte (CLA) I 403
Linuron I 315
Lipidperoxidation I 98
Lithosphäre I 281
LOAEL (lowest observed adverse effect level) I 260, I 347, I 382, I 401 f.
Local Lymph Node Assay (LLNA) I 235, I 255
LOEL (lowest observed effect level) I 382
Lost II 214
low density lipoprotein (LDL-Cholesterin) I 395
Luft I 281
– verbrauchte I 338

Luftverunreinigung I 328
Lungenbläschen I 106
Lungenemphysem I 108 ff.
Lungenerkrankung
– chronisch obstruktive I 110
Lungenfibrose I 108 ff.
Lungenödem II 46
– toxisches I 108
Lungenschädigung
– klinische Zeichen I 108
– toxische I 108
Lungentoxizität
– systemisch ausgelöste I 112
Lungentumor I 111
Lycopin I 403, II 75
Lymphozyt I 112

m

Magenkrebsinzidenz I 140
Makrophage I 125 ff.
– beladener II 60
Makrophagen Aktivität I 34
Malaoxon II 211
4-Maleylacetoacetat I 63
Malononitrile II 222
Mangan II 20
– essenzielle und toxische Wirkungen II 21
– Exposition II 20
– Grenzwerte und Einstufungen II 21
– Vorkommen II 20
margin of exposure (MOE) I 385
Maßzahl I 186 ff.
– beschreibende I 186 ff.
– vergleichende I 189 ff.
Matching I 204
Mausmodell
– transgenes I 423
maximale Arbeitsplatzkonzentration (MAK-Wert) I 214 f., I 344, I 360
– Schwangerschaft I 369
maximale tolerierbare Dosis/Toleranz (maximale tolerable Dosis, MTD Prinzip) I 32, I 257, I 422
Maximisierungs-Test I 235, I 254
maximum residue level (MRL) I 217
3-MCPD-Fettsäureester I 385 ff.
Mega-Dose-Poisoning II 205
Megaloblastenanämie I 114
Mehlstaub I 110
Melphalan II 215
Menkes-Syndrom II 19
Mennige II 11
Merkaptursäure II 164 f.
Mesotheliom I 368
Metabolismus I 20
– vor Ort I 39
Metabolit
– Determination I 28
– kanzerogener I 138
Metall II 1 ff.
Metallothionin I 387
Metalloxide II 65
Metallverbindung
– kanzerogene II 3 f.
– Kanzerogenität II 2
– toxische Wirkung II 2
– Wirkungsmechanismen II 4
Metallverbindungs-induzierte Kanzerogenese I 141
Metastase I 233
Methamidophos I 303
Methämoglobin (MetHb) II 40 ff., II 131
Methämoglobinämie I 114 ff.
Methämoglobinbildner I 117, II 40 ff., II 140
Methanal, *siehe* Formaldehyd
Methangas II 77
Methanol II 100
– Eigenschaften II 100
– Exposition II 100
– Mensch II 101
– Tierexperimente II 102
– Toxikokinetik II 101
– Toxizität II 101
– Verwendung II 100
– Vorkommen II 100
Methotrexat I 106
N-Methyl-2,2′-dichlordiethylamin (HN-2) II 215
3-Methyl-3*H*-imidazol[4,5–f]chinolin-2-amin (IQ) I 391, II 134
Methyl-4-isothiazolin-3-on (MIT) I 335
1-Methyl-6-phenyl-1*H*-imidazol[4,5b]pyridin-2-amin (PhIP) I 140, I 391, II 134
1-Methyl-4-phenyl-1,2,3,6-tetrahydropyridin (MPTP) I 55, I 123
Methylbromid I 370
– Entwesung von Gebäuden I 62
Methylbutylketon (MBK) I 367
3-Methylcholanthren I 67
4,4′-Methylen-bis(2-chlordianilin) II 128
Methylenchlorid I 366
4,4′-Methylendianilin II 127 ff.
Methylethylketon II 116

O^6-Methylguanin I 143
N-Methylhydroxylamin II 135
Methylisobutylketon II 116
Methylisocyanat II 46
Methylierung I 59f.
4-(Methylnitrosamino)-1-(3-pyridyl)-1-butanon (NNK) I 50, I 111
Methylquecksilber I 228
Methyltransferase I 60, I 71
Metobromuron I 315
Metolachlor I 314
Metrifonate I 305
Mikrodialyse I 20
Mikrogliazelle I 120ff.
Mikrokern I 268
Mikrokerntest I 151, I 232
Mipafox I 303
Mirex I 300
Mismatch-Reparatur I 145
Mitomycin C I 106
Moclobemid I 55
molekulare Epidemiologie I 204f.
molekulare Toxikologie I 9
Molluskizide I 297
Monilia I 319
Monoaminoxidasen (MAO) I 45, I 55
3-Monochlor-1,2-propandiol (3-MCPD) I 383ff.
– 3-MCPD-Fettsäureester I 385ff.
Monochlorethan (Ethylchlorid) II 158
Monochlorethen (Vinylchlorid, VC) I 102, I 368, II 73, II 149, II 159
Monocrotophos I 303
monomethylarsonige Säure (MMA(III)) II 10
Monomethylarsonsäure (MMA(V)) II 10
Mononatriumglutamat I 400
monozyklische aromatische Kohlenwasserstoffe II 65
Monozyt I 112, I 125
Morbus Basedow I 130
Morbus Parkinson I 55
Morphin I 378
Mortalität I 188
Mortalitätsratio
– standardisierte (SMR) I 189
Moschus-Duft II 81
Moxifloxacin I 91, I 17
MRL(maximum residue limits) I 384
MRL-Verfahren I 220
mucosal-associated lymphoid tissue (MALT) I 126
mukociliäre Clearance I 108ff.
multidrug resistance transporter (mdr-1) I 90
multiple chemical sensitivity (MCS) I 372
multiple-site, multiple-species Kanzerogene II 188
Multiple Sklerose I 130
Muscarin I 80
Muscimol I 122
Muskelrelaxantien II 151
mutagene Wirkung I 368
Mutagenität I 263
Mutation I 149, I 264
– Typen I 264
Mutationsprüfung I 154ff.
– Aussagekraft der *in-vitro*-Daten I 154
– Beziehung zur Kanzerogenese I 155
– Hochdurchsatz und komplexe Systeme I 155
– Schwellenwerte I 155
Mutationstest I 148
Myasthenia gravis (MG) I 81
Mycophenolatmofetil I 160, I 179
Mycosis fungoides II 215
Mycotoxin I 142
Myelinopathie I 124
Myelinscheide I 118
myeloische Leukämie I 368
Myelotoxizität II 90
Mykose I 8
Mykotoxine I 8, I 378
Myoglobin II 17

n

N-Lost II 215
Na^+/K^+-ATPase I 87, I 301
Nanopartikel I 110, II 57ff.
NAD(P)H-Chinon-Oxidoreduktase (NQOR; vormals DT-Diaphorase) I 57
NADPH-Cytochrom-P450-Reduktase I 112
Naphthalen-Derivate II 127
Naphthalin I 331
Naphthochinon I 365
2-Naphthylamin I 70, I 139, II 127ff.
– metabolische Aktivierung II 132
α-Naphthylthioharnstoff I 321f.
Narkotika II 151
narkotische Wirkungen I 366
narkotischer Effekt I 121
Nasen-Rachenraum (Nasopharynx) I 106
NAT, *siehe N*-Acetyltransferase
Natriumthiocyanat II 40
Natriumthiosulfat I 85, II 40
Naturgas II 77

natürliche Killerzellen (NK-Zellen) I 34
Naturstoffe
– kanzerogene I 142
Nekropsie I 259
Nematizide I 297
Nephron I 102
nephrotoxische Arzneimittel I 105
nephrotoxische Schwermetalle I 106
nephrotoxische Wirkung
– Cadmium I 387
– halogenierte Kohlenwasserstoffe I 367
Nervenkampfstoffe II 203 ff.
– Eigenschaften II 204
– intermediäres Syndrom (IMS) II 208
– G-Reihe II 205
– Langzeitwirkungen II 209
– Symptome der Vergiftung II 206
– therapeutische Maßnahmen II 209 ff.
– Toxikokinetik II 206
– Toxizität II 213
– Unterschied zu phosphororganischen Insektiziden II 205
– Verifikation der Exposition II 229 f.
– verzögerte Neurotoxizität II 209
– Vorkommen II 204
– Wirkungsweise II 206
Nervensystem
– Aufbau I 118
neuartige Lebensmittel (novel foods) I 402 ff.
– Anmeldeverfahren I 403
– Genehmigungsverfahren I 403
– Sicherheitsbewertung I 404
Neuronopathie I 122
neuropathy target esterase (NTE) II 209
neurotoxische Schädigung
– klinische Zeichen I 120
neurotoxische Targetesterase (neurotoxic target esterase, NTE) I 124, I 304
neurotoxische Wirkungen I 366
Neurotoxizität I 236, I 272
– akute funktionelle Störung I 121
– Mechanismus I 121
– Störung der synaptischen Übertragung I 121
Neurotransmitter I 122
– Systeme II 39
nicht klinische Sicherheitsstudie
– Grundprinzipien I 409
Nickel I 106 ff., I 367, II 6, II 22
– essenzielle und toxische Wirkungen II 22
– Exposition II 22
– Grenzwerte und Einstufungen II 23
– Verbindung II 2
– Vorkommen II 22
Nickelcarbonyl I 365
Nickelchlorid II 7
Nickeloxid II 7
Nickelsalze I 110
Nickelsubsulfid II 7, II 22
Nickelsulfid II 6, II 22
Nicotinamid-*N*-Methyltransferase I 71
Niere
– Aufbau und Funktion I 102
– Fremdstoffmetabolismus I 104
Nierenschaden
– klinische Zeichen I 103
Nikotin I 80, I 327
Nitroaromate
– Metabolismus II 140
Nitrobenzol II 139
Nitrobenzole II 86
1-Nitrochrysen II 139
3-Nitrofluoranthen II 139
2-Nitrofluoren II 139
Nitroglycerin I 362
9-Nitrophenanthren II 139
3-Nitropropionsäure I 123
6-Nitropyren II 139
Nitrosamine I 50, I 111, I 140, I 378, II 142
– Eigenschaften II 142
– Exposition II 142
– Mensch II 144
– metabolische Aktivierung II 144
– Organotropie II 145 f.
– Tierexperimente II 145
– Toxikokinetik II 143
– Toxizität II 144
– Vorkommen II 142
nitrose Gase I 365 ff., II 45 f.
N-Nitroso-*N*-methyl-harnstoff II 143
N-Nitroso-*N*-methyl-urethan II 143
4-(Nitrosomethylamino)-1-(3-pyridyl)-1-butanon (NNK) II 144
4-Nitrosonornicotinin (NNN) II 144
NMDA-(*N*-Methyl-D-Aspartat) Rezeptor I 122
No-Effekt-Level (NOEL) I 4, I 25, I 77, I 226, I 381 f.
NOEC I 287
NOED I 287
non observed adverse effect level (NOAEL) I 14, I 25, I 214, I 230, I 257 ff., I 382 ff., I 401 f.

novel foods I 402 ff.
– Anmeldeverfahren I 403
– Genehmigungsverfahren I 403
– Sicherheitsbewertung I 404
Nukleotidexzisionsreparatur I 145

o

Oberflächenmarker I 128
Obidoxim I 122, II 214
OC II 222 ff.
Occludin I 166
occupational exposure limits (OEL) I 360
Ochratoxin A I 142
odds ratio I 191 ff.
ODP-Wert (ozone depletion potential) II 168
OECD (Organization for Economic Cooperation and Development) I 211
– Richtlinien I 173
ökologische Studie I 197
Ökosysteme I 279
Ökotoxikologie I 275 ff.
– aquatische I 283 ff.
– Aufgabenfelder I 277
– etablierte Prüfverfahren I 284
– Grundlagen I 278
– Prinzipien I 276
– Risikobewertung I 288
– terrestrische I 283 ff.
n-Oktanol I 227
Oktanzahl II 75
Olefine II 75
Oleoresin capsicum II 225
Oligodendrozyt I 120
Oligohydramnium-Sequenz I 164
Oligospermie II 157
Omega-3 Fettsäuren I 403
Onkogen I 133 ff., II 5
Ophthalmologie I 259
Opioide II 151
oral reference dose (RfD) II 28
orale Applikation I 246
orale Aufnahme I 375
Organe
– blutbildende I 112
– Immunsystem I 126
– Schädigung parenchymatöser Organe I 367
– Toxikologie I 95 ff.
Organgewichte I 259
organische Halogenverbindungen II 149 ff., II 177 ff.
Organochlorverbindung I 299
– Biotransformation, Verteilung und Speicherung I 301
– Therapie I 301
– Vergiftung I 299
– Wirkungsmechanismus I 301
Organogenese I 163
Organophosphat-(Alkylphosphat-) Insektizide I 122
Organophosphate (OP) II 204
organophosphate-induced delayed neuropathy (OPIDN) II 209
organophosphate-induced delayed polyneuropathy (OPIDP) I 303
Organophosphatvergiftung I 122
organophosphorus ester-induced delayed polyneuropathy (OPIDP) I 124
Organsysteme
– Toxikologie I 95 ff.
Osteoclast I 125
Osterluzei I 142
oxidative burst I 90
Oxime II 210
4,4′-Oxydianilin II 138
Ozon I 329, I 365
Ozonabbaupotenzial II 168
Ozonkiller II 169

p

P-Glykoprotein I 90
PAMPA (parallel artificial membrane permeation assay) I 18
Panzytopenie I 114
Paracelsus I 1, I 407
Paracetamol I 63, I 99 ff.
Paracetamoltoxizität I 52
Paracetamolvergiftung I 98
Paraffine II 75
Paralyse I 120
Paraoxonase (A-Esterase) I 58, II 206
– PON1 I 58
– PON2 I 58
– PON3 I 58
Paraquat I 112, I 312 ff.
– Therapie I 314
Parathion (E605) I 58, I 122, I 366
Parese I 120
partition I 227
Passivrauchen I 327
Patulin I 142
Peliosis hepatis I 102
Penicillin I 117
Penicillium verrucosum I 142

S-(1,2,3,4,4-Pentachlorbutadienyl)-L-Cystein (PCBC) II 165
Pentachlorphenol (PCP) I 337, I 353, II 73
– PCP-Richtlinie I 353 f.
Per (Tetrachlorethen) II 73, II 149, II 159
Perchlorethylen
– Konzentrationsverlauf I 363
perfluorierte Alkylcarbonsäuren I 395 f.
perfluorierte Alkylsulfonsäuren I 395
perfluorierte Kohlenwasserstoffe (PFC) II 74, II 172
perfluorierte Tenside (PFT) I 395, II 74, II 172
Perfluoroktansäure (PFOA) I 395 f., II 172
Perfluoroktansulfonat (PFOS) I 395 f.
Perfluoroktansulfonsäure (PFOS) II 172
Periodenprävalenz I 186
Permethrin I 299
perorale Aufnahme I 361
Peroxisomen II 89
Peroxisomenproliferator aktivierter Rezeptor-α (PPAR-α) I 137
Peroxyessigsäure I 365
Persistenz I 349
Pettenkoferzahl I 338
Pfeffer Spray II 222
Pflanzenschutzmittel I 216, I 238, I 297 ff.
PFT-Sulfonate I 395
Phagozyt I 108
Phagozytose I 34, II 6, II 61
Pharmako-Toxikokinetik I 228
Pharmakokinetik I 37 ff.
– lineare Pharmakokinetik I 364
– nicht-lineare I 364
pharmakokinetische Methode I 16
Pharmakon I 407
Phase I
– chemische Reaktionen I 45
– CYP-vermittelte Reaktion I 46
Phase II
– chemische Reaktionen I 59
Phasenabhängigkeit I 169
Phasenspezifität I 161
Phenobarbital (PB) I 50, I 67
– phenobarbital-responsive enhancer module I 50
Phenol II 89, II 108
– Eigenschaften II 108
– Exposition II 108
– Mensch II 109
– metabolische Abbauwege II 110
– Tierexperimente II 110
– Toxikokinetik II 109
– Toxizität II 109
– Verwendung II 108
– Vorkommen II 108
Phenole II 106 ff.
– Eigenschaften II 107
– Einstufung II 108
– Exposition II 107
– Toxikokinetik II 107
– Toxizität II 107
– Verwendung II 107
– Vorkommen II 107
Phenyl(thio)äther II 138
p-Phenylendiamin II 131
Phenylpyrazole I 311
Phosgen I 365, II 33 f., II 202 f.
Phosgenoxim II 220
3′-Phospho-adenosin-5′-phosphosulfat (PAPS) I 68
Phospholipidose I 106
Phosphonsäureester II 204
Phosphor
– gelb I 320
phosphororganische Insektizide
– Unterschied zu Nervenkampfstoffen II 205
Phosphorsäureester I 299 ff., I 379
– Behandlung I 304
Phosphorwasserstoff I 370
Phosphoryl-Phosphatasen II 206
Phthalate I 378
Phthalsäureester I 337, I 353
physikalisch chemische Daten I 227
Physostigma venenosum I 84
Physostigmin I 84
Phytosterinester I 403
Phytotoxine I 8
Pikrotoxin I 122
Pilocarpin I 81
Pimephales promelas I 286
α-Pinen I 332
β-Pinen I 332
Pinene II 83
Planktonkrebse I 286
Plaque-Assay I 34
Plasma-Cholinesterase (Pl-ChE) II 213
Platten-Inkorporations-Test I 265
Plazentagängigkeit I 20
Pleuradrift I 111
Pleuramesotheliom I 111
Pneumokoniosen I 110 f.
^{210}Polonium I 111
Poly-(ADP-Ribose)-Polymerase (PARP-1) II 216

(Poly)neuropathic I 120
polybromierte Diphenylether (PBDE) II 74, II 196f.
– aktive II 196
– reaktive II 196
polychlorierte Biphenyle (PCB) I 48, I 227ff., I 351, I 378ff., II 74, II 190ff.
– dioxinartige (dioxinlike, DL) II 190
– Eigenschaften II 191
– Exposition II 192
– Mensch II 194
– nicht dioxinartige (non-dioxinlike, NDL) II 190
– PCB-Richtlinie I 353
– Tierexperimente II 193
– Toxikokinetik II 193
– Toxizität II 193
– Vorkommen II 192
polychlorierte Dibenzo-*para*-dioxine (PCDD) II 177ff.
polychlorierte Dibenzo-*para*-dioxine und Dibenzofurane (PCDD/Fs) II 177ff.
– akute Toxizität II 184
– Eigenschaften II 178
– endokrine Effekte II 186
– Exposition II 182
– Immuntoxizität II 187
– Kanzerogenität II 188
– Mensch II 185ff.
– relative Toxizität II 181
– Reproduktionstoxizität II 186
– subchronische und chronische Toxizität II 185
– TEF-Konzept II 181
– Tierexperimente II 184ff.
– Toxikokinetik II 183
– toxische Effekte II 183
– Vorkommen II 178
– Wirkungsweise II 179
polychlorierte Dibenzofurane (PCDF) II 177ff.
polychlorierte Dioxine (PCDD) II 74
polychlorierte Furane (PCDF) II 74
Polymorphismus I 44
– SNP I 50
Polytetrafluorethylen (PTFE) I 396, II 172
polyzyklische aromatische Kohlenwasserstoffe (PAK, polycyclic aromatic hydrocarbon, PAH) I 48, I 139, I 390ff., II 65, II 85
– Grenzwerte II 93
POP (persistent organic pollutant) II 178, II 191
Populationsstruktur I 285
portale Trias I 95
Positron Emissions-Tomografie (positron emission tomography, PET) I 20
power I 194
Präinkubationstest I 266
präklinische Phase I 408
präklinische Studie I 30
Pralidoxim I 305
pränarkotische Wirkungen I 366
Prävalenz I 187ff.
Pregnan-X-Rezeptor (PXR) I 47ff.
prenatal developmental toxicity I 172
Primärzellkultur I 409
Procainamid I 70
Procymidon I 319f.
Pronopol I 335
proof of concept I 414
2-Propanon, *siehe* Aceton
Prostaglandin G_2 (PGG_2) I 56
Prostaglandin H_2 (PGH_2) I 56
Prostaglandinsynthase (PG) II 132f.
Proteinaddukte II 231
Provokation I 254
Prüfsubstanz
– Verabreichungsart I 413
– Verabreichungsdauer I 413
Prüfung
– akute Toxizität I 417
– allgemeine Verträglichkeit I 417
– erbgutverändernde Eigenschaften I 421
– juvenile Tiere I 420
– Kanzerogenität I 423
– krebsauslösende Eigenschaften I 422
– lokale Verträglichkeit I 423f.
– Störungen der Fortpflanzung I 419
Prüfungsanforderung I 213f.
pseudoallergische Reaktionen I 400
Psoriasis vulgaris II 215
Psychokampfstoffe (BZ) II 203
PTWI (provisional tolerable weekly intake)-Wert I 383
Punktmutation I 144, I 232, I 264
Punktprävalenz I 186
Pyrethroide I 121, I 299ff., II 81
– Biotransformation, Verteilung und Speicherung I 309
– Symptome einer Vergiftung I 307
– Typ-I I 307
– Typ II I 308
– Wirkungsmechanismus I 309
Pyridostigmin II 212

Pyrimidin-5'-Nucleotidase I 116
Pyrrolizidinalkaloide I 102, I 142, I 378

q
QT-Intervall I 416
QT-Zeit I 35
Quantifizierung I 23
quantitative Gewebsverteilung (QTD) I 19
quantitative Strukturwirkungsbeziehung (QSAR) I 226
quantitative whole body autoradiography (QWBA) I 19
Quarz I 111
Quecksilber I 106, I 386, II 2
– Alkyle I 367
– anorganische Salze I 227
– Exposition II 24
– Grenzwerte und Einstufungen II 25
– toxische Wirkungen II 24
– Vorkommen II 24
Querschnittsstudie I 192
Quervernetzungen (crosslinks) II 216

r
R-Sätze I 223 f., I 269 f.
Radialisparese I 124
Radikal I 90
Radikalfänger I 91
Radioimmun-Assay I 18
Randomisierung I 204
Ranvierschen Schnürringe I 118
Rauchen I 327
Raucherhusten I 110
Raumklimabedingungen I 327
Raumklimakomponente I 326
raumklimatische Anforderungen I 326
Raynaud-Syndrom II 165
REACH (registration, evaluation and authorisation of chemicals) I 78, I 212
reaktive Sauerstoffspezies (reactive oxygen species, ROS) I 111 f., I 141 ff., II 4 f.
Reduktase I 45, I 57
reference dose II 25
reflexdämpfendes Mittel II 151
Reihenvergiftung II 44
Reinhibition II 211
Reizgas II 33
– irritativ-toxische Schädigung I 109
Reizstoffe II 221 ff.
– klinisch-chemische Parameter II 226
– Langzeitwirkungen II 226
– physikalisch-chemische Eigenschaften II 222
– Symptome der Vergiftung II 224
– therapeutische Maßnahmen II 226
– Toxikokinetik II 223
– Toxizität II 227
– Wirkmechanismus II 224
Reizwirkungen I 234
repeated dose study I 272
Reproduktionstoxikologie I 230, I 419
Reproduktionstoxikologische Wirkung
– MAK-Werte und Schwangerschaft I 369
Reproduktionstoxizität I 159 ff., I 260, II 186
– Arzneimittel I 172
– Auswertung der Prüfung I 263
– mögliche Nachteile der Routineprotokolle I 174
– Segment-I-, II-, und III-Test I 169 ff.
– tierexperimentelle Studie I 171
– toxikokinetische Aspekte I 180
Resorcin II 106
Resorption von Arbeitsstoffen I 361
Resorptionsmechanismus I 17
Respirationstrakt
– Aufbau und Funktion I 106
– Tumore I 111
responsives Element I 48
Restriktion I 204
Retentionsrate I 362
Retinoide I 160
Rezeptor I 128
– muscarinerg I 80
– nikotinerg I 80
Rezeptor-γ-Koaktivator-1 (PGC-1) I 50
Rhodanid-Synthetase II 40
Richtlinie S3A I 21 ff.
Richtwert I 345
– Luft in Innenräumen I 345
– RW I I 346
– RW II I 346
Risiko I 4, I 407 ff.
– Abschätzung I 424
– relatives (RR) I 190 ff.
– Schritte zur Risikoermittlung I 425
Risikoanalyse
– Grundlagen I 379
Risikobewertung (risk assessment) I 209, I 225 ff., I 243, I 378 f.
– deterministische I 290
– Grundlagen I 379
– integrierte I 416
– ökotoxikologische I 288
– probabilistische I 291
Risikomanagement I 237 f., I 243, I 378

– ökologisches I 291
risk I 225
RNA-Polymerase II I 99
Rodentizide I 297, I 320
rote Blutkörperchen I 112
Rückstände I 377 f.
– Lebensmittel I 377
Ruß II 65 ff.
– Eigenschaften II 65
– Exposition II 66
– Mensch II 69
– Tierexperimente II 68
– Toxikokinetik II 66
– Toxizität II 67
– Vorkommen II 66
Rußpartikel II 56

S

S-Lost II 214 ff.
– DNA-Addukte II 219
S-Lost-Vaseline II 215
S-Sätze I 223 ff.
Saccharopolyspora spinosa I 311
Safrol I 142
Salmonella Mikrosomentest I 264
Salmonella typhimurium I 149, I 421
Salpetersäureester I 362
Sarin I 122, II 204 f.
Säugetierorganismus
– normale prä- und postnatale Entwicklung I 161
– Störungen der Entwicklung I 168
Säuredämpfe I 365
Schadstoffe
– anorganische I 328
Schadstoffquelle
– Innenräume I 327
Schadwirkung I 75
Schilddrüse stimulierendes Hormon (TSH) II 138
Schilddrüsenhormon II 197
Schilddrüsenhyperplasien I 316 ff.
Schimmelpilze I 8, I 142
Schlangengift I 117
Schnüffler II 79 ff.
Schutzausrüstung I 375
Schwangerschaft
– MAK-Werte I 369
Schwebstäube II 56 f.
– Eigenschaften II 56
– Exposition II 58
– Grenzwert II 59
– Toxikokinetik II 60
– Toxizität II 60
– Vorkommen II 57
Schwefel-Lost I 63, II 214
Schwefelwasserstoff I 370, II 42 ff.
– toxische Wirkmechanismus II 43
Schwellenkonzentration I 286
Schwellenwertregelung I 232
schwerflüchtige organische Verbindungen (SVOC, semivolatile organic compound) I 329 ff., I 349
– Bewertung I 351
Schwermetall I 367, I 378 ff.
– Alkylverbindungen I 367
– nephrotoxische I 106
Schwesterchromatid-Austausch (sister chromatid exchange, SCE) I 153, I 232
Sclerotinia I 319
Screening I 409 ff.
Segment-1-Studie I 260
Segment-2-Studie I 261
Segment-3-Studie I 262
Segment-I-, II- und III-Test I 169 ff.
Selektionsbias I 201
Selen I 91
Selenastrum capricornutum I 286
Semichinone I 368
Senecio I 102
Senfgas I 63, II 215
Sensibilisierung I 234, I 245, I 367
– Prüfung I 254
Sertoli-Zellen I 165 f.
severe combined immunodeficiency (SCID) I 127
Sevesogift II 179
Sevofluran II 151
short-term exposure limit (STEL) I 364
Sicherheitsdatenblatt I 225
Sicherheitsfaktor (SF) I 14, I 382
Sicherheitspharmakologie I 34, I 415
sicherheitspharmakologische Studie I 415
Sick Building-Syndrom I 372
Siedepunkt I 228
silent killer II 34
Siloxane I 333
Simazin I 314 f.
single dose study I 30
single dose tissue distribution study I 37
Sinusoide I 95
SIS (skin immune system) I 125
small molecules I 271
SNP (single nucleotide polymorphism) I 50

Soman I 122, II 204 f.
Sorbate I 400
Sorbinsäure I 400
Spermatogenese I 165
Speziesunterschied I 24
Spina bifida I 160
Spindelgift I 267
Spinosyne I 311
Spirometrie I 108
Splenomegalie II 165
Staub II 56
Stäube II 56
– Eigenschaften II 56
– Exposition II 58
– Grenzwerte II 59 ff.
– Mensch II 63
– nose-only-Exposition II 61
– Tierexperimente II 61
– Toxikokinetik II 60
– Toxizität II 60
– Vorkommen II 57
staubgebundene organische Verbindungen (POM, particulate organic matter) I 329 ff., I 349
Staublunge II 60
Steady-state-Bedingungen I 31
Steatose I 100
Steroide II 81 ff.
Stibin II 9
Stickoxide I 329
Stickstoffdioxid I 340
Stickstoffmonoxid II 45
cis-Stilbenoxid I 58
Stoffkreisläufe I 275
Stoffklasse I 8
Störfaktor I 194
– nicht kontrollierbare I 194
Streptomyces avermitilis I 309
Stresstoleranz I 289
Stridor I 108
Strobilurine I 319
Strobilurius tentacellus I 319
Strychnin I 122, I 320
Studie
– Auswertung I 260
– chronische I 255
– Dauer I 258
– Design I 258
– mit Einmalgabe I 30
– mit wiederholter Applikation I 255
– subakute I 255
– subchronische I 255
– Tierzahlen I 258
Studientyp I 414 ff.
– Mischtyp I 197
– Vergleich I 196
Styrol I 364
Substanz
– chemische Klassifizierung I 30
– therapeutischen Breite I 76
Substanzfindung I 408
Succinat-Dehydrogenase II 39
Sulfamethoxazol I 70
Sulfanilamid I 70
Sulfate II 65
Sulfatierung I 59 f.
Sulfite I 400
Sulfotransferase (SULT) I 60 ff.
Summationsgift I 84
Sumpfgas II 77
Superoxid-Dismutase I 90
supplemental study I 415
Suszeptibilität I 372
Symptomenwandel I 366
synaptische Übertragung
– Störung I 121

t

T-Helferzelle II 188
T-Lymphozyt I 114 ff.
T-Syndrom I 307
T-Zell I 129
T-Zell abhängige Immunreaktion (TDAR) I 34
T-Zell-Rezeptor I 128
Tabun I 122, II 204 f.
Tartrazin I 400
Taubenzüchterlunge I 110
Taxane I 124
Taxol® I 124, II 83
technische Regeln für Gefahrstoffe (TRGS) I 325
TEF (toxic equivalency factor) Konzept II 181
Teflon® II 172
Temephos I 305
TEQ (Toxizitätsäquivalent) I 352, II 181
teratogener Effekt I 369
Teratogenität I 260
Teratogenitätsstudie I 171
Terbutryn I 314
Terpene I 332, II 83
Tetanustoxin I 122
Tetrabrombisphenol A (TBBPA) II 196
2,3,7,8-Tetrachlordibenzo-*p*-dioxin (TCDD) I 48, I 67, II 179

Tetrachlordifluorethan II 168
Tetrachlorethan I 367
Tetrachlorethen (Per) II 73, II 149, II 159
– Konzentrationsverlauf I 363
Tetrachlorkohlenstoff (Tetrachlormethan) I 91, I 98 ff., I 227
2,3,7,8-Tetrachlorkongenere II 178
Tetrodotoxin I 121
Tetraethylpyrophosphat II 203
Tetrafluorethylen (TFE) II 172
Th1-Zellen I 126 ff.
Th2-Zellen I 126
Th3-Zellen I 126
Thalidomid I 169, I 419
Thalliumsulfat I 320
Thalliumvergiftung I 227
therapeutische Plasma-Konzentration beim Menschen I 14
Thiabendazol I 317
Thiocarbamatsäure
– metallhaltigen Derivate I 315
Thiocyanat II 40
Thioetherbindung I 59
Thioketene I 63
Thiophanat I 317
Thiophanat-Methyl I 318
Thiuram I 317
Thiuramdisulfide I 317
Thoriumdioxid I 368
threshold limit values (TLV) I 360
threshold of toxicological concern (TTC) I 29
Thrombopenie II 219
Thrombozyt I 112 ff.
Thrombozytenaggregationshemmung I 114 ff.
Thrombozytopenie I 114, II 165
– Typ II (HIT II) I 117
Thyroliberin II 138
L-Thyroxin II 138
Tier
– Prüfung an juvenilen Tieren I 420
Tierarzneimittel I 217, I 238, I 379
tierexperimentelle Prüfung I 411
Tierspezies I 256
– most human-like animal species I 412, I 425
– most sensitive animal species I 412, I 425
– toxikologische Studie I 411
tight junction I 118, I 166 f.
TK (Thymidin-Kinase)-Test I 266
Todesfälle
– beobachtete (observed number of death, Obs) I 189
– erwartete (expected, Exp) I 189
tolerable upper intake level (UL) I 383
tolerierbare tägliche Aufnahmemenge (tolerable daily intake, TDI) I 351 ff., I 383, II 173
Tollkirsche I 82
2-Toluidin II 128
o-Toluidin I 392, II 131
Toluol (Toluen) I 331, I 364, II 84 ff.
Toluylendiisocyanat (TDI) I 365
2,4-Toluoldiisocyanat II 46
Topoisomerase I 232
– Inhibitor I 232
total suspended particles (TSP) II 59
toxic equivalency factor (TEF) II 181
toxic equivalent (TEQ) II 181
– TEQ-Wert I 352
Toxikodynamik I 75 ff.
Toxikogenomics I 9
Toxikokinetik I 13 ff., I 40, I 361
– concomitant toxicokinetics I 22
– im regulatorischen Umfeld I 21
– präklinische Studien I 30
toxikokinetische Methode I 16
Toxikologie
– arbeitsmedizinische I 359
– Definition I 3
– Einführung I 1 ff.
– endokrine I 237
– exemplarische Testverfahren I 243
– *in-vitro* I 10
– forensische I 2
– Leber I 95
– molekulare I 9
– Organe und Organsysteme I 95 ff.
– regulatorische I 240
toxikologische Grenzwerte I 381
toxikologische Studie I 415
– Anzahl der Tiere I 412
– juvenile Tiere I 421
– spezielle Untersuchungen I 415
– Tierspezies I 411
– Typen I 418
toxikologische Wirkung
– anorganische Gase II 33 ff.
Toxin
– Lebensmittel I 377 f.
toxische Wirkung
– Metallverbindung II 2
Toxizität I 151 ff.
– akute I 229, I 417

– dermale I 249
– nach einmaliger Verabreichung I 417
– nach wiederholter Gabe I 229, I 418
– subakute I 151 ff.
Toxizitätsäquivalenzfaktor (TEQ-Wert) I 352, II 181
Toxizitätsprüfung
– akute I 249
– nach Inhalation I 249
– Omics-Technologien I 156
Toxizitätsstudie
– akute I 245
– mit wiederholter Gabe I 30
– Reproduktion I 33
Toxogonin® I 122
transgenes Mausmodell
– Prüfung auf Kanzerogenität I 423
Transkriptionsfaktor I 161
Tranylcypromin I 55
T_{reg}-Zellen I 126, II 187
Tremolit II 52
Tremor I 120
Tri-*ortho*-kresylphosphat (TOCP) I 123, I 303, I 367
Triazinderivate I 314
Tributylzinnoxid (TBT) I 84
1,1,1-Trichlorethan II 156
1,1,2-Trichlorethan II 156
Trichlorethen (Trichlorethylen, Tri) I 105, I 364 ff., II 159 ff.
– Metabolismus II 161
Trichlorfluormethan II 168
Trichlormethan I 89, II 73, II 149
2,4,5-Trichlorphenoxyessigsäure I 312
Trichlortrifluorethan II 168
S-(1,2,2-Trichlorvinyl)-L-Cystein (TCVC) II 164
Trikresylphosphat I 366
Trinitrotoluol (TNT) II 139
Triphenylphosphat (TPP) I 351
Tris(2-butoxyethyl)phosphat (TBEP) I 351
Tris(*n*-butyl)phosphat (TBP) I 351
Tris(2-chlor-1-propyl)phosphat (TCPP) I 351
Tris(2-chloroethyl)phosphate (TCEP) I 351
Tris(2-ethylhexyl)phosphat (TEHP) I 351
Trofosfamid II 215
TSH (Thyroidea stimulierendes Hormon) I 316
Tuberkulosepatientin
– kontrazeptive Therapie I 53
d-Tubocurare I 82
Tumor I 2
Tumorpromotion I 136
Tumorpromotor I 136
Tumorsuppressorgen I 135 ff., II 5
TVOC, *siehe* flüchtige organische Verbindungen

u

UDP-Glucuronosyltransferase (UGT) I 60 ff.
– UGT1A4 I 67
– UGT2B7 I 67
UDP–Glucuronsäure (UDPGA) I 64 f.
UDP-Glukuronyltransferase (UDP-GT) II 136
UDS (unscheduled DNA Synthesis) I 153
UL-Wert I 383
Ultrafeinstaub I 110, II 51 ff.
Umwelt
– Abbauverhalten chemischer Verbindungen I 281
– Chemikalien I 238
– Verteilung und Verbleib chemischer Verbindungen I 279
– Verteilungsverhalten chemischer Verbindungen I 281
Umweltkontaminante I 385
ungesättigte, halogenierte Kohlenwasserstoffe (Haloalkene, Haloalkine) II 159 ff.
– Eigenschaften II 159
– Exposition II 160
– Mensch II 165
– Tierexperimente II 162
– Toxikokinetik II 161
– Toxizität II 162
– Vorkommen II 159
Unsicherheitsfaktor (UF) I 383
up and down procedure I 247
Urämie I 104
Urinanalysen I 259

v

V-Stoffe II 211
Valproinsäure I 100
VC-Krankheit II 165
Verabreichung einer Substanz
– Alternativen I 28
Veratridin I 121
Verteilungsvolumen I 15
Verträglichkeitsprüfung
– allgemeine (systemische) I 415 ff.
– lokale I 423 f.
Vinclozolin I 319
Vincristin I 124

Vinyl-cyclohexen-diepoxid I 370
Vinylchlorid (VC) I 102, I 368, II 73, II 149, II 159 ff.
– Immuntoxikologie II 166
– Metabolismus II 164
Vinylidenchlorid II 163
Vitalkapazität VK I 108
Vitamin
– A I 91
– E I 91
– K I 322
VLDL (very low density lipoprotein) I 98
VOC (volatile organic compound), siehe flüchtige organische Verbindungen
Vogelkot I 110
Vogelmilben I 110
Vollantigen I 100
VR II 204 ff.
VX II 204 ff.

w

Wachstumsgen II 5
Warfarin I 322
Wasting Syndrom II 184
Weichmacher I 123, I 337, I 351
Weißasbest II 51
weiße Blutkörperchen I 112
whole-embryo-culture I 177
Wiesensafran (*Colchicum autumnale*) I 85
Wilson-Syndrom II 19
Wirkmechanismus
– spezifischer I 79
Wirkstärke
– kollektive I 77
Wirkung
– akute I 75
– chronische I 75
– irreversible I 76
– lokale I 76
– mutagen I 89
– reversible I 76
– systemische I 76
Wirkungskonzentration I 289
Wolfram I 106

x

Xanthin-Oxidase II 39
xenobiotic responsive element (XRE, DRE, AHRE) II 180
Xenobiotika I 43
Xylol (Xylen) II 84 ff.
Xylole I 331

y

Yusho/Yu-Cheng II 195

z

Zelllinien
– permanente I 409
Zentralnervensystem (ZNS) I 118
Zineb I 315
Zink II 26
– essenzielle und toxische Wirkungen II 26
– Exposition II 26
– Grenzwerte und Einstufungen II 27
– Vorkommen II 26
Zinkphosphid I 321
– Therapie I 321
Zinn II 27 f.
– essenzielle und toxische Wirkungen II 28
– Exposition II 27
– Grenzwerte und Einstufungen II 28
– Vorkommen II 27
Zonula occludens-1 I 166
Zulassungsverfahren I 210 ff.
– dezentrales I 219 f.
– Entwicklung I 210
– EU I 220
– MRL I 220
– nationales I 220
– zentrales I 219 f.
Zytokin I 128
zytotoxische Killerzellen (CTL) I 125 ff.